机械制图

高利斌　主　编
王博涛　副主编

科学出版社
北　京

内 容 简 介

本书根据编者多年机械制图教学经验编撰，其主要内容包括：机械制图的基本知识与技能，点、直线和平面的投影，立体的投影，立体表面的交线，组合体，机件的常用表达方法，标准件和常用件，零件图，装配图。教材内容编撰注重挖掘知识之间的逻辑关系，以期给读者呈现一个知识完整、逻辑严谨的知识体系，打破通常机械制图教材内容条块分割、知识点碎片化的不足。

本书以高等学校本科、高职高专非机械类理工科专业学生为主要读者对象，也可以作为机械类和近机械类专业学生的教材和参考书，还可供其他类型学校有关专业选用。

图书在版编目（CIP）数据

机械制图/高利斌主编. —北京：科学出版社，2020.7

ISBN 978−7−03−065440−3

Ⅰ.①机… Ⅱ.①高… Ⅲ.①机械制图−高等学校−教材 Ⅳ.①TH126

中国版本图书馆 CIP 数据核字（2020）第 097313 号

责任编辑：郑述方/责任校对：彭映

责任印制：罗科/封面设计：墨创文化

科学出版社 出版

北京东黄城根北街 16 号

邮政编码：100717

http://www.sciencep.com

成都锦瑞印刷有限责任公司印刷

科学出版社发行 各地新华书店经销

*

2020 年 7 月第 一 版 开本：16（787×1092）

2020 年 7 月第一次印刷 印张：20 3/4

字数：492000

定价：98.00 元

（如有印装质量问题，我社负责调换）

前　言

机械制图是一门研究绘制和阅读机械图样的原理与方法的技术基础学科，是理工科教学体系中重要的主干技术基础课程，在工程科学特别是机械工程科学人才培养体系中占有重要地位。

本书主要内容包括：机械制图的基本知识与技能，点、直线和平面的投影，立体的投影，立体表面的交线，组合体，机件的常用表达方法，标准件和常用件，零件图，装配图。书中内容编撰以零件结构表达为核心，以培养学生绘制和阅读机械图样能力为主旨，培养和发展学生空间想象能力、空间逻辑思维能力，让学生树立实践的观点、良好的工程意识以及认真细致的工作作风，并为学生进一步学习机械设计类、机械制造类后续课程和化工制图、工程制图等外延性课程提供必备的制图基础知识与基本技能。

本书根据编者多年机械制图教学经验编撰，在知识体系构建过程中，着力挖掘知识之间的逻辑关联性，并尤其注重知识条理性的梳理，以期给读者呈现一个知识完整、逻辑严谨、条理清晰的知识体系，打破通常机械制图教材内容条块分割、知识点碎片化的不足，避免学生在学习该门课程时觉得枯燥乏味和以完全依赖背记的方法进行学习。此外，在内容编撰和语言组织时，根据教学中学生学习反馈，充分考虑学生学习难点和困惑，本着深入浅出、通俗易懂的原则，力图使学生通过本书学习机械制图相关知识时变得容易并能激起学习兴趣。

本书以高等学校本科、高职高专非机械类理工科专业学生为主要读者对象，也可以作为机械类和近机械类专业学生的教材和参考书，还可供其他类型学校有关专业选用。

本书第 1、5、6、7、8、9 章及附录由高利斌编撰，第 2、3、4 章由王博涛编撰。由于编者水平有限，书中疏漏之处在所难免，敬请读者批评指正，以便以后进一步修改和完善。

本书由云南民族大学高水平民族大学建设学院特区项目资助出版，科学出版社郑述方编辑为本书的编撰出版倾注了大量心血，在此深表感谢！另外，本书编撰过程中参考了大量其他优秀的机械制图教材和手册，在此对这些教材和手册的编者表示感谢和敬意。

编者

2019 年 7 月于昆明

目 录

第 1 章　机械制图的基本知识与技能

人们在社会生产实践中可以用语言或文字来表达自己的思想，但是用语言或文字来表达物体的形状和大小是比较困难的。因此，在工程技术中为了正确地表示机器、设备及建筑物等表达对象的形状、大小、规格、材料等，通常将表达对象按一定的投影方法和技术规定并加以必要的技术说明表达在图纸上，称之为工程图样。

工程图样不仅用于指导生产，还用于科技交流，同时也用来描述、分析客观现象和实验数据，是工程和生产信息的载体。设计者通过工程图样表达设计对象，制造者通过工程图样了解设计要求，并按工程图样制造、装配和建造等，使用者通过工程图样了解表达对象的构造和使用性能。由于工程图样在工程上起着类似文字语言的表达作用，而且世界各国基本相同，没有民族、地域的限制，是工程界进行信息交流的共同语言，所以人们常把它称为“工程技术语言”。不同的行业和生产部门对工程图样有不同的要求，机械设计、制造中使用的工程图样通常称为机械图样，简称图样。《机械制图》就是以机械图样作为研究对象，研究设计、绘制和阅读机械图样的原理与方法的技术基础学科。

1.1　国家标准有关制图的基本规定

机械图样是现代设计和制造机械零件与设备过程中表达设计思想、进行技术交流和用于指导生产的重要技术文件，因此必须对机械图样的格式和表达方法作出统一规定。国家市场监督管理总局依据国际标准化组织制定的国际标准，制定并颁布了《技术制图》、《机械制图》等一系列国家标准，其中对机械图样内容、画法、尺寸注法等都做出了统一规范。《技术制图》国家标准是一项基础技术标准，在内容上具有统一性和通用性的特点，它涵盖了机械、建筑、水利、电气等行业，处于制图标准体系中的最高层次。《机械制图》国家标准，则是机械类的专业制图标准。这两个国家标准，是机械图样绘制和使用的准则，每个工程技术人员都必须严格遵守，并牢固树立标准化的观念。

国家标准中的每一个标准都有标准代号，如 GB/T 10609.1—2008，其中“GB”为国家标准代号，它是“国标”汉语拼音首字母缩写，“T”表示推荐性标准(如果不带“T”，则表示为国家强制性的标准)，“10609.1”表示该标准编号，“2008”表示该标准是 2008 年颁布的。

本节将摘录介绍上述《技术制图》、《机械制图》两个标准中对机械制图的图纸幅面、比例、图线、尺寸标注等部分的基本规定。

1.1.1　图纸幅面和图框格式(GB/T 14689—2008)

1. 图纸幅面

图纸幅面是指图纸宽度与长度组成的大小。为了便于图纸管理、装订与交流，在绘制图样时，应优先采用如表 1-1 所示的 A0、A1、A2、A3、A4 五种常用基本幅面尺寸(B 为图纸短边，L 为长边，$L=\sqrt{2}B$)。从图 1-1 中可以看出，A0 幅面 L 方向对裁得到 A1 幅面，A1 幅面 L 方向对裁得到 A2 幅面，其余类推。必要时可以按照国标 GB/T 14689—2008的规定对图纸幅面进行加长，但加长时只有长边可以加长，且加长的尺寸必须由基本幅面的短边成整数倍增加得到，短边不得加长。加长幅面如图 1-2 所示，其中，粗实线部分为第一选择(优先选择)的基本幅面(表 1-1)，细实线部分为第二选择的加长幅面(表 1-2)，虚线为第三选择的加长幅面(表 1-3)。

表 1-1　基本幅面尺寸及图框尺寸　　(单位：mm)

幅面代号	A0	A1	A2	A3	A4
$B\times L$	841×1189	594×841	420×594	297×420	210×297
e	20		10		
c	10			5	
a	25				

表 1-2　加长幅面尺寸　　(单位：mm)

幅面代号	A3×3	A3×4	A4×3	A4×4	A4×5
$B\times L$	429×891	420×1189	297×630	297×841	297×1051

表 1-3　加长幅面尺寸　　(单位：mm)

幅面代号	A4×9	A4×8	A4×7	A4×6	A3×7	A3×6	A3×5
$B\times L$	297×1892	297×1682	297×1472	297×1261	420×2080	420×1783	420×1486
幅面代号	A2×5	A2×4	A2×3	A1×4	A1×3	A0×3	A0×2
$B\times L$	594×2102	594×1682	594×1261	841×2378	841×1783	841×2523	1189×1682

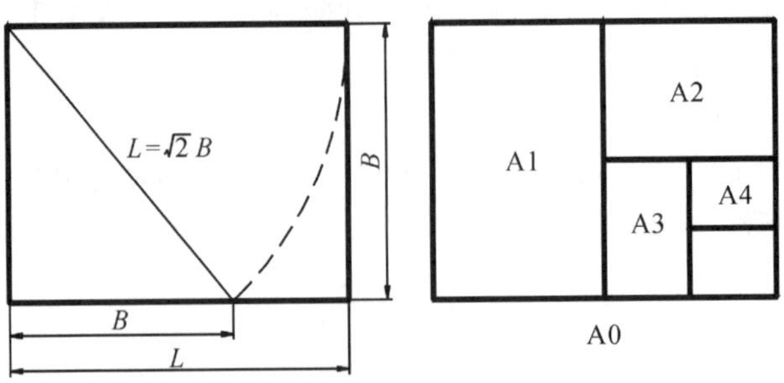

图 1-1　图纸的基本幅面

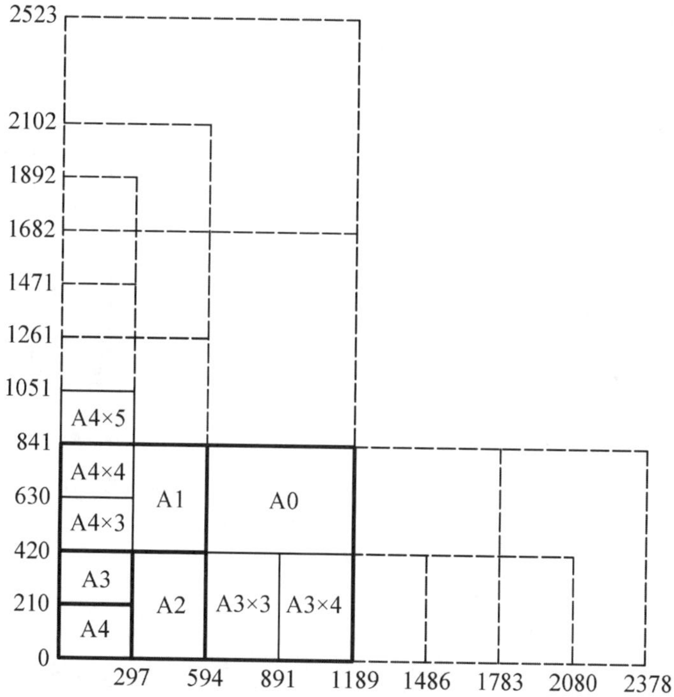

图 1-2　图纸的加长幅面

此外，各种幅面的图纸根据需要均可采用横装(X 型)或竖装(Y 型)的方式使用。

2. 图框格式

图框是图纸上限定绘图区域的线框，其在图样上必须用粗实线(见 1.1.4 节)画出，图形均应绘制在该区域内。其格式分为不留装订边和留有装订边两种，但同一产品的图样只能采用一种格式。

留有装订边的图纸，其图框格式如图 1-3 所示，不留装订边的图纸，其图框格式如图 1-4 所示。两种格式的周边尺寸 a、c、e 等按表 1-1 的规定画出。加长格式的图框尺寸，按照比所选用的基本幅面大一号的图纸的图框尺寸来确定。例如，A3×4 的图框尺

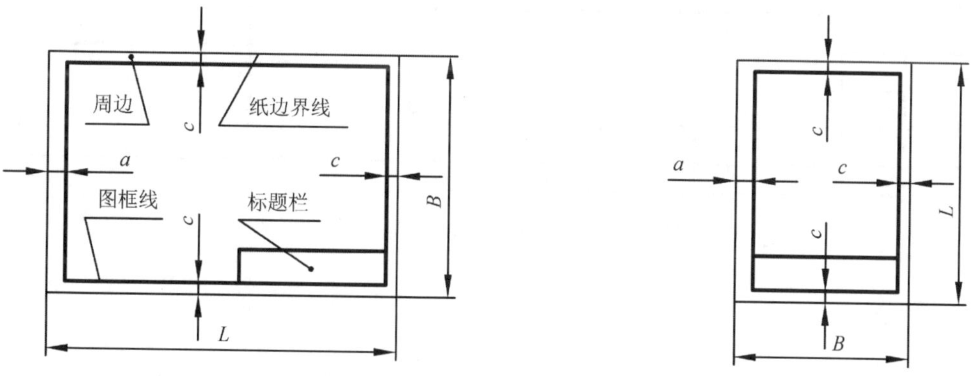

(a)保留装订边图纸(X型)的图框格式

(b)保留装订边图纸(Y型)的图框格式

图 1-3　留装订边的图框格式

寸，应按 A2 的图框尺寸绘制，即 e 为 10 mm 或 c 为 10 mm，A2×5 的图框尺寸，应按 A1 的图框尺寸绘制，即 e 为 20 mm 或 c 为 10 mm。

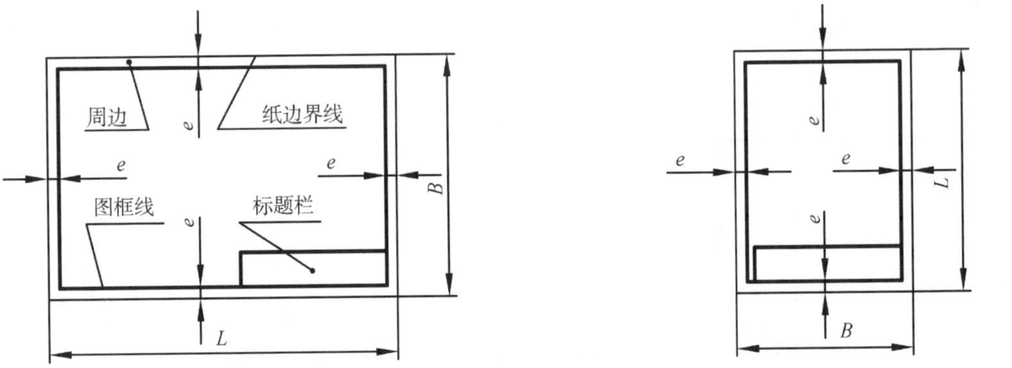

(a)不留装订边图纸(X型)的图框格式　　(b)不留装订边图纸(Y型)的图框格式

图 1-4　不留装订边的图框格式

3. 标题栏

国家标准规定，绘图时必须以看图方向为基准在每张图纸的右下角画出标题栏，用以说明图样的名称、图号、零件材料、设计单位及有关人员的签名等内容。国家标准 GB/T 10609.1—2008 规定了标准图纸的标题栏的格式及尺寸，如图 1-5 所示，其外框用粗实线绘制，内部用细实线(见 1.1.4 节)分格。在学校的制图作业中，标题栏也可采用如图 1-6 所示的简化形式。标题栏中的文字方向必须与看图方向一致，标题栏内一般图名用 10 号字书写，图号、校名用 7 号字书写，其余都用 5 号字书写。

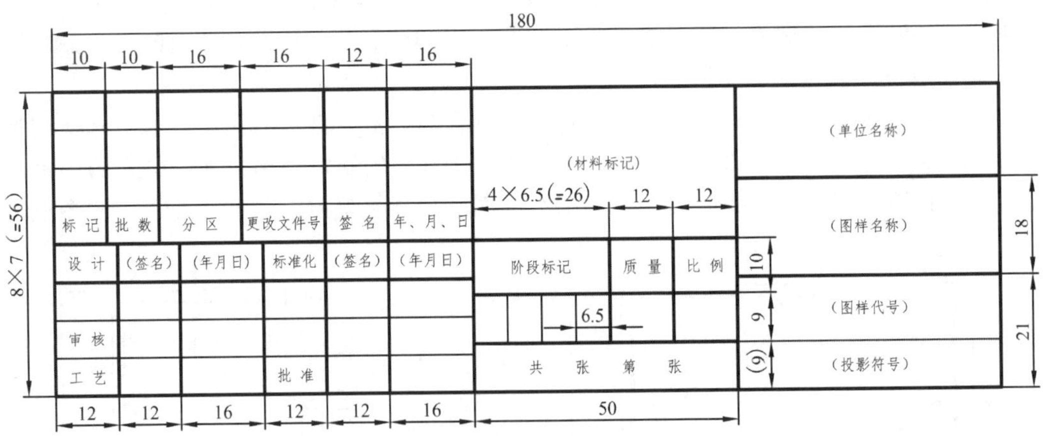

图 1-5　国标中标题栏的组成及格式

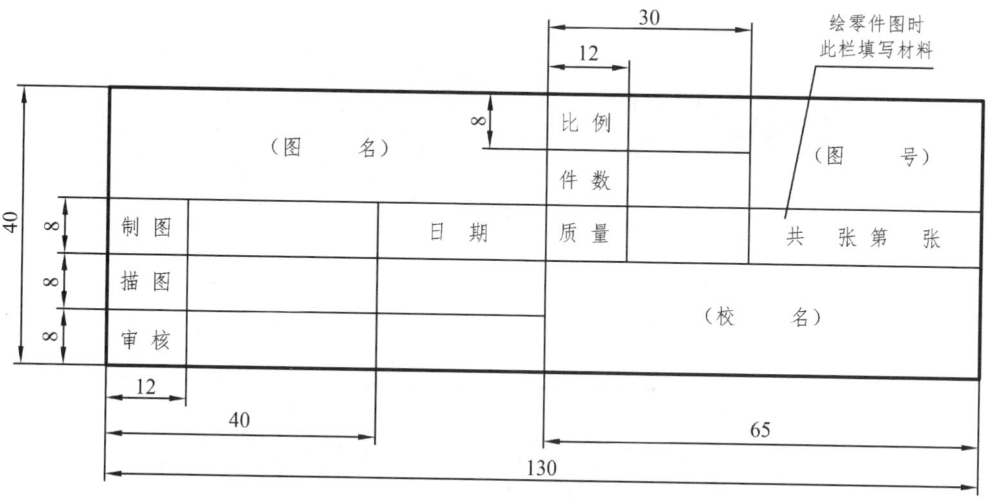

图 1-6　制图作业的标题栏格式

若标题栏的长边置于水平方向且与图纸的长边平行时，构成 X 型的图纸，也称横式幅面，如图 1-3(a)、图 1-4(a)，若标题栏的长边与图纸的长边垂直，则构成 Y 型的图纸，也称立式幅面，如图 1-3(b)、图 1-4(b)。上述两种情况下，看图的方向与看标题栏的方向一致。

1.1.2　比例(GB/T 14690—1993)

图样中机件要素的线性尺寸与实际机件相应要素的线性尺寸之比称为比例，即比例＝图形中线性尺寸大小∶实物上相应线性尺寸大小。线性尺寸是指相关的点、线、面本身的尺寸或它们的相对距离，如直线的长度、圆的直径、两平行表面的距离等。

比例一般分为原值比例、缩小比例及放大比例三种类型。在绘制图样时，尽可能采用原值比例，以便从图中看出实物的大小。根据需要也可采用放大或缩小的比例，但应在如表 1-4 规定的比例系数中选取。图样不论采用放大或缩小比例，不论作图的精确程度如何，在标注尺寸时，均应按机件的实际尺寸进行原值标注，如图 1-7。一般情况下，比例应标注在标体栏中的比例一栏内。

表 1-4　比例系数

	种类	比例
优先采用	原值比例	1∶1
	放大比例	5∶1　2∶1 5×10^n∶1　2×10^n∶1　1×10^n∶1
	缩小比例	1∶2　1∶5　1∶10 1∶2×10^n　1∶5×10^n　1∶10×10^n
必要时采用	放大比例	4∶1　2.5∶1 4×10^n∶1　2.5×10^n∶1
	缩小比例	1∶1.5　1∶2.5　1∶3　1∶4　1∶6 1∶1.5×10^n　1∶2.5×10^n　1∶3×10^n　1∶4×10^n　1∶6×10^n

注：n 为正整数。

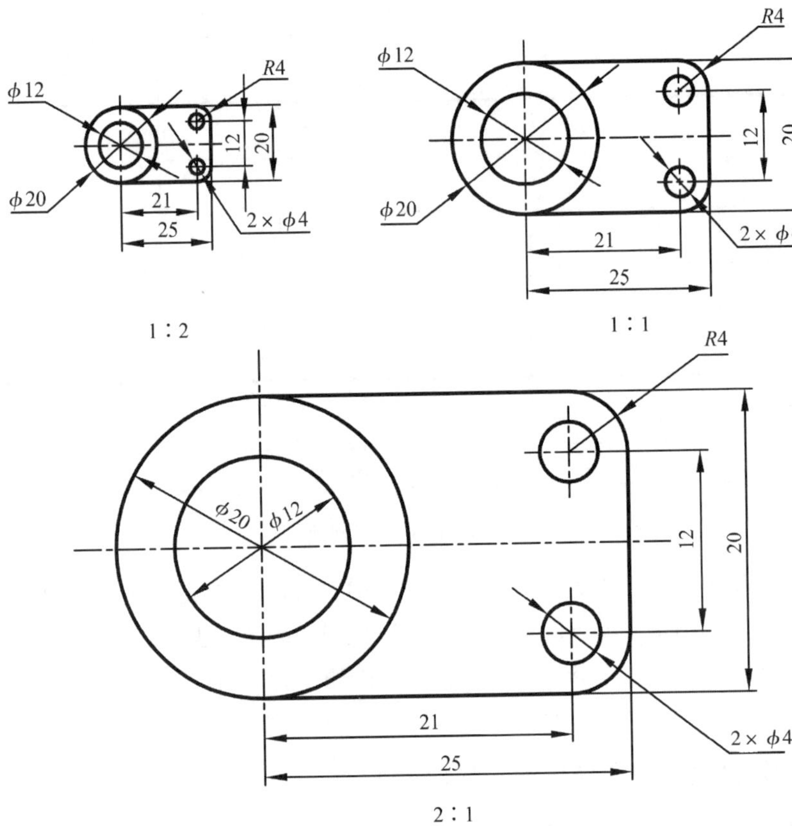

图 1-7 用不同比例画出的图形

1.1.3 字体(GB/T 14691—1993)

在图样上除了表示机件的形状外，还要用文字和数字来说明机件的大小、技术要求和其他内容。字体是指图样中文字、字母、数字或符号的书写形式。图样上的字体均应做到笔画清晰、字体工整、排列整齐、间隔均匀，标点符号应清楚正确。汉字、数字、字母等字体的大小以字号来表示，字号就是字体的高度，用 h 来表示。图样中字体的大小应依据图纸幅面、比例等从国标规定的公称尺寸系列中选用：1.8 mm、2.5 mm、3.5 mm、5 mm、7 mm、10 mm、14 mm、20 mm。如需书写更大的字，其高度应按$\sqrt{2}$的比值递增，并取毫米的整数。

1. 汉字

图样上的汉字应写成长仿宋体字，并应采用国家正式公布的简化字。汉字高度 h 不应小于 3.5 mm，其字宽度 b 一般为$\frac{h}{\sqrt{2}}$（$\approx 0.7h$）。长仿宋字的书写要领如下：

(1)横平竖直：横笔基本要平，可稍微向上倾斜一点。竖笔要直，笔画要刚劲有力。

(2)注意起落：长仿宋字体的基本笔画为横、竖、撇、捺、挑、点、钩、折。横、竖的起笔和收笔、撇的起笔、钩的转角等都要顿一下笔，形成小三角。几种基本笔画的书写如表 1-5 所示。

表 1-5　长仿宋字基本笔画示例

名称	横	竖	撇	捺	挑	点	钩、折
形状							
笔法							

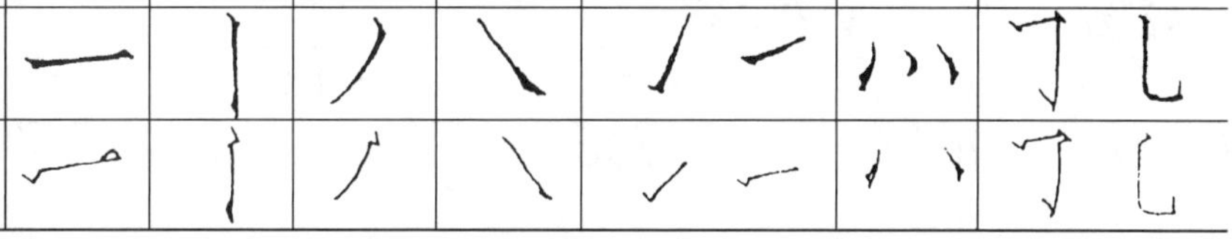

(3)结构匀称：要注意字体的结构，即妥善安排字体的各个部分应占的比例，笔画布局要均匀紧凑。

(4)填满方格：上下左右笔锋要尽可能靠近字格，但也有例外的，如日、口、月、二等字都要比字格略小。

长仿宋字体示例如图 1-8。

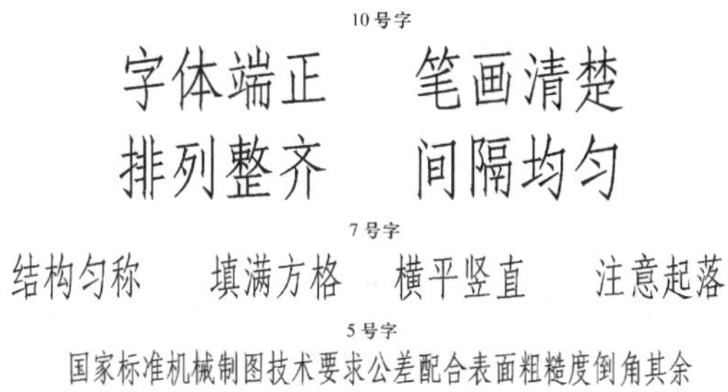

10 号字
字体端正　笔画清楚
排列整齐　间隔均匀
7 号字
结构匀称　填满方格　横平竖直　注意起落
5 号字
国家标准机械制图技术要求公差配合表面粗糙度倒角其余

图 1-8　长仿宋字体示例

2. 数字、字母及其他符号

数字及字母有直体和斜体之分。斜体字的字头向右倾斜，与水平线成 75°角。拉丁字母以直线为主体，减少弧线，以便书写及计算机绘图。数字和字母的笔画粗度约为字高的 1/10。罗马数字上的横线不连起来。国家标准规定的数字和字母的书写形式如图 1-9 所示。

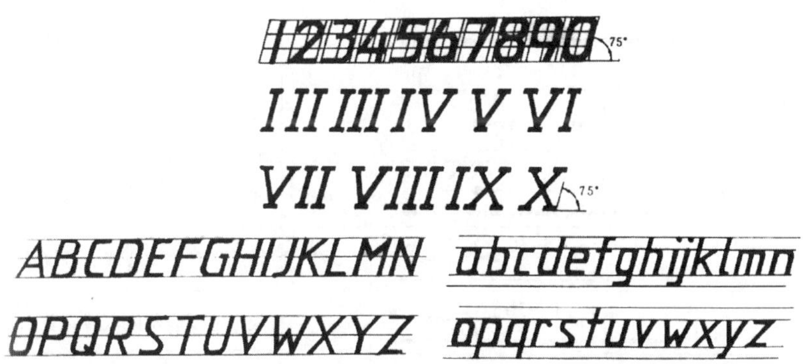

图 1-9　数字和字母书写示例

用作指数、分数、极限偏差、注脚等的字母及数字，一般采用小一号的字体。图样中的数学符号、物理量符号、计量单位符号及其他符号、代号，应分别符合相应的规定。

图 1-10 给出了数字、字母及其他符号的组合应用示例。

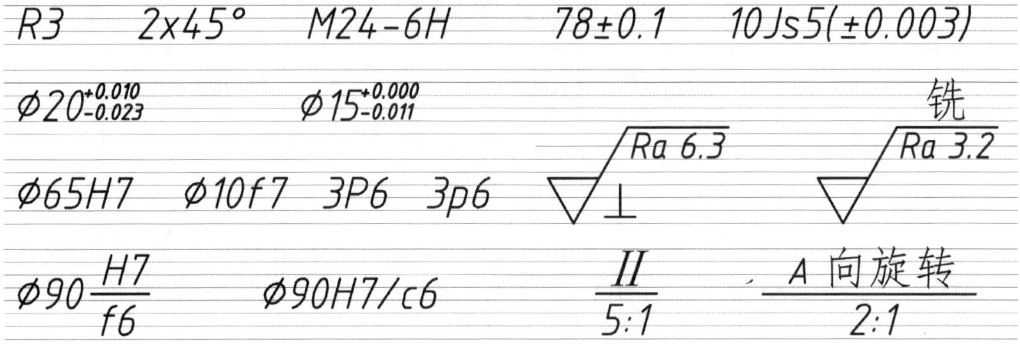

图 1-10　字体组合应用示例

1.1.4　图线及其画法(GB/T 4457.4—2002，GB/T 17450—1998)

画在图纸上的各种型式的线条统称图线。国家标准规定了技术制图所用图线的名称、线型、应用和画法规则。

1. 线型及其应用

国家标准规定的基本线型共有 15 种型式。表 1-6 列出了机械图样中常用的几种线型的名称、代码、线宽及应用。各种线型的应用示例如图 1-11。

表 1-6　图线的基本线型及其应用

图线名称	代码 No.	线型	线宽	一般应用
细实线	01.1		$d/2$	尺寸线、尺寸界线、剖面线、引出线、螺纹牙底线、重合断面轮廓线、可见过渡线
波浪线				断裂处边界线、视图与剖视图的分界线
双折线				断裂处边界线、视图与剖视图的分界线
粗实线	01.2	d	d	可见轮廓线、螺纹牙顶线
细虚线	02.1	4~6　1	$d/2$	不可见轮廓线、不可见棱边线
粗虚线	02.2	4~6　1	d	允许表面处理的表示线
细点画线	04.1	15~30　3	$d/2$	轴线、对称中心线、分度圆（线）
粗点画线	04.2	15~30　3	d	限定范围表示线（特殊要求）
细双点画线	05.1	~20　5	$d/2$	相邻辅助零件的轮廓线、可动零件极限位置的轮廓线

图 1-11 所示零件的视图上，粗实线表示该零件的可见轮廓线，细虚线表示不可见轮廓线，细实线表示尺寸线、尺寸界线及剖面线，波浪线表示断裂处的边界线及视图和剖

视图的分界线，细点画线表示对称中心线及轴线，双点画线表示相邻辅助零件的轮廓线及极限位置轮廓线。

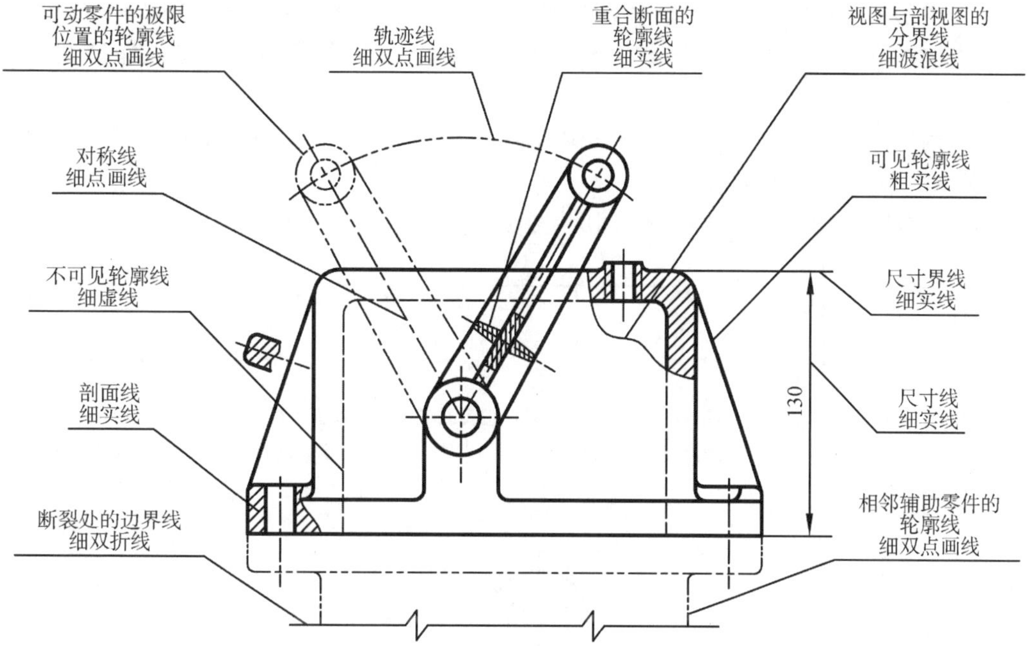

图 1-11　图线应用举例

2. 图线宽度

技术制图中的图线有粗线、中粗线、细线之分，其宽度比率为 4∶2∶1。图线宽度(d)通常应按图样的类型和尺寸大小在 0.13、0.18、0.25、0.35、0.5、0.7、1、1.4、2.0 数系中选择，该数系的公比为 $1:\sqrt{2}$，单位为 mm。在机械图样中只采用粗、细两种线宽，其宽度比率为 2∶1，其中粗线宽度可在表 1-7 中选择，优先采用 0.5 mm 和 0.7 mm的线宽。

表 1-7　线宽组　（单位：mm）

粗线的宽度系列	0.25	0.35	0.5	0.7	1	1.4	2.0
对应细线的宽度系列	0.13	0.18	0.25	0.35	0.5	0.7	1

3. 图线的画法

(1)在同一张图样上，同类图线的宽度应基本一致。

(2)相互平行的图线(包括剖面线)，其间隙不宜小于其中的粗线宽度，且不宜小于 0.7 mm。

(3)虚线、点画线及双点画线的线段长度和间隔应大致相等。点画线和双点画线中的“点”应画成长约 1 mm 的短画，点画线和双点画线的首尾两端应是“画”而不是“点”。

(4)单点画线或双点画线，当在较小图形中绘制有困难时，可用细实线代替。

(5)虚线、点画线与其他图线相交或同种图线相交时，都应以“画”相交，而不应是

“点”相交。

(6)当虚线处于粗实线的延长线上时，在虚线、粗实线的连接处应断开。

(7)图形的对称中心线、回转体轴线等的细点画线，一般要超出图形外 2～5 mm。

(8)图线不得与文字、数字或符号重叠、混淆，不可避免时，应首先保证文字等清晰。

(9)两种图线重合时，只需画出其中一种，优先顺序为：可见轮廓线，不可见轮廓线，对称中心线，尺寸界线。

各种图线相交的画法示例如图 1-12、图 1-13 所示。

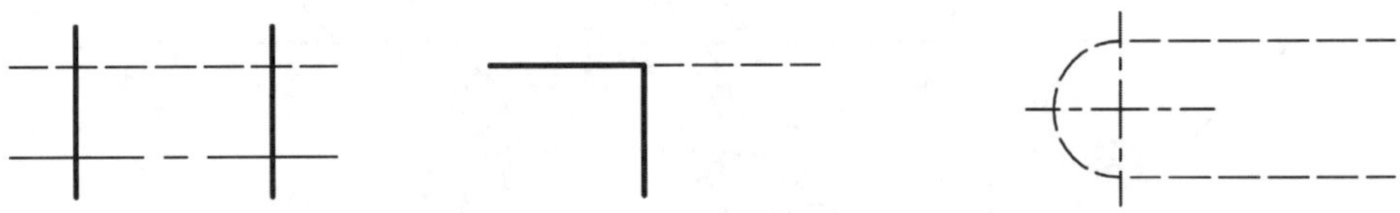

(a)图线相交应是线段相交　(b)虚线与实线相接时，粗实线应画至分界点，留间断后再画虚线　(c)圆弧虚线与直虚线相切时，圆弧虚线应画至切点处，留间断后再画直虚线

图 1-12　图线的规定画法

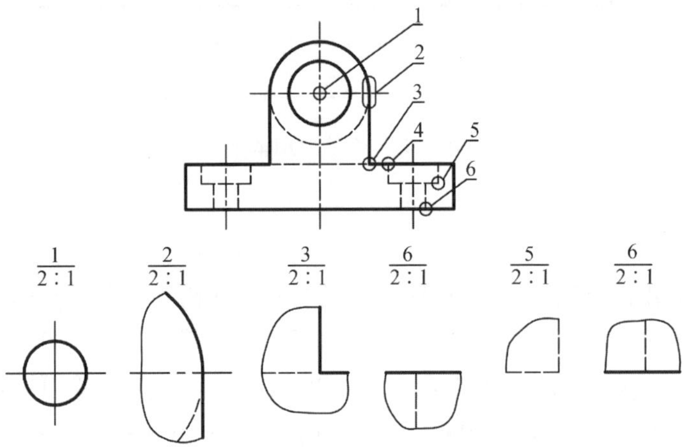

(a)

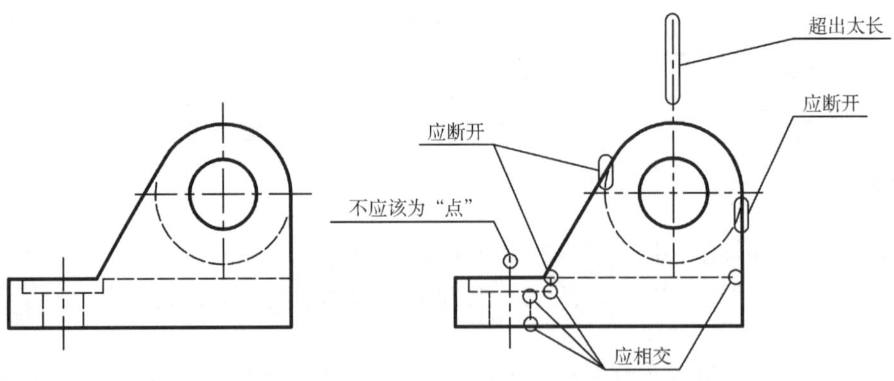

正确　错误

(b)

图 1-13　图线交接处的画法

1.1.5　尺寸标注(GB/T 4458.4—2003，GB/T 16675.2—2012)

尺寸是图样的重要组成部分，在图样中，图形只能表达物体的形状、结构，而物体的大小则由标注的尺寸确定。尺寸标注是一项十分重要的工作，它的正确、合理与否，将直接影响到图样的质量，如果尺寸有遗漏或错误，都会给加工带来困难和损失。

1. 尺寸标注的基本原则

(1)机件的真实大小应以图样所注的尺寸数值为依据，与图形的大小、所使用的比例及绘图的准确程度无关。

(2)图样中(包括技术要求和其他说明)的尺寸，以 mm（毫米）为单位时，不需标注计量单位的代号或名称，若采用其他单位，则必须注明相应的计量单位的代号或名称。例如，角度为 45 度 15 分 5 秒，则在图样上应标注成“45°15′5″”。

(3)图样中所标注的尺寸，为该图样所示机件的最后完工尺寸，否则应另加说明。

(4)机件的每一尺寸，一般只标注一次，并应标注在反映该结构最清晰的图形上。

2. 尺寸的组成

图样上的尺寸包括四个要素：尺寸界线、尺寸线、尺寸线终端和尺寸数字，如图 1-14所示。

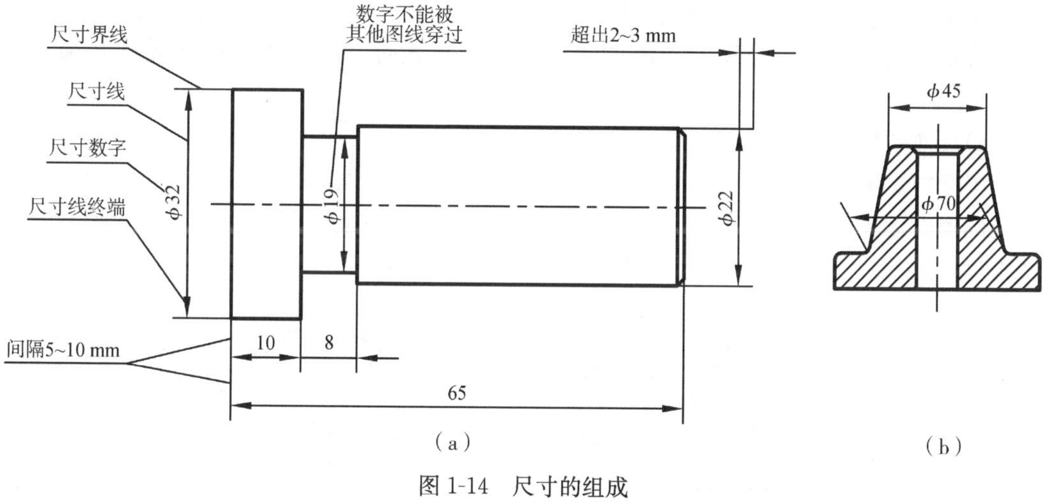

图 1-14　尺寸的组成

1)尺寸界线

尺寸界线用细实线绘制，表示尺寸度量的范围，并应从图形的轮廓线、轴线或对称中心线引出。必要时也可直接用轮廓线、轴线或对称中心线作为尺寸界线。尺寸界线一般应与被标注长度垂直，必要时才允许与尺寸线倾斜，如光滑过渡处的标注，见图 1-14(b)。尺寸界线应超过尺寸线终端的 2～3 mm。

2)尺寸线

尺寸线用细实线绘制，表示尺寸度量的方向。尺寸线必须单独画出，不能与其他图线重合或画在其延长线上，图样上任何图线都不得作为尺寸线。标注线性尺寸时，尺寸线必须与所标注的线段平行，当有几条相互平行的尺寸线时，各尺寸线的间距要均匀，间隔要大于7 mm，应小尺寸在里、大尺寸在外，尽量避免尺寸线之间及尺寸线与尺寸界线之间相交。在圆或圆弧上标注直径或半径时，尺寸线一般应通过圆心或延长线通过圆心。

3)尺寸线终端

尺寸线的终端有两种形式，如图1-15所示。机械图样一般用箭头，其尖端应与尺寸界线接触，箭头长度约为粗实线宽度(d)的6倍。工程图样一般用45°细斜线，其倾斜方向应以尺寸线为准逆时针旋转45°角，长度应为2～3 mm，斜线的高度应与尺寸数字的高度相等。

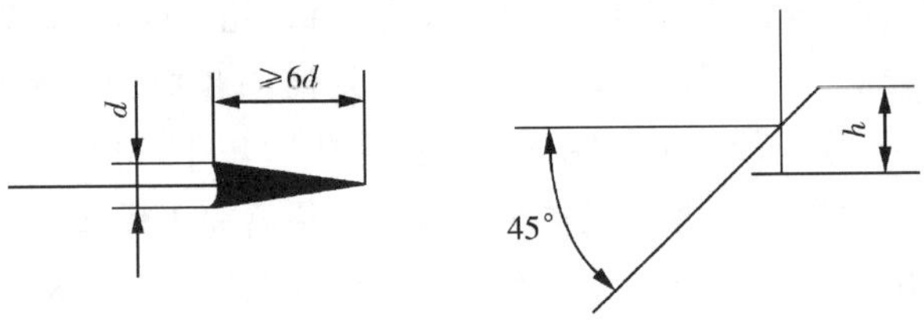

图1-15　尺寸线终端的形式

半径、直径、角度与弧长的尺寸线终端应用箭头表示。当尺寸线与尺寸界线互相垂直时，同一张图样中只能采用一种尺寸线终端形式。当采用箭头形式时，同一图样上，箭头大小要一致，不随尺寸数值大小的变化而变化，在没有足够位置的情况下，允许用圆点或斜线代替箭头。当尺寸线终端采用细斜线形式时，尺寸线与尺寸界线必须相互垂直。

4)尺寸数字

国标规定图样上标注的尺寸一律用阿拉伯数字标注其实际尺寸，它与绘图所用比例及准确程度无关，应以尺寸数字为准，不得从图上直接量取。图样上所标注的尺寸，除特别标明的外，一律以mm(毫米)为单位，图上尺寸数字都不再注写单位。

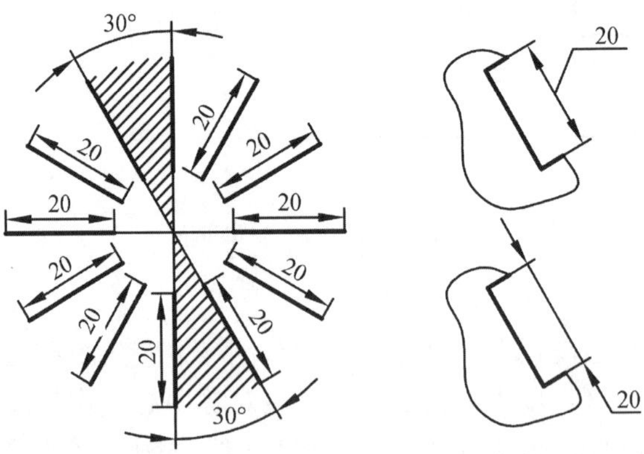

(a)　　(b)

图1-16　尺寸数字的注写方向

线性尺寸的数字位置和方向，一般应按图1-16(a)所示注写，即水平方向的尺寸数字在尺寸线上方，字头朝上，垂直方向的尺寸数字在尺寸线左边，字头朝左，倾斜方向尺寸数字在尺寸线上方，字头有朝上的趋势。应尽可能避免在图中所示 30°影线范围内标注尺寸数字，当无法避免时可按图 1-16(b)的形式注写。对于非水平方向的尺寸数字，在不致引起误解时，其数字也可按图 1-17 所示方式注写，但在同一图样中，应采用同一种方法注写尺寸数字。

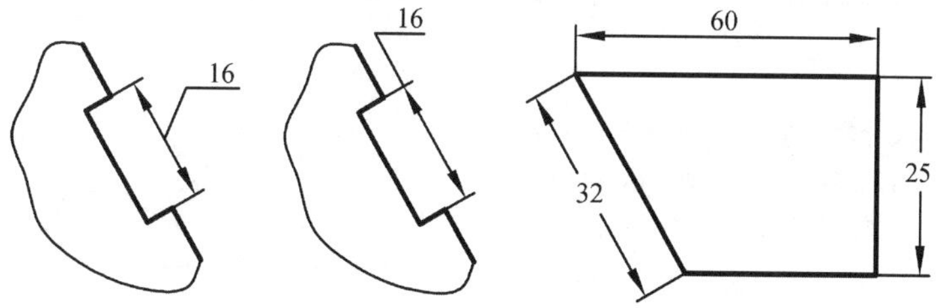

(a)　　(b)　　(c)

图 1-17　非水平方向的尺寸数字的注写方向

尺寸数字如果没有足够的注写位置时，也可引出标注，尺寸数字不可被任何图线穿过，否则必须断开图线。

当对称机件采用对称省略画法时，该对称机件的尺寸线应略超过对称符号，且仅在尺寸线的一端画尺寸线终端，尺寸数字应按整体全尺寸注写，其注写位置宜与对称符号对齐，如图 1-18 所示。

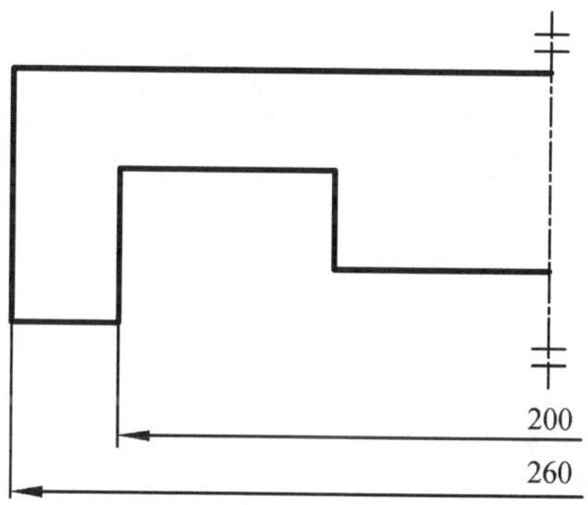

图 1-18　对称机件尺寸标注方法

尺寸数字前面的符号用于区分不同类型的尺寸，根据 GB/T 16675.2—2012 的规定，常用的符号和缩写词见表 1-8。

表 1-8　标注尺寸常用的符号和缩写词

名称	符号或缩略词	名称	符号或缩略词	名称	符号或缩略词
直径	ϕ	正方形	□	均布	*EQS*
半径	*R*	45°倒角	*C*	弧长	⌒
球直径	$S\phi$	深度	↧	斜度	∠
球半径	*SR*	沉孔或锪孔	⌴	锥度	◁
厚度	*t*	埋头孔	∨		

3. 尺寸标注示例

表 1-9 列出了国标所规定的一些尺寸注法。

表 1-9　尺寸标注示例

标注内容	说明	示例
线性尺寸	尺寸数字应按左图所示方向书写并尽可能避免在 30°范围内标注尺寸，当无法避免时可按右图的形式标注	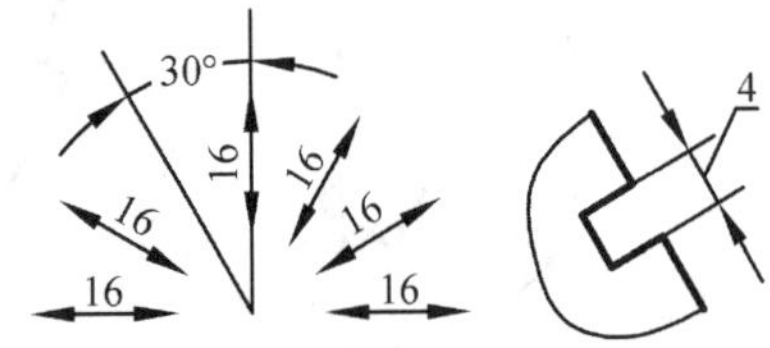
角度	角度尺寸线应画成圆弧，其圆心是该角的顶点。角度尺寸界线应沿径向引出。角度的数字应一律写成水平方向，一般注写在尺寸线的中断处，必要时也可以注写在尺寸线的上方或外面，也可引出标注	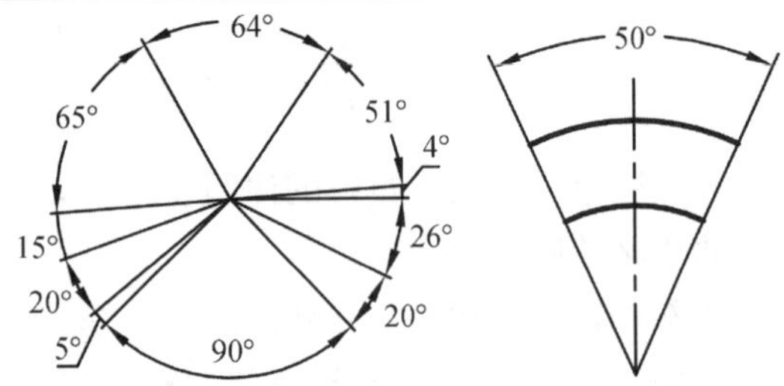
直径	尺寸线应通过圆心，尺寸线的两个终端应画成箭头，在尺寸数字前应加注符号 ϕ。 当图形中的圆只画出一半或略大于一半时，尺寸线应略超过圆心，此时仅在尺寸线的一端画出箭头。 整圆或大于半圆应注直径	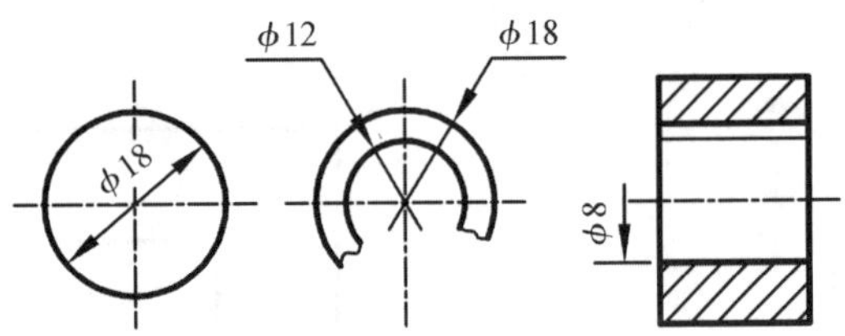
半径	标注圆弧半径时，尺寸线的一端一般应画到圆心，以明确表示其圆心的位置，另一端画成箭头。在尺寸数字前应加注符号“*R*”。 半径尺寸必须注在投影为圆弧的图形上。 半圆或小于半圆的圆弧标注半径，如图(b)所示	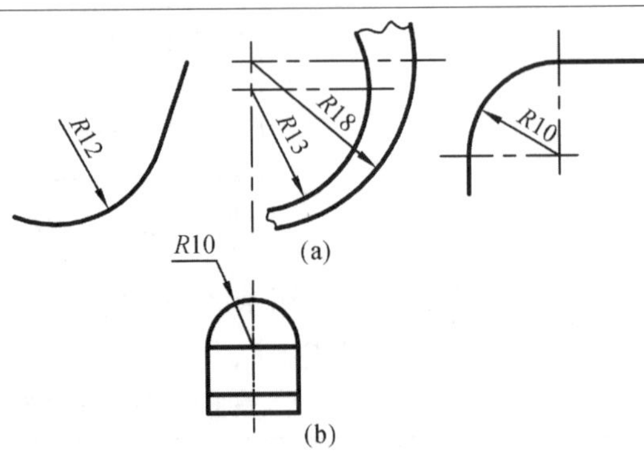 (a) (b)
大圆弧	当圆弧的半径过大，或在图纸范围内无法标出其圆心位置时，可按图(a)的形式标注，若不需要标出圆心位置时，可按图(b)的形式标注。标注球面的直径或半径时，应在符号“ϕ”或“*R*”前再加注符号“*S*”	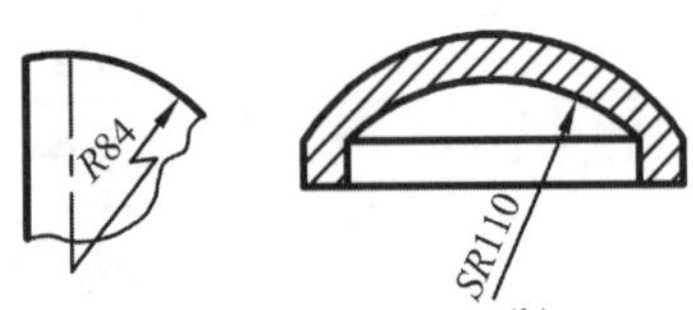 (a)　(b)

续表

标注内容	说明	示例
小尺寸	当遇到连续几个较小的尺寸时，允许用黑圆点或斜线代替箭头。 在图形上直径较小的圆或圆弧，在没有足够的位置画箭头或注写数字时，可按右图的形式标注。 标注小圆弧半径的尺寸线，不论其是否画到圆心，但其方向必须通过圆心	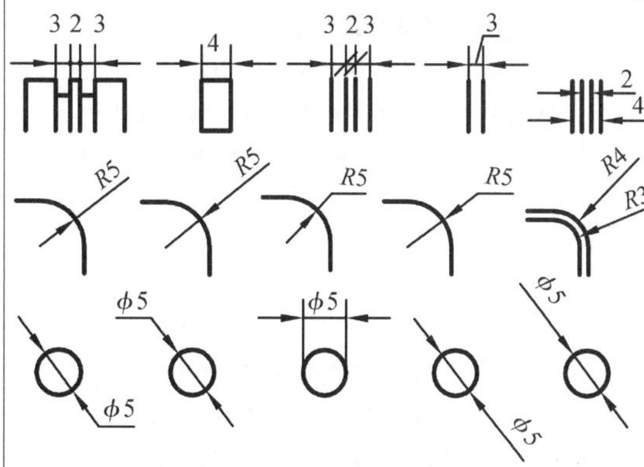
球面	一般应在“ϕ”或“R”前面加注符号“S”。但在不致引起误解的情况下，也可不加注	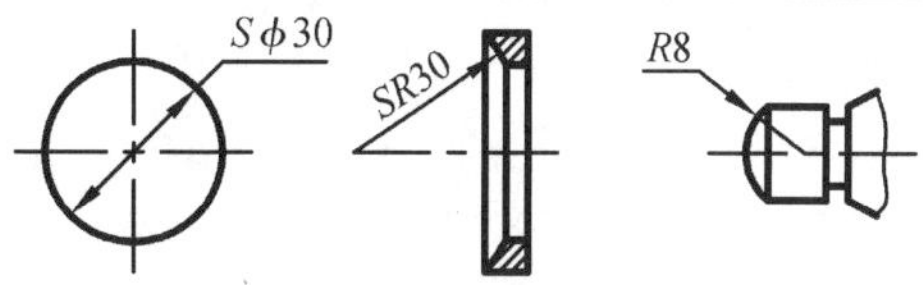 (a)　(b)
弧长和弦长	标注弧长尺寸时，尺寸线用圆弧，尺寸数字上方应加注符号“⌒”。标注弦长时，尺寸线应平行于该弦，尺寸界限应平行于该弦的垂直平分线	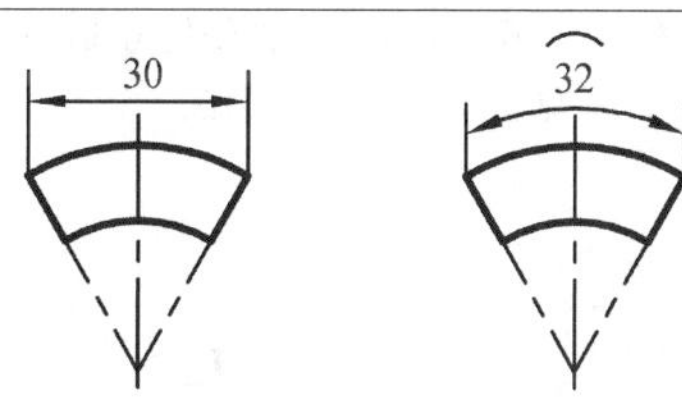
均布的孔	均匀分布的孔，可按右图所示标注。当孔的定位和分布情况在图中已明确时，允许省略其定位尺寸和缩写词 *EQS*	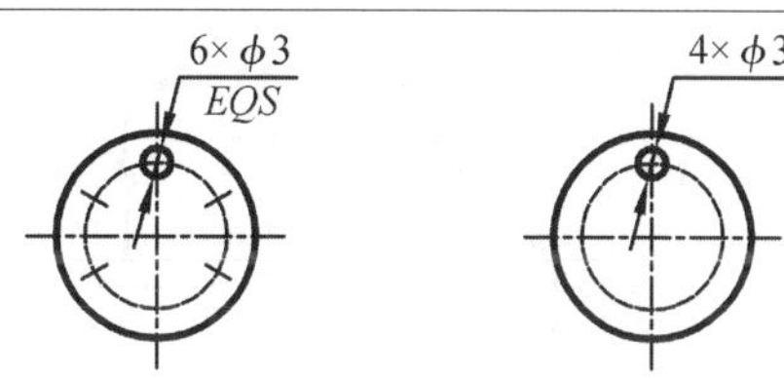
板状零件	标注板状零件的厚度时，可在尺寸数字前加符号“*t*”	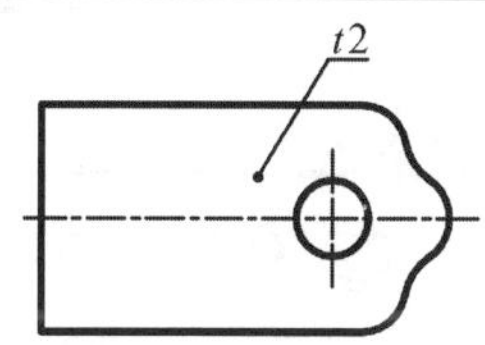
对称机件的标注	当对称机件的图形只画出一半或略大于一半时，尺寸线应略超过对称中心或断裂处的边界线，此时仅在尺寸线的一端画出箭头	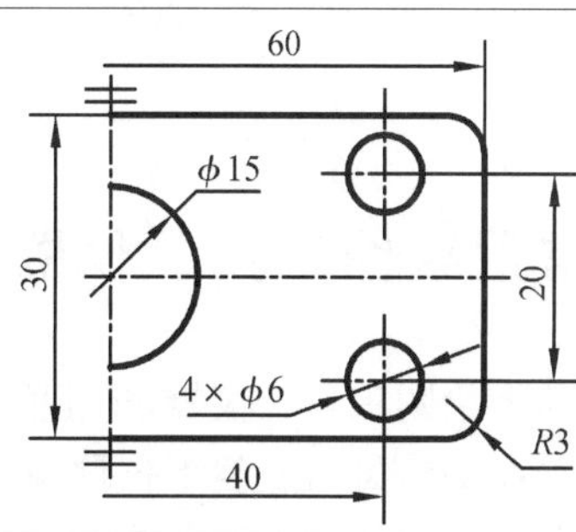

续表

标注内容	说明	示例
光滑过渡处	在光滑过渡处必须用细实线将轮廓线延长，并从它们的交点处引出尺寸界线，尺寸界线一般应与尺寸线垂直，若不清晰时，则允许尺寸界线倾斜	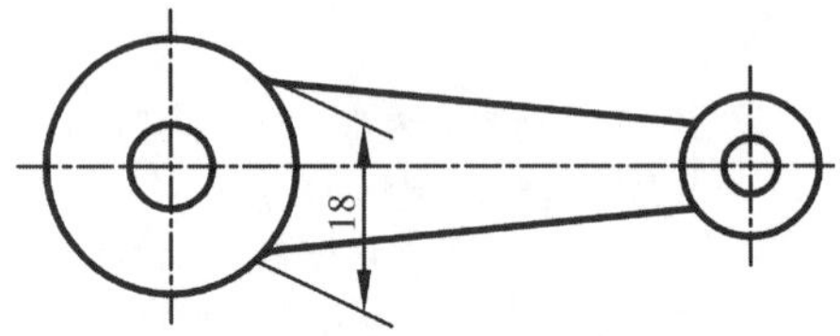
方头结构	表示剖面为正方形结构的尺寸时，可在正方形边长尺寸数字前加注符号“□”，如□14，或用 14×14 代替□14	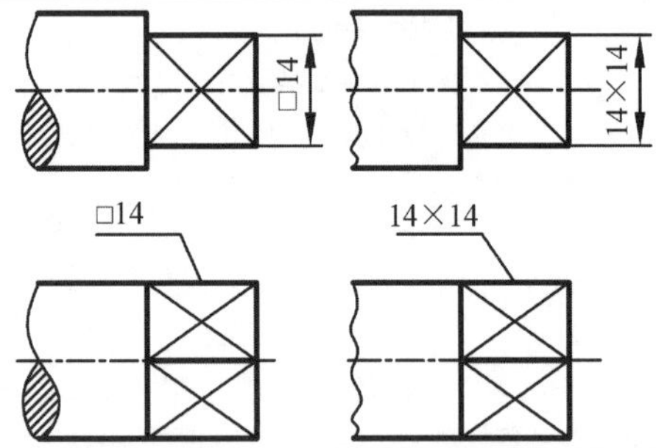
图线通过尺寸数字的处理	尺寸数字不可被任何图线所通过，否则必须将该图线断开	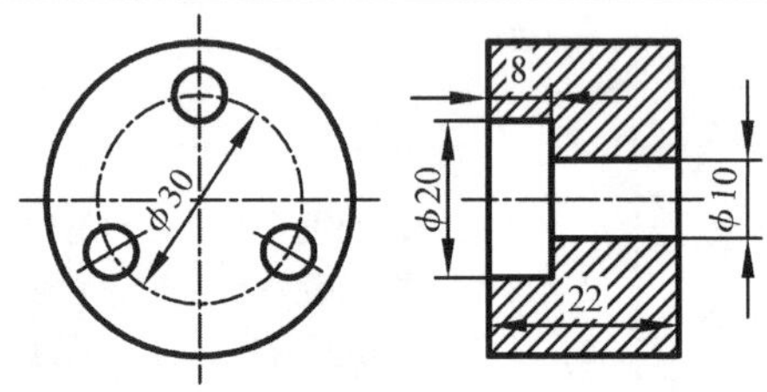

图 1-19 用对比的方法，指出了初学标注时易犯的一些常见错误。

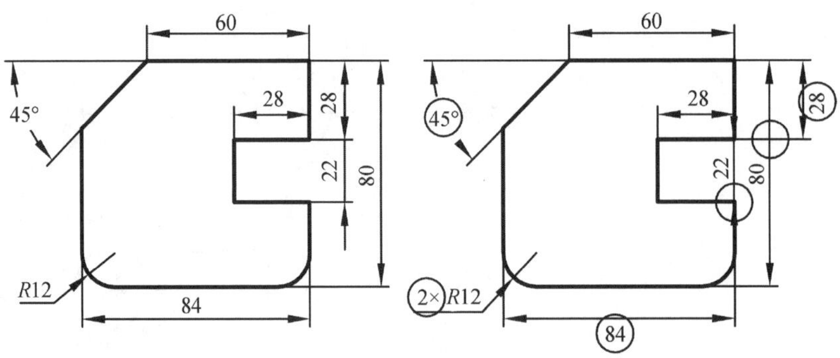

(a)正确　　　　(b)错误

图 1-19　尺寸标注的正误对比

1.2　常用绘图工具、仪器和用品及其使用方法

熟练掌握绘图工具、仪器和用品的使用方法是一名工程技术人员必备的基本素质。因为图样绘制的质量与速度不仅取决于绘图工具和仪器的质量，也取决于其能否被正确使用。因此，工程技术人员要能够正确挑选绘图工具和仪器，并养成正确使用和经常维护、保养绘图工具和仪器的良好习惯。本节将介绍图板、丁字尺、三角板、圆规、分规、

比例尺、曲线板、擦图片、绘图铅笔、绘图橡皮、胶带纸、削笔刀等常用的绘图工具、仪器和用品以及它们的使用方法。

1.2.1　图板、丁字尺和三角板

1. 图板

图板是绘图时固定图纸的垫板，如图 1-20 所示。图板板面要求平整光滑，图板四周镶有硬木边框，图板两侧的短边要保持平直光滑，它是丁字尺的导向边。在图板上常使用透明胶带纸固定图纸四角，切勿使用图钉，以免影响丁字尺的上下移动以及图钉扎孔损坏板面。图板不可受潮、暴晒，以免变形，影响绘图。

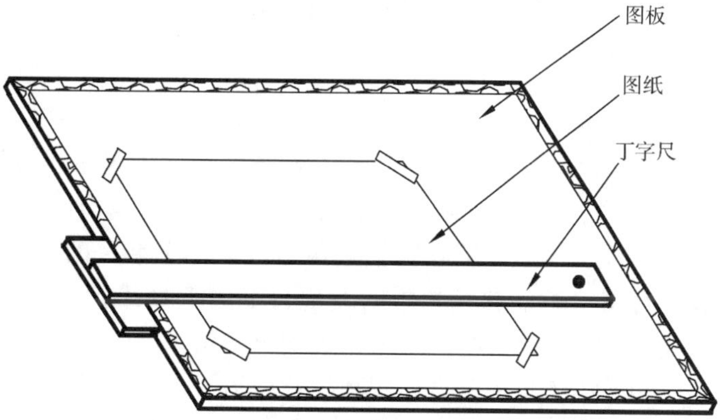

图 1-20　图板及丁字尺

图板大小有多种规格，它的选择一般应与绘图纸张的尺寸相适应，与同号图纸相比每边加长 50 mm。常用的图板尺寸规格见表 1-10。

表 1-10　图板规格

图板规格代号	0	1	2	3
图板尺寸（宽/mm×长/mm）	920×1220	610×920	460×610	305×460

2. 丁字尺

丁字尺主要用于画水平线，它由互相垂直并连接牢固的尺头和尺身两部分组成，尺身沿长度方向带有刻度的侧边为工作边。绘图时，要使尺头紧靠图板左边，并沿其上下滑动到需要画线的位置，同时使笔尖紧靠尺身，笔杆略向右倾斜，即可从左向右匀速画出水平线，如图 1-21(a)。应注意：尺头不能紧靠图板的其他边缘滑动而画线；丁字尺不用时应悬挂起来(尺身末端有小圆孔)，以免尺身翘起变形。

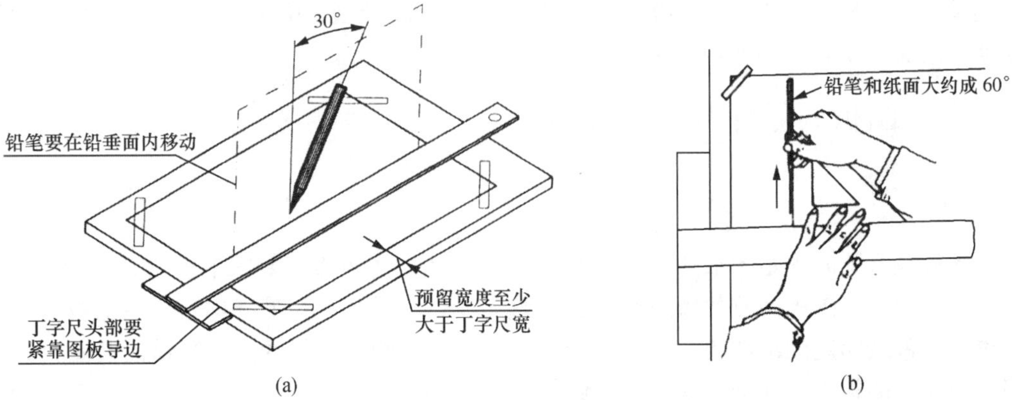

图 1-21　用丁字尺画水平和垂直线

3. 三角板

三角板由 45°和 30°(60°)各一块组成一副，规格用长度 l 表示，常用的大三角板有 20 cm、25 cm、30 cm。它主要用于配合丁字尺使用来画垂直线与倾斜线。画垂直线时，应使丁字尺尺头紧靠图板工作边，三角板一直角边紧靠住丁字尺的尺身，然后用左手按住丁字尺和三角板，再用铅笔靠在三角板的左边自下而上画线，如图 1-21(b)所示。画 30°、45°、60°倾斜线时均需丁字尺与一块三角板配合使用，当画其他 15°整数倍角的各种倾斜线时，需丁字尺和两块三角板配合使用画出，如图 1-22(a)所示。另外，两块三角板配合使用，还可以画出已知直线的平行线或垂直线，如图 1-22(b)所示。

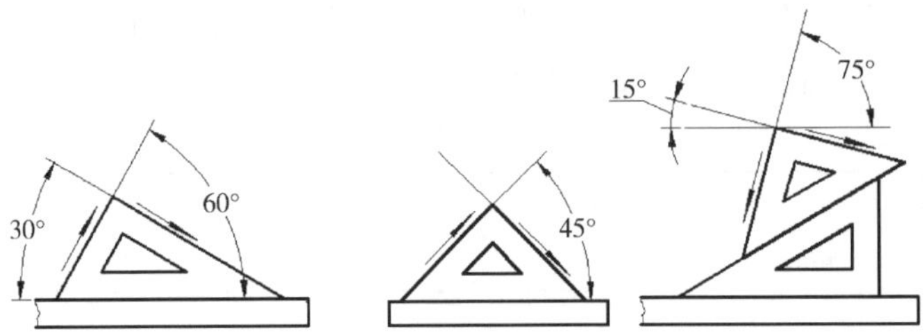

(a) 丁字尺、三角板配合画 15°倍角的斜线

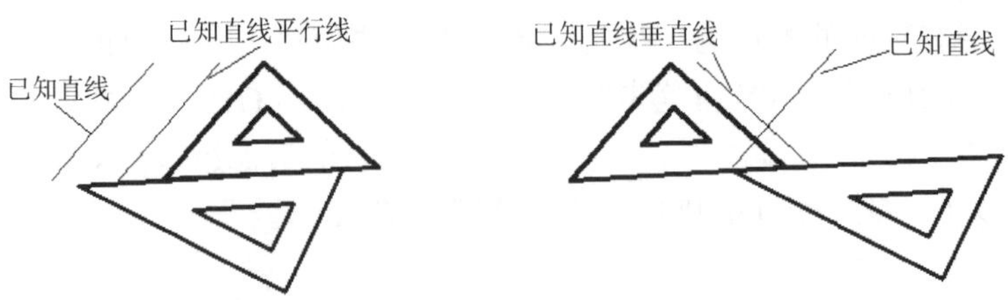

(b) 两块三角板配合作已知直线的平行线、垂直线

图 1-22　三角板的运用

1.2.2　圆规和分规

1. 圆规

圆规是用于画圆和圆弧的工具。圆规一条腿下端装有钢针，用于确定圆心，另一条腿端部可拆卸换装铅芯插脚、墨线笔插脚或钢针插脚，可分别绘制铅笔圆、墨线笔圆或作分规使用。画圆前要校正铅芯与钢针的位置，即圆规两腿合拢时，铅芯要与钢针平齐。在画图时，应使用钢针具有台阶的一端，并将其固定在圆心上，这样可不使圆心扩大，还应使铅芯尖与针尖大致等长，如图 1-23(a)所示。画圆时，先用圆规量取所画圆的半径，左手食指将针尖导入圆心位置轻轻插住，再用右手拇指和食指捏住圆规顶部手柄，顺时针方向旋转，速度和用力要均匀，并向前进方向自然倾斜。在画较大圆或圆弧时，应使圆规的两条腿都垂直于纸面，如图 1-23(b)所示。在画大圆时，还应接上延伸杆，如图 1-23(c)所示。铅芯在画底稿时，应磨成截头圆柱或圆锥形，加粗、加深底稿时应磨成扁平形。

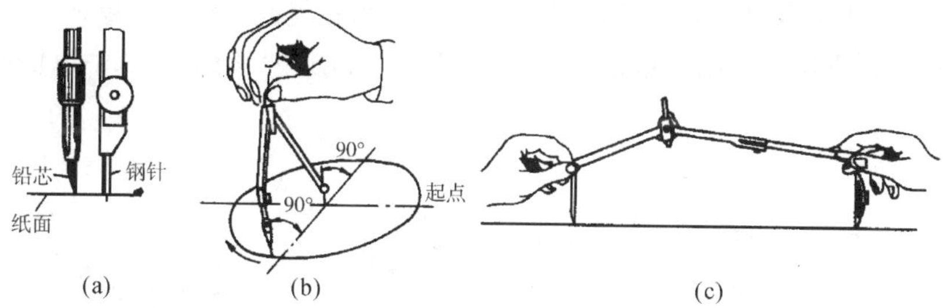

图 1-23　圆规的使用方法

2. 分规

分规主要是用来量取线段长度和等分线段的，其形状与圆规相似，但两腿都是钢针。为了能准确地量取尺寸，分规的两针尖应保持尖锐，使用时，两针尖应调整到平齐，即当分规两腿合拢后，两针尖必聚于一点，如图 1-24 (a) 所示。

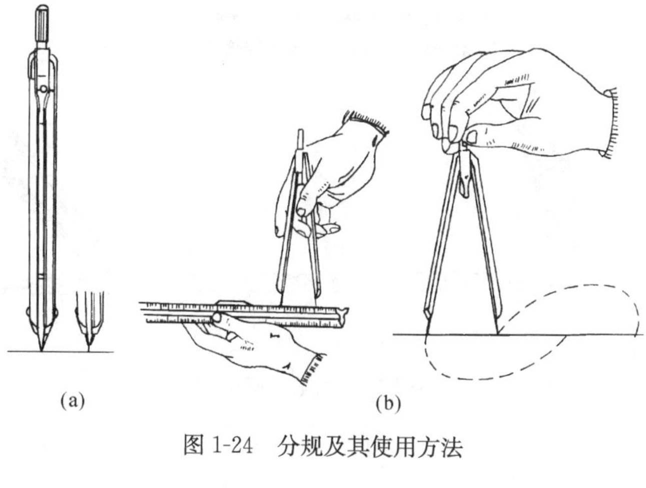

图 1-24　分规及其使用方法

等分线段时，通常用试分法，逐渐使分规两针尖调到所需距离，然后在图纸上使两针尖沿要等分的线段依次摆动前进，如图 1-24(b)所示。

1.2.3　铅笔、直线笔和绘图笔

1. 铅笔

铅笔是用来画图线或写字的。铅笔的铅芯有软硬之分，铅笔上标注的“H”表示铅芯的硬度，“B”表示铅芯的软度，“HB”表示软硬适中，“B”前的数字越大，表示铅芯越软，颜色越浓黑，“H”前的数字越大，表示铅芯越硬，颜色越浅淡，6H 和 6B 分别为最硬和最软的。画图时，应使用较硬的铅笔打底稿，如 3H、2H 等，用 HB 铅笔写字，用 B 或 2B 铅笔加粗、加深图线，因此削铅笔时应保留标号，以便识别铅笔的软硬度。由于圆规画圆时不便用力，因此圆规上使用的铅芯一般要比绘图铅笔软一级。写字或画底稿时，铅芯一般削成圆锥形，加粗、加深图线时，铅芯应磨成扁平形，笔芯露出 6～8 mm，如图 1-25(a)～(d)所示。画图时应使铅笔略向运动方向倾斜，并使之与水平线大致成 75°角，如图 1-25(e)所示，且用力要得当。用锥形铅笔画直线时，要适当转动笔杆，这样可使整条线粗细均匀，用铲形铅笔加深图线时，可削得与线宽一致，以使所画线条粗细一致。

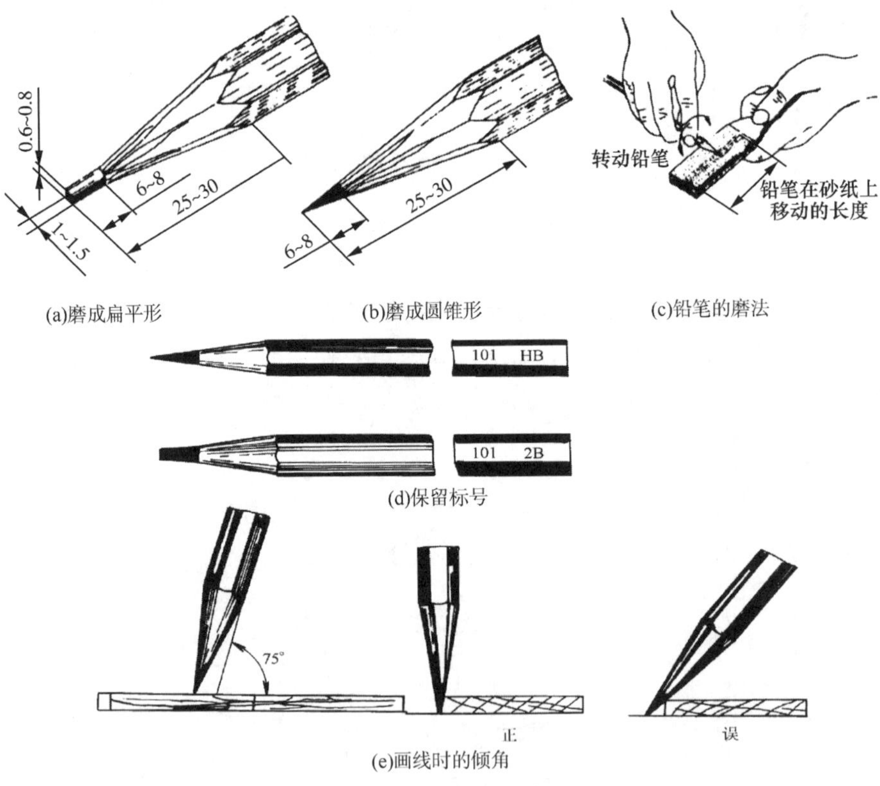

图 1-25　铅笔的使用

2. 直线笔

直线笔(也叫鸭嘴笔)是传统的上墨画线的工具。在使用直线笔时应注意每次注墨不要太多，不要让笔尖的外侧有墨，以免沾污图纸，画线时两叶片间要留有空隙，以保证墨水能流出，调整两叶片的距离为线宽，装墨高度为 6～8 mm。直线笔的使用如图 1-26 所示，外倾、内倾、墨水太多或太少都不正确。

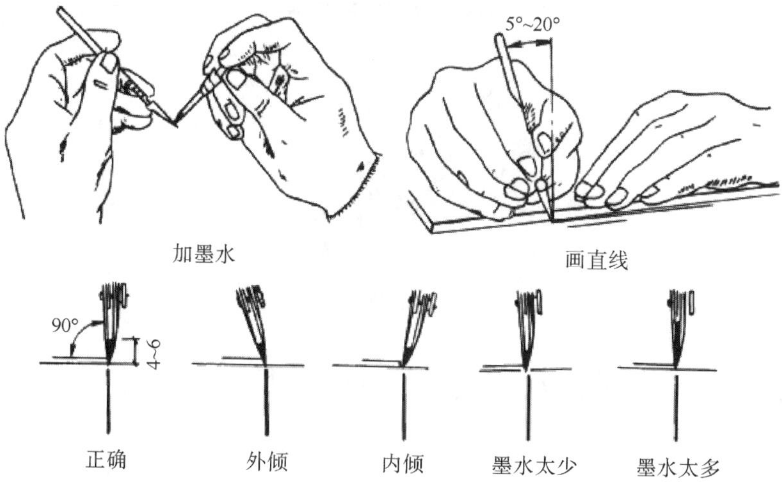

图 1-26　直线笔的使用

3. 绘图笔

绘图笔如图 1-27 所示，头部装有带通针的针管，类似自来水笔，能吸存炭素墨水，使用较方便。绘图笔分不同粗细型号，可画出不同粗细的图线，通常用的笔尖有粗(0.9 mm)、中(0.6 mm)、细(0.3 mm)三种规格，用来画粗、中、细三种线型。

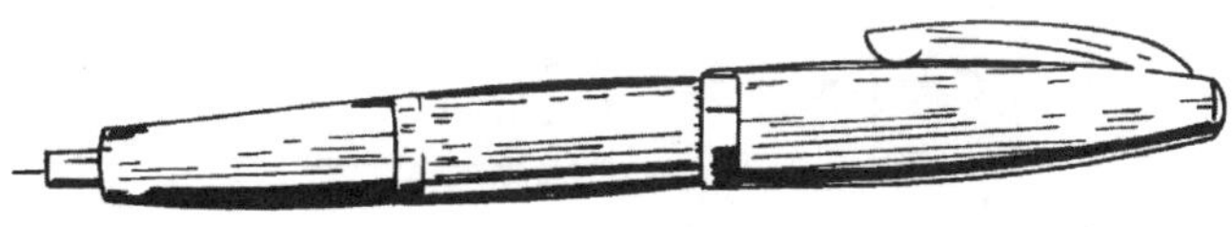

图 1-27　绘图笔

1.2.4　比例尺

比例尺是用来按一定比例量取长度的专用量尺，可放大或缩小尺寸，如图 1-28 所示。常用的比例尺有两种：一种外形呈三棱柱体，上有六种(1∶100、1∶200、1∶300、1∶400、1∶500、1∶600)不同的比例，称为三棱尺；另一种外形像直尺，上有三种不同的比例，称为比例直尺。画图时可按所需比例，用尺上标注的刻度直接量取而不需换算。例如，按 1∶100 比例，画长度为 10 m 的图线，可在比例尺上找到 1∶100 的刻度一边，直接量取 10 即可。利用 1∶100 的比例尺，还可以读出 1∶1、1∶10、1∶1000 等放大或缩小的比例。例如按 1∶1000 比例，画长度为 200 m 的图线，可在 1∶100 的刻度一边，量取 20 即可。同理在比例尺 1∶200 的刻度上，也可读出 1∶2、1∶20、1∶2000 等比例的尺寸。

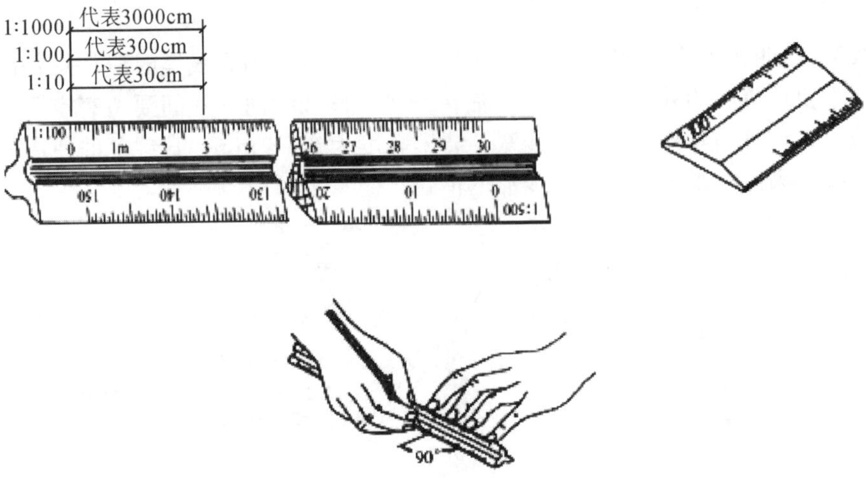

图 1-28　比例尺及使用

1.2.5　擦图片、曲线板、机械模板和量角器

1. 擦图片

擦图片是用来擦除图线的。擦图片用薄塑料片或金属片制成，上面刻有各种形状的镂孔，如图 1-29 所示。使用时，可选择擦图片上形状、大小适宜的镂孔，盖在图线上，使要擦去的部分从镂孔中露出，再用橡皮擦拭，以免擦坏其他部分的图线，并保持图面清洁。

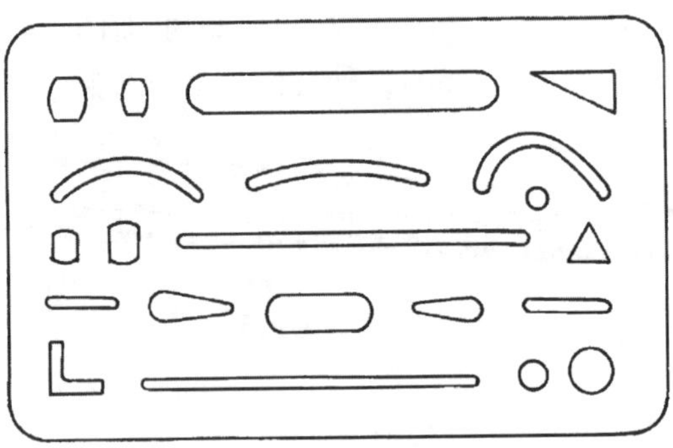

图 1-29　擦图片

2. 曲线板

曲线板是用于画非圆曲线的工具。曲线板的使用方法如图 1-30 所示，首先求得曲线上若干点，再徒手用铅笔过各点轻轻勾画出曲线，然后选择曲线板上曲率合适的部分逐段描绘，每一段中，至少有四个点与曲线板吻合，每描一段线要比曲线板吻合的部分稍短，留一部分待在下一段中与曲线板再次吻合后描绘(即“找四连三，首尾相叠”)，这样才能使所画的曲线连接光滑。

(a)　　(b)

图 1-30　曲线板及其使用

3. 机械模板和量角器

机械模板主要用来画各种机械标准图例和常用符号，如几何公差项目符号、表面粗糙度符号、斜度符号、锥度符号、箭头等，如图 1-31(a)所示。模板上刻有用以画出各种不同图例或符号的孔，其大小符合一定的比例，只要用铅笔在孔内画一周，图例就画出来了。使用机械模板，可提高画图的速度和质量。量角器用来测量角度，如图 1-31(b)所示。

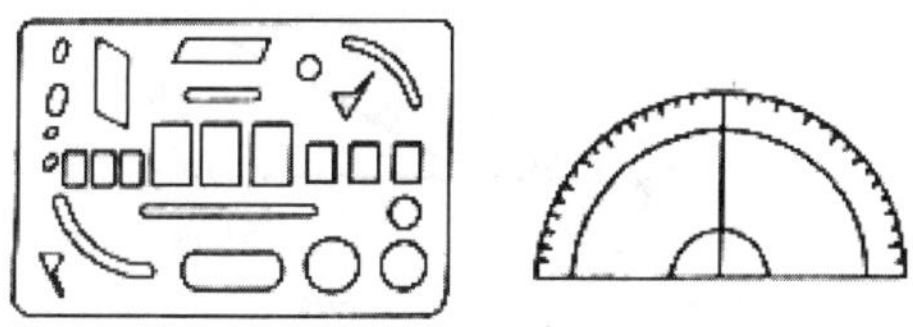

(a)　　(b)

图 1-31　机械模板和量角器

1.2.6　绘图纸和其他绘图用品

1. 绘图纸

绘图时要选用专用的绘图纸。专用绘图纸的纸质坚实、纸面洁白，且符合国家标准规定的幅面尺寸。图纸有正反面之分，绘图前可用橡皮擦拭来检验其正反面，擦拭起毛严重的一面为反面。

2. 其他绘图用品

在绘图时，还需要准备削铅笔刀、橡皮、固定图纸用的塑料透明胶纸、磨铅笔用的砂纸以及清除图纸上橡皮屑的小刷等。

1.3　几何作图

在制图过程中，常会遇到等分线段、等分圆周、作正多边形、画斜度或锥度、圆弧连接及绘制非圆曲线等的几何作图问题。本节将对这些几何作图方法进行介绍。

1.3.1 等分线段、等分角和等分圆

1. 等分线段和等分角

等分线段和等分角的几何作图方法见表 1-11。

表 1-11　等分线段和等分角的几何作图方法

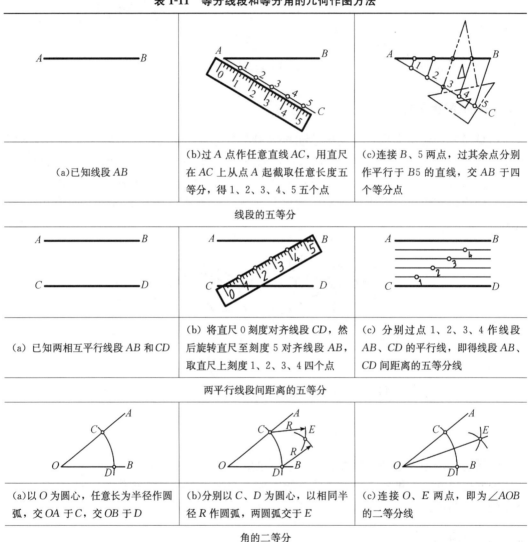

	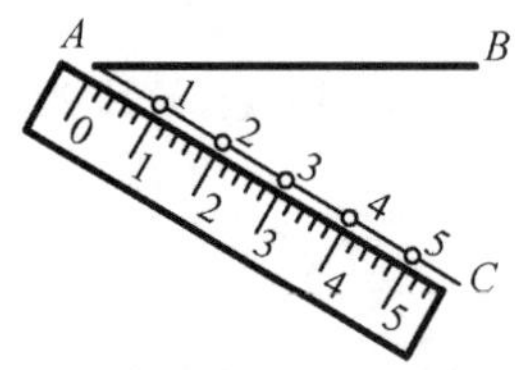	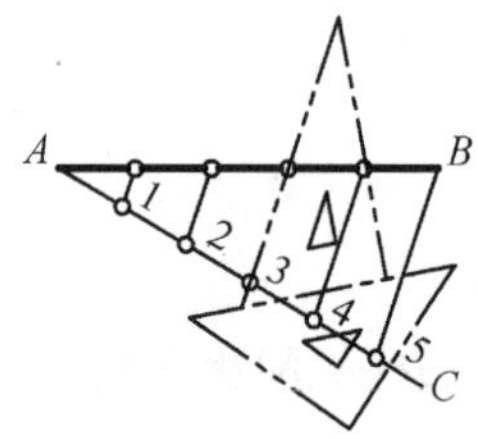
(a)已知线段 *AB*	(b)过 *A* 点作任意直线 *AC*，用直尺在 *AC* 上从点 *A* 起截取任意长度五等分，得 1、2、3、4、5 五个点	(c)连接 *B*、5 两点，过其余点分别作平行于 *B*5 的直线，交 *AB* 于四个等分点
线段的五等分		
	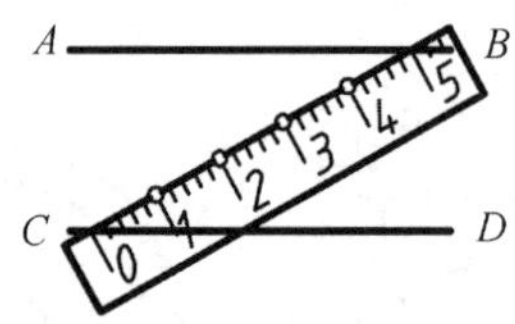	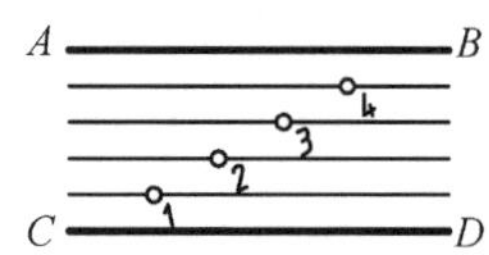
(a) 已知两相互平行线段 *AB* 和 *CD*	(b) 将直尺 0 刻度对齐线段 *CD*，然后旋转直尺至刻度 5 对齐线段 *AB*，取直尺上刻度 1、2、3、4 四个点	(c) 分别过点 1、2、3、4 作线段 *AB*、*CD* 的平行线，即得线段 *AB*、*CD* 间距离的五等分线
两平行线段间距离的五等分		
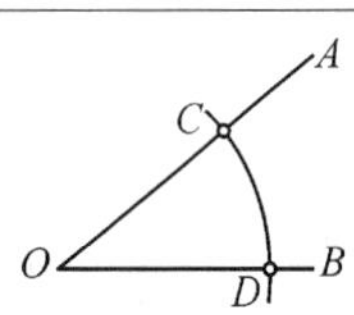	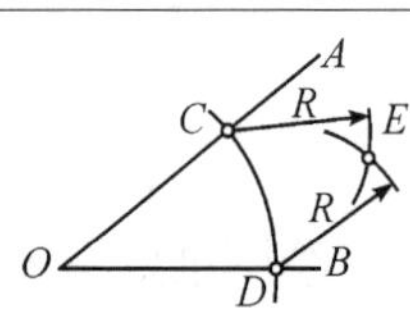	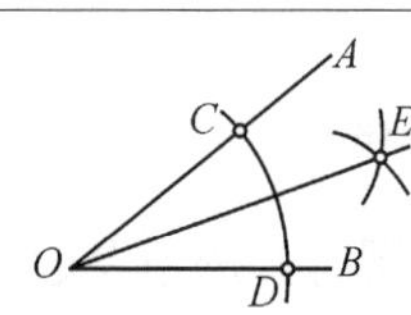
(a)以 *O* 为圆心，任意长为半径作圆弧，交 *OA* 于 *C*，交 *OB* 于 *D*	(b)分别以 *C*、*D* 为圆心，以相同半径 *R* 作圆弧，两圆弧交于 *E*	(c)连接 *O*、*E* 两点，即为∠*AOB* 的二等分线
角的二等分		

2. 等分圆

表 1-12 列出了用尺规等分圆作圆内接正多边形的方法和步骤。

表 1-12　等分圆作圆内接正多边形的方法和步骤

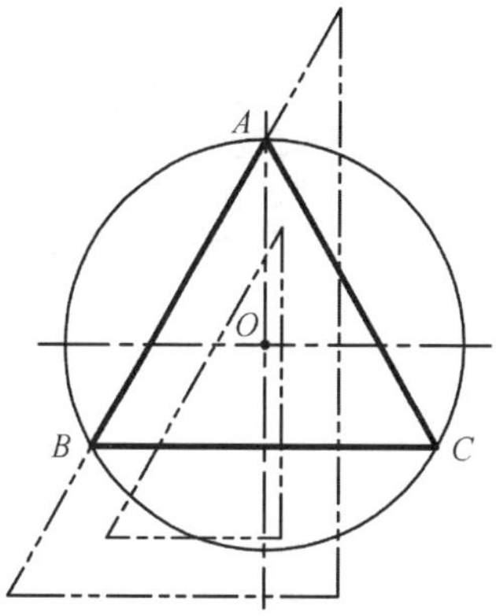	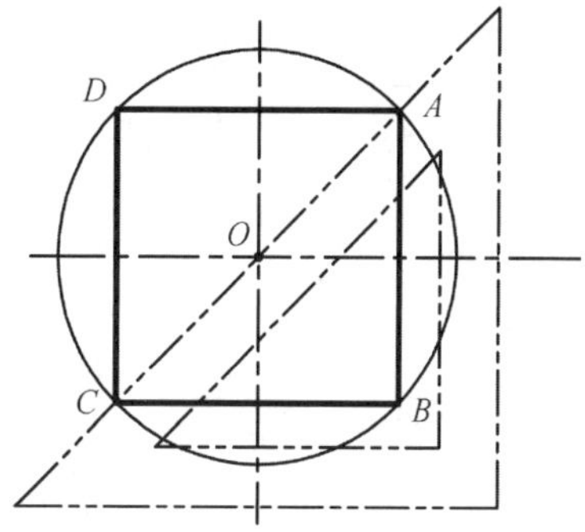
等边三角形 60°三角板短直角边水平放置，用其斜边过顶点 A 画线，与外接圆交于点 B，过 B 点画水平线交外接圆于点 C，连接 A、B、C 三点即可	正方形 45°三角板一直角边水平放置，用其斜边过圆心画线，与外接圆交于 A、C 两点，分别过 A 点、C 点作水平线交外接圆于 D、B 两点，依次连接 A、B、C、D 四点即可
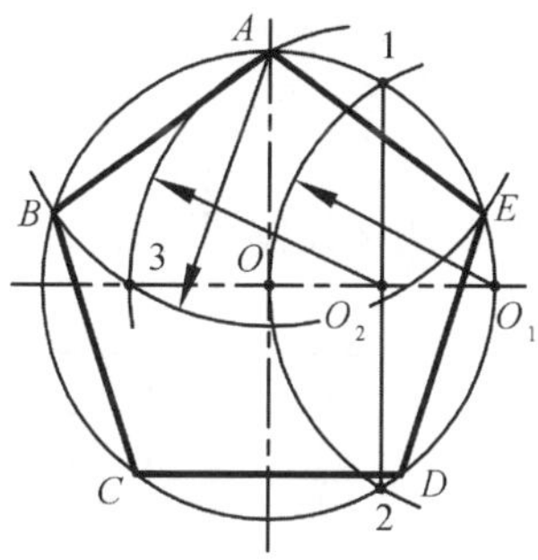	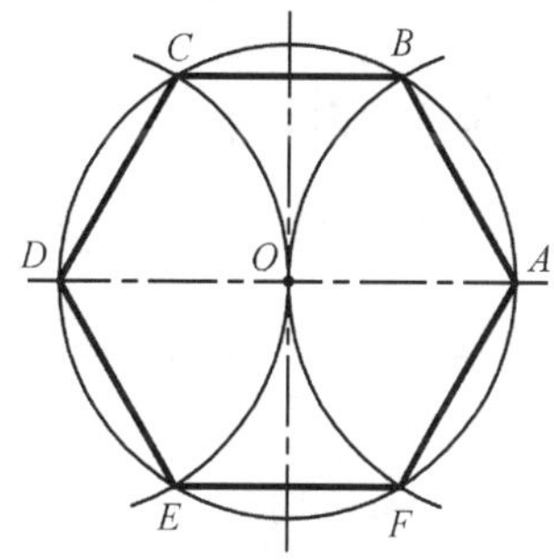
正五边形 以 O_1 为圆心，O_1O 为半径，画圆弧与外接圆交于 1、2 两点，连接点 1、2 与水平中心线交于 O_2 即为半径 OO_1 的中点；以 O_2 为圆心，O_2A 为半径画弧交水平中心线于点 3；以 $A3$ 为边长，用它在外接圆上顺次截取得到点 A、B、C、D、E，依次连接 A、B、C、D、E 五点即可	正六边形 分别以 A、D 为圆心，AO、DO 为半径画圆弧交外接圆于 B、F、C、E 四点，依次连接 A、B、C、D、E、F 六点即可

任意圆内接正多边形的画法：

若已知圆半径为 R，求作圆内接正 n 边形，则作图步骤(以作正七边形为例)如图 1-32所示。

作图步骤：

(1)把直径 AB 分为七等分，得等分点 1、2、3、4、5、6；

(2)以点 A 为圆心，AB 长为半径作圆弧，交水平中心线的延长线于Ⅰ、Ⅱ两点；

(3)从Ⅰ、Ⅱ两点分别向偶数点 2、4、6(或奇数点 1、3、5)作连线并延长与圆相交于 C、H、D、G、E、F 点，依次连接 A、C、D、E、F、G、H 各点即得所作的正七边形。

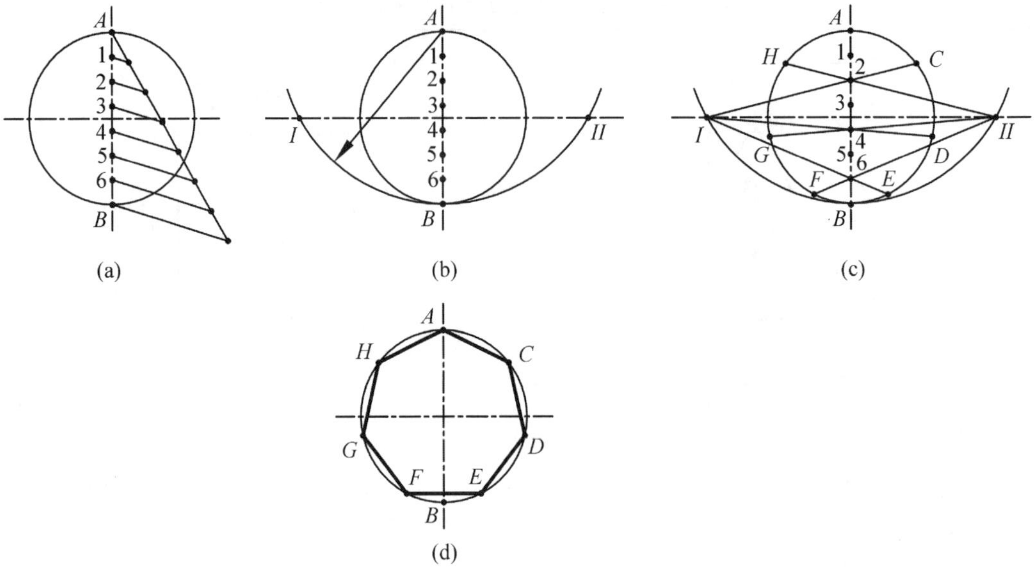

图 1-32　圆内接正七边形的画法

1.3.2　椭圆的画法

椭圆有多种不同的画法。这里介绍同心圆法和四心圆法两种作图方法，见表 1-13。

表 1-13　椭圆的画法

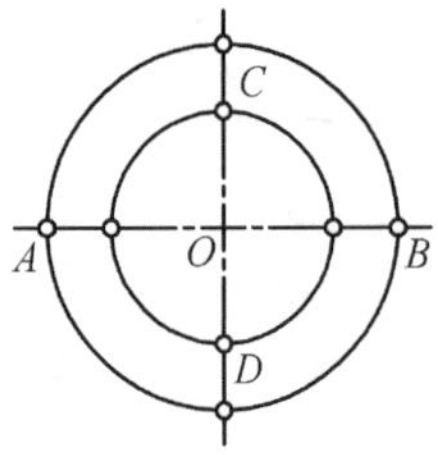	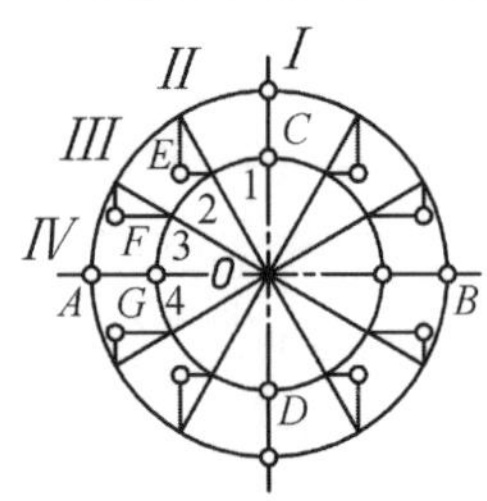	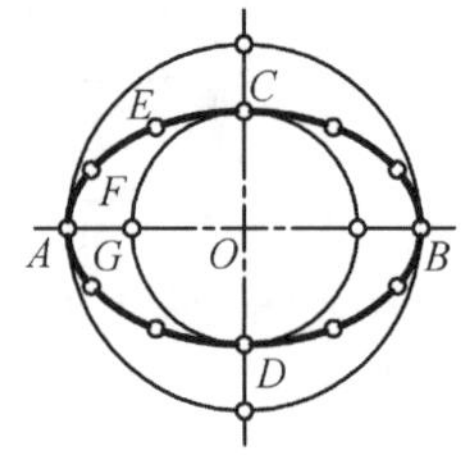
(a)已知椭圆的长轴 AB 和短轴 CD，以 O 为圆心，分别以 OA、OC 为半径画两个同心圆	(b)将两同心圆等分(图例为 12 等分)，得各等分点 Ⅰ、Ⅱ、Ⅲ、Ⅳ… 和 1、2、3、4…。过大圆等分点作短轴的平行线，过小圆等分点作长轴的平行线，分别交于点 E、F、G…	(c)用曲线板顺序将点 E、F、G…光滑地连接起来，即为椭圆
同心圆法作椭圆		
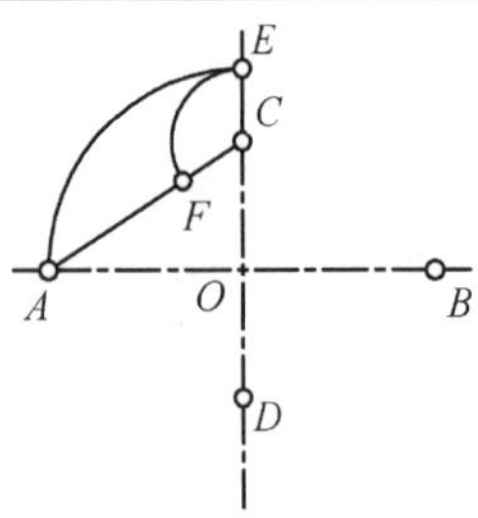	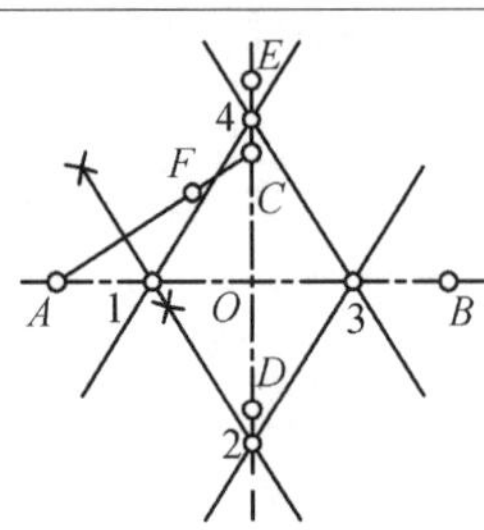	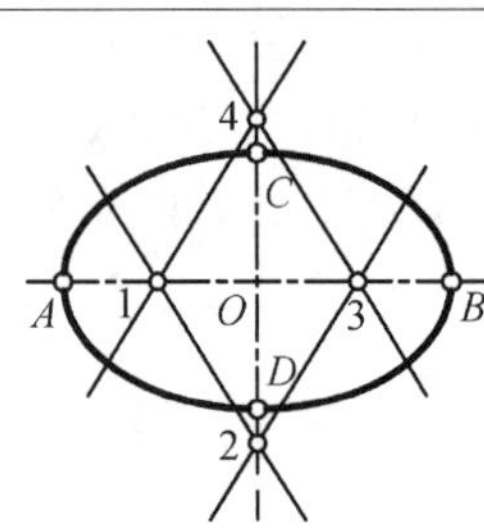

续表

(a)已知椭圆的长轴 AB 和短轴 CD，以 O 为圆心，OA 为半径画圆弧交短半轴 OC 延长线于点 E。再以 C 为圆心，CE 为半径画圆弧交 AC 于点 F	(b)作线段 AF 的垂直平分线，与长、短轴分别交于点 1、2，再取点 1、2 的对称点 3、4。作连心线 21、23、41、43，并如图延长	(c)分别以 1、3 为圆心，$1A$、$3B$ 为半径画圆弧至连心线的延长线，再分别以 2、4 为圆心，$2C$、$4D$ 为半径画圆弧至连心线的延长线，即为椭圆

四心圆法作椭圆

1.3.3　斜度和锥度

1. 斜度

斜度是指一直线(或一平面)对另一直线(或另一平面)的倾斜程度。其大小用该两直线(或平面)间夹角的正切来表示，并将比值化为 1∶n 的形式，即斜度$=\tan\alpha=H/L=1:L/H=1:n$，如图 1-33(a)所示。标注斜度时，在数字前应加注符号“∠”，符号“∠”的指向应与直线或平面倾斜的方向一致，如图 1-33(b)所示。

若要对直线 AB 作一条斜度为 1∶10 的倾斜线，则作图方法为：先过点 B 作 $CB\perp AB$，并使 $CB:AB=1:10$，连接 AC，即得所求斜线，如图 1-33(c)所示。

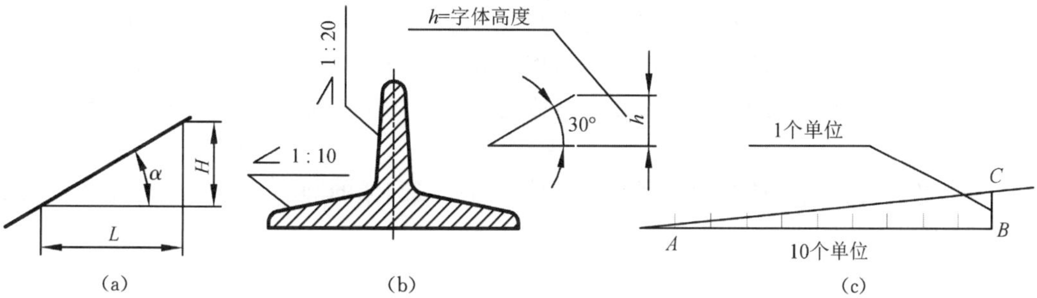

图 1-33　斜度、斜度符号和斜度的画法

图 1-34 所示的是斜度为 1∶15 的钩头楔键的作图步骤。

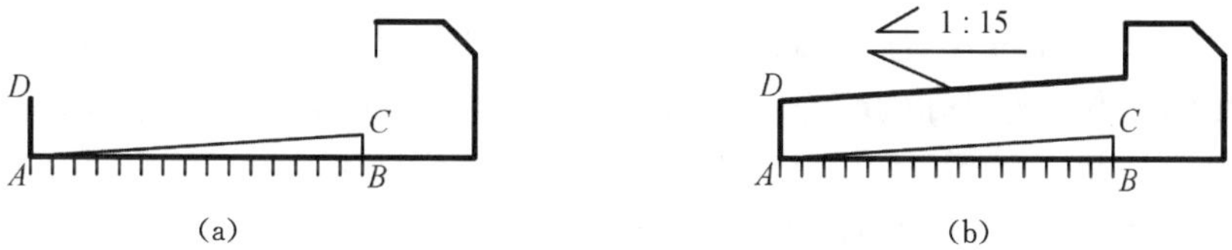

图 1-34　钩头楔键斜度的画法

(1)以合适的长度作为单位长度，在水平线上截取 $AB=15$ 个单位长度；过 B 作垂线，取 $BC=1$ 个单位长度，连接 AC 即得斜度 1∶15 的斜线。

(2)过 D 作 AC 的平行线，即作出斜度为 1∶15 的钩头楔键斜面。

2. 锥度

锥度是指正圆锥的底圆直径 D 与该圆锥高度 H 之比，而对于圆台，则为两底圆直径之差$(D-d)$与圆台高度 h 之比，即锥度$=D/H=(D-d)/h=2\tan\alpha$（其中 α 为 1/2 锥顶角)，同样将比值化为 1∶n 的形式，如图 1-35（a）所示。

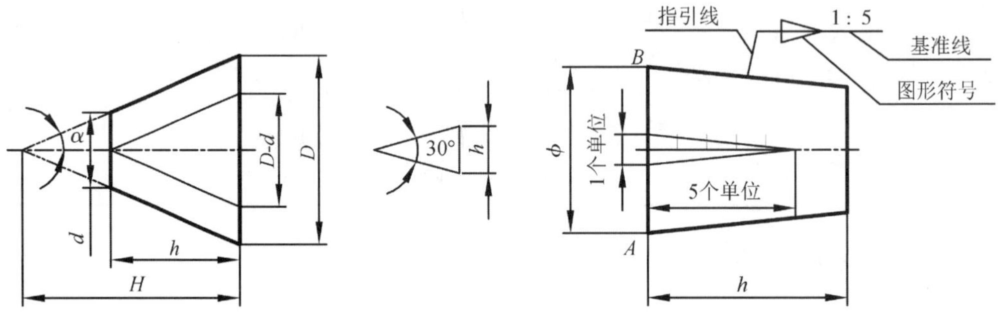

(a)　　(b)　　(c)

图 1-35　锥度、锥度符号和锥度的画法

锥度在图样上的标注形式为 1∶n，且在数字之前加注符号"◁"，如图 1-35(c)所示。符号尖端方向应与锥顶方向一致。

若要求作一锥度为 1∶5 的圆台锥面，且已知底圆直径为 ϕ，圆台高度为 h，则其作图方法如图 1-35(c)所示。

1.3.4　圆弧连接

绘制平面图形时，经常需要用圆弧将两条直线、一圆弧与一直线或两个圆弧之间光滑地连接起来，这里讲的连接，指圆弧与直线或圆弧与圆弧的连接处是相切的，这种连接作图称为圆弧连接。用来连接已知直线或已知圆弧的圆弧称为连接圆弧，切点称为连接点。

圆弧连接作图时要解决两个问题：一是求出连接圆弧的圆心位置；二是找出连接点即切点的位置。

圆弧连接作图的几何原理如下：

(1)与已知直线相切的半径为 R 的圆弧，其圆心轨迹是与已知直线平行且距离为 R 的两条直线，切点是由选定圆心向已知直线作垂线的垂足。

(2)与已知圆心为 O_1、半径为 R_1 的圆弧外切时，半径为 R 的连接圆弧的圆心的轨迹是以 O_1 为圆心，以 $R+R_1$ 为半径的已知圆弧的同心圆，切点是选定圆心 O 与 O_1 的连线与已知圆弧的交点；与已知圆心为 O_1、半径为 R_1 的圆弧内切时，半径为 R 的连接圆弧的圆心的轨迹是以 O_1 为圆心，以 $R-R_1$ 为半径的已知圆弧的同心圆，切点是选定圆心 O 与 O_1 的连线的延长线与已知圆弧的交点。

1. 用圆弧连接两直线

设连接圆弧的半径为 R，则用该圆弧将直线 L_1 及 L_2 光滑连接的作图方法如图 1-36(a)所示。

(1)作直线 I 和 II 分别与 L_1 和 L_2 平行，且距离为 R，直线 I 和 II 的交点 O 即为连接圆弧的圆心。

(2)过圆心 O 分别作 L_1 和 L_2 的垂线，垂足 a 和 b 即为连接点（即切点）。

(3)以 O 为圆心，R 为半径画圆弧 $\overset{\frown}{ab}$，即为连接圆弧。

当两已知直线垂直时，其作图方法如图 1-36(b)所示。

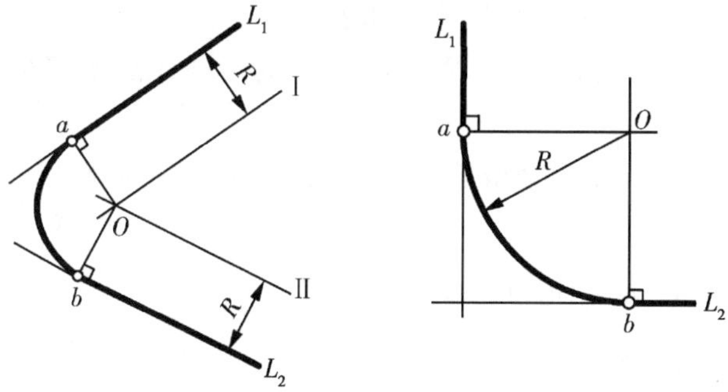

(a)　　(b)

图 1-36　用圆弧连接两已知直线

2. 用圆弧连接两已知圆弧

用圆弧连接两已知圆弧可分为外切连接、内切连接和混合切连接(连接圆弧的一端与一已知圆弧外切连接，另一端与另一已知圆弧内切连接)三种情况，如图 1-37 所示。

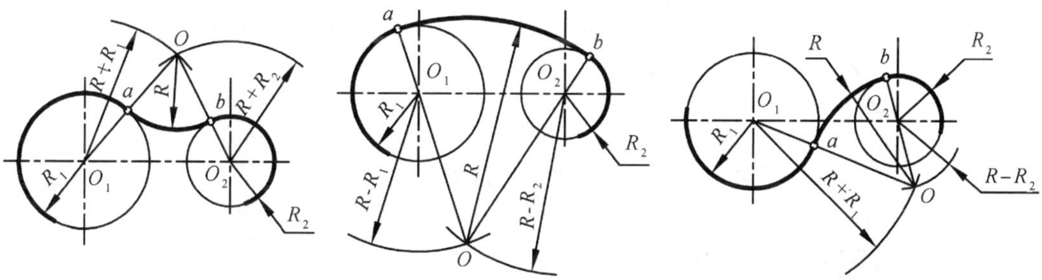

(a)外切连接　　(b)内切连接　　(c)混合切连接

图 1-37　用圆弧连接两已知圆弧

1)外切连接

如图 1-37(a)，连接圆弧同时与两已知圆弧相外切的作图步骤如下：

(1)分别以 O_1、O_2为圆心，$R+R_1$、$R+R_2$为半径作圆弧相交于 O，交点 O 即为连接圆弧的圆心；

(2)连接 OO_1和 OO_2分别与已知圆弧相交得连接点 a 和 b；

(3)以 O 为圆心，R 为半径作圆弧$\overset{\frown}{ab}$即为所求。

2)内切连接

如图 1-37(b)，连接圆弧同时与两已知圆弧相内切的作图步骤如下：

(1)分别以 O_1、O_2为圆心，$R-R_1$、$R-R_2$为半径作圆弧相交于 O，交点 O 即为连接圆弧的圆心；

(2)连接 OO_1和 OO_2并延长与已知圆弧相交得连接点 a 和 b；

(3)以 O 为圆心，R 为半径作圆弧$\overset{\frown}{ab}$即为所求。

3)混合切连接

如图 1-37(c)，混合切连接的作图步骤如下：

(1)分别以 O_1、O_2 为圆心，$R+R_1$、$R-R_2$ 为半径作圆弧相交于 O，交点 O 即为连接圆弧的圆心；

(2)连接 OO_1 与已知圆弧相交得连接点 a，连接 OO_2 并延长与已知圆弧相交得连接点 b；

(3)以 O 为圆心，R 为半径作圆弧 $\overset{\frown}{ab}$ 即为所求。

3. 用圆弧连接一已知直线和一已知圆弧

连接圆弧的一端与已知直线相切而另一端与已知圆弧外切连接或内切连接，其作图方法与圆弧与直线相切连接、圆弧与圆弧外切连接或内切连接的作图相同，如图 1-38 所示。

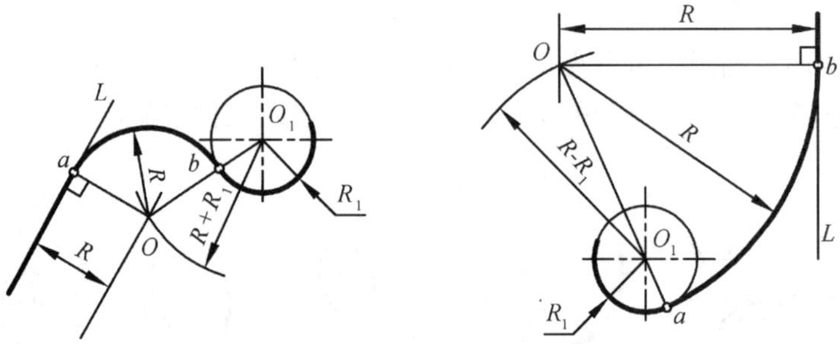

图 1-38　用圆弧连接一已知直线和一已知圆弧

1.4　平面图形的分析和画法

1.4.1　平面图形的分析

平面图形是由许多基本线段(直线或曲线)作为几何要素连接而成的。有些线段可以根据所给定的尺寸直接画出，而有些线段则需要利用已知条件和线段间的连接关系才能间接画出。因而，在画图时应先对平面图形进行分析，即对平面图形的构成、各线段性质及它们之间的相互关系进行分析，然后在此基础上确定画图步骤。对平面图形的分析包括尺寸分析和线段分析。

1. 平面图形的尺寸分析

尺寸按其在平面图形中所起的作用，可以分为定形尺寸和定位尺寸两类。定形尺寸和定位尺寸由尺子基准确定，要想确定平面图形中线段的相对位置，必须了解尺寸基准的概念。

1)尺寸基准

尺寸基准就是标注尺寸的起点。对平面图形来说，需要两个方向的尺寸基准，即水平方向(长度方向)尺寸基准和竖直方向(高度方向)尺寸基准。一般平面图形中常选用的尺寸基准有：对称图形的对称线、圆的中心线、重要轮廓线等。在图 1-39 所示的平面图形中，水平中心线 B 是竖直方向(此处为径向)的尺寸基准，轮廓线 A 是水平方向的尺寸基准。

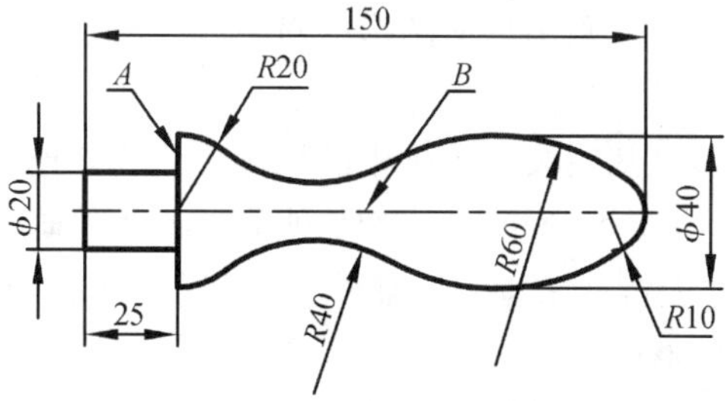

图 1-39　平面图形的尺寸与线段分析

2)定形尺寸

定形尺寸是确定平面图形中各几何要素形状大小的尺寸，如直线的长度、圆弧的直径或半径以及角度的大小等。如图 1-39 中的 $R60$、$R40$、$R10$、$\phi20$ 等即为定形尺寸。

3)定位尺寸

确定平面图形上几何要素间相对位置的尺寸称为定位尺寸，如图 1-39 中的 $\phi40$、25 等。一般一个几何要素，需要两个方向的定位尺寸才能确定其在平面图形中的准确位置。

从尺寸基准出发，通过各定位尺寸，可确定图形中各组成部分的相对位置，通过各定形尺寸，可确定图形中各组成部分的大小。

2. 平面图形的线段分析

在绘制平面图形时，需要根据尺寸进行线段分析。平面图形中的线段按所标尺寸的不同可分为三类：

1)已知线段

有定形尺寸和两个方向上的定位尺寸，根据给出的尺寸可以直接画出的线段称为已知线段。如图 1-39 中，半径为 $R20$、$R10$ 的两个圆弧以及图中的直线是已知线段。

2)中间线段

有定形尺寸和一个方向上的定位尺寸，缺少的另一个方向上的定位尺寸必须通过该线段与另外一个几何要素的连接关系才能计算得出的线段。如图 1-39 中 $R60$ 的圆弧是中间线段。

3)连接线段

只有定形尺寸，而无定位尺寸，其两个定位尺寸必须通过该线段两端与另外两个几何要素的连接关系才能计算得出的线段。如图 1-39 中 $R40$ 的圆弧，其两个方向上的定位尺寸均未给出，需要通过它与两端线段($R20$ 和 $R60$ 圆弧)的连接关系才能计算得出。

1.4.2　平面图形的画法

平面图形的作图步骤如下：

(1)将图纸用胶带纸固定在图板上，位置要适当。一般将图纸粘贴在图板的左下方，图纸左边至图板边缘 3～5 cm，图纸下边至图板边缘的距离略大于丁字尺的宽度。

(2)按制图标准的要求，先把图框线及标题栏的位置画好。可暂时不将粗实线加粗、加深，留待与图形中的粗实线一起加粗、加深。

(3)根据图样的数量、大小及复杂程度选择比例，确定平面图形的绘图基准(确定平面图形在图框中的准确位置)，画出平面图形的对称线、中心线或上、下、左、右的重要轮廓线。

(4)画底稿。按照先画已知线段，再画中间线段，最后画连接线段的顺序画图形的轮廓线。先画主要轮廓线，再由大到小，由整体到局部，直至画出所有轮廓线。底稿一般用 H 至 3H 的铅笔铅芯磨成锥状来画，底稿线应做到轻、细、准，底稿完成后要检查有无错误结构，并擦去多余的线。

(5)画尺寸界限、尺寸线以及其他符号等。

(6)进行仔细的检查，擦去多余的底稿线。

(7)用铅笔加粗、加深。各类线型的加粗、加深顺序是：中心线、粗实线、虚线、细实线。加粗、加深同类线型时，要按照先曲线后直线，先水平线后垂直线，水平线从上

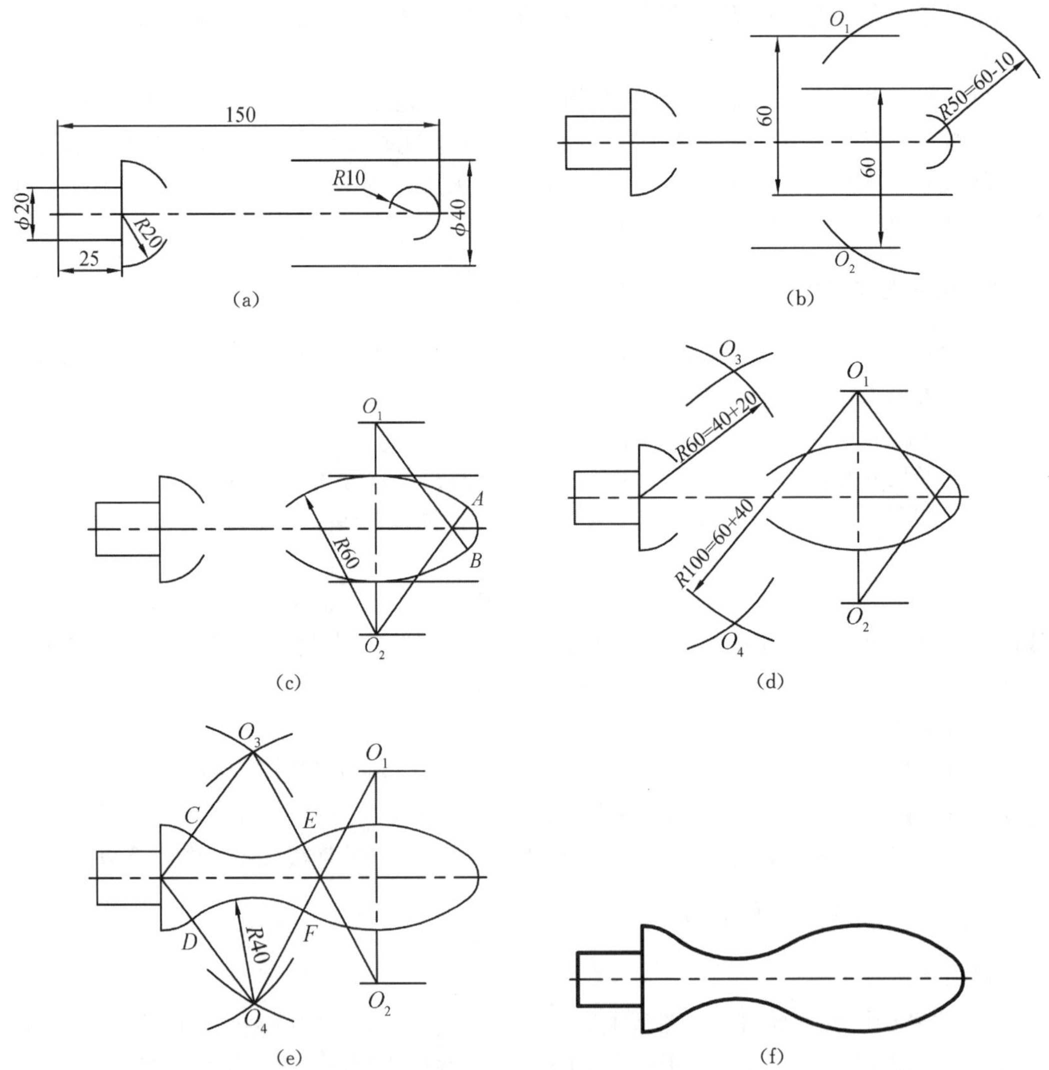

图 1-40　平面图形的画图步骤

到下，垂直线从左到右的顺序一次完成。加粗、加深后的同类图线，其粗细和颜色深浅要保持一致。加粗、加深粗实线时，要以底稿线为中心线，以保证图形的准确性。

(8)注写尺寸数字。

(9)加粗、加深图框线、标题栏及表格，并填写其内容及说明。

图 1-39 所示平面图形的绘图步骤如图 1-40 所示。

1.5　徒手草图的绘制

草图是不借助绘图工具，而目测表达对象的形状大小，仅用铅笔以徒手绘制的图样。在机器测绘、讨论设计方案、技术交流或现场参观时，由于受条件和时间的限制，常采用手绘草图。由于绘制草图迅速、简便，所以有很大的实用价值。

草图不是潦草的图，除比例一项外，草图上的线条也要粗细分明，基本平直，方向正确，长短大致符合比例，线型符合国家标准。画草图要求：画线要稳，图线清晰；目测要准，比例适当；尺寸无误，字体工整等。画草图的铅笔要软些，例如，B 或 2B。

1.5.1　徒手绘制基本几何要素的方法

1. 直线的画法

画直线时，根据直线的长度先定出起讫点，眼视终点，小指压住纸面，手腕不宜紧贴纸面，随线移动画到终点。运笔力求自然，眼睛应朝着前进方向，随时留意线段终点。画长线时可用目测在直线中间定出几个点，然后分段画出。

画水平线线时，图纸倾斜放置，从左至右画出，如图 1-41(a)所示；画垂直线时，应由上而下画出，如图 1-41(b)所示；画斜线时，应从左下角至右上角画出，或从左上角至右下角画出，如图 1-41(c)所示。

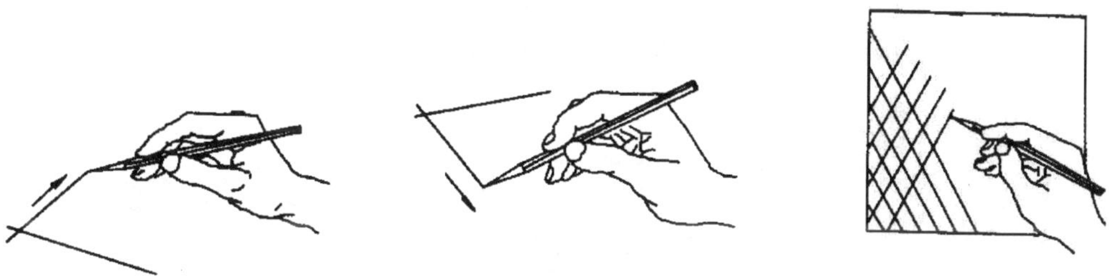

(a)水平直线　　(b)画垂直线　　(c)画斜线

图 1-41　徒手画直线

画与水平线成 30°、45°、60°的斜线时，可利用两直角边的比例关系近似画出，如图 1-42(a)～(c)所示。画 10°和 15°等角度线时，可先画出 30°线后再等分求得，如图 1-42(d)所示。

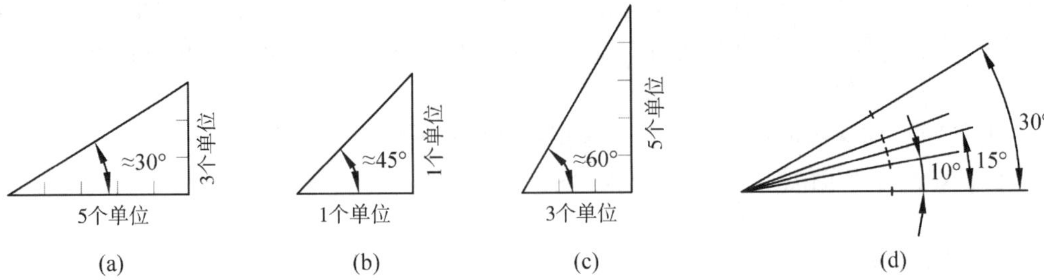

图 1-42　徒手画特殊角度

2. 圆的画法

画圆时先徒手作两条相互垂直的中心线，定出圆心，再过中心点画出与水平线成 45°角的斜交线，再根据直径大小，目测估计半径的大小后在各线上定出半径长度相同的八个点，然后徒手将各点连接成圆。如图 1-43 所示。

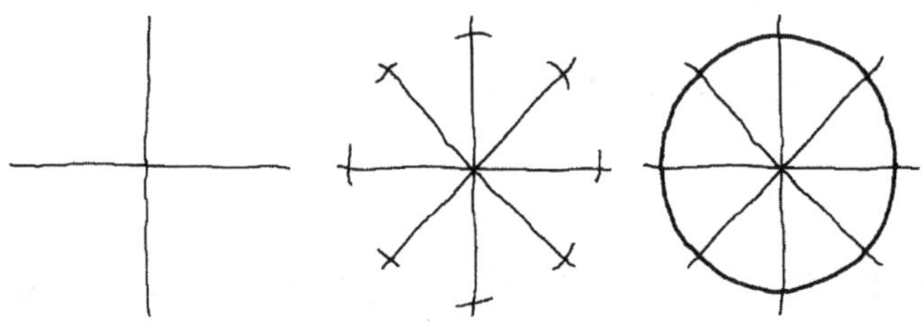

图 1-43　徒手画圆

3. 圆角、圆弧连接画法

画圆角、圆弧连接时，在两已知边内根据圆弧半径的大小找出圆心，过顶点及圆心作分角线，再过圆心向两边引垂线定出圆弧的起点和终点，并在分角线上也定出圆弧上的一点，然后徒手作圆弧把这三点连接起来，如图 1-44 所示。

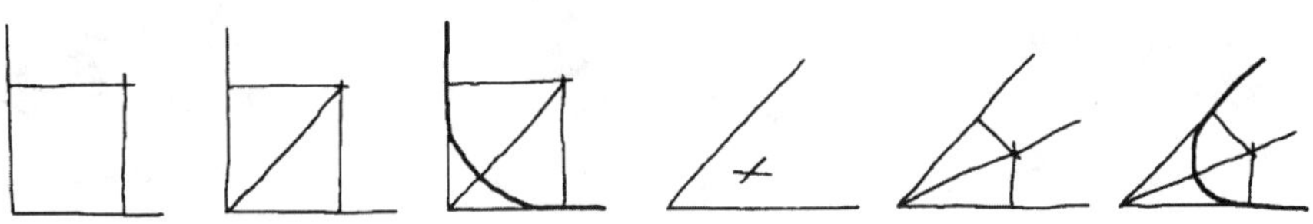

图 1-44　徒手画圆角、圆弧连接

4. 椭圆的画法

利用与长方形相切的特点，先画出椭圆的长、短轴，并目测定出其端点位置，过四点画一个矩形，然后徒手作椭圆与矩形相切，如图 1-45 所示。

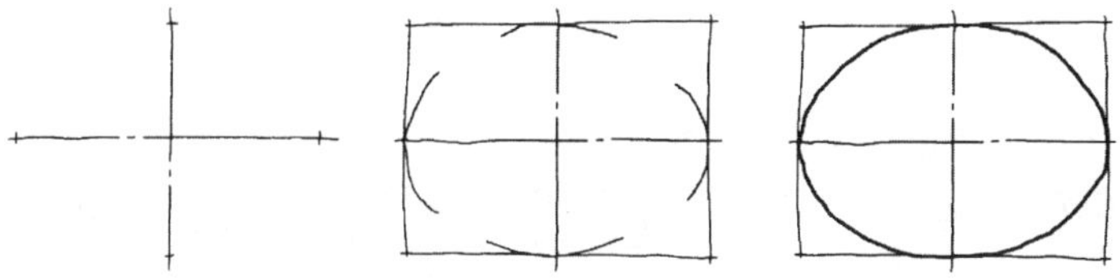

图 1-45　徒手画椭圆

1.5.2　徒手绘制平面图形草图

徒手画平面图形时，其步骤与仪器绘图的步骤相同。不要急于画细部，先要考虑大局，即要注意图形的长与高的比例，以及图形的整体与细部的比例是否正确。要尽量做到直线平直、曲线光滑、尺寸完整。初学画草图时，最好画在方格(坐标)纸上，图形各部分之间的比例可借助方格数的比例来解决，如图 1-46 所示。熟练后可逐步离开方格纸而在空白的图纸上画出工整的草图。

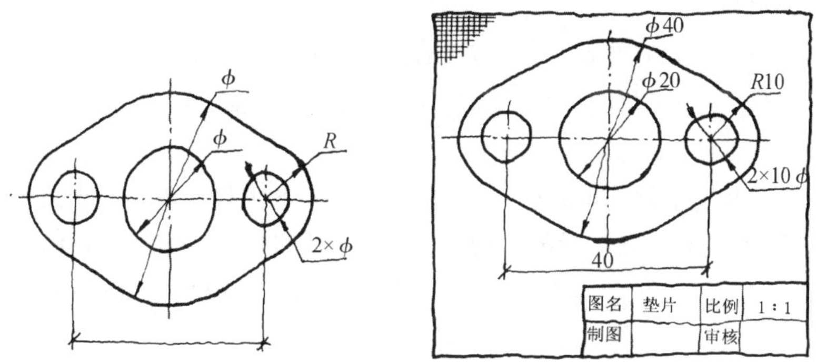

图 1-46　徒手画物体的平面草图

第 2 章 点、直线和平面的投影

本章是正投影法的基础部分，重点讨论点、直线和平面在三投影面体系中的投影规律及其投影的作图方法。同时，培养初学者根据点、直线、平面想象它们在三维空间的位置和相互关系的空间分析和思维能力，为组合体的画图、读图提供必要的理论基础及方法。

2.1 投影法的基本知识

2.1.1 投影的概念

在日常生活中，当太阳光或灯光照射物体时，会在墙上或地面上出现物体的影子，这就是一种投影现象。人们对这种现象进行科学的总结和抽象，概括出了用物体在平面上的投影来表示其形状的投影方法。

投影法是画法几何学的基本方法。如图 2-1 所示，S 为投射中心，A 为空间一点，P 为投影面，SA 连线为投射线。投射线均由投射中心 S 射出，射过空间点 A 的投射线与投影面 P 相交于一点 a，点 a 称为空间点 A 在投影面 P 上的投影。在投影面和投射中心确定的条件下，空间点在投影面上的投影是唯一确定的。

这种利用投射线通过物体，向选定的面投射，并在该面上得到图形的方法称为投影法。根据投影法所得到的图形称为投影。在投影法中，得到投影的面称为投影面。

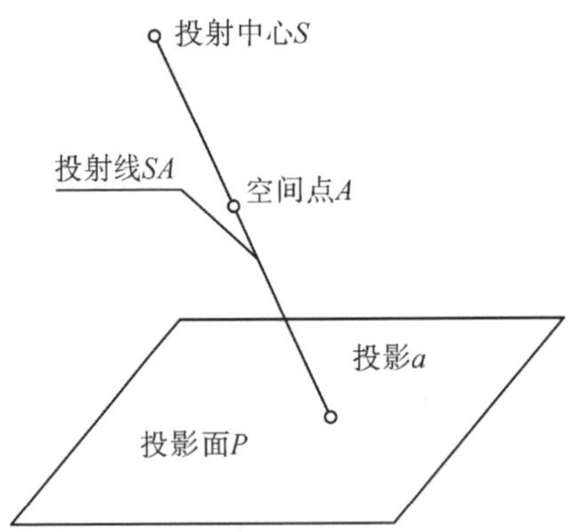

图 2-1 投影法

2.1.2 投影法的种类

投影法按照投影线性质的不同而分为中心投影法和平行投影法两种方法。投影则按照投影面的个数分为单面投影和多面投影。

投射线汇交于一点的投影法称为中心投影法。如图 2-2 所示，S 为投射中心，P 为投影面，$\triangle ABC$ 为一空间平面，SA、SB、SC 为从投射中心 S 引出的投射线，$\triangle abc$ 为平面$\triangle ABC$ 在投影面 P 上的投影。从图中可以看出，投影$\triangle abc$ 与空间平面$\triangle ABC$ 的真实形状和大小不一致，难以反映物体的真实全貌和尺寸，所以除艺术和建筑绘画外，一般工程图样都不采用中心投影法。

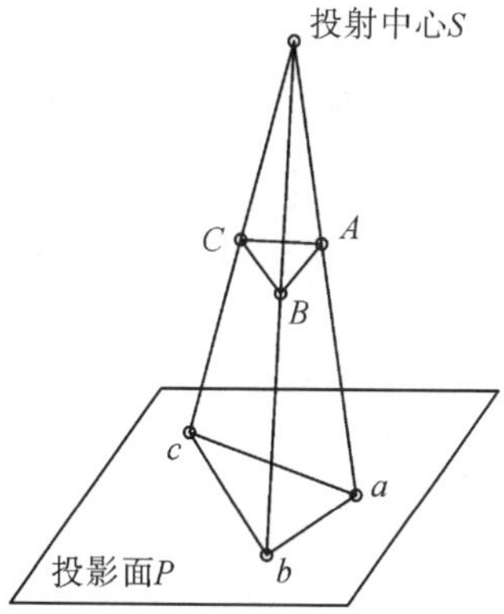

图 2-2　中心投影法

投射线相互平行的投影法称为平行投影法。如图 2-3 和图 2-4 所示，平行投影法又分为斜投影和正投影。投射线与投影面相倾斜的平行投影法称为斜投影法。投射线与投影面相垂直的平行投影法称为正投影法。根据正投影法所得到的图形称为正投影。

平行投影的特点之一是，空间的平面图形如与投影面平行，则它的投影反映出真实的形状和大小。工程和机械制图所采用的投影方法是正投影法。在本书后续的内容中如无特殊说明，投影都是指正投影。

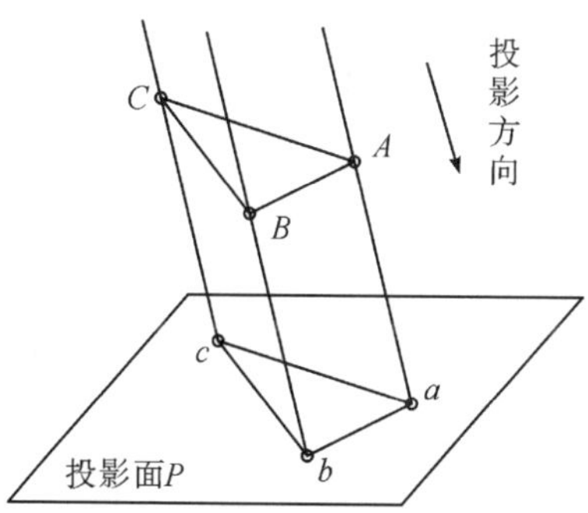

图 2-3　斜投影

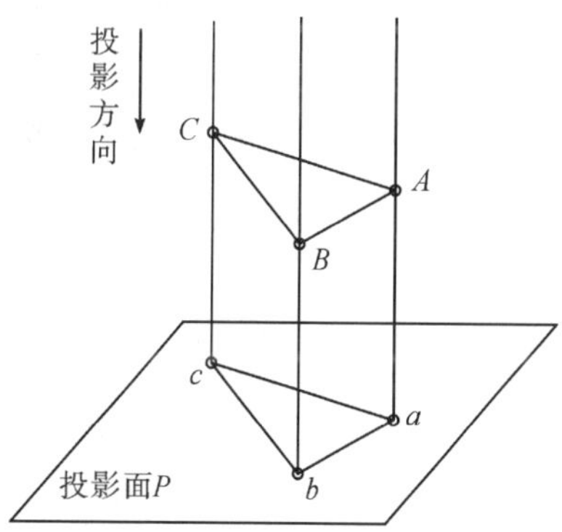

图 2-4　正投影

2.1.3　物体的三面投影

在图 2-4 中，平面$\triangle ABC$ 在投影面 P 上的投影为$\triangle abc$，且投影是唯一的。反之，若已知空面平面的投影为$\triangle abc$，只能推出空面平面的三个顶点分别在 Aa、Bb 和 Cc 的三条投射线上，并不能得出空间平面的真实位置。也就是说，只有物体的一个投影不能确定该物体的准确形状及位置。为此，我们需要进行条件补充，形成能满足可逆性要求的适用于工程技术上的投影图。

根据我国国家标准《机械制图》(GB/T 14692—2008)的规定，多面正投影采用第一角投影法，即以三个相互垂直的平面作为投影面，组成三投影面体系，如图 2-5 所示。其中，正立放置在观察者对面的投影面称为正立投影面，简称正面，记做 V 面；水平放置的投影面称为水平投影面，简称水平面，记做 H 面；右侧与正面和水平面均垂直的面称为侧立投影面，简称侧面，记做 W 面。三个投影面之间的交线，称为投影轴，V 面与 H 面的交线称为 OX 轴(简称 X 轴)，它代表物体的长度方向；H 面与 W 面的交线称为 OY 轴(简称 Y 轴)，它代表物体的宽度方向；V 面与 W 面的交线称为 OZ 轴(简称 Z 轴)，它代表物体的高度方向，三个投影轴垂直相交的交点 O，称为原点。

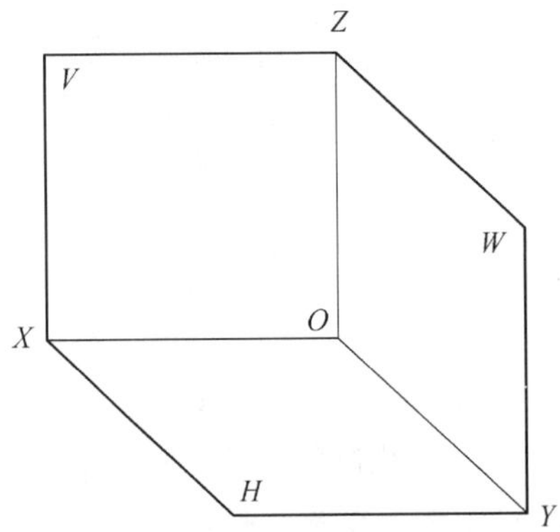

图 2-5　三投影面体系

在上述的三投影面体系中，为了读图和画图的方便，需要将三投影面展开。如图2-6所示，V 面保持不动，水平投影面绕 OX 轴向下旋转 90°，侧立投影面绕 Z 轴向右旋转 90°，使 H 面、W 面与 V 面重合于同一平面，去掉边框就得到投影面展开图。在投影面展开时，OY 轴一分为二，在 H 面上的标记为 OY_H，在 W 面上的标记为 OY_W。

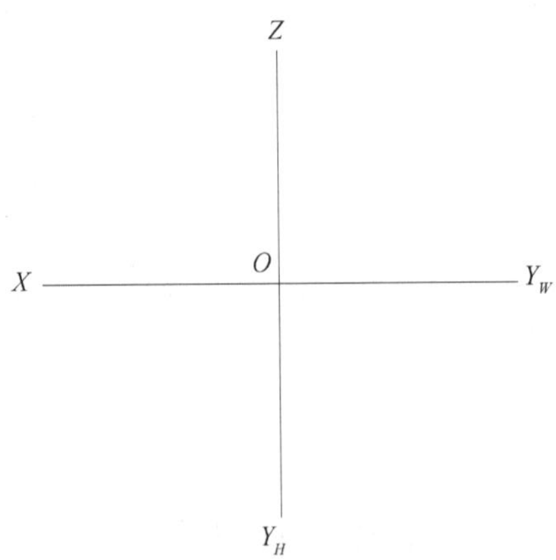

图 2-6　投影面展开图

2.2　点的投影

2.2.1　点的三面投影

如图 2-7(a)所示，设有一空间点 A，分别向 H、V、W 三个投影面投射，得到点 A 的水平投影 a，正面投影 a'和侧面投影 a''。投影图如图 2-7(b)所示，投影的连线与投影轴的交点分别用 a_X、a_Y、a_Z表示。

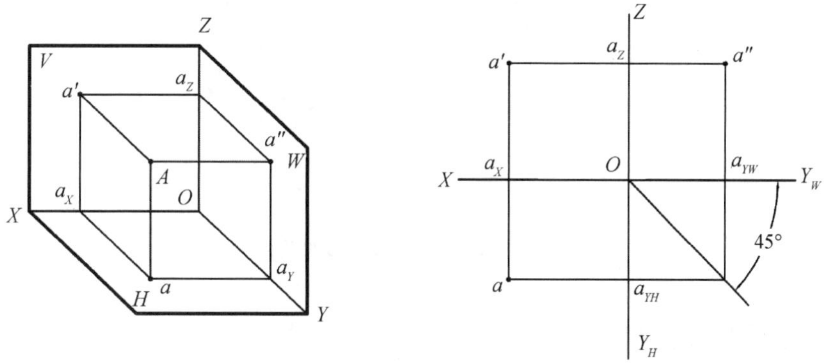

(a)立体图　　(b)投影图

图 2-7　点的三面投影

由图可知：

(1)点的正面投影与水平投影的连线垂直于 OX 轴，即 $aa' \perp OX$；点的正面投影与侧面投影的连线垂直于 OZ 轴，即 $a'a'' \perp OZ$。同时还应注意到，点在 H 面和 W 面上的投影的连线分成两部分，在 H 面上 $aa_{YH} \perp OY_H$，在 W 面上 $a''a_{YW} \perp OY_W$，且 aa_{YH} 与 $a''a_{YW}$的延长线相交于过 O 点的 45°辅助线上。

(2)点的正面投影到 OX 轴的距离等于点的侧面投影到 OY_W轴的距离，也等于空间点到 H 面的距离，即在投影图中 $a'a_X = a''a_{YW} = Aa$；点的正面投影到 OZ 轴的距离等于点的水平投影到 OY 轴的距离，也等于空间点到 W 面的距离，即在投影图中 $a'a_Z = aa_{YH} = Aa''$；点的水平投影到 OX 轴的距离等于点的侧面投影到 OZ 轴的距离，也等于空间点到 V 面的距离，即在投影图中 $aa_X = a''a_Z = Aa'$。

以上两条即为点的投影规律，由此可知，如果已知一个点的两面投影，则很容易利用点的投影规律作出其第三面投影。

2.2.2　点的投影与坐标

空间点的位置可以用坐标法来表示。为了方便起见，可以把投影面当作坐标面，把投影轴当作坐标轴，这时点 O 即为坐标原点。规定 OX 轴从点 O 向左为正，OY 轴从点 O 向前为正，OZ 轴从点 O 向上为正，反之为负。

由图 2-7(a)可知，点 A 到 W 面的距离等于点 A 的 x 坐标，点 A 到 V 面的距离等于点 A 的 y 坐标，点 A 到 H 面的距离等于点 A 的 z 坐标。由图 2-8 可知：

点 A 的 x 坐标 $=a'a_Z=aa_{YH}$；
点 A 的 y 坐标 $=aa_X=a''a_Z$；
点 A 的 z 坐标 $=a'a_X=a''a_{YW}$。

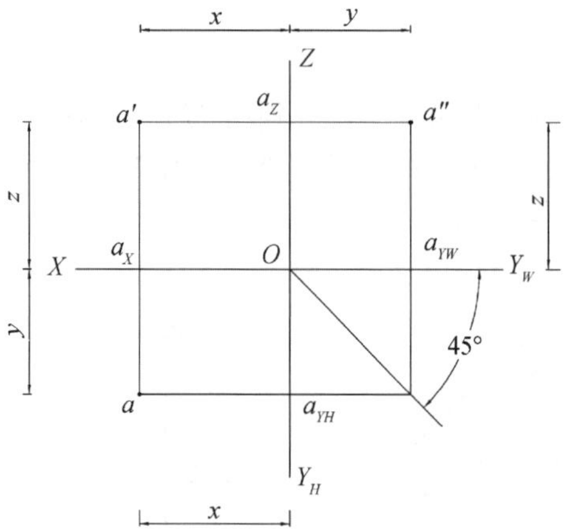

图 2-8　点的坐标与投影的关系

2.2.3　特殊位置点的投影

除了上文中所说的一般位置的空间点外，还有几类特殊位置的点。这些点包括投影面上的点、投影轴上的点以及与原点重合的点。如图 2-9 所示，点 B 是 W 面上的点，点 C 是 V 面上的点，点 D 是 OX 轴上的点，点 E 是 OY 轴上的点。

对于投影面上的点，根据点的投影特性可知，点 B 的 x 坐标为 0，其在 V 面上的投影 b' 落在 OZ 轴上，在 H 面上的投影 b 落在 OY 轴上，在 W 面上的投影 b'' 与其本身重合。需要特别注意的是，点 B 在 H 面上的投影 b 在展开投影图上应该标注在 OY_H 轴上，而不能标注在 OY_W 轴上。点 C 的 y 坐标为 0，其在 V 面上的投影 c' 与其本身重合，在 H 面上的投影 c 落在 OX 轴上，在 W 面上的投影 c'' 落在 OZ 轴上。由此可知：投影面上的点有一个坐标为零，在该投影面上的投影与该点重合，在相邻投影面上的投影分别在该点所在的投影面与投影所在的投影面相交的投影轴上。

对于投影轴上的点，根据点的投影特性，点 D 的 y、z 坐标均为 0，其在 V 面上的投影 d' 与其本身重合，在 H 面上的投影 d 也与其本身重合，在 W 面上的投影 d'' 与原点 O 重合。点 E 的 x、z 坐标均为 0，其在 V 面上的投影 e' 与原点 O 重合，在 H 面上的投影 e 与其本身重合，在 W 面上的投影 e'' 也与其本身重合。特别需要注意的是，点 E 在 H 面上的投影 e 在展开投影图上应该标注在 OY_H 轴上而不能标注在 OY_W 轴上，在 W 面上的投影 e'' 在展开投影图上应该标注在 OY_W 轴上而不能标注在 OY_H 轴上。由此可知：投影轴上的点有两个坐标为零，在包含这条轴的两个投影面上的投影都与该点重合，在另一投影面上的投影则与原点 O 重合。

对于与原点重合的点，根据点的投影特性，其三个坐标都为 0，三个投影都和原点 O 重合。

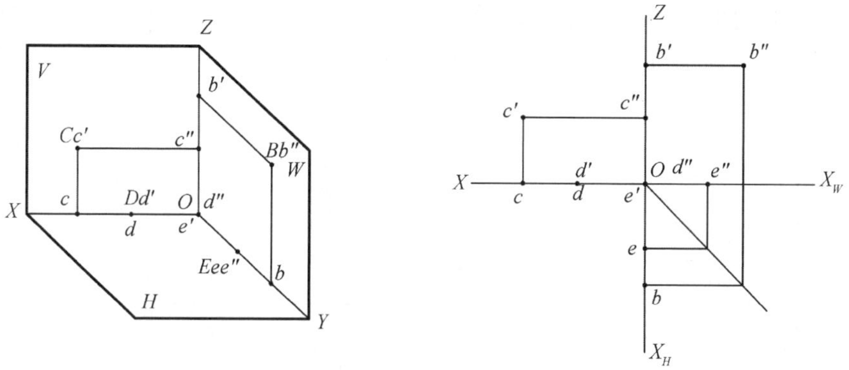

(a)立体图　　(b)投影图

图 2-9　特殊位置的点的投影

2.2.4　两点的相对位置和重影点

空间两点的上下、前后和左右的相互位置关系称为点的相对位置。如图 2-10 所示，根据两点的 z 坐标的大小可以判断两点的上下位置关系，因而两点的上下位置关系可以从 V 面和 W 面投影中直接判定；根据两点的 y 坐标的大小可以判断两点的前后位置关系，因而两点的前后位置关系可以从 H 面和 W 面投影中直接判定；根据两点的 x 坐标的大小可以判断两点的左右位置关系，因而两点的左右位置关系可以从 V 面和 H 面投影中直接判定。需要特别注意的是，在前后位置关系的判断中，对于水平投影而言，沿 OY_H 轴向下表示向前；对于侧面投影而言，沿 OY_W 轴向右表示向前。

根据以上判断原则，图 2-10 中点 A 在点 B 之下 z_B-z_A、之后 y_B-y_A、之右 x_B-x_A 处。归纳表述为：点 A 在点 B 的右下后方。

当空间两点位于垂直于某投影面的同一条投射线上时，两点在该投影面上的投影重合，则此两点称为对该投影面或该投影的重影点。重影点需要判断可见性，可见性的判断原则是对水平投影的重影点上遮下、对侧面投影的重影点左遮右、对正面投影的重影点前遮后。制图上统一规定，被遮住的点的投影为不可见，用加圆括号的方式进行表示。

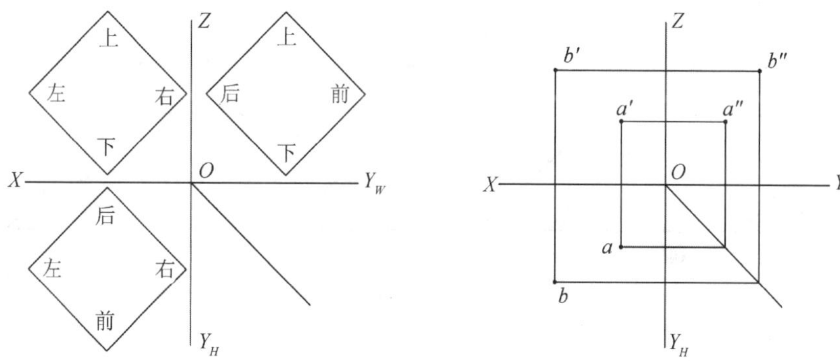

图 2-10　两点的相对位置关系

从图 2-11 可以看出，点 A 和点 B 在垂直于 V 面的同一条投射线上，点 A 在点 B 的正前方，两点之间无上下、左右距离差，在 V 面上的投影 a' 和 b' 相重合，因而点 A 和点

B 为对正面投影的重影点。按照重影点的可见性判断原则，位于前面的点 A 的正面投影 a'可见，位于点 A 正后方的点 B 的正面投影 b'正好被遮住，因而 b'为不可见，应加括号予以表示，记为(b')。

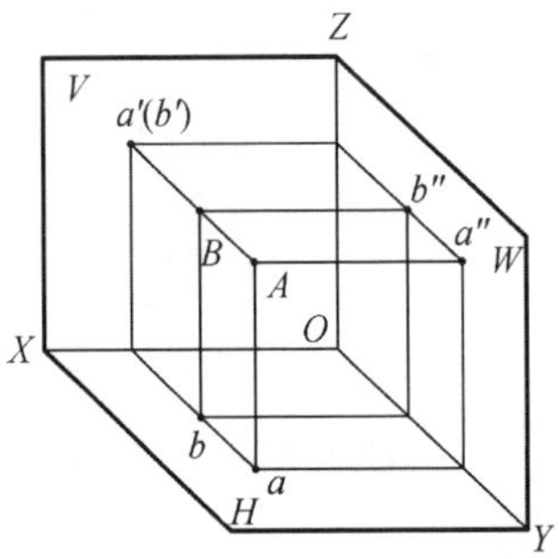

(a)立体图

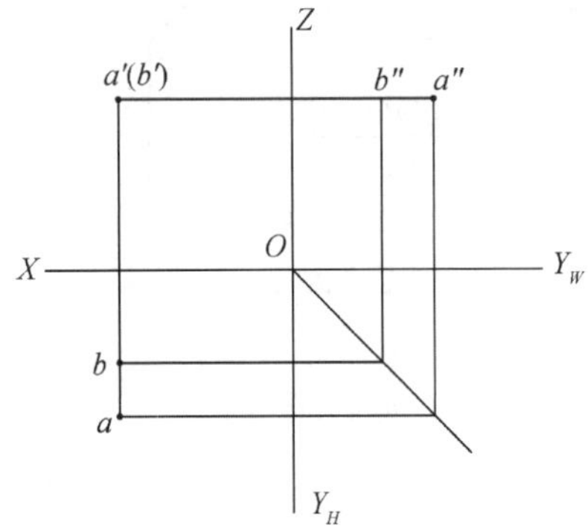

(b)投影图

图 2-11 重影点的投影关系

2.3 直线的投影

2.3.1 直线的投影特性

如图 2-12 所示，直线对投影面的投影，基本上可分为 3 种情况：

(1)图 2-12(a)中，当直线 AB 垂直于投影面时，直线上所有点的投影都重合为一点，直线的投影积聚为一点，这种特性称为积聚性。

(2)图 2-12(b)中，当直线 AB 平行于投影面时，它在投影面上的投影 ab 反映直线 AB 的真实长度，$ab = AB$。

(3)图 2-12(c)中，当直线 AB 倾斜于投影面时，它在投影面上的投影 ab 的长度比真实长度短，$ab = AB\cos\alpha$。

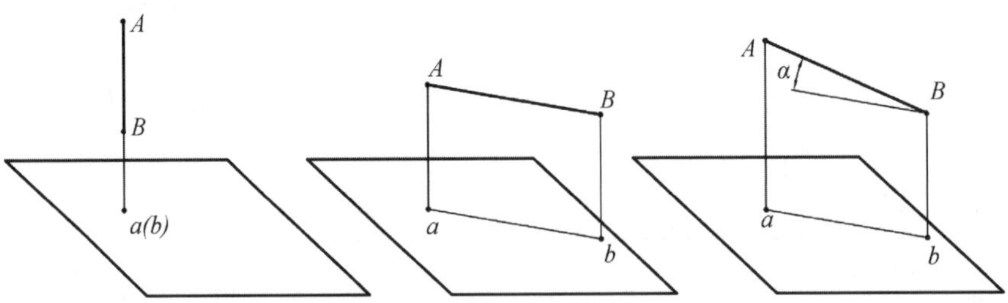

(a) (b) (c)

图 2-12 直线的投影

2.3.2 直线与投影面的相对位置及投影特性

如表 2-1 所示，根据直线在三投影体系中的相对位置，可分为特殊位置直线和一般位置直线。一般位置直线是倾斜于三个投影面的直线，特殊位置直线又可分为投影面平行线和投影面垂直线。只平行于某一个投影面的直线称为投影面平行线，包括正平线、水平线和侧平线；垂直于某一个投影面的直线称为投影面垂直线(此时直线平行于另外两个投影面)，包括正垂线、铅垂线和侧垂线。

表 2-1 直线对投影面的相对位置

直线分类		直线对投影面的相对位置	
特殊位置直线	投影面平行线	平行于一个投影面，与另外两个投影面倾斜	正平线(//V 面，∠H 面、∠W 面)
			水平线(//H 面，∠V 面、∠W 面)
			侧平线(//W 面，∠V 面、∠H 面)
	投影面垂直线	垂直于一个投影面，与另外两个投影面平行	正垂线(⊥V 面，//H 面、//W 面)
			铅垂线(⊥H 面，//V 面、//W 面)
			侧垂线(⊥W 面，//V 面、//H 面)
一般位置直线		与三个投影面都倾斜(∠V 面、∠H 面、∠W 面)	

直线与它的水平投影、正面投影、侧面投影的夹角，分别称为该直线对投影面 H、V、W 的倾角 α、β、γ。当直线平行于投影面时，倾角为 0°；垂直于投影面时，倾角为 90°；倾斜于投影面时，倾角在 0°和 90°之间。

1. 投影面平行线的投影特征

表 2-2 列出了正平线、水平线和侧平线的立体图和投影图。

表 2-2 投影面平行线

	正平线	水平线	侧平线
立体图	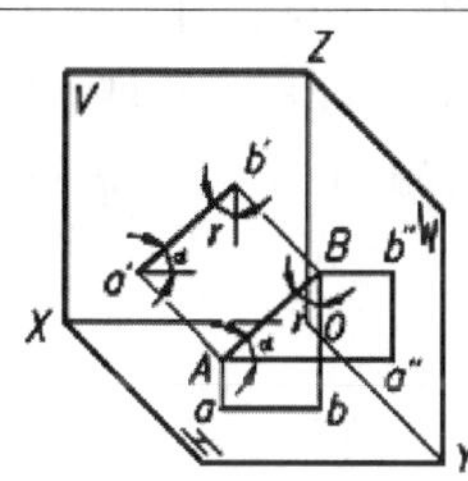	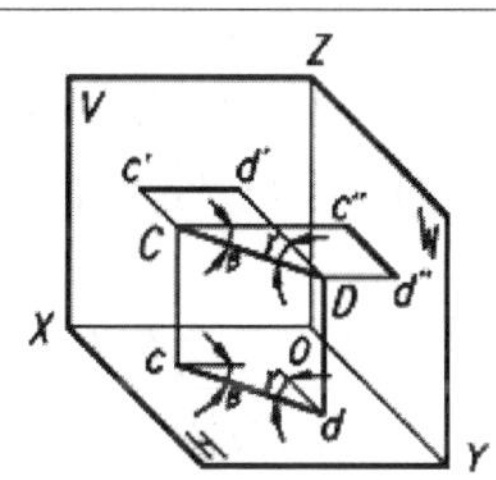	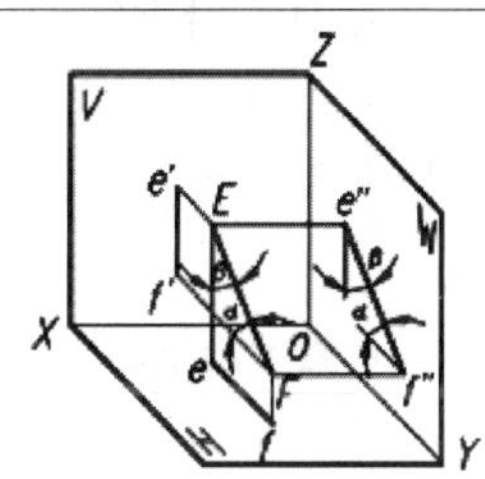
投影图	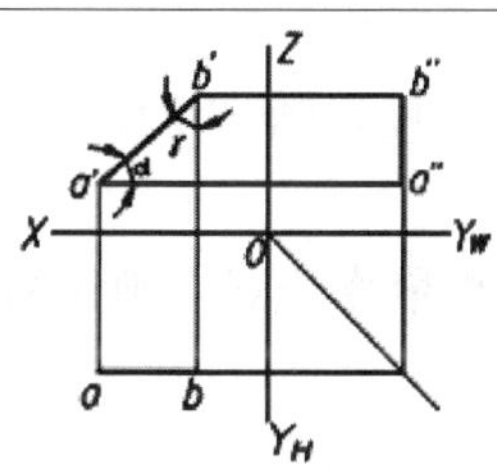	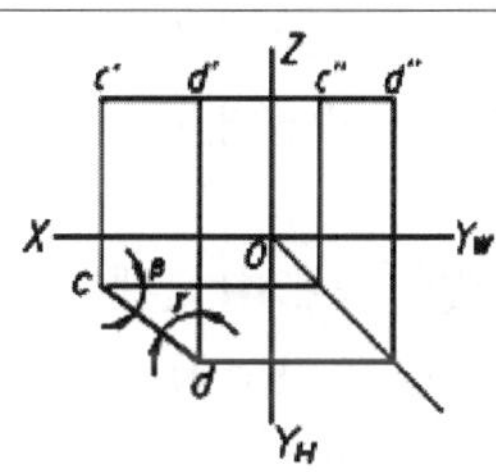	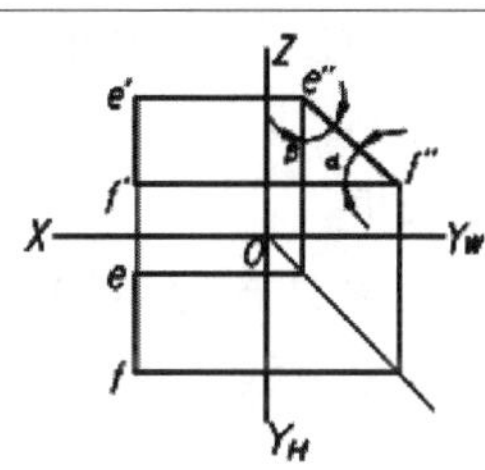

由表中的正平线 AB 的投影可知，其正面投影 $a'b'$ // AB，且 $a'b'$ 的长度反映直线 AB 的真实长度，$a'b'$ 与 OX 轴、OZ 轴之间的夹角即为 AB 对 H 面和 W 面的真实倾角 α、γ，AB 对 V 面的倾角为 0°。另外，正平线 AB 的水平面投影 ab // OX，长度缩短；侧面投影 $a''b''$ // OZ，长度缩短。

水平线和侧平线的投影情况读者可作类似分析。

由此，可以归纳出投影面平行线的投影特性。

(1)直线在与其平行的投影面上的投影反映真实长度，其与投影轴的夹角，分别反映直线对另外两个投影面的真实倾角；

(2)直线在另外两个投影面上的投影平行于相应的投影轴，长度缩短。

投影面平行线的判定：当直线的投影有两个平行于投影轴，第三投影与投影轴倾斜时，则该直线一定是投影面平行线，且一定平行于其投影为倾斜线的那个投影面。

2. 投影面垂直线的投影特征

表 2-3 列出了正垂线、铅垂线和侧垂线的立体图和投影图。

表 2-3　投影面垂直线

	正垂线	铅垂线	侧垂线
立体图	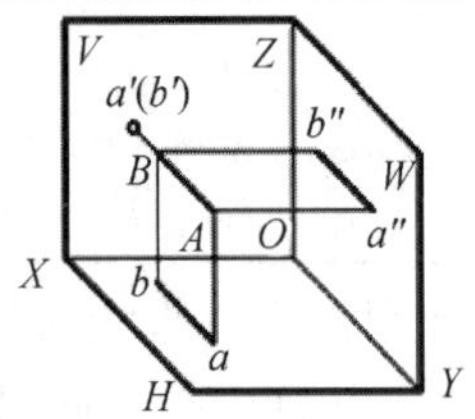	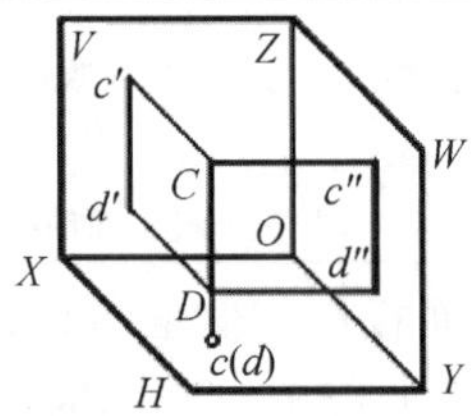	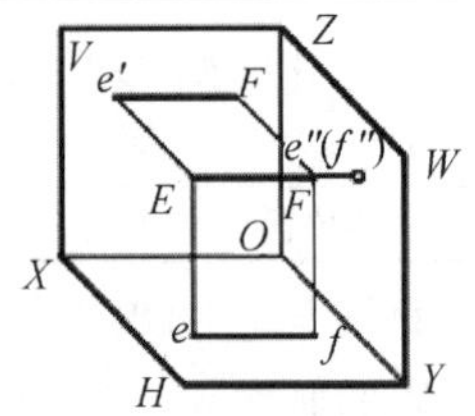
投影图	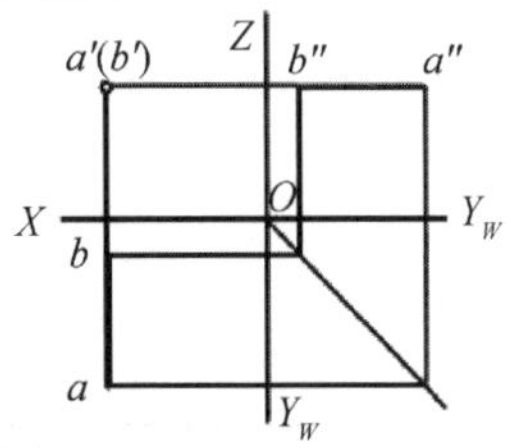	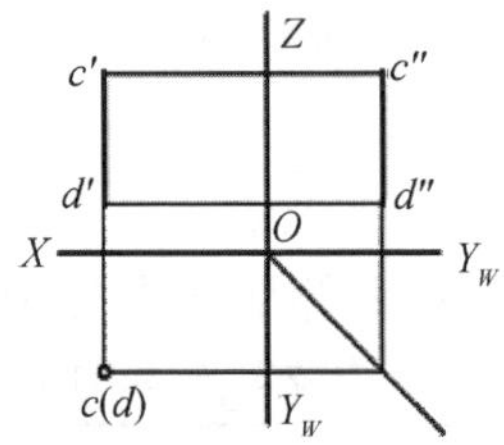	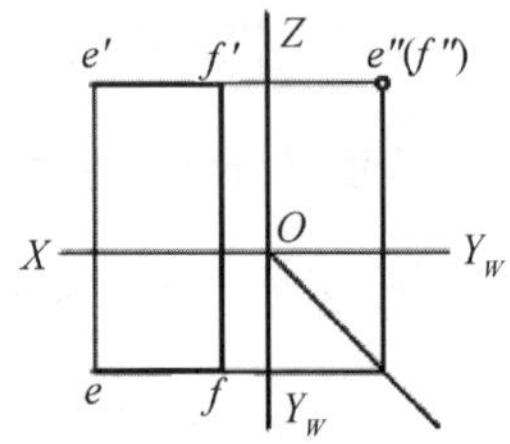

由表中的铅垂线 CD 的投影可知，其正面投影 $c'd' /\!/ CD /\!/ OZ$，且 $c'd'$ 的长度反映直线 CD 的真实长度，其侧面投影 $c''d'' /\!/ CD /\!/ OZ$，且 $c''d''$ 的长度反映直线 CD 的真实长度，其水平面投影 cd 具有积聚性，CD 对 V 面和 W 面的倾角为 0°，对 H 面的倾角为 90°。

正垂线和侧垂线的投影情况读者可作类似分析。

由此，可以归纳出投影面垂直线的投影特性。

(1)直线在与其垂直的投影面上的投影积聚为一点。

(2)直线在另外两个投影面上的投影平行于直线所平行的投影轴，并且都反映直线的真实长度。

投影面垂直线的判定：直线的投影中只要有一个投影积聚为一点，则该直线一定是投影面垂直线，且一定垂直于其投影积聚为一点的那个投影面。

3. 一般位置直线的投影特征

如图 2-13 所示，一般位置直线 AB 与三个投影面都倾斜，其三面投影仍为直线，根据投影关系可知，水平面投影 $ab = AB\cos\alpha < AB$，正面投影 $a'b' = AB\cos\beta < AB$，侧面投影 $a''b'' = AB\cos\gamma < AB$，同时，直线 AB 的投影与投影轴的夹角不反映 AB 对相应投影面的真实倾角。

由此，可以归纳出一般位置直线的投影特性。

一般位置直线在三个投影面上的投影都不反映真实长度，投影和投影轴均倾斜，且投影与投影轴之间的夹角也不反映直线与投影面之间的真实倾角。

一般位置直线的判定：直线的投影如果与三个投影轴都倾斜，则可判定该直线为一般位置直线。

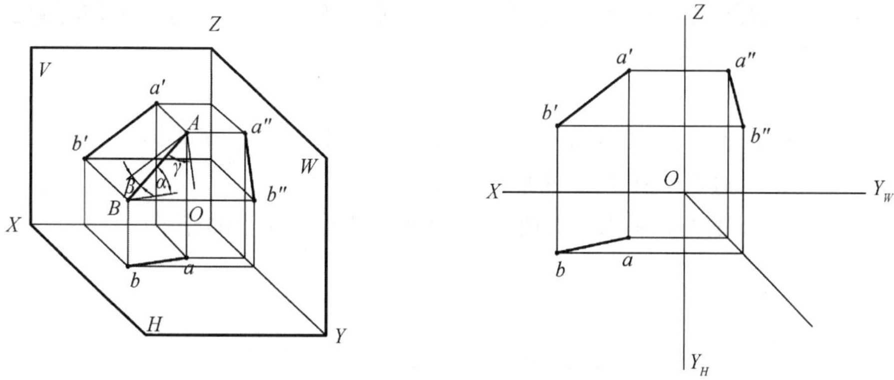

(a)立体图　　(b)投影图

图 2-13　一般位置直线的投影

2.3.3　直线上的点

1. 点的从属性

直线上点的投影必定在直线的同面投影之上。如图 2-14 所示，若空间直线 AB 上有一点 C，则点 C 的水平面投影 c 必定在直线的水平面投影 ab 上，同样，点 C 的正面投影 c' 必定在直线的正面投影 $a'b'$ 上，点 C 的侧面投影 c'' 必定在直线的侧面投影 $a''b''$ 上。

2. 点的定比性

不垂直于投影面的直线段上的点，分割线段之比在投影上仍保持不变。如图 2-14 所示，若空间线段 AB 上有一点 C，已知线段的三面投影，则 $AC:CB=ac:cb=a'c':c'b'=a''c'':c''b''$。

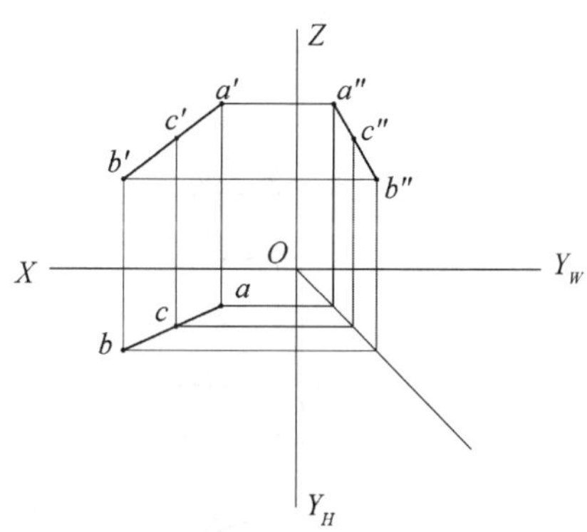

图 2-14　直线上的点

【例 1】如图 2-15，已知直线 AB 和点 M 的两面投影，试判断点 M 是否属于直线 AB 上的点。

分析：

直线的正面投影 $a'b' \perp OZ$，侧面投影 $a''b'' \perp OZ$，由此可以判断直线 AB 属于水平线，点 A 在点 B 之右之后，虽然点 M 的两面投影与直线 AB 的两面投影相重合，但是只能说明点 M 和直线 AB 在同一个水平面上，不能直接得出点 M 属于 AB 的结论，应该从直线的定比性出发求解。

作图：

(1)过点 b' 作直线 $b'1'$，使 $b'1' = b''a''$，在 $b'1'$ 上取点 $2'$，使 $b'2' = b''m''$；

(2)连接 $1'a'$，过点 $2'$ 作 $1'a'$ 的平行线 $2'3'$；

(3)点 $3'$ 与点 m' 的位置不重合，所以点 M 不是直线 AB 上的点。

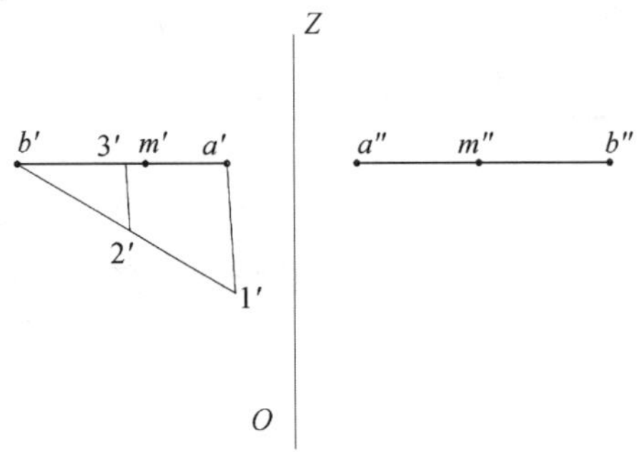

图 2-15 判断点是否属于直线

2.3.4 两直线的相对位置

空间两直线的相对位置有平行、相交和交叉三种情况，其中平行和相交时两直线属于共面，交叉时属于异面。

1. 两直线平行

投影特性：若空间两直线相互平行，其同面投影必然相互平行，空间直线之比与直线各同面投影之比保持不变；反之，如果两直线的各个投影面相互平行，则两直线在空间也一定相互平行。

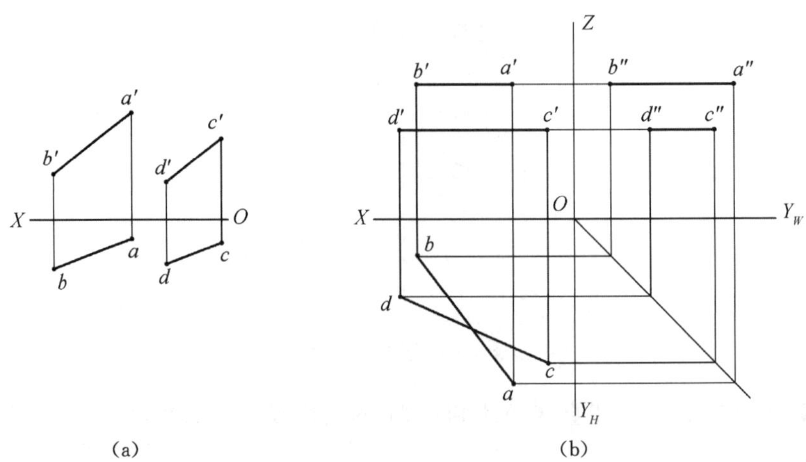

图 2-16 两直线平行的判定

如图 2-16(a)所示，对于一般位置直线，只要两直线的任意两对同面投影相互平行，就能肯定这两条直线在空间是相互平行的。但是，对于投影面平行线来说，有时还不能肯定。如图 2-16(b)所示，AB、CD 是水平线，因而在正面和侧面上的投影都互相平行，即 $a'b' /\!/ c'd'$，$a''b'' /\!/ c''d''$，但添加水平面投影后，则可以看出 ab 和 cd 不平行，因此可以断定直线 AB、CD 交叉。

2. 两直线相交

投影特性：若空间两直线相交，它们在各投影面上的同面投影也必然相交，并且这些交点应符合空间一点的投影规律。反之也成立。

如图 2-17 所示，若空间直线 AB、CD 相交于 M 点，则在两面投影上，$a'b'$ 与 $c'd'$、ab 与 cd 也必定相交于 m' 和 m 点，且 $m'm$ 的连线必定垂直于 OX 轴。

3. 两直线交叉

投影特性：交叉直线无交点，但交叉两直线的同面投影可能相交，这是因为两直线上存在该投影面的重影点，根据重影点的可见性，可判别交叉直线之间的相对位置。

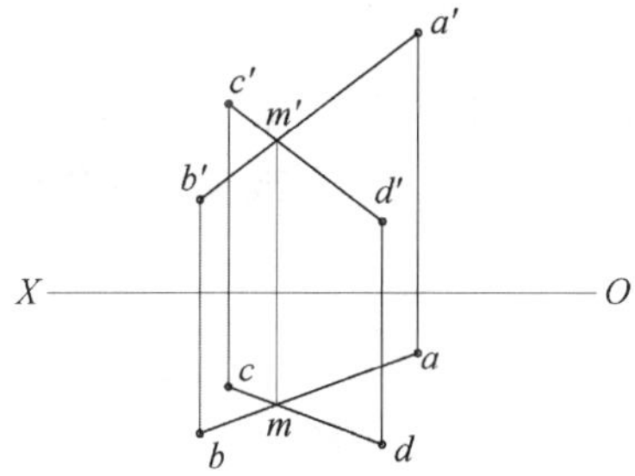

图 2-17　两直线相交

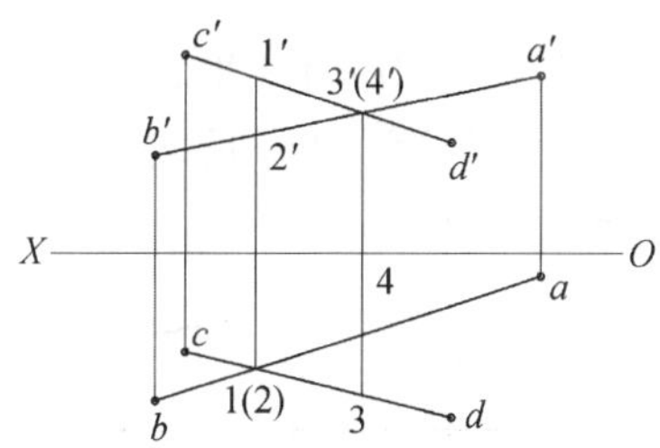

图 2-18　两直线交叉

如图 2-18 所示，AB、CD 两直线水平投影的交点 1(2)分别是直线 AB、CD 上相对于 H 面的重影点Ⅱ和Ⅰ的水平投影，属于直线 CD 的点Ⅰ可见，属于直线 AB 上的点Ⅱ不可见。同理，两直线正面投影的交点 3′(4′)分别是直线 AB、CD 上相对于 V 面的重影点Ⅳ和Ⅲ的正面投影，属于直线 CD 的点Ⅲ可见，属于直线 AB 上的点Ⅳ不可见。

【例 2】如图 2-19 所示，已知点 A 和直线 CD 的两面投影，过点 A 作直线 AB 与 CD 相交，交点 B 在 H 面之上 20 mm。

分析：

直线 CD 的正面投影 $c'd' \perp OX$，水平面投影 $cd \perp OX$，由此可以判断直线 CD 属于侧平线；交点 B 属于直线 AB 和直线 CD 的共有点，且点 B 在 H 面之上 20 mm，则点 B 的正面投影应在 CD 的正面投影 $c'd'$ 上，且在 OX 轴之上 20 mm 处，由此可以确定点 B 的正面投影 b' 点，再根据定比性即可确定点 B 的水平投影 b。

作图：

(1)在 OX 轴上方 20 mm 处作水平线，与 $c'd'$ 相交于 b'；

(2)过点 c 作直线 $c1$，使 $c1 = c'd'$，在 $c1$ 上取点 2，使 $12 = d'b'$；

(3)连接 $1d$，过点 2 作 $1d$ 的平行线，该平行线与 cd 的交点即为所求的点 B 的水平

面投影 b；

(4)连接 $a'b'$ 和 ab。最终作图结果如图 2-9(b)所示。

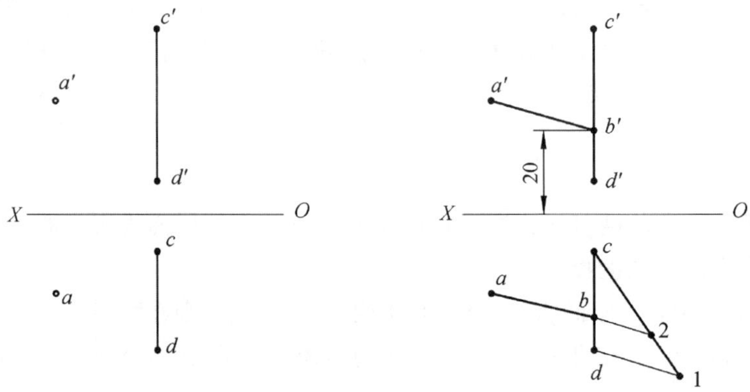

(a)已知条件　　(b)作图过程及结果

图 2-19　按照给定条件作直线

2.3.5　直角投影特性

投影特性：空间两直线垂直相交时，若直角中有一边平行于某一投影面，则它在该投影面上的投影仍为直角。反之，若一直角的投影仍是直角，则被投影的角至少应有一边平行于该投影面。

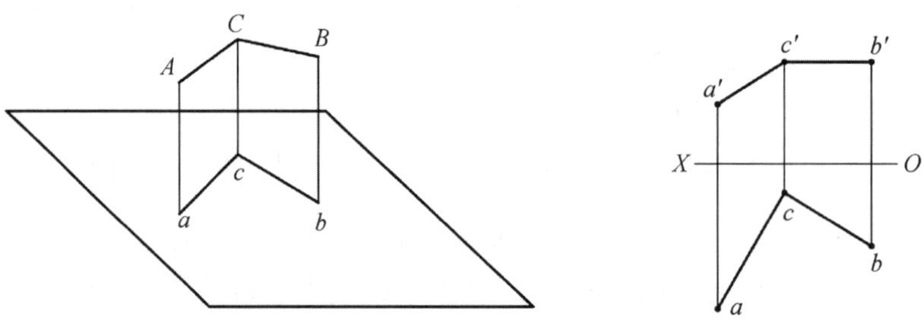

(a)立体图　　(b)投影图

图 2-20　直角投影定理

如图 2-20 所示，设直角 ACB 的一边 $CB /\!/ H$ 面；因 $Cc \perp H$ 面，则 $CB \perp Cc$，因而 BC 一定垂直于 Cc 和 CA 确定的平面 $ACca$；又因 CB 为水平线，$CB /\!/ cb$，则 bc 也垂直于平面 $ACca$，可以得出 $bc \perp ca$，即 $\angle bca = 90°$。

【例 3】如图 2-21(a)所示，求作两交叉直线 AB、CD 的公垂线 EF，分别与 AB 和 CD 相交于 E 和 F 点，并表明 AB 和 CD 之间的真实距离。

分析：

直线 AB 为正垂线，$EF \perp AB$，则 EF 是正平线，且 E 点的正面投影 e' 一定是 $a'b'$ 的重影点；$EF \perp CD$，同时 $EF /\!/ V$ 面，根据直角投影定理，$e'f' \perp c'd'$，且 ef 的长度反映公垂线 EF 的真实长度；根据点的投影规律可找到点 F 的水平面投影 f，再根据正平线的投影规律可找到 EF 的水平投影 ef。

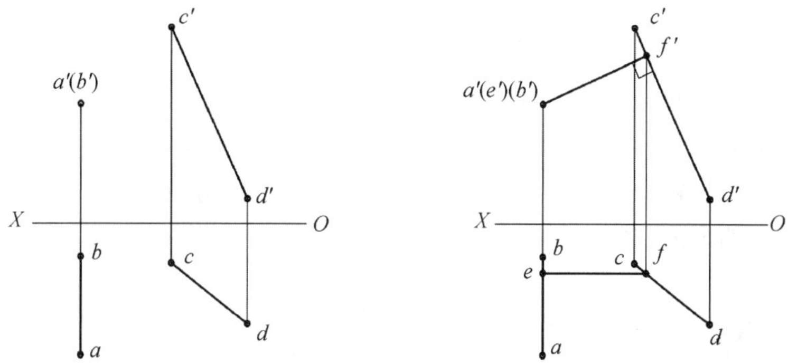

(a)已知条件　　(b)作图过程及结果

图 2-21　按给定条件作垂线

作图：

(1)在 $a'(b')$处作重影点 e'，过 e'作 $e'f' \perp c'd$，与 $c'd'$ 相交于 f'。

(2)过 f'作垂线，与 cd 相交于 f。

(3)过 f 作 OX 的平行线，与 ab 相交于 e。

(4)$e'f'$的长度为直线 AB、CD 之间的真实距离。最终作图结果如图 2-21(b)所示。

2.4　平面的投影

2.4.1　平面的表示方法

平面通常可用确定平面的几何要素的投影和平面的迹线进行表示。

1. 几何元素平面表示法

平面可用确定该平面的点、直线或平面图形等几何元素的投影进行表示，如图2-22所示。

(1)不共线的三点确定一个平面。

(2)直线和线外一点确定一个平面。

(3)两平行直线确定一个平面。

(4)两相交直线确定一个平面。

(5)平面图形确定一个平面。

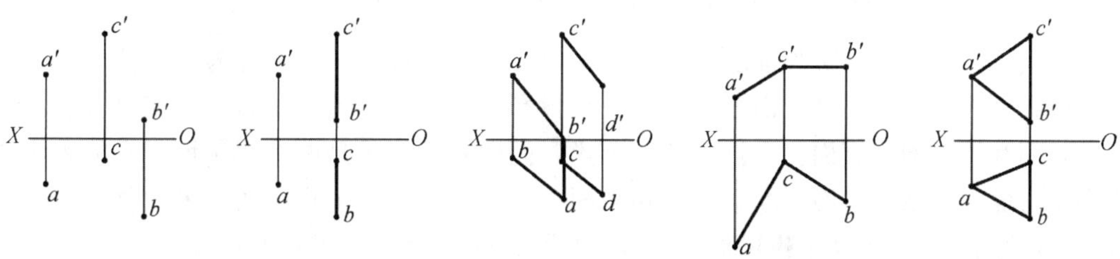

(a)　(b)　(c)　(d)　(e)

图 2-22　几何元素平面表示法

2. 迹线平面表示法

平面与投影面的交线称为平面的迹线。如图 2-23 所示，用迹线表示的平面称为迹线平面。平面与 V 面、H 面、W 面的交线，分别称为正面迹线(V 面迹线)、水平迹线(H 面迹线)、侧面迹线(W 面迹线)。迹线用粗实线绘制，并用平面的大写字母加投影面的下角标来表示，如 P_V、P_H、P_W。

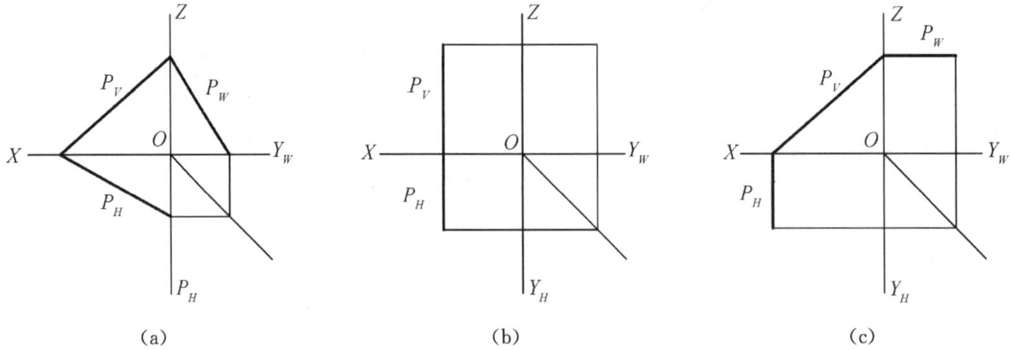

图 2-23　迹线平面表示法

1)用迹线表示一般位置的平面

如图 2-23(a)所示，设平面 P 对 V 面、H 面和 W 面都倾斜，则 P 在三个投影面上都有迹线，且与投影轴倾斜，每两条迹线分别相交于相应的投影轴上的同一点。此时，可用任意两条迹线表示一般位置的平面。

2)用迹线表示投影面平行面

如图 2-23(b)所示，设平面 P 平行于 W 面，则平面 P 无侧面迹线，其水平迹线 P_H 和正面迹线 P_V 分别与平面在 H 面和 V 面上的有积聚性的投影相重合，且 $P_H /\!/ OY_H$ 轴，$P_V /\!/ OZ$ 轴。此时，可用任意一条与这个平面的有积聚性的投影重合的迹线表示该平面，如在投影图中只画出 P_V 或 P_H 即可表示该侧平面，同时省略 P_H 或 P_V。

3)用迹线表示投影面垂直面

如图 2-23(c)所示，设平面 P 垂直于 V 面，则正面迹线 P_V 与其在 V 面上的有积聚性的投影相重合，其水平迹线 $P_H \perp OX$ 轴，侧面迹线 $P_W \perp OZ$ 轴。此时，可用与这个平面的有积聚性的投影重合的倾斜迹线表示该平面，如在投影图中只画出 P_V 即可表示该正垂面，省略水平迹线 P_H 和侧面迹线 P_W。

2.4.2　平面与投影面的相对位置及投影特性

如表 2-4 所示，根据平面在三投影体系中的相对位置，平面可分为特殊位置平面和一般位置平面。一般位置平面是倾斜于三个投影面的平面，特殊位置平面又可分为投影面平行面和投影面垂直面。平行于某一个投影面而垂直于另外两个投影面的平面称为投影面平行面，包括正平面、水平面和侧平面；只垂直于某一个投影面的平面称为投影面垂直面(此时平面与另两个投影面倾斜)，包括正垂面、铅垂面和侧垂面。

表 2-4　平面对投影面的相对位置

平面分类		平面对投影面的相对位置	
特殊位置平面	投影面平行面	平行于一个投影面，垂直于另外两个投影面	正平面(//V 面，⊥H 面、⊥W 面)
			水平面(//H 面，⊥V 面、⊥W 面)
			侧平面(//W 面，⊥V 面、⊥H 面)
	投影面垂平面	垂直于一个投影面，与另外两个投影面倾斜	正垂面(⊥V 面，∠H 面、∠W 面)
			铅垂面(⊥H 面，∠V 面、∠W 面)
			侧垂面(⊥W 面，∠V 面、∠H 面)
一般位置平面		与三个投影面都倾斜(∠V 面、∠H 面、∠W 面)	

平面与投影面的两面角，分别称为该平面对投影面 H、V、W 的倾角 α、β、γ。当平面平行于投影面时，倾角为 0°；垂直于投影面时，倾角为 90°；倾斜于投影面时，倾角在 0°和 90°之间。

1. 投影面平行面

表 2-5 列出了正平面、水平面和侧平面的立体图和投影图。

表 2-5　投影面平行面

	正平面	水平面	侧平面
立体图	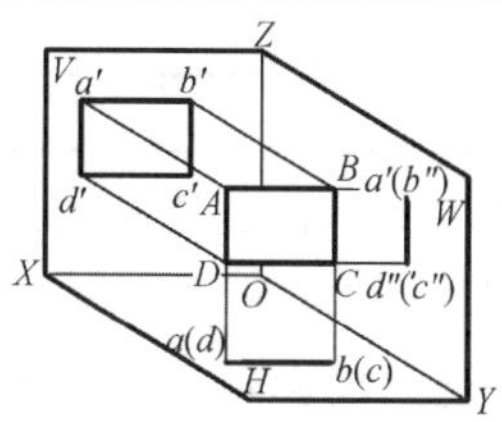	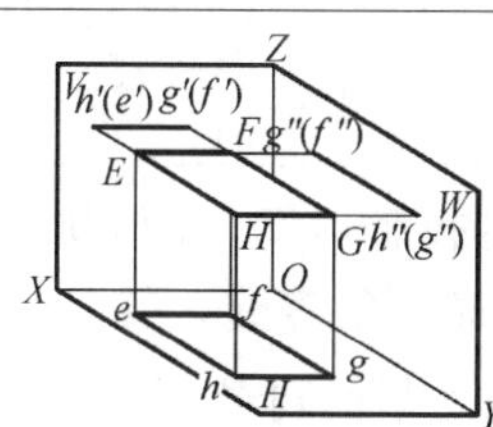	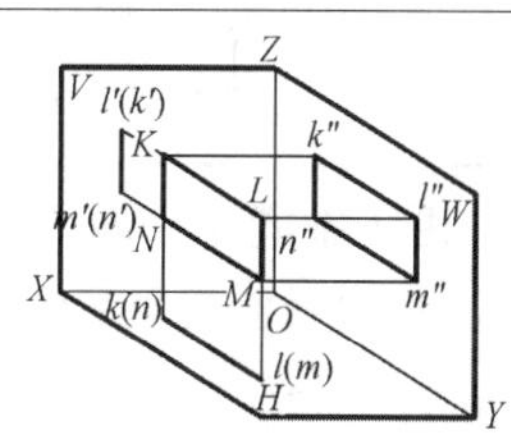
投影图	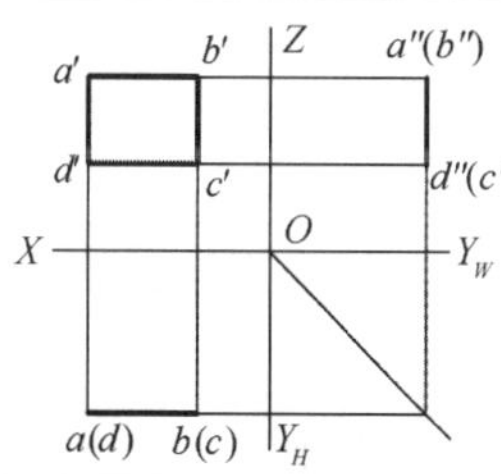	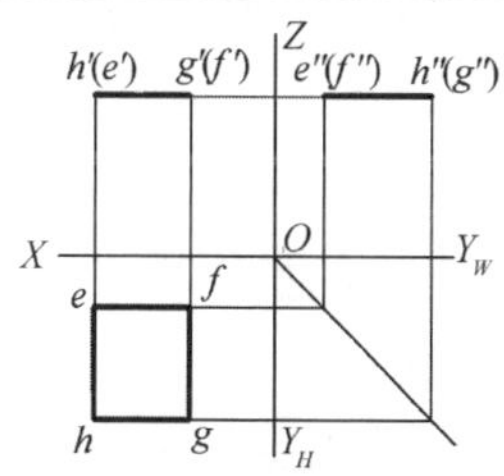	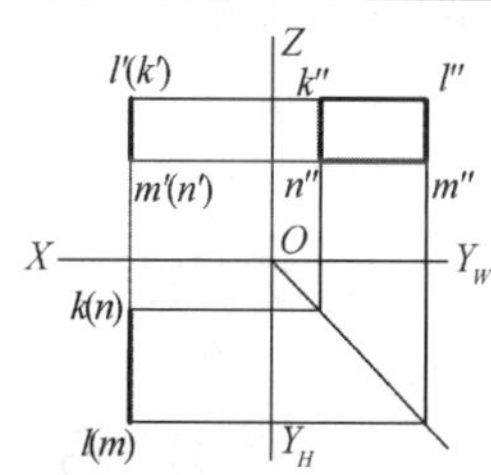

由表中的正平面 $ABCD$ 的投影可知，其四条边都是正平线，因而正面投影 $a'b'$ // AB，$b'c'$ // BC，$c'd'$ // CD，$d'a'$ // DA，且 $a'b'$ 的长度反映直线 AB 的真实长度，$b'c'$ 的长度反映直线 BC 的真实长度，$c'd'$ 的长度反映直线 CD 的真实长度，$d'a'$ 的长度反映直线 DA 的真实长度，综上所述，$a'b'c'd'$ 反映了平面 $ABCD$ 的真实形状。另外，正平面 $ABCD$ 垂直于 H 面和 W 面，则在 H 面上的投影积聚成一条直线，且 $abcd$ // OX，在 W 面上的投影也积聚成一条直线，且 $a''b''c''d''$ // OZ。此时，平面 $ABCD$ 对 H 面和 W 面的倾角 $\alpha = \gamma = 90°$，对 V 面的倾角 $\beta = 0°$。

水平面和侧平面的投影情况读者可作类似分析。

由此，可以归纳出投影面平行面的投影特性。

(1)平面在与其平行的投影面上的投影反映真实形状。

(2)平面在另外两个投影面上的投影分别积聚成直线，平行于相应的投影轴。

投影面平行面的判定：由投影图判定平面的空间位置时，当平面的投影中有一个投影积聚成直线，并且与投影轴平行，则它一定是某个投影面的平行面。

2. 投影面垂直面

表 2-6 列出了正垂面、铅垂面和侧垂面的立体图和投影图。

表 2-6　投影面垂直面

	正垂面	铅垂面	侧垂面
立体图	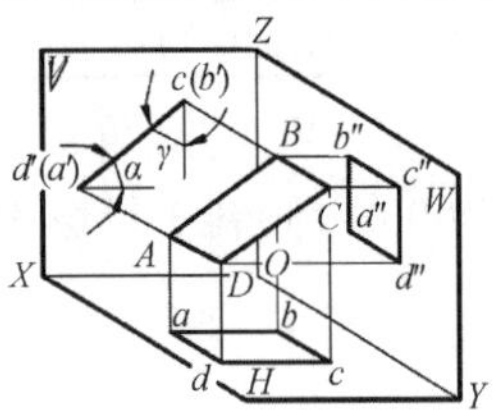	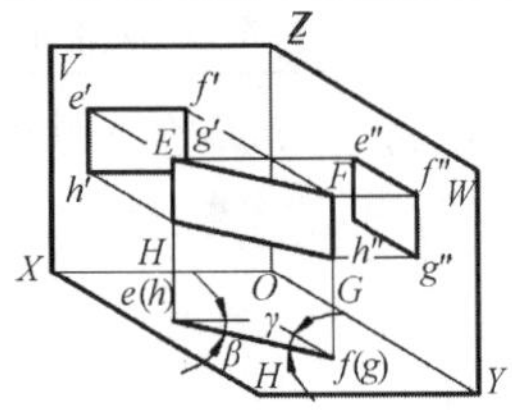	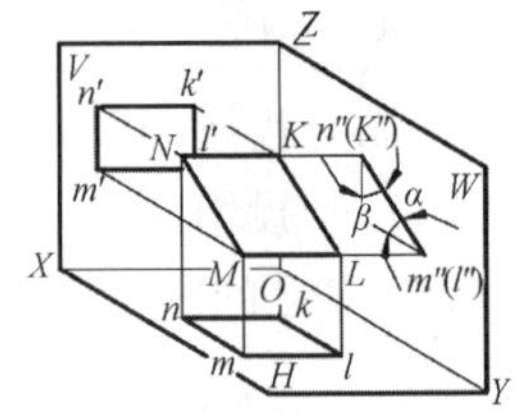
投影图	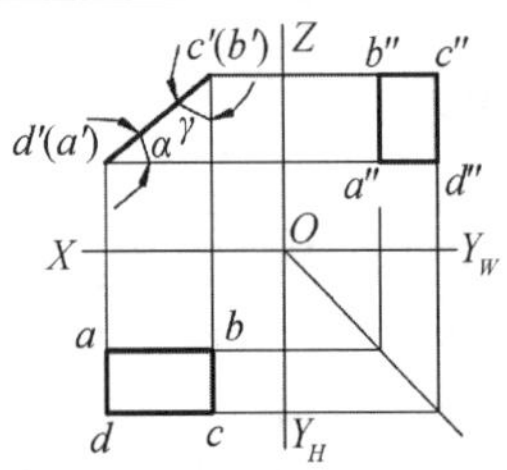	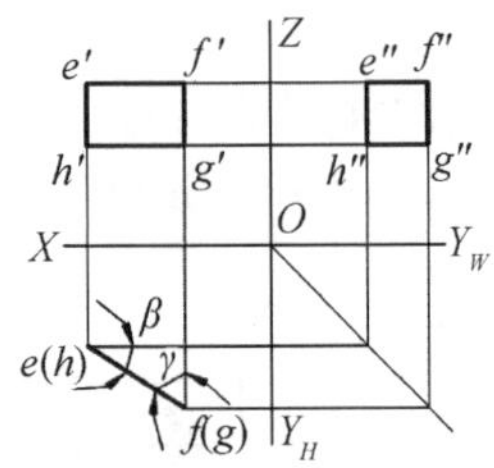	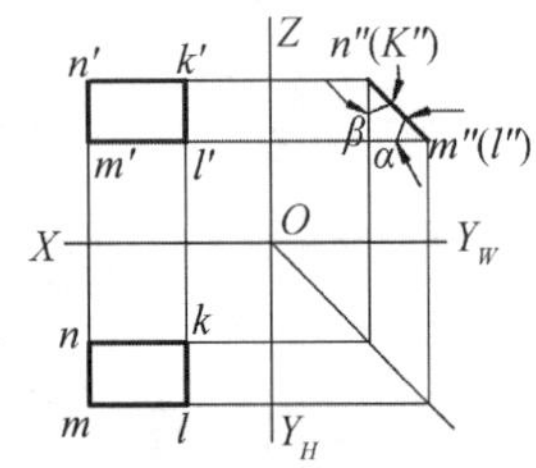

由表中的铅垂面 $EFGH$ 的投影可知，$EFGH$ 垂直于 H 面，平面对 H 面的倾角 $\alpha=90°$，其水平面投影 $efgh$ 积聚成一条直线，并且 $efgh$ 与 OX 轴的夹角是平面对 V 面的倾角 β，$efgh$ 与 OY_H 轴的夹角是平面对 W 面的倾角 γ；其正面投影 $e'f'g'h'$ 仍保持平面，面积缩小；其侧面投影 $e''f''g''h''$ 仍保持平面，面积缩小。

正垂面和侧垂面的投影情况读者可作类似分析。

由此，可以归纳出投影面垂直面的投影特性。

(1)平面在与其垂直的投影面上的投影积聚为一条直线；它与投影轴的夹角分别反映平面对另外两个投影面的真实倾角。

(2)平面在另外两个投影面上的投影仍保持平面图形，面积缩小。

投影面垂直面的判定：由投影图判定平面的空间位置时，当平面的投影中有一个投影积聚为一条斜直线，则该平面一定是投影面垂直面。

3. 一般位置平面

如图 2-24 所示，一般位置平面△ABC 对三个投影面都倾斜。平面 ABC 不平行于 V 面，则存在两种情况，第一种情况，其三条边 AB、BC 和 CA 都不平行于 V 面，则其三条边的投影 $a'b'$、$b'c'$ 和 $c'a'$ 都比真长短；第二种情况，三条边中有一条边平行于 V 面，则 $a'b'$、$b'c'$ 和 $c'a'$ 中有一条反映真长，另外两条比真长短。因此，当平面 ABC 与 V 面倾斜时，无论何种情况，其正面投影 $a'b'c'$ 一定不反映 ABC 的真实形状，面积缩小。同理，可知平面 ABC 的水平面投影 abc 和侧面投影 $a''b''c''$ 也都不反映 ABC 的真实形状，面积缩小。

由此，可以归纳出一般位置平面的投影特性：

一般位置平面在三个投影面上的投影都不反映平面的真实形状，其投影都是面积缩小的类似平面图形。

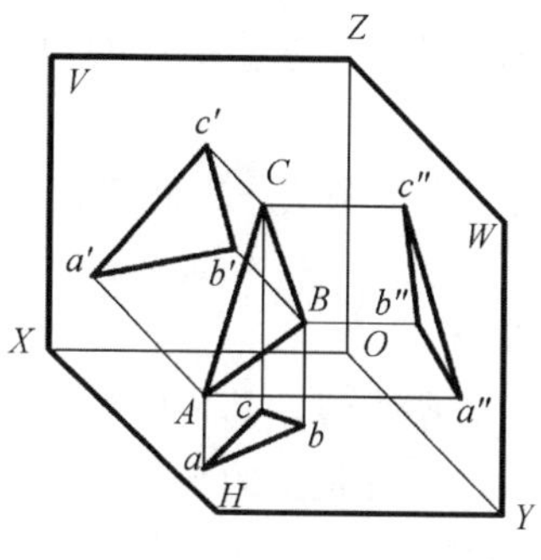

(a)立体图

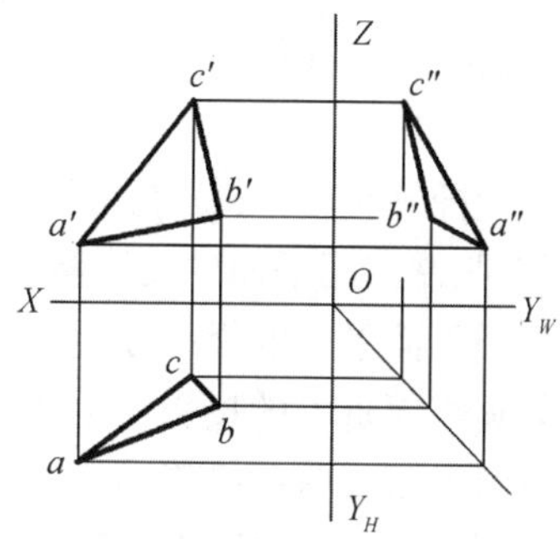

(b)投影图

图 2-24　一般位置平面的投影

【例 4】如图 2-25 所示，(Ⅰ)求作圆心在 A 点的 $\phi 20$ 正平圆的三面投影；(Ⅱ)求作圆心在 B 点的 $\phi 20$ 铅垂圆($\beta=30°$，左前到右后放置)的两面投影。

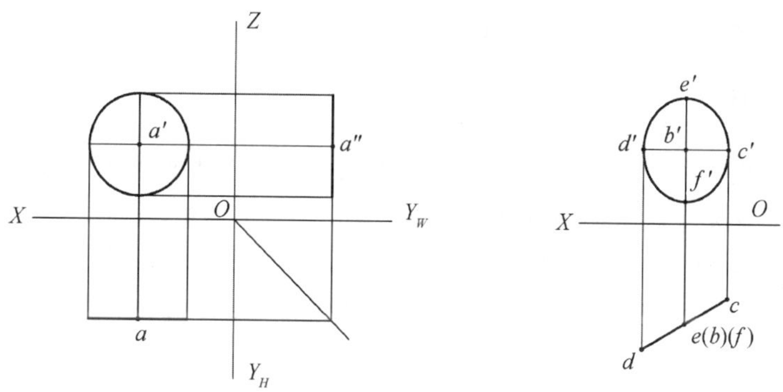

图 2-25　圆平面的投影

分析：

(1)正平圆的正面投影应反映实形，即在 V 面上存在一个圆心为 a' 的 $\phi 20$ 圆，正平圆垂直于 H 面和 V 面，则在 H 面和 W 面上的投影应分别积聚为一条直线，分别平行于 OX 轴和 OZ 轴，且两条直线应该与圆的直径等长。

(2)铅垂圆垂直于 H 面，则在 H 面上的投影积聚为一条直线，长度等于直径，由此根据已知倾角和方位可作出圆的水平投影。另外，根据解析几何可知，圆在倾斜的投影面上的投影是椭圆，因此铅垂圆的正面投影是一椭圆。椭圆的长轴应该是空间圆中为铅垂线的直径的投影，长度等于直径，椭圆的短轴应该是空间圆中为水平线的直径的投影，长度短于直径，可由已知端点的水平面投影作出。

作图：

(Ⅰ)

(1)以 a' 点为圆心作直径 $\phi 20$ mm 的圆。

(2)分别以 a 和 a'' 点为中点，作长度为 20 mm，平行于 OX 轴和 OZ 轴的直线。

(Ⅱ)

(1)以 b 点为中点作长度为 20 mm，和 OX 轴夹角为 30°的左前到右后的直线 dc。

(2)以 b' 点为中点作长度为 20 mm，垂直于 OX 轴的直线 $e'f'$。

(3)根据点的投影特性作 c、d 两点的正面投影的连线，与过 b' 点的 OX 轴的平行线相交于 c'、d'。

(4)以 $e'f'$ 为椭圆长轴，$c'd'$ 为椭圆短轴，根据几何作图法作出椭圆。

由此，可以归纳出圆平面的投影特性。

(1)圆在与圆平面平行的投影面上的投影反映真形。

(2)圆在与圆平面垂直的投影面上的投影积聚为一条直线，其长度等于直径。

(3)圆在与圆平面倾斜的投影面上的投影是椭圆，长轴是圆的平行于这个投影面的直径的投影，短轴是圆的与上述直径相垂直的直径的投影。

2.4.3 平面内的点和直线

1. 在平面内作点

点在平面内，则该点一定在平面内的一条直线上。因此，要在平面内作点，必须先在平面内作一直线，然后在此直线上取点。

2. 在平面内作直线

直线在平面内，则该直线必定通过这个平面上的两个点；或者通过这个平面上的一个点，且平行于这个平面上的另一已知直线。

【例 5】如图 2-26 所示，已知点 K 的两面投影和平面△ABC 的两面投影以及平面内点 D 的水平投影 d，求点 D 的正面投影 d' 并判断点 K 是否属于平面△ABC。

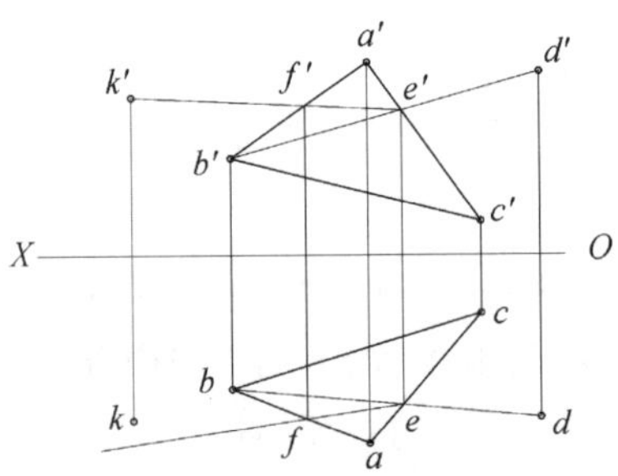

图 2-26　平面上的点和直线

分析：

(1)要作平面内点 D 的正面投影 d'，必须找到一条过点 D 的平面内的直线，该直线的作法可以采用找相交或平行直线的方法，这里采用找相交直线的方法，平行直线的作法请读者自行分析。

(2)判断点是否是平面内的点，可先假设点的某一面投影在平面内，然后判断平面内过点的直线的另一面投影是否满足投影规律，如果满足，则该点位于平面内，否则不是平面内的点。

作图：

（Ⅰ）

(1)连接水平面投影 b、d，交 ca 于 e 点，从而得到平面内过点 D 的直线 BD；

(2)点 E 在直线 AC 上，由 e 点作出 e'点；

(3)过点 e'作 $b'e'$的延长线，与过 d 的 OX 轴的垂线相交于 d'点，即为所求。

（Ⅱ）

(1)连接 e'、k'，交 $a'b'$于 f'点，从而得到平面内过点 K 的直线 KE；

(2)点 F 在直线 AB 上，由 f'点作出 f 点；

(3)过点 f 作 ef 的延长线，k 点不在 ef 的延长线上，所以点 K 不是平面内的点。

3. 平面内的投影面平行线

平面内投影面平行线既要符合直线与平面的从属关系，又要符合投影面平行线的投影特性，即它们应该有一个投影要平行于投影轴。

【例 6】如图 2-27 所示，作平面△ABC 内的水平线 MN，使得 MN 到 H 面的距离是 15 mm。

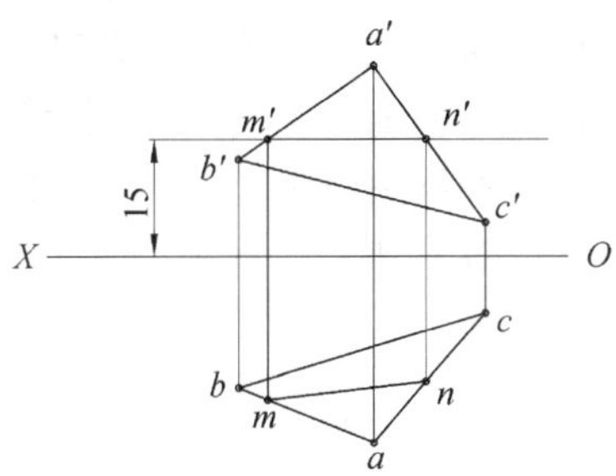

图 2-27　作平面内的水平线

分析：

水平线 MN 的正面投影 $m'n'$平行于 OX 轴，直线 $m'n'$到 OX 轴的距离即为空间直线 MN 到 H 面的真实距离，因此从水平线的正面投影入手。

作图：

(1)在 OX 轴上方 15 mm 处作直线 $m'n' /\!/ OX$，与 $a'b'$相交于 m'，与 $a'c'$相交于 n'；

(2)过 m'和 n'作 OX 轴的垂线，与 ab 相交于 m，与 ac 相交于 n，mn 即为所求直线的水平面投影。

4. 过点或直线作特殊位置平面

特殊位置平面在它所垂直的投影面上的投影积聚成直线，所以特殊位置平面上的点、直线和平面图形在该平面所垂直的投影面上的投影，都位于这个平面的有积聚性的同面投影或迹线上。如图 2-28 所示，图中的迹线 P_V代表过直线 AB 的正垂面，Q_H代表过点 C 的正平面，R_V代表过直线的 DE 的水平面。

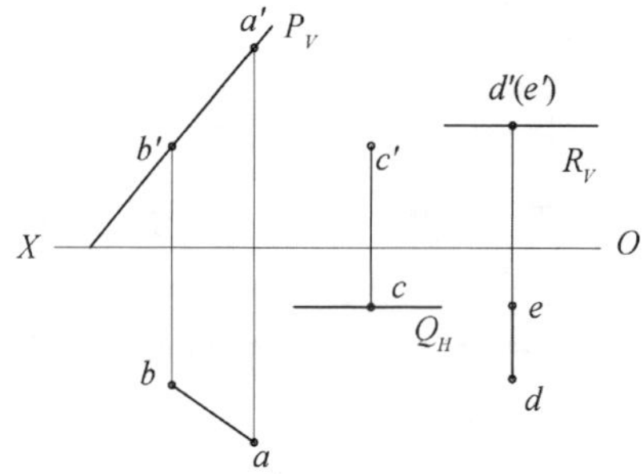

图 2-28　过已知点或直线作特殊位置平面

2.5　直线与平面、平面与平面的相对位置

2.5.1　平行问题

1. 直线与平面平行

如果一直线平行于平面内的一条直线，则此直线必定与该平面平行。

特别地，当直线与某一投影面的垂直面平行时，则直线的投影平行于平面的有积聚性的同面投影，或者，直线、平面在同一投影面上的投影都具有积聚性。

【例 7】如图 2-29 所示，过点 D 作平行于已知平面 $\triangle ABC$ 的水平线 MN。

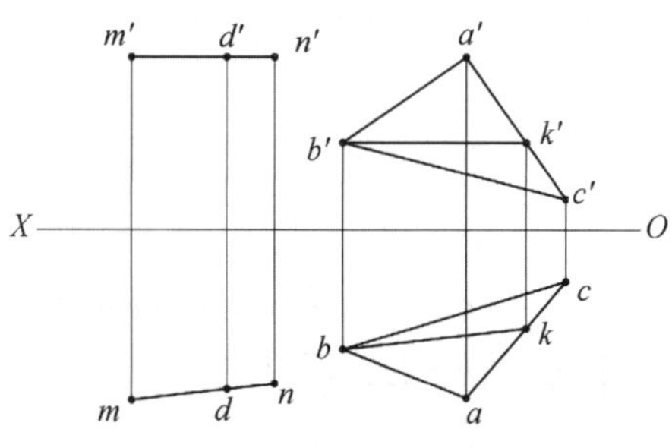

图 2-29　过已知点作平面的平行线

分析：

水平线 MN 的正面投影 $m'n'$ 平行于 OX 轴，因此，需要在平面的正面投影内找到一条平行于 OX 轴的直线，再根据平面内直线的投影特征作出其水平面投影，然后根据平行作出 MN 的水平面投影 mn。

作图：

(1)过 d' 作直线 $m'n' /\!/ OX$，过 b' 作直线 $b'k' /\!/ m'n'$，$b'k'$ 与 $a'c'$ 相交于 k'；

(2)过 k' 作 OX 轴的垂线，与 ac 相交于 k，连接 bk；

(3)过 d 作 $mn /\!/ bk$，mn 即为所求直线的水平面投影。

2. 平面与平面平行

如果一平面内的两条相交直线与另一平面内的两条相交直线对应平行，则此两平面互相平行。

特别地，如果相互平行的两平面都是某投影面的垂直面，则它们具有积聚性的投影必定相互平行。

【例 8】如图 2-30 所示，已知平面△ABC 和平面外一点 K 的两面投影，要求过点 K 作平行于平面△ABC 的平面 P。

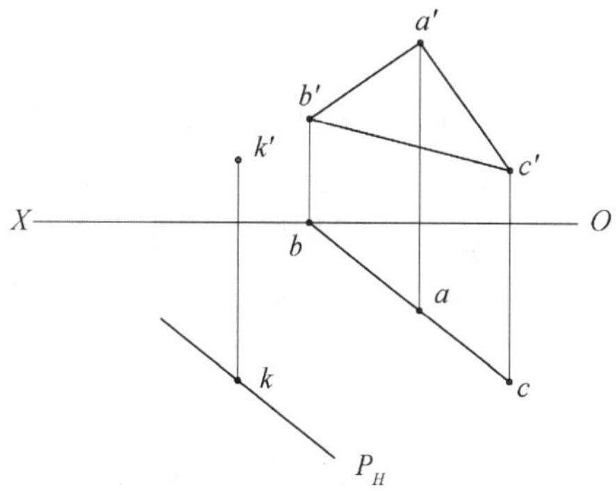

图 2-30　过已知点作平面的平行面

分析：

平面△ABC 的水平面投影具有积聚性，则该平面为铅垂面，因此平面 P 必定为铅垂面，可从铅垂面的积聚性投影出发，利用积聚性的投影相互平行的特征作图，用迹线表示即可。

作图：

过 K 作平面△ABC 的积聚性投影 abc 的平行线，画成粗实线，记为 P_H。

2.5.2　垂直问题

1. 直线与平面垂直

如果直线垂直于某一平面内的任意两条相交直线，则直线与该平面垂直。

特别地，当直线与投影面的垂直面相垂直时，直线一定是该投影面的平行线，且直线在该投影面上的投影一定垂直于平面的积聚性的投影。

2. 平面与平面垂直

直线垂直于平面时，则包含该直线的所有平面都垂直于此平面。

特别地，当垂直于同一投影面的两平面相互垂直时，它们的积聚性的同面投影一定相互垂直。

【例 9】如图 2-31 所示，过点 K 作平面△ABC 的垂线 KF，F 为垂足，并表明点 K 和平面△ABC 的真实距离；过点 K 作铅垂面 $Q\perp$平面△ABC。

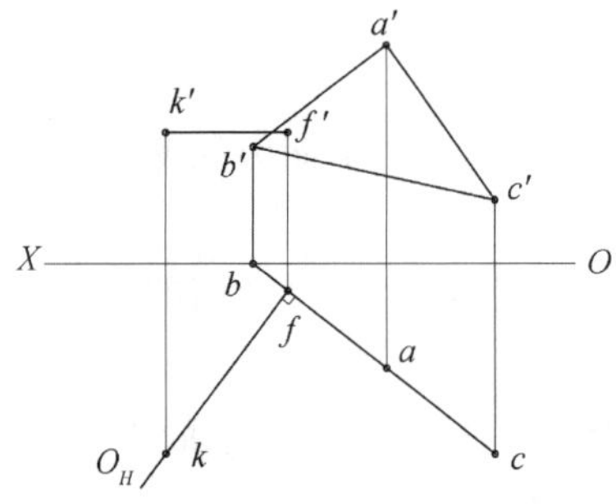

图 2-31　过已知点作平面的垂直线和垂直面

分析：

过一点 K 只能作平面△ABC 的一条垂线，由于平面△ABC 是铅垂面，则按照投影特性可知，垂线 KF 必定为水平线，则 $kf \perp abc$，kf 和 abc 的交点 k 即为点 K 的水平投影；平面 Q 和平面△ABC 都是铅垂面，根据投影特性，它们在水平面上的积聚性投影相互垂直，即 $kf \perp abc$，因此平面 Q 必定是过水平线 KF 的铅垂面，用迹线表示即可。

作图：

(1)过 k 作 $kf \perp abc$，垂足为 f。

(2)过 k'作 OX 的平行线，与过 f 的 OX 的垂线相交于 f'，kf、$k'f'$即为所求直线 KF 的两面投影。

(3)kf 反映点 K 和平面△ABC 的真实距离。

(4)过 kf 作一粗实线，表示铅垂面 Q，记为 Q_H。

2.5.3　相交问题

1. 直线与平面相交

直线与平面相交时必定产生一个交点，该交点是直线和平面的共有点。交点将直线分为两部分，在投影时，直线上的一部分可能被平面遮住，为不可见，用虚线进行表示。因此，当直线与平面相交时，交点即为直线投影的可见和不可见的分界点。

特别地，当直线与平面相交时，若直线或平面中有一个的投影具有积聚性，则可直接利用积聚性的投影找交点，并判断可见性。

【例 10】如图 2-32(a)所示，已知侧垂线 MN 和平面 △ABC 的两面投影，求作交点 K，并表明 MN 的可见性(未判定前用细双点画线表示)。

分析：

直线 MN 是侧垂线，在侧面的投影 $m''n''$具有积聚性，而交点 K 是直线 MN 上的一点，因此，直线的积聚性投影点必定与直线和平面交点的投影点重合，即 k''与 $m''(n'')$是同一点。点 K 在平面△ABC 内的侧面投影 k''已知，要判断其正面投影 k'的准确位置，需要创造过点 k''的一条直线，利用直线的投影特性来作图。而 $m'n'$在△$a'b'c'$内的可见性可通过以点 K 为界的直线和平面的前后位置关系来直接判定。

作图：

(1)交点 K 的侧面投影 k''与 $m''(n'')$是同一点。

(2)延长 $a''k''$ 与 $b''c''$ 相交于 d''，过 d'' 作 OZ 的垂线，与 $b'c'$ 相交于 d'，连接 $a'd'$，$a'd'$ 与 $m'n'$ 相交于 k'，k' 即为所求交点 K 的正面投影。

(3)由投影可知，平面△ABC 的点 B 在前在左，C 点在右在后，因此以 K 为界，直线的 MK 部分在平面△ABC 之后，WKN 部分在平面△ABC 之前。$m'k'$ 被遮住的部分不可见，画成虚线；$k'n'$ 可见，画成粗实线。最终作图结果如图 2-32(b)所示。

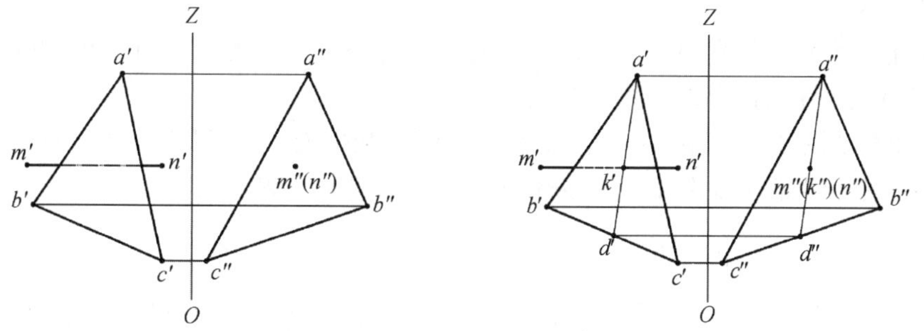

(a)已知条件　　(b)作图过程及结果

图 2-32　有积聚性投影的直线与平面相交

【例 11】如图 2-33(a)所示，已知直线 MN 和平面 △ABC 的两面投影，求作交点 K，并表明 MN 的可见性(未判定前用细双点画线表示)。

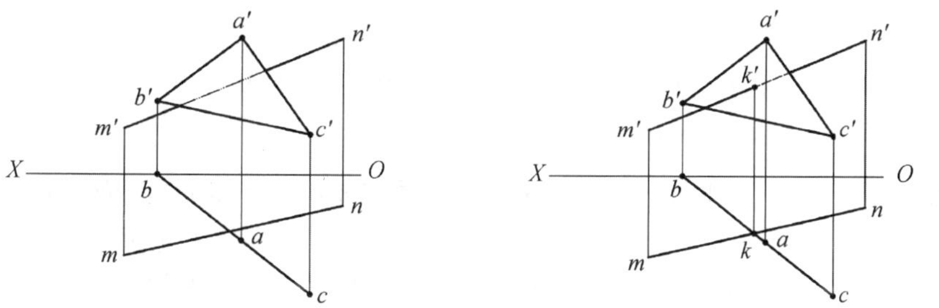

(a)已知条件　　(b)作图过程及结果

图 2-33　有积聚性投影的平面与直线相交

分析：

平面△ABC 是铅垂面，其水平投影积聚为一条直线 abc，而交点 K 是平面△ABC 内的一点，因此，交点 K 的水平投影必定在平面的积聚性投影 abc 之上，同时交点 K 的水平投影也在直线 MN 的水平投影 mn 之上，因此，mn 与 abc 的交点 k 即为点 K 的水平投影。由水平投影可作出其正面投影。而 $m'n'$ 在△$a'b'c'$ 内的可见性可通过以点 K 为界的直线和平面的前后位置关系来直接判定。

作图：

(1)mn 和 abc 的交点即为交点 K 的水平投影 k。

(2)过 k 作 OX 的垂线，与 $m'n'$ 相交于 k'，k' 即为所求交点 K 的正面投影。

(3)由投影可知，以 K 为界，直线的 MK 部分在平面△ABC 之前，WKN 部分在平面△ABC 之后。$m'k'$ 可见，画成粗实线，$k'n'$ 被遮住的部分不可见，画成虚线。最终作图结果如图 2-33(b)所示。

2. 平面与平面相交

平面与平面若不平行则相交，相交时必定产生一条交线，该交线是两个平面的共有线，交线上的点是两个平面的共有点。交线是平面投影可见和不可见的分界线，在投影时，一个平面上的一部分可能被另一个平面遮住，为不可见，用虚线进行表示，交线总是用粗实线表示。

特别地，当平面与平面相交时，如果两者中有一个或两者都具有积聚性的投影，则可直接利用积聚性的投影找交线，并判断可见性。

【例 12】如图 2-34(a)所示，已知平面$\triangle ABC$和平面$\square MNTS$的两面投影，求作交线 QR，并表明侧面投影的可见性(未判定前用细双点画线表示)。

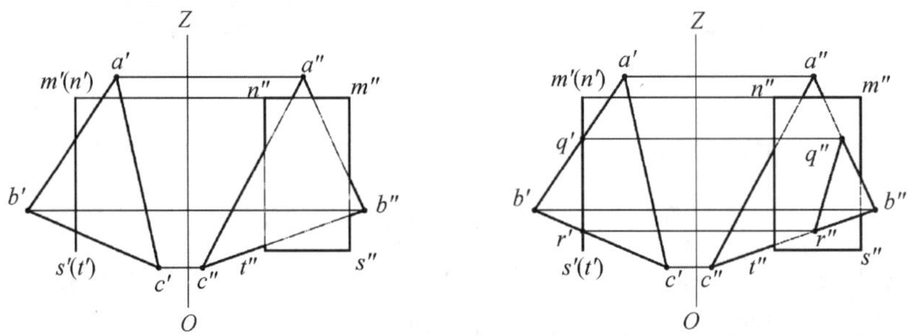

(a)已知条件　　(b)作图过程及结果

图 2-34　有积聚性投影的平面与平面相交

分析：

平面$\square MNTS$是侧平面，交线 QR 的正面投影 $q'r'$ 一定在平面$\square MNTS$的积聚性的正面投影 $m'n't's'$ 上，同时，交线 QR 是两平面的共有线，则正面投影中 $m'n't's'$ 与$\triangle a'b'c'$的重合部分为交线 QR 的正面投影 $q'r'$。根据直线上点的从属性可以找到交线 QR 的侧面投影 $q''r''$。两平面侧面投影的可见性可通过以 $q''r''$ 为界的平面的左右位置关系来直接判定。

作图：

(1)正面投影中 $m'n't's'$ 与$\triangle a'b'c'$的重合部分为交线 QR 的正面投影 $q'r'$。

(2)分别过 q' 和 r' 作 OZ 的垂线，与 $a''b''$ 及 $b''c''$ 分别相交于 q'' 和 r''，$q''r''$ 即为所求交线 QR 的侧面投影。

(3)由投影可知，以 QR 为界，前边部分的平面$\triangle ABC$在平面$\square MNTS$之左，因此在侧面投影的重合区域内，属于平面$\triangle ABC$投影的部分可见，画成粗实线，属于平面$\square MNTS$的部分不可见，画成虚线。反之，在 QR 后侧，平面$\triangle ABC$在平面$\square MNTS$之右，因此在侧面投影的重合区域内，属于平面$\triangle ABC$投影的部分不可见，画成虚线，属于平面$\square MNTS$的部分可见，画成粗实线。最终作图结果如图 2-34(b)所示。

【例 13】如图 2-35(a)所示，已知平面$\triangle ABC$和以 K 为圆心的圆平面的两面投影，求作交线 MN，并表明正面投影的可见性(未判定前用细双点画线表示)。

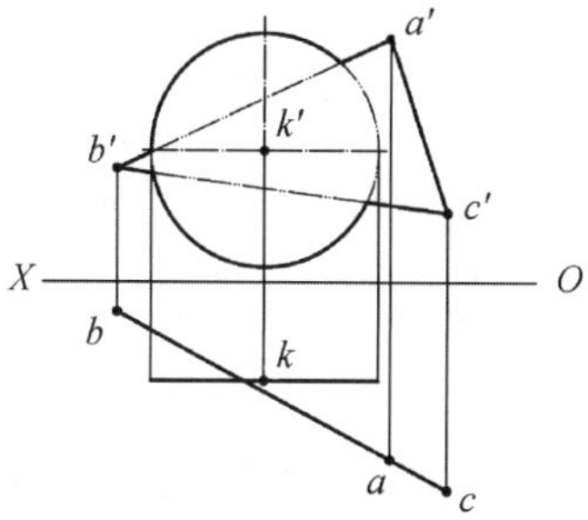

(a)已知条件

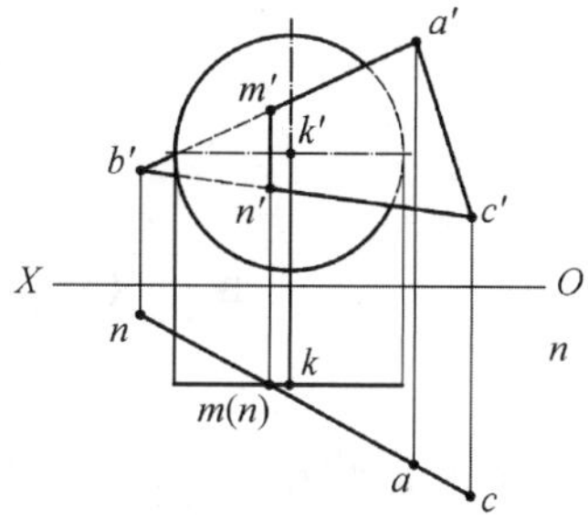

(b)作图过程及结果

图 2-35　有积聚性投影的两平面相交

分析：

平面△ABC 是铅垂面，圆平面是正平圆，则这两个平面的交线 MN 一定是铅垂线。所以平面△ABC 的积聚性水平投影 abc 与圆平面的积聚性水平投影的交点即为交线 MN 的积聚性的水平投影 mn。交线 MN 是两个平面的共有线，则 MN 的正面投影 $m'n'$ 必定在两平面的正面投影的重合区域内，由此作出交线的正面投影 $m'n'$。两平面正面投影的可见性可通过以 $m'n'$ 为界的平面的前后位置关系来直接判定。

作图：

(1)过 k 的与圆平面直径等长的水平线段和 abc 的交点即为所求交线的积聚性的水平投影 mn。

(2)过 mn 作 OX 的垂线，与两平面的正面投影的重合区域相交于 m' 和 n' 点，$m'n'$ 即为所求交线 MN 的正面投影。

(3)由投影可知，以 MN 为界，左边圆平面在平面△ABC 之前，因此在正面投影的重合区域内，属于圆平面投影的部分可见，画成粗实线，属于平面△ABC 的部分不可见，画成虚线。反之，在 MN 右侧，圆平面在平面△ABC 之后，因此在正面投影的重合区域内，属于圆平面投影的部分不可见，画成虚线，属于平面△ABC 的部分可见，画成粗实线。最终作图结果如图 2-35(b)所示。

第 3 章　立体的投影

基本立体是由若干表面围成的几何形体。根据基本立体表面的几何性质，基本立体分为平面立体和曲面立体。由平面围成的立体称为平面立体，由曲面或曲面与平面围成的立体称为曲面立体。

基本立体的投影是形体表达的重要基础。在投影图上表达一个立体，就是要把平面和曲面的投影画出来，然后再根据可见性原理判断哪些线是可见的，哪些线是不可见的，把其投影分别画成粗实线和虚线，即得立体的投影图。

立体的投影到投影轴的距离等于立体到对应投影面的距离，距离改变不会影响立体与投影的对应关系，即空间两点之间的相对位置可由两点的相对坐标确定，故立体的投影图一般不画投影轴，但各投影之间的投影规律保持不变。即各点的正面投影和水平投影应位于竖直的投影连线上，正面投影和侧面投影应位于水平的投影连线上，以及任意两点的水平投影和侧面投影应保持前后方向的宽度相等和前后对应的投影关系。

3.1　平面立体的投影

平面立体主要包含棱柱和棱锥。

平面立体的各个面都是多边形表面，绘制平面立体的投影，就是绘制它的所有平面多边形表面的投影，即绘制多边形的边和顶点的投影。多边形的边是平面立体的轮廓线，顶点是轮廓线的交点。国家标准规定，当轮廓线可见时，应画成粗实线；当轮廓线不可见时，应画成细虚线；当粗实线和细虚线重合时，应画成粗实线。

下面以棱柱和棱锥为例，说明平面立体的投影以及平面立体上点和线的投影的画法。

3.1.1　棱柱的投影

1. 棱柱的投影

如图 3-1(a)所示，由立体图可知，正五棱柱由上、下底面和五个棱面构成。其中顶面和底面都是正五边形的水平面，正五边形的五条边中有一条侧垂线和四条水平线，五个棱面中有一个正平面和四个铅垂面，正五棱柱的五条棱线都是铅垂线。

图 3-1(b)是正五棱柱的投影图。在水平投影中，顶面和底面的投影反映实形，画成粗实线的正五边形；五个棱面的投影都具有积聚性，分别形成正五边形的五条边；五条棱线的投影也都具有积聚性，分别形成正五边形的五个顶点。在正面投影中，顶面和底面的投影具有积聚性，形成大矩形的上下两条边；五个棱面的投影分别形成五个小矩形，其中以包含 BB_0、EE_0两条棱线的正平面为界，位于前面的两个棱面可见，位于后面的两个棱面不可见；同理，在五条棱线的投影中，以包含 BB_0、EE_0两条棱线的正平面为

界，位于前面的 AA_0 可见，其投影 $a'a_0'$ 画成粗实线，位于后面的 CC_0、DD_0 两条棱线不可见，其投影 $c'c_0'$ 和 $d'd_0'$ 画成细虚线。在侧面投影中，顶面和底面的投影具有积聚性，形成大矩形的上下两条边；五个棱面的投影除了 CC_0D_0D 的投影具有积聚性外，分别形成四个小矩形，其中 AA_0B_0B 的投影遮住了 AA_0E_0E 的投影，BB_0C_0C 的投影遮住了 DD_0E_0E 的投影；同理，五个棱线的投影中，BB_0 的投影遮住了 EE_0 的投影，CC_0 的投影遮住了 DD_0 的投影，分别画成粗实线。

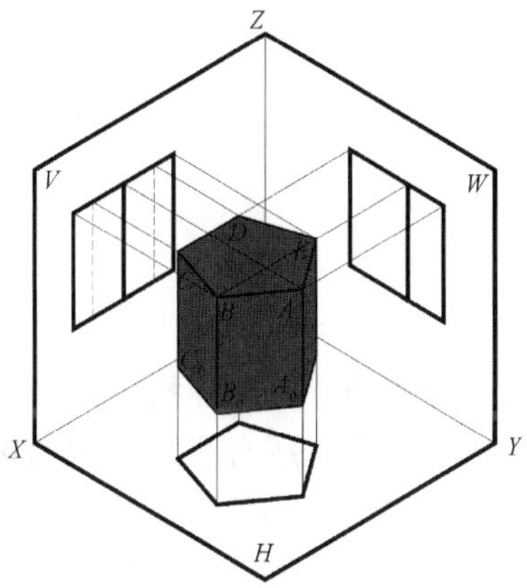

(a)立体图

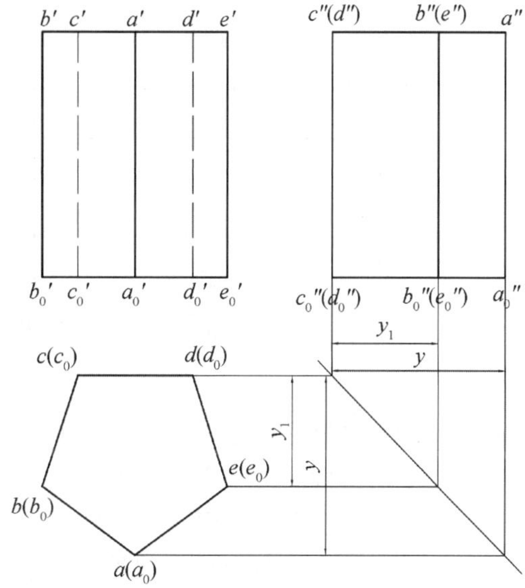

(b)投影图

图 3-1　正五棱柱的投影

在画棱柱的投影图时，此处虽然省略了投影轴，但各点的投影还是应该符合基本的投影规律，即各点的正面投影和水平投影应位于竖直的投影连线上，正面投影和侧面投影应位于水平的投影连线上，特别地，任意两点的水平投影和侧面投影应保持前后方向的宽度相等和前后对应的投影关系。例如，前棱线与后棱面间的宽度为 y，左、右棱线与后棱面之间的宽度为 y_1，它们在水平投影和侧面投影间应相互对应。这种关系可在作图时按照 45°辅助线作图，也可直接量取相等的距离作图，即 c、b 的垂直间距等于 c''、b'' 的水平间距，c、a 的垂直间距等于 c''、a'' 的水平间距。

2. 棱柱表面的点和线

作平面立体表面上的点和线的投影，就是作它的多边形表面上的点和线的投影，即作平面上的点和线的投影。

作图时，首先分析点在哪一个表面上，若表面的投影具有积聚性，则可直接求得该点的投影，否则要通过面上取过该点的线的方式求点的投影。若点和线的投影被其他平面遮住，则该投影不可见，点的投影要用括号括起来，线的投影需画成细虚线。另外，如果点或线所在的表面的投影具有积聚性，则点或线在该投影面上的投影不需要判断可见性。

【例 1】如图 3-2 所示，求作六棱柱的正面投影，并作出表面折线 $ABCDE$ 的正面投影和侧面投影。

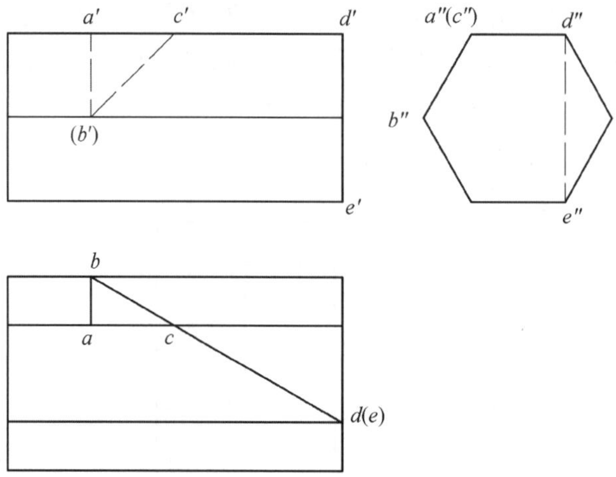

图 3-2　棱柱表面的点和线

分析：

由侧面投影和水平投影可知，正六棱柱的棱线均为侧垂线，其侧面投影都具有积聚性。六棱柱的上下两个棱面为水平面，前后四个棱面为侧垂面。所有棱面的侧面投影都具有积聚性，正面投影中上、下两个棱面的投影都具有积聚性，位于前面的两个棱面的投影分别遮住了位于后面的两个棱面的投影，水平投影中位于上方的三个棱面的投影分别遮住了位于下方的三个棱面的投影。

六棱柱表面的折线 $ABCDE$ 是由四段直线段构成。AB 和 BC 位于在上在后的侧垂棱面内，因而其正面投影不可见，侧面投影与所在棱面的侧面投影重合；CD 位于在上的水平棱面内，因而其正面投影和侧面投影都与棱面的积聚性的投影重合；DE 位于在右的底面内，因而其正面投影与所在底面的积聚性的正面投影重合，侧面投影不可见。

作图：

(1)根据长度对应关系和高度对应关系，用粗实线画出六棱柱的正面投影，特别注意，六棱柱在前的棱线遮住在后的棱线的投影，也画成粗实线。

(2)由 a、b、c、d、e 分别在对应棱面或棱线的积聚性投影上作出各点的侧面投影 a''、b''、c''、d''、e''，再结合水平投影作出各点的正面投影 a'、b'、c'、d'、e'。

(3)连接各点，判断可见性。其中，位于在上在后棱面内的 AB、BC 的正面投影 $a'b'$ 和 $b'c'$ 不可见，画成细虚线；位于在右底面内的 DE 的侧面投影 $d''e''$ 不可见，画成细虚线；其余投影都与所在面的积聚性投影重合，不需要判断。

3.1.2　棱锥的投影

1. 棱锥的投影

如图 3-3(a)所示，由立体图可知，正三棱锥由一个底面和三个相等的棱面构成，三条棱线汇交于锥顶。正三棱锥的底面为正三角形的水平面，在后的棱面为侧垂面，在前在左的棱面和在前在右的棱面为一般位置的平面。

图 3-3(b)是正三棱锥的投影图。在水平投影中，三个棱面的投影遮住了底面反映真形的投影，画出三个相等的类似性的三角形，这三个三角形汇交于锥顶 S 的投影 s，即底面投影正三角形△abc 的中心点；在正面投影中，底面的投影具有积聚性，在前的两个棱面△SAB 和△SAC 的投影将被在后的一个棱面△SBC 的投影遮住，画出两个类似的三角形投影和棱线 SA 的投影 $s'a'$；在侧面投影中，底面的投影具有积聚性，在后的棱面△SBC 的投影具有积聚性，在前在左的棱面△SAB 的投影遮住了在前在右的棱面△SAC 的投影，画出一个类似的三角形投影即可。

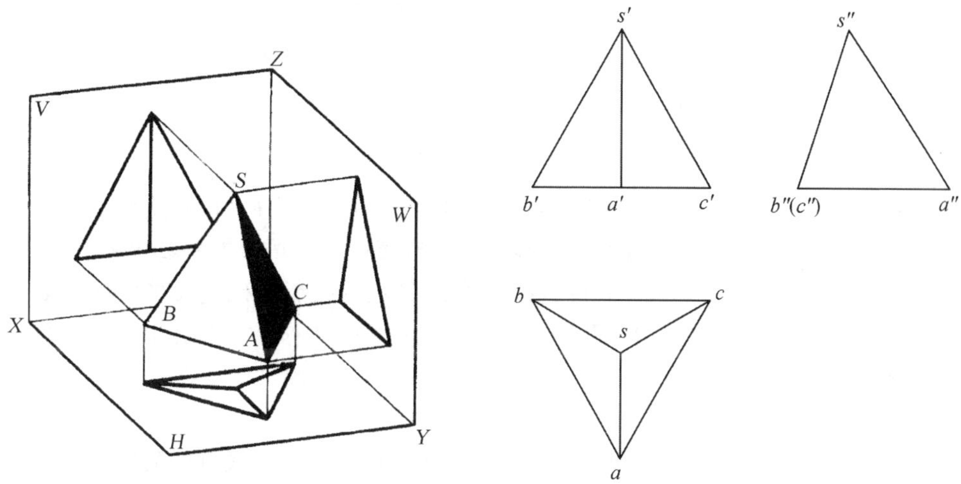

(a)立体图　(b)投影图

图 3-3　正三棱锥的投影

在画正三棱锥的投影图时，先画出底面的投影，确定锥顶的位置，再画出锥顶的各个投影，根据投影关系连接各顶点的同面投影，即为正三棱锥的投影。

2. 棱锥表面的点和线

作图时，首先分析点在哪一个表面上，若表面投影具有积聚性，则可直接求得该点的投影，否则要通过面上取过该点的线的方式求点的投影。

求棱锥表面上的点的投影一般采用面内取点的方法，共有三种作图方法，常常采用前两种方法：

(1)过已知点作连接锥顶的辅助线。

(2)过已知点作底边的平行线。

(3)过已知点作棱面内的任意直线。

【例 2】如图 3-4 所示，求作正三棱锥的侧面投影，并作出表面折线 ABC 的正面投影和侧面投影。

分析：

由正面投影和水平投影可知，正三棱锥的底面为水平面，在右的棱面是正垂面，在前在左的棱面的正面投影刚好遮住了在后在左的棱面的正面投影，三棱锥前后对称。由此可知，在侧面投影中，正三棱柱底面的投影具有积聚性，在左的两个棱面可见，在右的棱面不可见，由此可作出侧面投影。

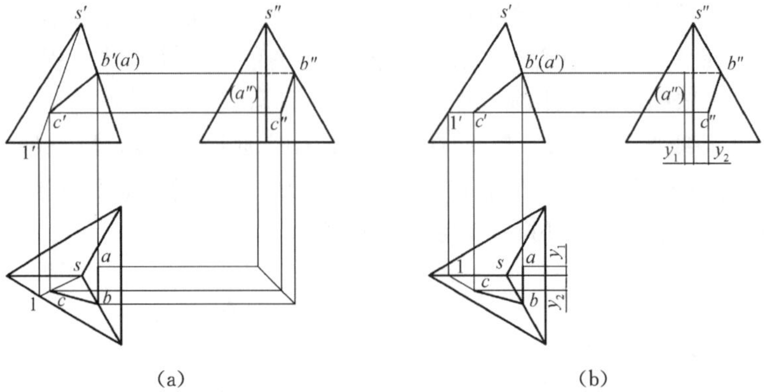

图 3-4　棱锥表面的点和线

三棱锥表面的折线 ABC 是由两段线段构成的。AB 位于在右的正垂棱面内，且平行于三棱锥的对应底边，因此 AB 是正垂线，B 点在棱线上，可根据积聚性来作图；BC 位于在左在前的棱面内，是一般位置的直线，因此 C 点的投影的确定要采用面内取点的方法作图。可采用过锥顶的连线作图[图 3-4(a)]或采用底边平行线作图[图 3-4(b)]。最后根据投影关系判断可见性。

作图：

(1)根据高度对应关系和宽度对应关系，用粗实线画出正三棱锥的侧面投影。

(2)由 b、a 作投影连线在对应正垂棱面的积聚性投影上作出 b'、a'；再由 b'作投影连线作出 b''；由 a'作投影连线，结合 45°辅助线作出 a''[图3-4(a)]，或者根据水平投影和侧面投影之间的前后对应关系和宽距离相等作出 a''[图 3-4(b)]，例如，s 点在 a 点之前，水平投影中的 s 和 a 之间的垂直间距等于侧面投影中 s''和 a''之间的水平间距。

(3)点 C 位于在左在前的棱面内，其正面投影 c'和侧面投影 c''的位置不能直接判定，需要作辅助线。辅助线的作法有两种：①如图 3-4(a)所示，连接 s 和 c，延长 sc 与底边交于 1 点，由 1 点作投影连线作出 1′，连接 s'和 1′，$s'1'$与 c 的投影连线交于 c'。②如图 3-4(b)所示，过 c 作底边的平行线与棱线交与 1 点，由 1 点作投影连线作出 1′，过 1′作对应底边的平行线，与 c 的投影连线交于 c'。由 c'作投影连线，c''的确定可以采用 45°辅助线[图 3-4(a)]或者根据水平投影和侧面投影之间的前后对应关系和宽距离相等作出[图 3-4(b)]，例如，s 点在 c 点之后，水平投影中的 s 和 c 之间的垂直间距等于侧面投影中 s''和 c''之间的水平间距。

(4)连接各点，判断可见性。其中，AB 位于在右的正垂棱面内，其正面投影 $a'b'$具有积聚性，不需要判断可见性，侧面投影 $a''b''$不可见，画成细虚线；BC 位于在前在左的棱面内，其正面投影 $b'c'$和侧面投影 $b''c''$都可见，画成粗实线。

3.2　曲面立体的投影

工程中常见的曲面立体是回转体，主要包含圆柱、圆锥和球。

一条母线(直线或曲线)绕着固定轴线转动而成的面称为回转面。回转体可由回转面和平面构成(例如圆柱和圆锥)，或者单独由回转面构成(例如球)。回转面内任意位置的母线称为素线，母线上的点绕轴线旋转而成的垂直于轴线的圆称为纬圆。回转体曲面投影的可见和不可见的分界线称为回转体曲面投影的转向轮廓线。

画回转体的投影时，轴线必须先画出来。作回转体表面上的点和线的投影，就是作它的曲面或平面表面上的点和线的投影。平面上的点的投影可以采用积聚性的投影直接作出或者采用面内作线的方式间接作出；曲面上的点的投影可以采用积聚性的投影直接作出或者采用素线法、纬圆法间接作出。平面上的线的投影是端点的投影的连线，曲面上的线的投影是有很多点的连线，通常除了画出端点的投影外，还需要画出中间点的投影。

下面以圆柱、圆锥和球为例，说明回转体的投影以及回转体上点和线的投影的画法。

3.2.1　圆柱的投影

1. 圆柱的投影

圆柱由一个圆柱面和两个圆形底面构成，圆柱面是一条直母线绕着与它平行的轴线旋转而成的。圆柱面上所有的素线都与轴线平行，纬圆是一系列等直径的垂直于轴线的圆。

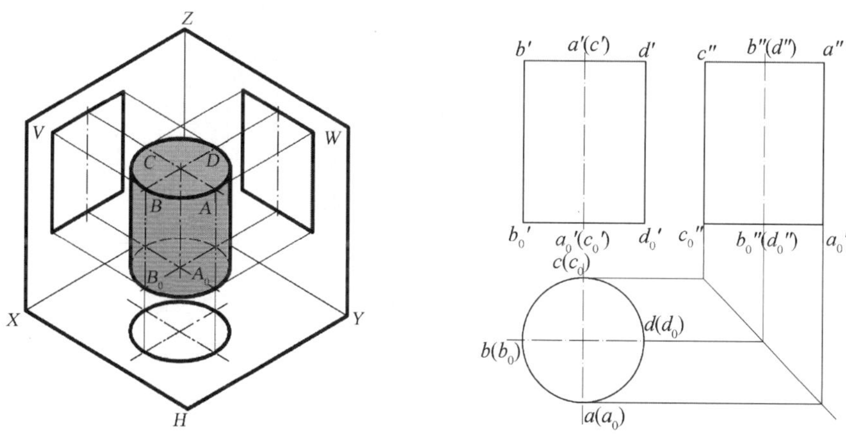

(a)立体图　(b)投影图

图 3-5　圆柱的投影

如图 3-5(a)所示，由立体图可知，该圆柱的轴线是铅垂线，圆柱面为铅垂面，两个底面为水平圆面。圆柱面上的所有素线都是铅垂线。

图 3-5(b)是圆柱的投影图。圆柱的投影包含一个圆和两个完全相同的矩形。在水平投影中，圆柱上、下底面的投影重合，且都是反映真形的圆形，圆柱面的投影是具有积聚性的圆周。在正面投影中，矩形的上、下两条边分别代表上、下底面的积聚性投影，左、右两条边 $b'b_0'$ 和 $d'd_0'$ 分别代表圆柱面的正面投影的转向轮廓线，即圆柱面上最左的素线 BB_0 和最右的素线 DD_0 的正面投影，这两条素线的侧面投影与圆柱侧面投影的轴线重合，水平投影积聚成两个点。在侧面投影中，矩形的上、下两条边也分别代表上、

下底面的积聚性投影，左、右两条边 $a''a_0''$ 和 $c''c_0''$ 分别代表圆柱面的侧面投影的转向轮廓线，即圆柱面上最前的素线 AA_0 和最后的素线 CC_0 的侧面投影，这两条素线的正面投影与圆柱正面投影的轴线重合，水平投影同样积聚成两个点。

在画圆柱的投影图时，先用细点画线画出轴线和圆的对称线，确定轴线的位置，再画出反映圆柱底面真形的圆形投影，然后根据圆柱高度和投影关系画出圆柱面的另外两个矩形投影。

在判断可见性时，在水平投影中，圆柱上底面上的点可见，下底面上的点不可见；在正面投影中，正面投影的转向轮廓线将柱面分成了前、后两个部分，前半个柱面上的点可见，后半个柱面上的点不可见；在侧面投影中，侧面投影的转向轮廓线将柱面分成了左、右两个部分，左半个柱面上的点可见，右半个柱面上的点不可见。

2. 圆柱表面的点和线

作图时，首先分析已知点是在底面还是在柱面上(注意：将投影面转向轮廓线上的点也作为已知点处理)，然后根据点所在面的积聚性投影作出另外的两面投影。如果两点之间的线是直线，则直接连接点的投影即可；如果两点之间的线是曲线，则除了两个端点之外，还需要确定曲线上的另一点的投影，从而确定曲线的弯曲方向和弯曲幅度。

【例 3】如图 3-6 所示，求作圆柱表面上一组线 $ABCDE$ 的正面投影和侧面投影。

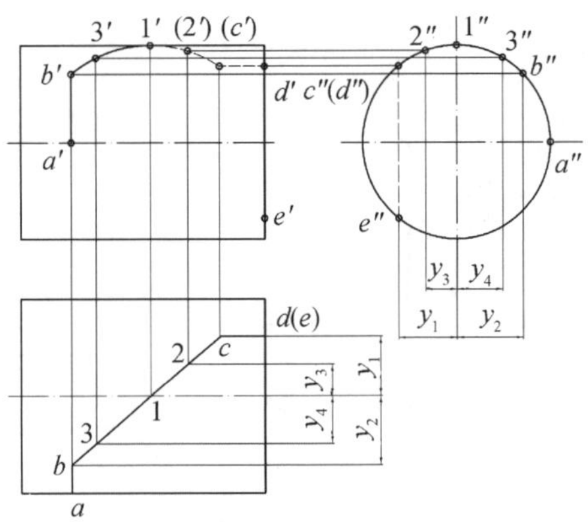

图 3-6　圆柱表面的点和线

分析：

由投影可知，该圆柱的轴线为侧垂线，在 $ABCDE$ 这组折线中，AB、BC、CD 都是圆柱面表面上的线，因而侧面投影都具有积聚性，都落在侧面投影的圆周上，DE 是右底面上的线。其中 AB 位于在上在前的柱面内，A 点在最前的素线上，水平投影 ab 是垂直于轴线的直线，这说明 AB 是纬圆的一部分，其正面投影具有积聚性，B 点的侧面投影位置按照与轴线的前后关系和宽距离相等作出。BC 的水平投影 bc 虽然看起来是一条直线，但 BC 实际上是一条空间曲线，其侧面投影具有积聚性，正面投影是曲线；但是需要特别注意的是，BC 曲线以圆柱面的最上的素线为界分为两部分，即圆柱面最上的素线是圆柱面正面投影的转向轮廓线，因此，在正面投影中曲线也分为两部分，需要分别找前后两段曲线的中间点以确定曲线的弯曲方向和幅度。CD 的水平投影 cd 平行于轴线，说明 CD 是圆柱面素线的一部分。DE 的水平投影具有积聚性，说明 DE 是圆柱右底面内的一条铅垂线。根据以上分析可以作出各线段的侧面投影和正面投影，最后根据投影关系判断可见性。

作图：

(1)A 点在圆柱面最前的素线上，因此由 a 可直接作出 a' 和 a''；按照 b 与轴线水平投影的前后关系和宽距离相等作出 b''，再由 b 和 b'' 引投影连线作出 b'。

(2)按照 c 与轴线水平投影的前后关系和宽距离相等作出 c''，再由 c 和 c'' 引投影连线作出 c'；在水平投影中取 bc 与轴线投影的交点 1，则 1 点位于圆柱面最上的素线上，由此直接作出 $1'$ 和 $1''$；在正面投影中 b' 和 $1'$ 以及 $1'$ 和 c' 之间的连线都是曲线，需要取中间点来确定曲线的弯曲方向和幅度，因此，在水平投影的 1 和 c 之间取 2 点，在 b 和 1 之间取 3 点，按照水平投影和侧面投影的前后对照关系和宽距离相等可分别作出 $2''$ 和 $3''$，再由投影连线可作出其正面投影 $2'$ 和 $3'$。

(3)CD 是柱面内侧垂的素线的一部分，因而其侧面投影中 d'' 是 c'' 的重影点，再由投影连线作出 d'。

(4)DE 是位于右底面内的铅垂线，由 d'' 作垂线与投影圆相交于 e''，再由投影连线作出 e'。

(5)连接各点，判断可见性。其中，位于圆柱面内的 AB、BC 和 CD 的侧面投影具有积聚性，不需要判断可见性；正面投影被以 $1'$ 点所在的圆柱面最上的素线为界被分为前、后两部分，位于在上在前圆柱面内的投影直线 $a'b'$ 和曲线 $b'1'$ 可见，画成粗实线；位于在上在后圆柱面内的投影曲线 $1'c'$ 和直线 $c'd'$ 不可见，画成细虚线。DE 位于右底面内，因而其正面投影具有积聚性，不用判断可见性，侧面投影不可见，画成细虚线。

3.2.2　圆锥的投影

1. 圆锥的投影

圆锥由一个圆锥面和一个圆形底面构成，圆锥面是一条直母线绕着与它相交的轴线旋转而成的。圆锥面上所有的素线都与轴线相交于锥顶，纬圆是一系列直径不等的垂直于轴线的圆。

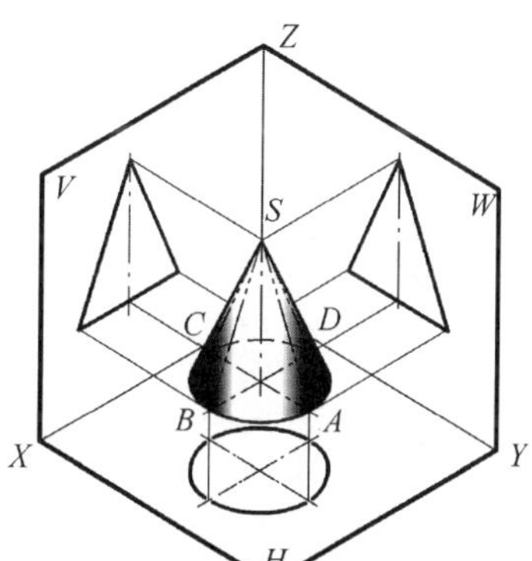

(a)立体图

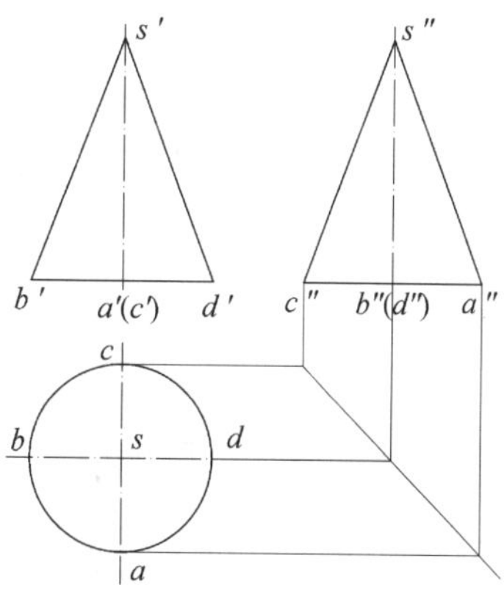

(b)投影图

图 3-7　圆锥的投影

如图 3-7(a)所示，该圆锥的轴线是铅垂线，底面为水平圆面，圆锥面上最前、最后、最左、最右的素线分别是 SA、SC、SB 和 SD，其中 SA 和 SC 是侧平线，SB 和 SD 是正平线。

图 3-7(b)是圆锥的投影图。圆锥的投影包含一个圆和两个完全相同的等腰三角形。在水平投影中，圆锥面的投影与圆锥底面反映真形的投影圆重合，投影圆的对称中心线的交点是锥顶 S 的投影 s。在正面投影中，等腰三角形的底边是圆锥底面的积聚性的投影，两条腰 $s'b'$ 和 $s'd'$ 分别是圆锥面内最左和最右的素线 SB 和 SD 的投影，即是圆锥面的正面投影的转向轮廓线，是圆锥面正面投影可见与不可见的分界线，其侧面投影 $s''b''$ 和 $s''d''$ 与轴线的侧面投影重合。在侧面投影中，等腰三角形的底边同样是圆锥底面的积聚性的投影，两条腰 $s''a''$ 和 $s''c''$ 分别是圆锥面内最前和最后的素线 SA 和 SC 的投影，即是圆锥面的侧面投影的转向轮廓线，是圆锥面侧面投影可见和不可见的分界线，其正面投影 $s'a'$ 和 $s'c'$ 与轴线的正面投影重合。

在画圆锥的投影图时，先用细点画线画出轴线和圆的中心对称线，确定轴线的位置，再画出反映圆锥底面真形的圆形投影，然后根据圆锥高度和投影关系画出圆锥面的另外两个等腰三角形投影。

在判断可见性时，在水平投影中，圆锥底面上的点不可见，锥面上的点可见；在正面投影中，正面投影的转向轮廓线将锥面分成了前、后两个部分，前半个锥面上的点可见，后半个锥面上的点不可见；在侧面投影中，侧面投影的转向轮廓线将锥面分成了左、右两个部分，左半个锥面上的点可见，右半个锥面上的点不可见。

2. 圆锥表面的点和线

作图时，首先分析点是在底面还是在锥面上，底面上的点可以根据积聚性直接求得该点的投影，而锥面的三个投影都没有积聚性，所以要采用面内做辅助线取点的方法求点的投影。共有两种作图方法：①素线法。②纬圆法。

【例 4】如图 3-8 所示，求作圆锥表面上 A 点和 B 点的水平投影和侧面投影。

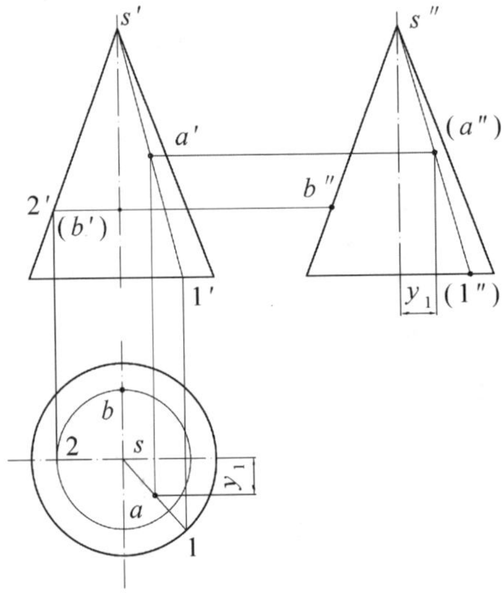

图 3-8　圆锥表面的点

分析：

在正面投影中 a'可见，b'不可见，且 b'与轴线的投影重合，由此可以判定点 A 位于在前在右的锥面内，点 B 位于锥面内最后的素线上。对于点 A，可以采用素线法或纬圆法进行求解，对于点 B，可以用特殊位置素线上的点的投影求解，也可以用纬圆法进行求解。

作图：

素线法(以点 A 为例)：

(1)连接 s'和 a'，延长 $s'a'$与底面的积聚性投影交于 $1'$，由此创造出一条过点 A 的素线 SI。

(2)由 $1'$作水平面投影连线，与底面的水平投影交于 1 点，连接 s 和 1，$s1$ 与过 a'的水平面投影连线交于 a 点，即为点 A 的水平投影 a，为可见投影。

(3)按照水平投影和侧面投影之间的前后对照关系以及宽距离相等的关系，即 s 和 a 之间的垂直间距等于 s''和 a''之间的水平间距，在 a'的侧面投影连线上量取确定 a''的位置即可，也可按照 45°辅助线得到 a''的位置。点 A 位于在前在右的锥面内，因而其侧面投影 a''不可见，用括号括起来。

纬圆法(以点 B 为例)：

(1)过 b'作水平连线，与锥面内最左的素线的正面投影交于 $2'$，由此创造出一个过点 B，以 $b'2'$长度为半径，圆心在轴线上的水平纬圆，该纬圆的正面投影具有积聚性，$b'2'$与轴线的正面投影的交点即为纬圆圆心的正面投影。

(2)由 $2'$作水平面投影连线，与锥面内最左边的素线的水平投影交于 2 点。以 s 为圆心，以 $s2$ 长度为半径画圆，所得圆即为水平纬圆反映真形的投影。纬圆的水平投影与锥面内最后的素线的水平投影交于 b 点，即为点 B 的水平投影 b，为可见投影。

(3)由 b'作侧面投影连线，与锥面内最后的素线的侧面投影交于 b''，为可见投影。

请读者参照此例，自行分析用纬圆法作点 A 的投影的过程。

3.2.3　球的投影

1. 球的投影

球体由一整个球面构成，球面是一圆母线绕着直径旋转而成的。

如图 3-9 所示，球体的投影是三个与球体直径相等的圆，它们分别是这个球面的三个投影的转向轮廓线。正面投影中的圆 a'是球面上过圆心的最大的正平纬圆 A 的投影，也是球面正面投影的转向轮廓线，其水平投影 a 和侧面投影 a''分别在对应球面投影的前、后半球分界线上；水平投影中的圆 b 是球面上过圆心的最大的水平纬圆 B 的投影，也是球面水平投影的转向轮廓线，其正面投影 b'和侧面投影 b''分别在对应球面投影的上、下半球分界线上；侧面投影中的圆 c''是球面上过圆心的最大的侧平纬圆 C 的投影，也是球面侧面投影的转向轮廓线，其正面投影 c'和水平投影 c 分别在对应球面投影的左、右半球分界线上。

在画球体的投影图时，先用细点画线画出各投影的中心对称线，确定球心的投影位置，再根据球体直径画出三个相等的圆。

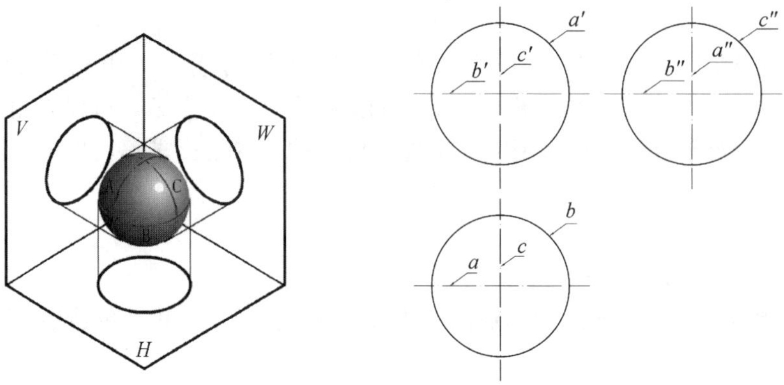

(a)立体图　　(b)投影图

图 3-9　球的投影

在判断可见性时，以三个投影的转向轮廓线为界，按照上遮下、前遮后和左遮右的原则确定点的可见性。

2. 球表面的点和线

作图时，首先分析点在球面的位置，对于不是投影面转向轮廓线上的点要采用面内做辅助纬圆的方法求该点的投影。

【例 5】如图 3-10 所示，求作半球的侧面投影以及球面上一组折线 $ABCDE$ 的水平投影和侧面投影。

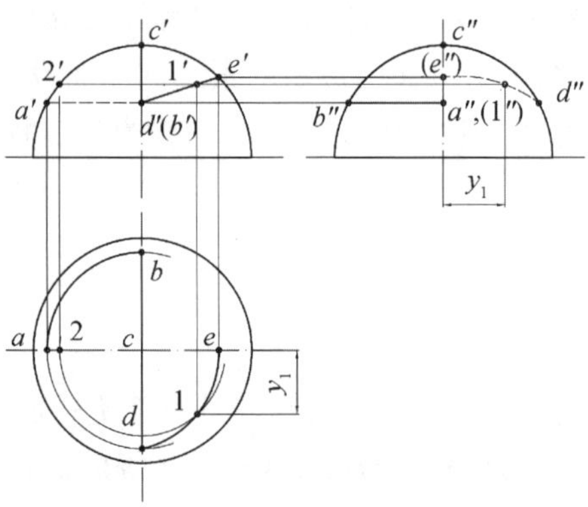

图 3-10　球体表面的点和线

分析：

半球的侧面投影和正面投影都是同样的半圆。在 $ABCDE$ 这组折线的正面投影中，$a'b'$不可见，说明 AB 曲线位于在左在后的球面内，且是水平纬圆的一部分，A 点在球面最左的素线上；d'和b'是重影点，$b'c'$和$c'd'$落在半球正面投影的中心对称线上，说明 BC 和 CD 分别在半球面的最后和最前的素线上；$d'e'$可见，说明 DE 曲线位于在右在前的球面内，E 点在球面最右的素线上。在上述四段折线中，AB、BC 和 CD 的水平投影和侧面投影要么是反映真形的圆的一部分，要么具有积聚性，其投影不难求出。但 DE

的水平投影和侧面投影都没有积聚性，因此要确定投影曲线的弯曲方向和幅度，必须在已知的 $d'e'$ 上取中间点，采用纬圆法求得中间点的两面投影进行求解。

作图：

(1)取正面投影的右边等高的位置，用细点画线画出半圆的中心对称线，由 c' 引侧面投影连线，与侧面投影的竖直对称线交于 c''，以中心对称线的交点为圆心，以交点到 c'' 的距离为半径画粗实线半圆。

(2)由 a' 分别引水平面和侧面投影连线，与球面最左的素线的水平投影和侧面投影分别交于 a 和 a''；以 C 的水平投影 c 为圆心，以 ca 为半径画圆，分别与球面最后和最前的素线的水平投影交于 b 点和 d 点；由 b' 和 d' 引侧面投影连线，与球面最后和最前素线的侧面投影分别交于 b'' 和 d''；由 e' 引水平投影和侧面投影连线，与球面最右素线的水平投影和侧面投影分别交于 e 和 e''。

(3)在 $d'e'$ 之间取一点 $1'$，过 $1'$ 作水平直线，与球面内最左的素线的正面投影交于 $2'$，由此创造出一个水平纬圆。由 $2'$ 作水平面投影连线，与球面最左的素线的水平投影交于 2 点，以 c 为圆心，以 $c2$ 长度为半径画圆，所得圆即为水平纬圆反映真形的投影。由 $1'$ 引水平面投影连线，与纬圆的水平投影交于 1 点，再按照水平投影和侧面投影之间的前后对照关系和宽距离相等做出 $1''$。

(4)连接各点，判断可见性。这组折线位于上半个球面内，各个曲线段的水平投影都是可见的，画成粗实线；曲线段 DE 位于半球的右半边球面内，因而其侧面投影不可见，画成细虚线，其余各曲线段的投影都可见，画成粗实线。

第 4 章　立体表面的交线

在实际工程应用中，机件并不一定都是保持基本形体的完整形状，在机件上常有平面与立体相交或立体与立体相交而形成的不同交线。这些交线主要产生于下列三种情况：①平面与平面立体相交；②平面与曲面立体(回转体)相交；③两曲面立体(回转体)相交。画图时，为了清楚地表达零件的形状，必须正确地画出其交线的各个投影。

4.1　平面与立体相交——截交线

平面与立体表面相交，可认为立体被该平面截切。截切立体的平面称为截平面，截平面与立体表面的交线称为截交线，截交线围成的封闭平面图形称为截断面。

求立体被平面截切后的不完整立体的投影，关键是求截交线的投影。平面位置和立体形状不同，产生的截交线也各不相同。但它们都具有以下性质：

(1)共有性：截交线是截平面和立体表面的共有线，截交线上的任何一点都是截平面和立体表面的共有点。

(2)封闭性：任何立体都有一定的空间范围，所以截交线一定是封闭的平面图形。当截切的立体是平面立体时，截交线是直线围成的封闭多边形；当截切的立体是曲面立体(回转体)时，截交线是曲线或曲线和直线围成的封闭平面图形。

下面分别以平面立体和回转体为例，说明截交线的特性和画法。

4.1.1　平面立体的截交线

平面立体的截交线是截平面上的一个平面多边形，它的顶点是平面立体的棱线或底边与截平面的交点，它的边是截平面与平面立体表面的交线。

平面立体的截交线的作图方法：

求平面立体的截交线即是求截平面与平面立体各棱线的交点。作图时，一般先作出完整立体的投影，在此基础上再进行截切。可利用截平面和立体表面的积聚性投影，直接求得某些截交线上点的投影。将各点的投影连接成线并判断可见性，可见的交线和轮廓线画成粗实线，不可见的画成细虚线。

【例 1】如图 4-1(a)所示，已知四棱锥的正面投影和水平投影，并用正垂面 P 切割掉左上方的一块，被切割掉的部分用细双点画线表示，求作截交线以及四棱锥被切割后的三面投影(未判定可见性前用细双点画线表示)。

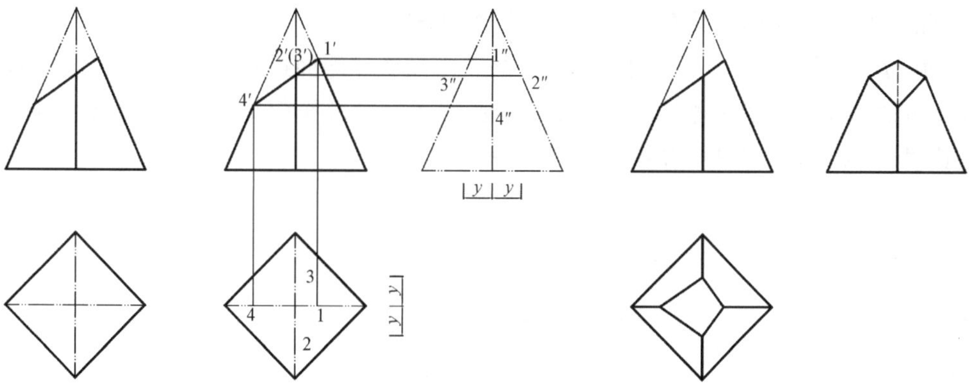

(a)已知条件　　(b)作图过程　　(c)作图结果

图 4-1　平面与棱锥的截交线

分析：

截交线的各边是正垂面 P 与四棱锥的棱面的交线，截断面的各顶点是正垂面 P 和四棱锥的棱线的交点。由于截平面是正垂面，所以截交线的正面投影已知，截切后的四棱锥的正面投影也已知，从正面投影入手进行作图。根据四棱锥的正面投影和水平投影，可以作出它的侧面投影，再由已知的截交线的正面投影，可以作出截交线的水平投影和侧面投影。从已知的截切后的四棱锥的正面投影可知，截断面左低右高，截交线的水平投影和侧面投影均可见。

作图：

(1)根据四棱锥的正面投影和水平投影，按照宽度对应关系和高度对应关系，用双点画线作出完整的四棱锥的侧面投影。

(2)从截断面的积聚性的正面投影出发，取截平面 P 与四棱锥的棱线的交点Ⅰ、Ⅱ、Ⅲ、Ⅳ的正面投影 1′、2′、3′、4′。

(3)由这些点出发作水平投影和侧面投影的连线，在棱锥的侧面投影上得到 1″、2″、3″、4″，在棱锥的水平投影上得到 1、4，再根据水平投影和侧面投影之间的前后对应关系和宽距离相等在棱锥的水平投影上取得 2 和 3(如图所示，以棱锥的前后对称面为基准，在侧面投影上量取 y 的距离，按照前后对应关系，在正面投影上量取相等的 y 的距离)。

(4)连接各点的投影，判断可见性。四棱锥被左低右高的截平面截取掉左上方的一块，因此截断面的侧面投影和水平投影均可见，各点之间用粗实线连接。

(5)检查，描深。棱锥被截去了四条棱线的一部分，因此，在水平投影和侧面投影中将代表棱锥被切掉部分的投影的细双点画线予以擦除，即水平投影中 1、2、3、4 之间的部分和侧面投影中 1″、2″、3″、4″上方的部分不应画出。另外，在侧面投影中，在右的棱线的部分投影被截断面的投影遮住，因此将 4″1″之间的细双点画线改画成细虚线。将除此之外的棱锥投影的细双点画线改画成粗实线。最终作图结果如图 4-1(c)所示。

在形状复杂的机件上，有时能看到几个平面切割平面立体而形成的具有缺口的平面立体。在作这类截交线时，只要逐个作出各个截平面与平面立体的截交线，并作出截平面之间的交线，就可作出具有缺口的平面立体的投影。

【例 2】如图 4-2(a)所示，已知四棱柱的正面投影和侧面投影，并用两个正垂面切割掉左上方的一块，被切割掉的部分用细双点画线表示，求作截交线以及四棱柱被切割后的三面投影(未判定可见性前用细双点画线表示)。

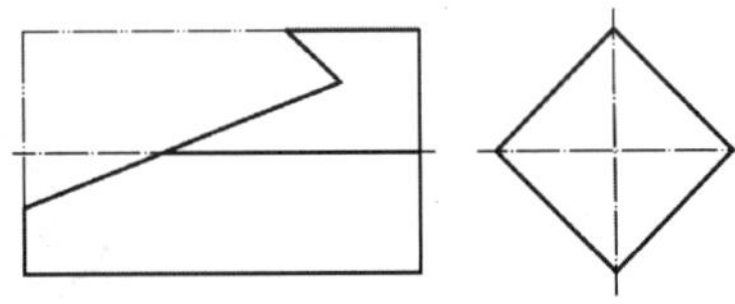

(a)已知条件

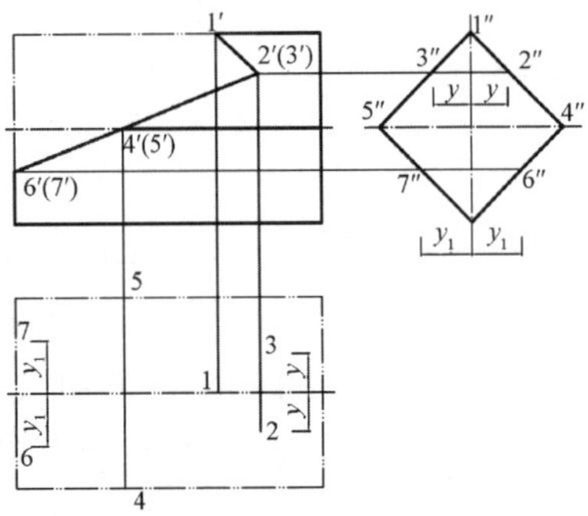

(b)作图过程

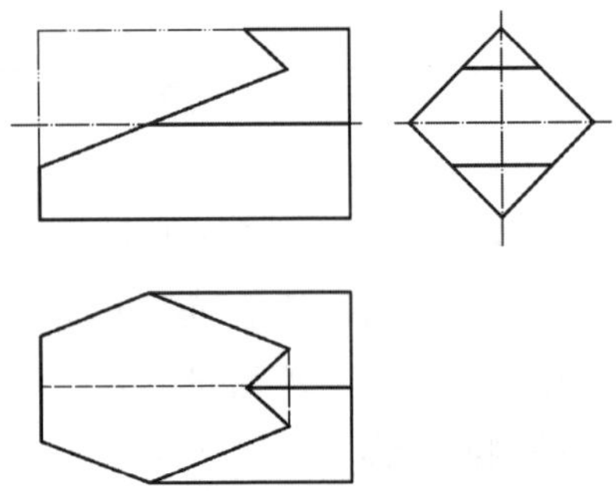

(c)作图结果

图 4-2　平面立体的缺口

分析：

从正面投影可知，四棱柱的缺口是由两个正垂面切割而成的，切割后的棱柱仍然保持前后对称。第一个正垂截平面与在上的两个棱柱面形成两条截交线，第二个正垂面与四个棱柱面和左端面形成五条截交线，两个正垂截平面之间形成一条正垂的交线。由于两个截平面都是正垂面，所以截交线的正面投影已知，截切后的四棱柱的正面投影也已知。从正面投影入手进行作图，根据截交线的正面投影利用积聚性可作出截交线上各点的侧面投影，再作出截交线的水平投影。从已知的截切后的四棱柱的正面投影可知，截交线的水平投影和侧面投影均可见，两截平面交线的水平投影不可见。

作图：

(1)根据四棱柱的正面投影和侧面投影，按照宽度对应关系和长度对应关系，用双点画线作出完整的四棱柱的水平投影。

(2)从截断面的积聚性的正面投影出发，取截平面与四棱柱的棱线的交点Ⅰ、Ⅳ、Ⅴ的正面投影 1′、4′和 5′，截平面与四棱柱左端面的交线Ⅵ、Ⅶ的正面投影 6′、7′，两截平面的交线Ⅱ、Ⅲ的正面投影 2′、3′。

(3)根据棱柱的积聚性的侧面投影，由正面投影引侧面投影的连线，分别在棱柱的侧面投影内作出 1″、2″、3″、4″、5″、6″和 7″。

(4)由正面投影引水平投影的连线，分别在棱柱的水平投影内作出 1、4 和 5，再根据水平投影和侧面投影之间的前后对应关系和宽距离相等在棱柱的水平投影上取得 2、3、4 和 5(如图所示，以棱柱的前后对称面为基准，在侧面投影上量取 y 和 y_1 的距离，按照前后对应关系，在正面投影上量取相等的 y 和 y_1 的距离)。

(5)连接各点的投影，判断可见性。四棱柱被两个截平面截取掉左上方的一块，结合四棱柱的结构分析，各条截交线的水平投影和侧面投影均可见，各点之间用粗实线连接。两个截平面的交线的水平投影不可见，画成细虚线，侧面投影可见，画成粗实线。

(6)检查，描深。棱柱被截去了最前和最后棱线的一部分，因此，在水平投影中将代表棱柱被切掉部分的投影的细双点画线予以擦除，即水平投影中 4 和 6、5 和 7 之间的部分不应画出。另外，水平投影中，在下的棱线的左半部分的投影被截断面的投影遮住，因此将 1 点左侧的细双点画线改画成细虚线。将除此之外的棱柱投影的细双点画线改画成粗实线。最终作图结果如图 4-2(c)所示。

4.1.2　曲面立体的截交线

曲面立体的截交线是封闭的平面曲线或平面曲线与直线组合的平面图形。截交线是截平面和曲面立体表面的共有线，截交线上的点也都是它们的共有点。

截交线的形状与曲面立体的几何性质及截平面的位置有关。一般可分为三种情况：圆或椭圆、直线、一般平面曲线。当截平面为特殊位置平面时，截交线的投影就积聚在截平面有积聚性的同面投影上，可用在曲面立体表面上取点和线的方法作截交线。如果截交线的投影是圆或椭圆，利用圆心和半径(长、短轴)画出；如果截交线是直线，确定直线端点的投影后用直线连接即可；如果截交线是一般平面曲线，则需要通过平面或曲面内取点的方法确定平面曲线上的一系列点的投影，然后根据截交线的投影特性连接起来。

曲面立体截交线的作图方法：

(1)根据截平面位置与曲面立体表面的性质，判别截交线的形状和性质。

(2)求出截交线上的特殊点。特殊点包括：①极限位置点，即截交线的最高、最低、最前、最后、最左和最右点；②曲面投影的转向轮廓线上的点，它们一般是区分曲线可见与不可见部分的分界点；③截交线在对称轴上的顶点；④特征点，曲线本身具有特征的点，如椭圆长短轴上的四个端点。

(3)求出曲线上一般位置的点。为了能光滑地作出截交线的投影，还需在特殊点之间再作一些中间点。

(4)光滑且顺次地连接各点，作出截交线，并且判别可见性。

下面分别以圆柱、圆锥和球体为例说明曲面立体的截交线的作法。

1. 平面与圆柱相交

截平面与圆柱的轴线垂直、平行和倾斜时截交线分别为圆、矩形和椭圆，截交线的形状和投影如表 4-1 所示。

表 4-1 平面与圆柱相交

立体图	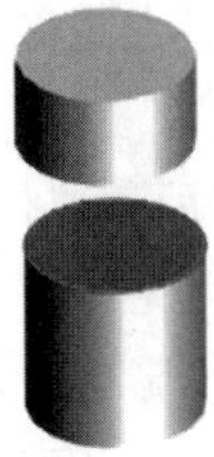	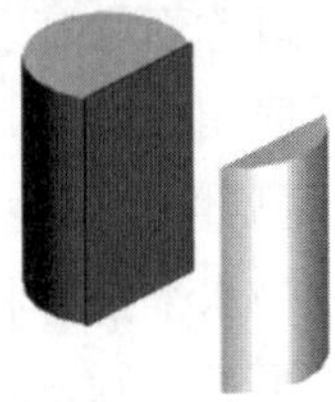	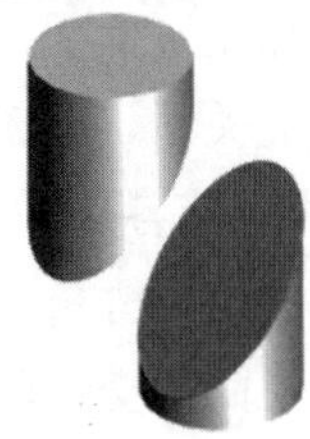
投影图	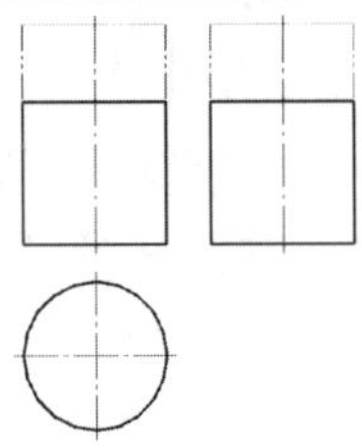	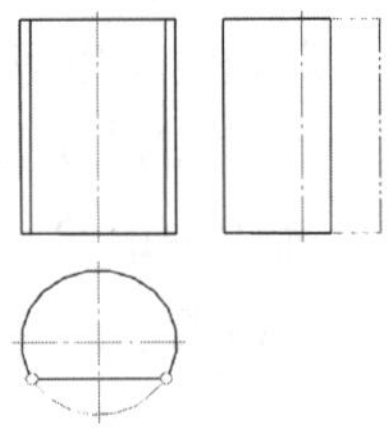	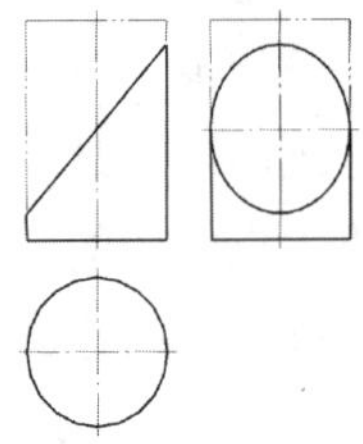
截平面位置	与圆柱轴线垂直	与圆柱轴线平行	与圆柱轴线倾斜
截交线形状	圆	矩形	椭圆

【例 3】如图 4-3(a)所示，根据圆柱被截切后的投影，补画其正面投影和侧面投影，被截切前的完整的圆柱投影用细双点画线表示。

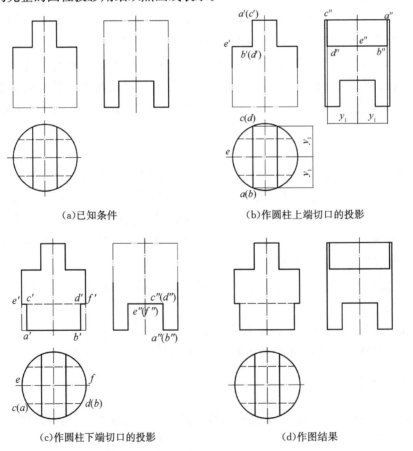

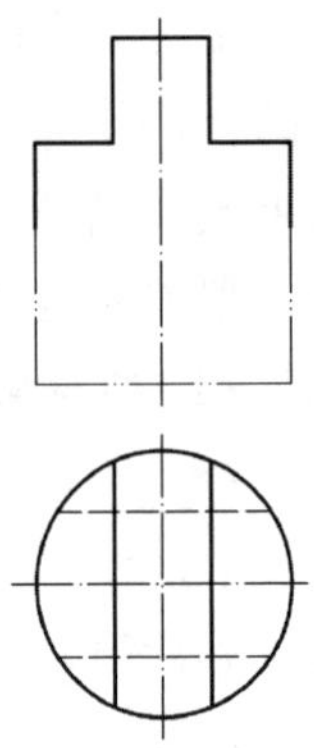

(a)已知条件

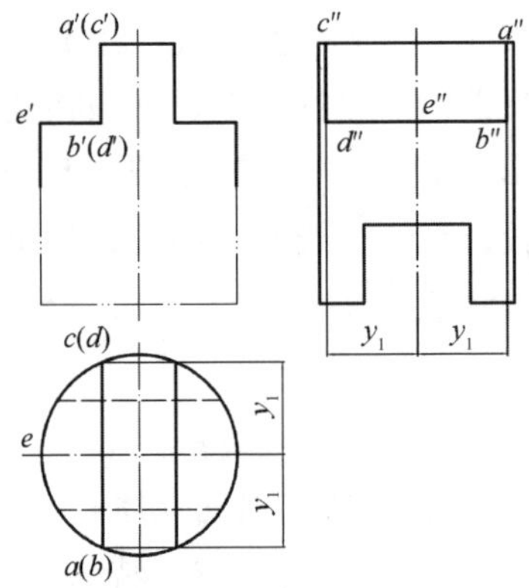

(b)作圆柱上端切口的投影

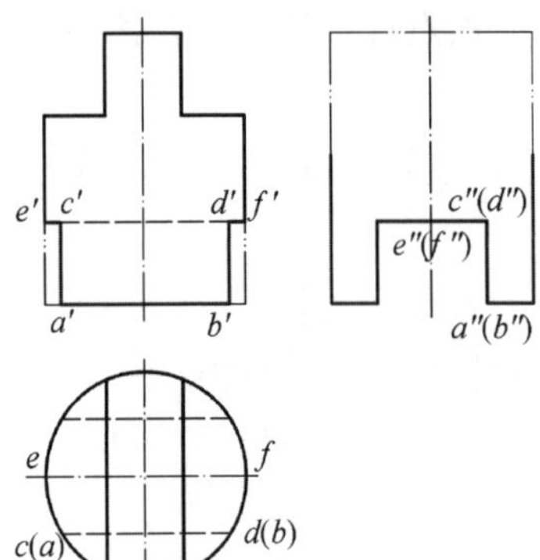

(c)作圆柱下端切口的投影

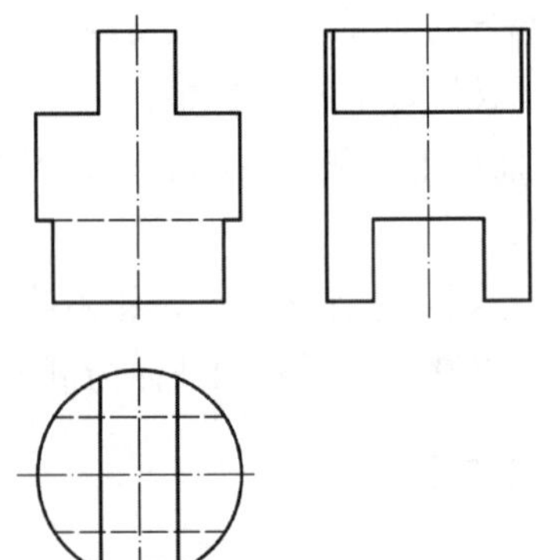

(d)作图结果

图 4-3　作圆柱被截切后的投影

分析：

该圆柱直立放置，圆柱轴线为铅垂线。

从正面投影和水平投影可知，圆柱上端的切口是用左右对称的两个侧平面和两个水平面截切而成的。侧平面截切形成的截断面为矩形，在圆柱面上的截交线为素线的一部分，在圆柱上端面的截交线为正垂线；水平面截切形成的截交线为水平纬圆的一部分，即为一段水平圆弧；两截平面之间的交线为正垂线。

从侧面投影和水平投影可知，圆柱下端的切口是用前后对称的两个正平面和一个水平面截切而成的。正平面截切形成的截断面为矩形，在圆柱面上的截交线为素线的一部分；水平面截切形成的截交线为水平纬圆的一部分，即为一段水平圆弧；两截平面之间的交线为侧垂线。

无论是圆柱的上端还是下端切口，其截平面都与某个投影面垂直，因此，圆柱的截交线的投影可利用积聚性求解。

作图：

(1)如图 4-3(b)所示，作圆柱上端切口的投影。

①从正面投影和水平投影出发，按照切口的左右对称性，在圆柱的左半部分取点分析。

②侧平的截平面与圆柱面的截交线是两条铅垂线 AB 和 CD，AB、CD 的水平投影具有积聚性，在水平投影中依次标注出 a、b、c、d，在正面投影中依次标注出 a'、b'、c'、d'，并按照投影关系分别作出其侧面投影 a''、b''、c''、d''。

③水平的截平面与圆柱面的截交线是一段水平圆弧 BED，其侧面投影具有积聚性，在正面投影中依次标注出 b'、e'、d'，在反映真形的水平投影中依次标注出 b、e、d，并按照投影关系分别作出其侧面投影 b''、e''、d''。

④水平的截平面和侧平的截平面的交线为正垂线 BD，其正面投影是具有积聚性的 $b'd'$，侧面投影为 $b''d''$，水平投影为 bd。

⑤连接各点的同面投影，判断可见性。圆柱上端的切口左右对称，因此其侧面投影都是可见的，各点之间用粗实线连接。

(2)如图 4-3(c)所示，作圆柱下端切口的投影。

①从侧面投影和水平投影出发，按照切口的前后对称性，在圆柱的前半部分取点分析。

②正平的截平面与圆柱面的交线是两条铅垂线 CA 和 DB，CA、BD 的水平投影具有积聚性，在侧面投影中依次标注出 c''、a''、d''、b''，在水平投影中依次标注出 c、a、d、b，并按照投影关系分别作出其正面投影 c'、a'、d'、b'。

③水平的截平面与圆柱面的交线是两段水平圆弧 CE 和 DF，其侧面投影具有积聚性，在侧面投影中依次标注出 c''、e''、d''、f''，在水平投影中依次标注出 c、e、d、f，并按照投影关系分别作出其正面投影 c'、e'、d'、f'。

④水平的截平面和正平的截平面的交线为侧垂线 CD，其侧面投影为 $c''d''$，水平投影为 cd，正面投影为 $c'd'$。

⑤连接各点的同面投影，判断可见性。截平面的交线 CD 的正面投影被圆柱面的同面投影遮住而不可见，将 $c'd'$ 画成细虚线，其余各点的连线画成粗实线。

(3)检查，描深。圆柱下端切口分别切掉了圆柱最左和最右的素线的一部分，在正面投影中将代表圆柱被切掉部分的投影的细双点画线予以擦除，即正面投影中 e'、f'下方，a'左侧、b'右侧的直线不应画出。将除此之外的圆柱投影的细双点画线改画成粗实线。最终作图结果如图 4-3(d)所示。

【例 4】如图 4-4(a)所示，补全具有圆柱形通孔的被截切的圆柱的侧面投影和水平投影，被截切前的完整的圆柱投影用细双点画线表示。

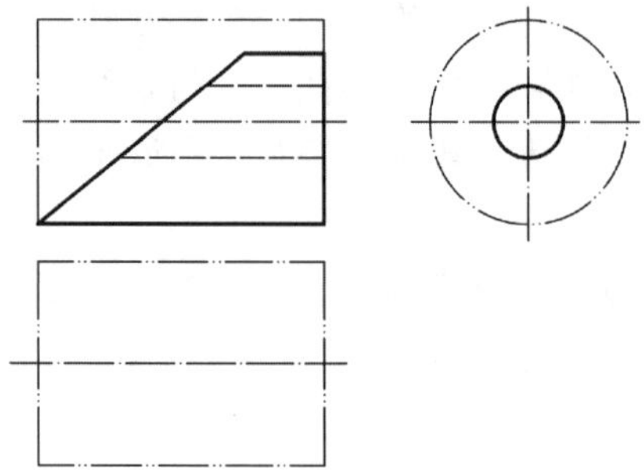

(a)已知条件

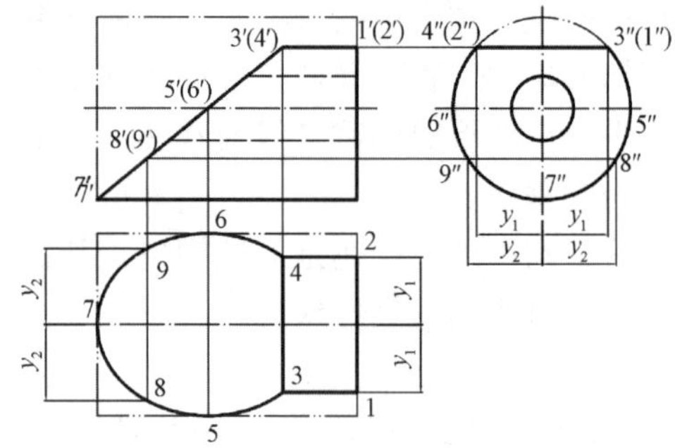

(b)作圆柱外截交线的投影

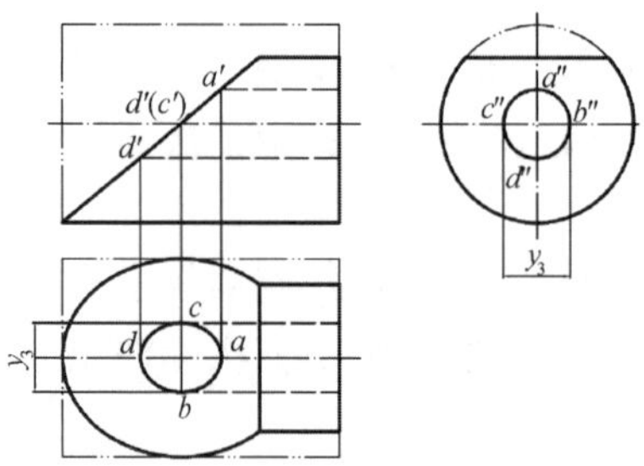

(c)作圆柱内通孔的投影

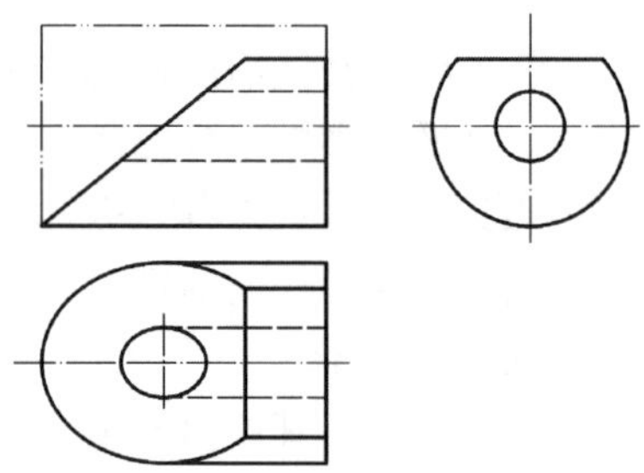

(d)作图结果

图 4-4　作圆柱被截切和穿孔后的投影

分析：

该圆柱轴线侧垂放置，被截切后的立体仍保持前后对称。从正面投影可知，圆柱被一个水平面和一个正垂面截切。水平面截切形成的截断面为矩形，在圆柱面上的截交线为侧垂素线的一部分，在圆柱右端面的截交线为正垂线，该截断面的正面投影和侧面投影都具有积聚性，水平投影反映真形。正垂面截切形成的截交线为椭圆弧，其正面投影具有积聚性，侧面投影与圆柱面积聚性的侧面投影圆重合，水平投影为椭圆弧。两截平面的交线为正垂线。从正面投影和侧面投影可知，圆柱的内部有一个轴线侧垂的小圆柱形穿孔，正垂面截切形成的截交线为椭圆，其正面投影具有积聚性，侧面投影与穿孔圆柱面积聚性的侧面投影圆重合，水平投影为椭圆。

作图：

(1)如图 4-4(b)所示，作圆柱外截交线的投影。

①水平的截平面与圆柱面的截交线是两条侧垂线 $I\,III$ 和 $II\,IV$，与圆柱右端面的截交线为正垂线 $I\,II$，在正面投影中依次标注出 1′、3′、2′、4′，并按照投影关系分别作出其侧面投影 3″、1″、4″、2″和水平投影 1、3、2、4。

②正垂的截平面与圆柱面的截交线是一段椭圆弧。在椭圆弧的积聚性的正面投影上取特殊点Ⅲ、Ⅴ、Ⅶ、Ⅵ、Ⅳ的正面投影 $3'$、$5'$、$7'$、$6'$、$4'$，并按照投影关系分别作出其侧面投影 $3''$、$5''$、$7''$、$6''$、$4''$和水平投影 3、5、7、6、4。

③为了准确画出椭圆弧的水平投影，在椭圆弧的积聚性的正面投影上取一般位置点Ⅷ、Ⅸ的正面投影 $8'$、$9'$，并按照投影关系分别作出其侧面投影 $8''$、$9''$和水平投影 8、9。

④水平的截平面和正垂的截平面的交线为正垂线，其正面投影为 $3'4'$，侧面投影为 $3''4''$，水平投影为 34。

⑤连接各点的同面投影，判断可见性。圆柱外截交线的侧面投影和水平投影都是可见的，分别用粗实线的直线或光滑曲线连接各点。

(2)如图 4-4(c)所示，作圆柱内通孔的投影。

①正垂的截平面与穿孔圆柱面的截交线是完整的椭圆。在椭圆的积聚性的正面投影上取特殊点 A、B、D、C 的正面投影 a'、b'、d'、c'，并按照投影关系分别作出其侧面投影 a''、b''、d''、c''和水平投影 a、b、d、c。

②连接各点的同面投影，判断可见性。用几何作图的方法用粗实线的光滑曲线连接各点作出椭圆，穿孔圆柱面水平投影的转向轮廓线不可见，分别作两条细虚线进行表示。

(3)检查，描深。圆柱的上部切掉了圆柱最高的素线，因此，在侧面投影中将代表圆柱被切掉部分的投影的细双点画线予以擦除，即侧面投影中 $1''$、$2''$上方的圆弧不应画出。圆柱的左端切掉了圆柱最前和最后的素线的一部分，因此，在水平投影中也将代表圆柱被切掉部分的投影的细双点画线予以擦除，即水平投影中 5、6 左侧的矩形不应画出。将除此之外的圆柱投影的细双点画线改画成粗实线。最终作图结果如图 4-4(d)所示。

2. 平面与圆锥相交

截平面与圆锥的轴线之间的相对位置不同，产生的截交线的形状也各不相同，如表 4-2所示。

【例 5】如图 4-5(a)所示，根据圆锥被截切后的正面投影，补画其水平投影和侧面投影，被截切前的完整的圆锥投影用细双点画线表示。

分析：

该圆锥轴线铅垂放置，被截切后的立体仍保持前后对称。由正面投影可知，圆锥被一个正垂面、一个水平面和一个侧平面截切。正垂面截切形成的截断面为三角形，在圆锥面上的截交线分别为两条素线的一部分。这两条素线的正面投影相互重合，水平投影和侧面投影都是直线。水平面截切形成的截交线为水平纬圆的一部分，其正面投影和侧面投影具有积聚性，水平投影反映真形。正垂的截断面和水平的截断面之间的交线为正垂线。侧平面截切形成的截交线包含圆锥面内的双曲线和底面内的正垂线，它们的正面投影都具有积聚性，侧面投影都反映真形，水平投影相互重合。水平的截断面和侧平的截断面相交于圆锥最左端的素线上的一点。

表 4-2　平面与圆锥及球相交

立体图	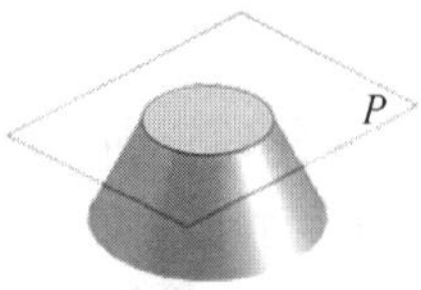	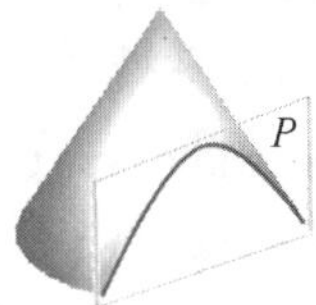	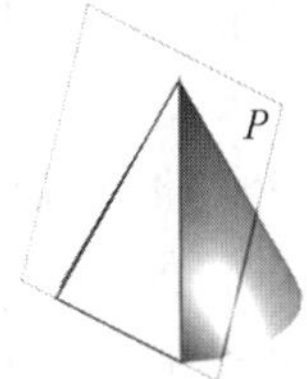
投影图	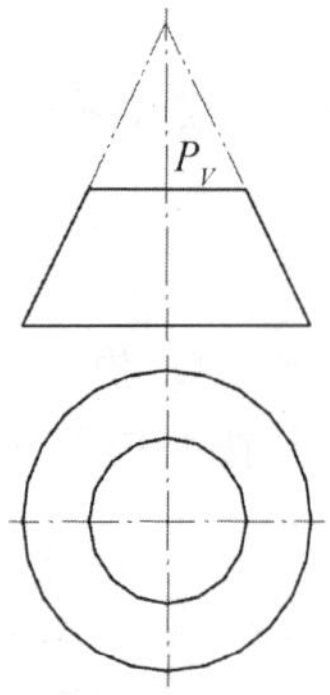	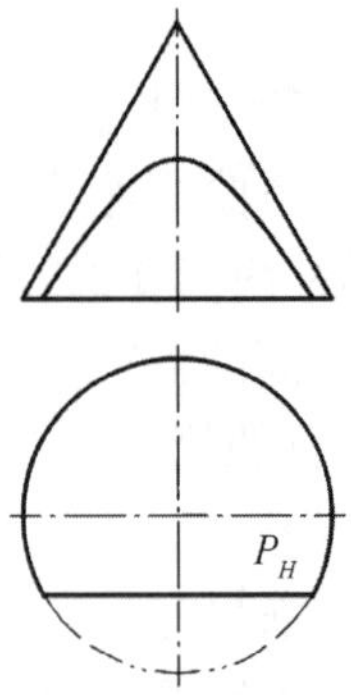	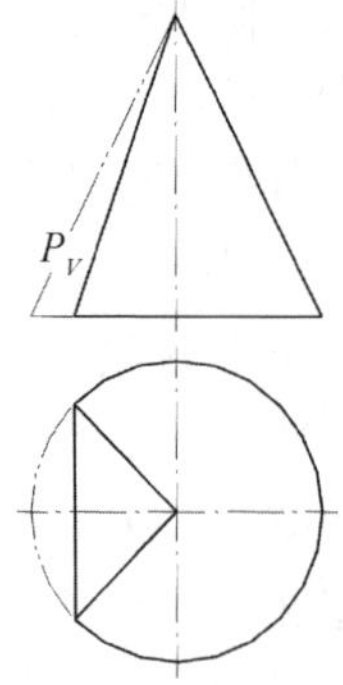
截平面位置	与圆锥轴线垂直	与圆锥轴线平行	过圆锥顶点
截交线形状	圆	双曲线	两相交直线
立体图	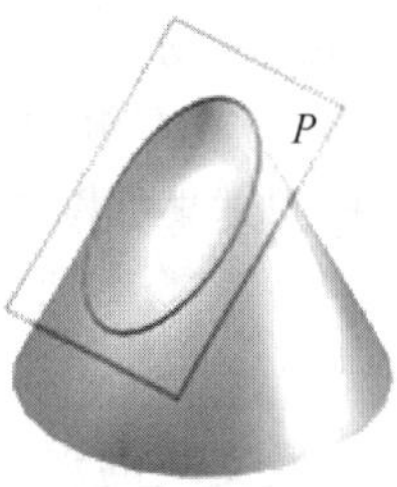	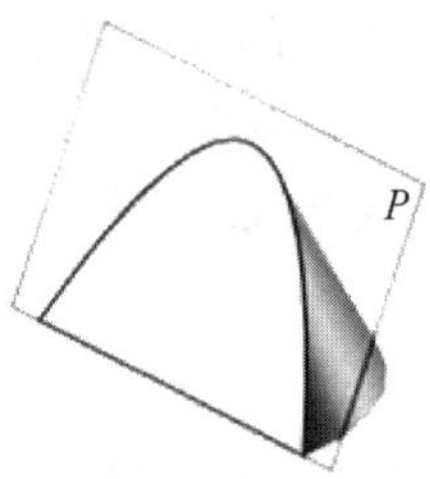	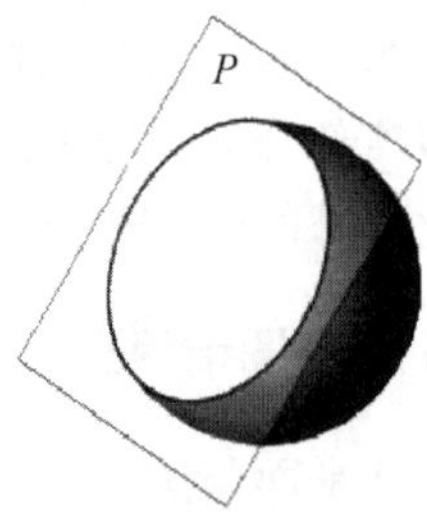
投影图	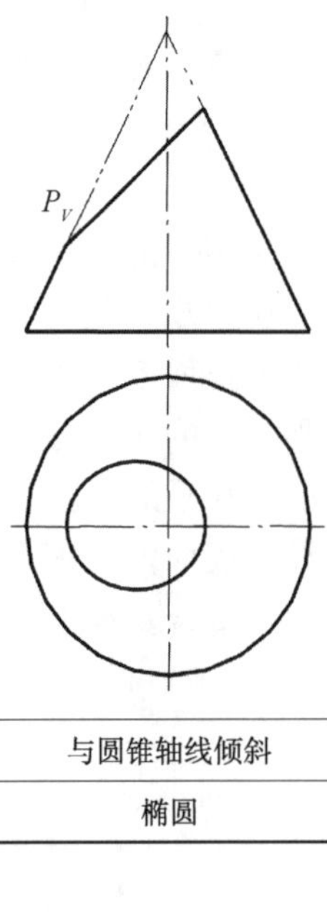	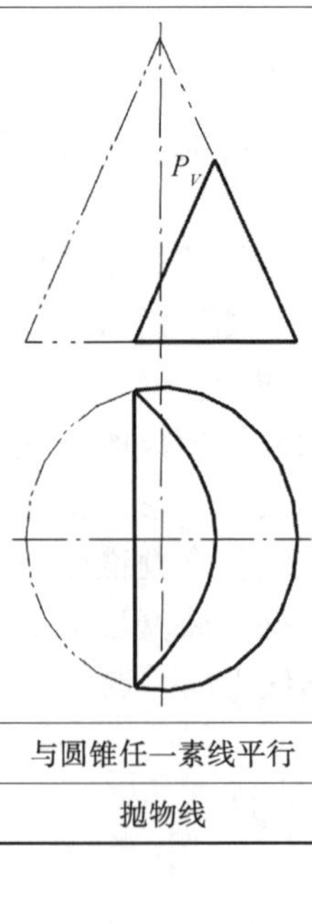	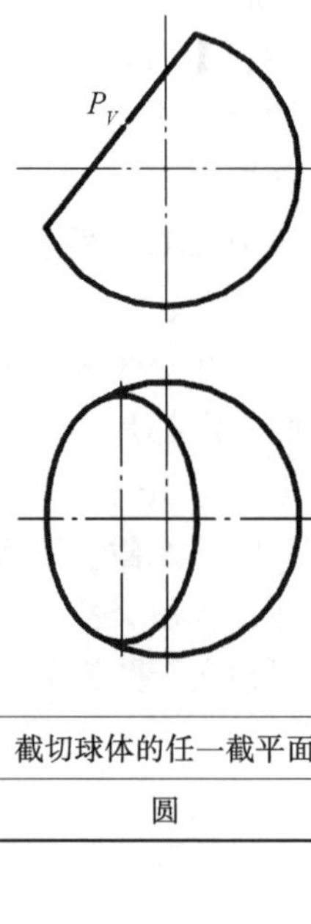
截平面位置	与圆锥轴线倾斜	与圆锥任一素线平行	截切球体的任一截平面
截交线形状	椭圆	抛物线	圆

作图：

(1)如图 4-5(b)所示，作圆锥上半部分切口的投影。

①正垂的截平面与圆锥面的截交线分别是两条素线的一部分 SA 和 SB，在正面投影中依次标注出 $s'a'$ 和 $s'b'$，利用纬圆法分别作出其水平投影 sa 和 sb，再按照投影关系分别作出其侧面投影 $s''a''$ 和 $s''b''$。

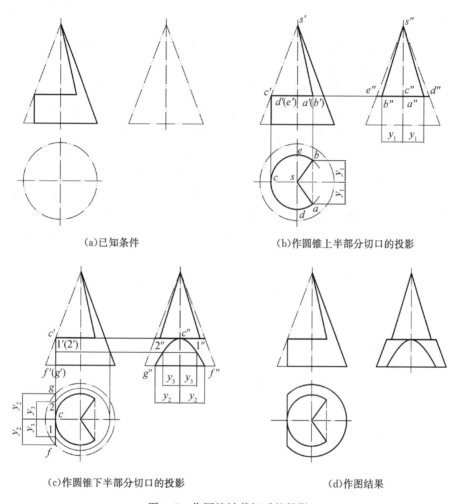

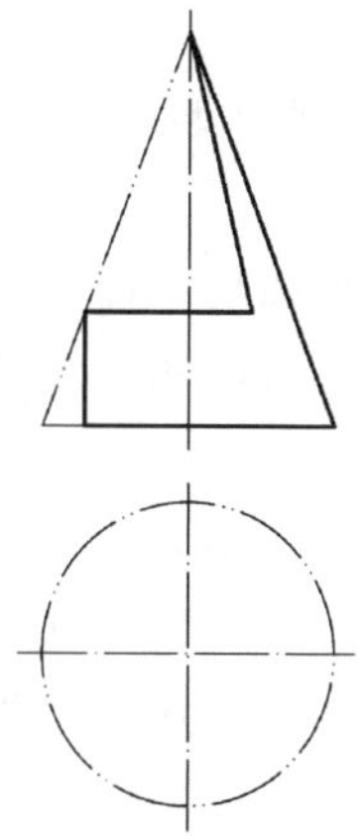

(a)已知条件

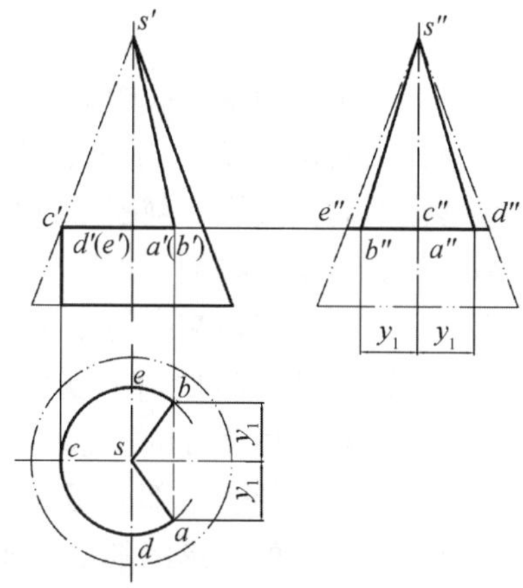

(b)作圆锥上半部分切口的投影

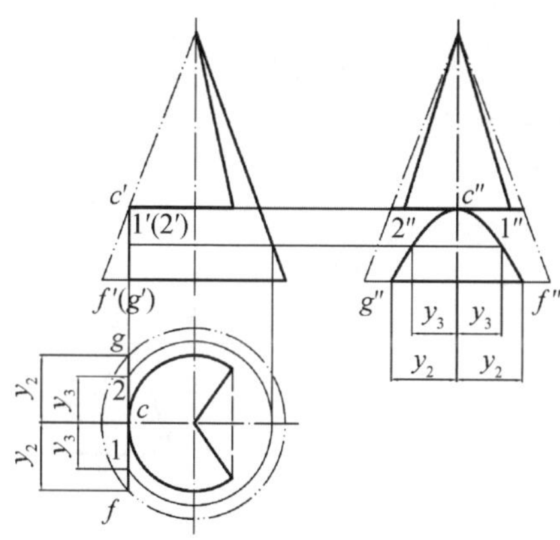

(c)作圆锥下半部分切口的投影

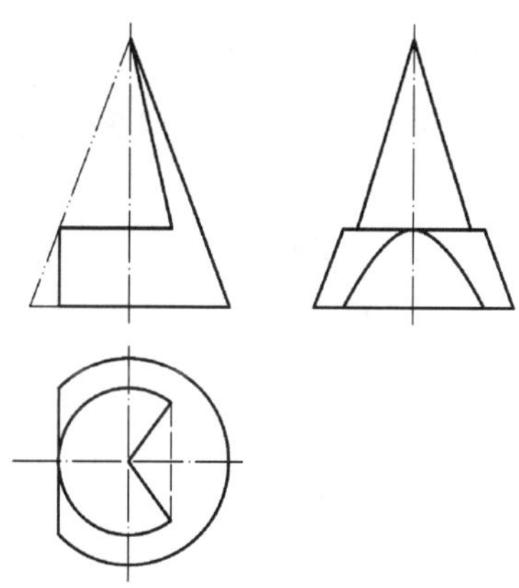

(d)作图结果

图 4-5　作圆锥被截切后的投影

②水平的截平面与圆锥面的截交线是一段圆弧 $ADCEB$，在正面投影中标注出 $a'd'c'e'b'$，利用纬圆法作出其水平投影 $adceb$，再按照投影关系作出其侧面投影 $a''d''c''e''b''$。

③正垂的截平面和水平的截平面之间的交线为正垂线 AB，在正面投影中标注出 $a'b'$，再按照投影关系作出其水平投影 ab 和侧面投影 $a''b''$。

④连接各点的同面投影，判断可见性。两截平面的交线 AB 的水平投影 ab 被圆锥面的同面投影遮住而不可见，画成细虚线，其他所有的截交线的侧面投影和水平投影都是可见的，画成粗实线。

(2)如图 4-5(c)所示，作圆锥下半部分切口的投影。

①侧平的截平面与圆锥面的截交线是双曲线 FCG，在积聚性的正面投影上取特殊点 F、C、G 的正面投影 f'、c'、g'，再按照投影关系分别作出其水平投影 f、c、g 和侧面投影 f''、c''、g''。

②为了准确画出双曲线的侧面投影，在双曲线的积聚性的正面投影上取一般位置点 Ⅰ 和 Ⅱ 的正面投影 $1'$和 $2'$，利用纬圆法作出其水平投影 1 和 2，再按照投影关系作出其侧面投影 $1''$和 $2''$。

③侧平的截平面与圆锥底面的截交线是正垂线 FG，在正面投影中标注出 $f'g'$，再按照投影关系作出其水平投影 fg 和侧面投影 $f''g''$。

④连接各点的同面投影，判断可见性。所有截交线的侧面投影和水平投影都是可见的，画成粗实线。其中，在侧面投影中，用光滑曲线将双曲线的特殊点和一般位置点的投影连接起来，其他所有截交线的侧面投影和水平投影都是直线段。

(3)检查，描深。圆锥的上半部分切掉了最前和最后的素线的一部分，因此，在侧面投影中将代表圆锥被切掉部分的投影的细双点画线予以擦除，即侧面投影中 d''、e''上方的直线不应画出。圆锥的下半部分切掉了最左的素线的一部分，因此，在水平投影中也将代表圆锥被切掉部分的投影的细双点画线予以擦除，即水平投影中 f、g 左侧的圆弧不应画出。将除此之外的圆锥投影的细双点画线改画成粗实线。最终作图结果如图 4-5(d)所示。

【例 6】如图 4-6(a)所示，根据圆锥被截切后的正面投影，补画其水平投影和侧面投影，被截切前的完整的圆锥投影用细双点画线表示。

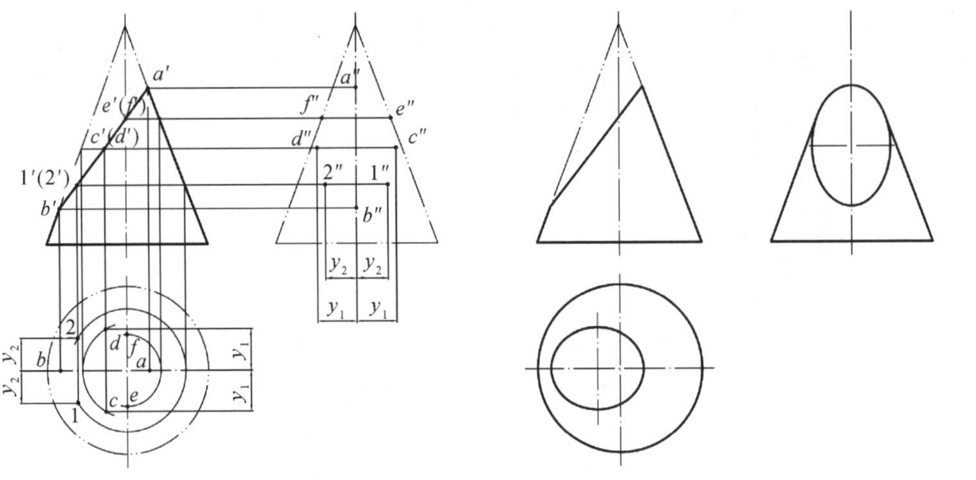

(a)已知条件和作图过程　　(b)作图结果

图 4-6　作圆锥被截切后的投影

分析：

该圆锥轴线铅垂放置，被截切后的立体仍保持前后对称。从正面投影可知，圆锥被一个正垂面截切。正垂的截平面与圆锥的轴线倾斜，且截平面与圆锥轴线的夹角大于圆锥的锥顶半角，所以，圆锥被截切形成的截断面为椭圆，在圆锥面上的截交线为椭圆弧，其正面投影具有积聚性，水平投影和侧面投影都是类似形的椭圆。

作图：

(1)作特殊点的投影。正垂的截平面截切形成的截断面为椭圆，其长轴的端点 A、B 分别位于圆锥最右和最左的素线上，在正面投影中标注出 a'、b'，再按照投影关系分别作出其水平投影 a、b 和侧面投影 a''、b''。取 $a'b'$ 的中点，标注出 c'、d'，此两点即为椭圆截断面的短轴端点 C、D 的正面投影，利用纬圆法作出其水平投影 c、d，再按照投影关系作出其侧面投影 c''、d''。在正面投影中标注出 e'、f'，此两点为圆锥侧面投影转向轮廓线上的点，分别位于圆锥最前和最后的素线上，再按照投影关系分别作出其侧面投影 e''、f'' 和水平投影 e、f。

(2)作一般点的投影。为了准确画出椭圆的两面投影，在椭圆的积聚性的正面投影上取一般位置点 I 、II 的正面投影 $1'$、$2'$，利用纬圆法作出其水平投影 1、2，再按照投影关系作出其侧面投影 $1''$、$2''$。

(3)连接各点的同面投影，判断可见性。截平面左低右高，椭圆截交线的侧面投影和水平投影都是可见的，用光滑曲线将特殊点和一般位置点的投影连接起来，画成粗实线。

(4)检查，描深。圆锥的上半部分切掉了最前和最后的素线的一部分，因此，在侧面投影中将代表圆锥被切掉部分的投影的细双点画线予以擦除，即侧面投影中 e''、f'' 上方的直线不应画出。将除此之外的圆锥投影的细双点画线改画成粗实线。用细点画线添加椭圆的对称轴线。最终作图结果如图 4-6(b)所示。

3. 平面与球体相交

无论截平面处于何种位置，它与球体的截交线总是圆。截交线的投影根据截平面的位置不同可能是圆、椭圆或直线。当截平面是投影面平行面时，截交线的投影是反映真形的圆；当截平面是投影面垂直面时，截交线的投影是积聚性的直线，直线长度等于截交圆的直径；当截平面和投影面倾斜时，截交线的投影是椭圆，如表 4-2。

【例 7】如图 4-7(a)所示，根据球体被截切后的正面投影，补画其水平投影和侧面投影，被截切前的完整的球体投影用细双点画线表示。

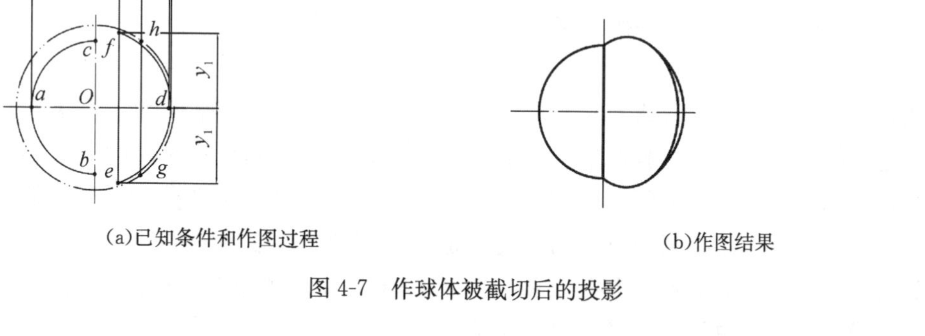

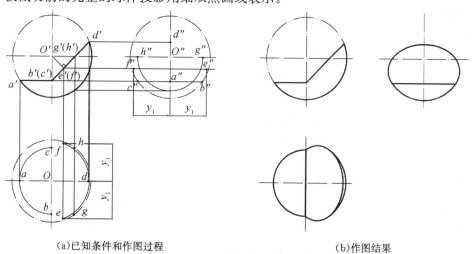

(a)已知条件和作图过程　　(b)作图结果

图 4-7　作球体被截切后的投影

分析：

从正面投影可知，球体被一个水平面和一个正垂面截切。水平的截平面与球体截切形成的截交线是水平纬圆的一部分，其正面投影具有积聚性，水平投影是反映真形的一段圆弧，侧面投影为一条水平直线。正垂的截平面与球体截切形成的截交线是正垂纬圆的一部分，其正面投影具有积聚性，水平投影和侧面投影都是椭圆弧。两截平面的交线是一条正垂线。

作图：

(1)作水平截平面与球体的截交线的投影。

水平的截平面截切形成的截交线为半圆弧 BAC，在正面投影中标注出 b'、a'、c'，再按照投影关系分别作出其水平投影 b、a、c 和侧面投影 b''、a''、c''。

(2)作正垂截平面与球体的截交线的投影。

①正垂的截平面截切形成的截交线为圆弧 BDC，在正面投影中标注出 d'，再按照投影关系分别作出其水平投影 d 和侧面投影 d''。

②从球心的投影 o' 作 $b'd'$ 和 $c'd'$ 的垂线，交点分别为 e' 和 f'，此两点即为截交圆弧上最前的点 E 和最后的点 F 的正面投影，也是水平投影和侧面投影中椭圆的长轴端点对应的正面投影。利用纬圆法作出其水平投影 e、f，再按照投影关系作出其侧面投影 e''、f''。

③在正面投影中标注出 g'、h'，此两点为球体水平投影转向轮廓线上的点，按照纬圆法或投影关系分别作出其侧面投影 g''、h'' 和水平投影 g、h。

(3)作截平面的交线的投影。

两截平面的交线是一条正垂线 BC，分别作出其正面投影 $b'c'$，侧面投影 $b''c''$ 和水平投影 bc。

(4)连接各点的同面投影，判断可见性。截平面左低右高，两条截交线及截平面交线的侧面投影和水平投影都是可见的，根据投影特性用直线或光滑曲线将各点的同面投影连接起来，画成粗实线。

(5)检查，描深。球体被截切掉了最大的水平纬圆的一部分和最大的侧平纬圆的一部分，因此，在水平投影和侧面投影中将代表球体被切掉部分的投影的细双点画线予以擦除，即水平投影中 g、h 左侧的圆弧以及侧面投影中 b''、c'' 上方的圆弧不应画出。将除此之外的球体投影的细双点画线改画成粗实线。最终作图结果如图 4-7(b)所示。

【例 8】如图 4-8(a)所示，根据顶部开槽半球体的侧面投影，补画其正面投影和水平投影，被截切前的完整的半球体投影用细双点画线表示。

分析：

从侧面投影可知，半球体上端的切口是用前后对称的两个正平面和一个水平面截切而成。正平的截平面与球体截切形成的截交线是前后对称的两个正平纬圆的一部分，其侧面投影都具有积聚性，正面投影都是反映真形的一段圆弧，水平投影都为一条水平直线。水平的截平面与球体截切形成的截交线是水平纬圆上左右对称的两段圆弧，其正面投影都具有积聚性，水平投影都是反映真形的一段圆弧，侧面投影都是一条水平直线。截平面之间的交线是两条前后对称的侧垂线。

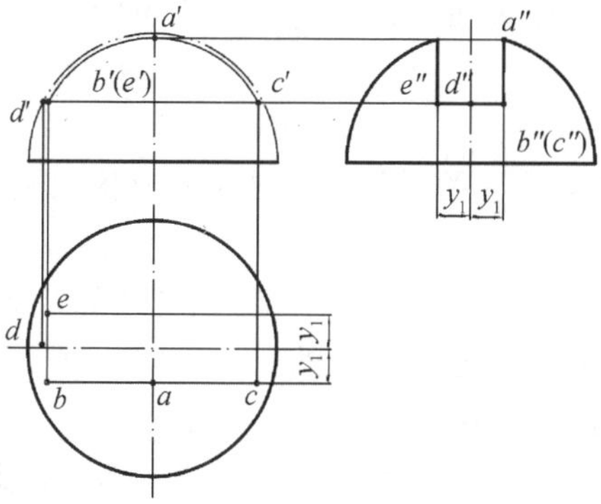

(a)已知条件和作图过程

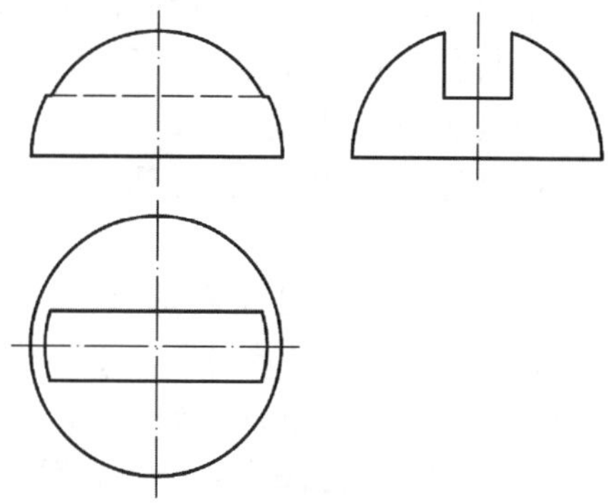

(b)作图结果

图 4-8　作顶部开槽的半球体的投影

作图：

(1)作正平截平面与球体的截交线的投影。在前的正平的截平面截切形成的截交线为圆弧 BAC，在侧面投影中标注出 b''、a''、c''，再按照投影关系分别作出其正面投影 b'、a'、c'和水平投影 b、a、c。

(2)作水平截平面与球体的截交线的投影。水平的截平面截切形成的在左的截交线为圆弧 BDE，在侧面投影中标注出 d''、e''，再按照投影关系分别作出其正面投影 d'、e'和水平投影 d、e。

(3)作截平面的交线的投影。在前的正平截平面和水平的截平面之间的交线是一条侧垂线 BC，分别作出其侧面投影 $b''c''$，正面投影 $b'c'$和水平投影 bc。

(4)连接各点的同面投影，判断可见性。正平的截平面形成的两条圆弧截交线和水平的截平面形成的两条圆弧截交线的正面投影和水平投影都是可见的，根据投影特性用直线或光滑曲线将各点的同面投影连接起来，画成粗实线。截平面之间的交线 BC 的正面投影 $b'c'$被球面的同面投影遮住而不可见，画成细虚线。

(5)检查，描深。球体被截切掉了最大的正平纬圆的一部分，因此，在正面投影中将代表球体被切掉部分的投影的细双点画线予以擦除，即正面投影中过 d'的水平连线上方的圆弧不应画出。将除此之外的球体投影的细双点画线改画成粗实线。最终作图结果如图 4-8(b)所示。

4.2　两回转体表面相交——相贯线

两曲面立体相交，立体表面的交线称为相贯线。相贯线不仅出现在两立体外表面相交的情况下，有时也出现在立体的穿孔上而形成孔口交线，或者出现在立体内部孔和孔相交的内表面上而形成孔壁交线。

由于回转体的几何形状、大小和相对位置不同，相贯线的形状也就各不相同。但它们都具有以下性质：

(1)封闭性：由于相交立体都有一定的空间范围，所以相贯线在一般情况下是封闭的空间曲线[图 4-9(a)]，特殊情况下可能不封闭[图 4-9(b)]，还可能是平面曲线[图 4-9(c)]或直线[图 4-9(d)]。

(2)共有性：相贯线是两回转体表面的共有线，相贯线上的点是两回转体表面的共有点。

求回转体的相贯线的投影，就是求两回转体表面一系列的共有点的投影，再依次连接这些共有点的同面投影即可。

相贯线的作图步骤为：

(1)根据两回转体的几何形状、大小和相对位置关系判定相贯线的形状和性质并找到其已知投影。

(2)求出相贯线上的特殊点。特殊点包括：①极限位置点，即相贯线的最高、最低、最前、最后、最左和最右点；②回转面投影的转向轮廓线上的点，它们一般是区分相贯线可见与不可见部分的分界点；③对称的相贯线在其对称平面上的点。

(3)按需要求出相贯线上一般位置的点。为了能光滑地作出相贯线的投影，还需在特殊点之间再作一些中间点。

(4)光滑且顺次地连接各点，作出相贯线，并且判别可见性。相贯线可见性的判定原则是，同时位于两立体的可见表面时，相贯线才可见，否则就不可见。

求相贯线一般有两种方法：积聚性法和辅助平面法。

(a)封闭的空间曲线　(b)不封闭的空间曲线　(c)封闭的平面曲线　(b)直线

图 4-9　两回转体的相贯线

4.2.1　积聚性法求相贯线

1. 两圆柱轴线垂直相交时的相贯线

两回转体相交，当其中之一是轴线垂直于某一投影面的圆柱时，相贯线在该投影面上的投影就与该圆柱面的积聚性的投影重合。这样，就可以在已知的积聚性投影上取点，按照曲面立体表面取点的方法，作出这些点的其他投影，从而作出相贯线的其他两面投影。

【例 9】如图 4-10(a)所示，求作轴线正交的两圆柱表面的相贯线。

分析：

两圆柱的轴线垂直相交，具有共同的前后、左右对称面，铅垂的小圆柱贯穿进大圆柱内部，其相贯线是前后对称、左右对称的马鞍形的空间封闭曲线。相贯线的水平投影与铅垂的小圆柱面的投影重合，为一个圆形，侧面投影与侧垂的大圆柱面的侧面投影重合，为一段圆弧。因此，根据积聚性，由相贯线的两面投影即可求得其正面投影。

作图：

(1)作特殊点。在相贯线的水平投影中标注出 1、2，此两点即为相贯线最左点 *I* 和最右点 *II*（也都是相贯线的最高点、相贯线正面投影的转向轮廓线上的点、相贯线前后对称面上的点）的水平投影，再按照投影关系分别作出其正面投影 1′、2′和侧面投影 1″、2″。在相贯线的侧面投影中标注出 3″、4″，此两点即为相贯线最前点 *III* 和最后点 *IV*（也都是相贯线的最低点、相贯线侧面投影的转向轮廓线上的点、相贯线左右对称面上的点）的侧面投影，再按照投影关系分别作出其正面投影 3′、4′和水平投影 3、4。

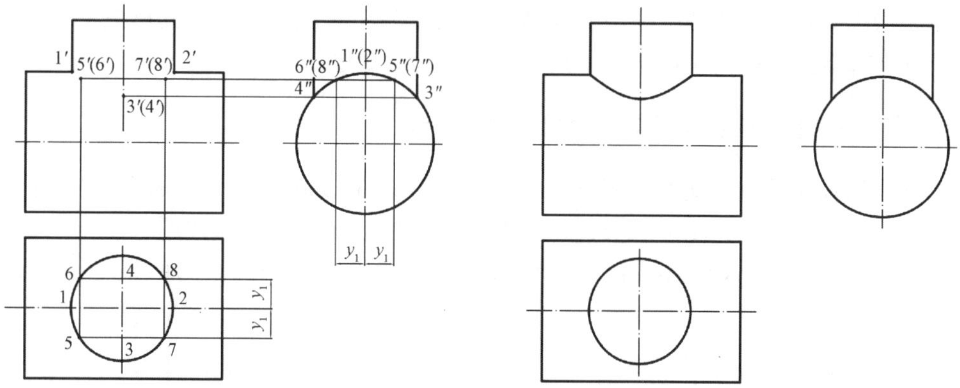

(a)已知条件和作图过程　　　　(b)作图结果

图 4-10　作轴线正交的两圆柱的相贯线

(2)作一般位置点。在相贯线的水平投影中标注出前后、左右对称的四个点Ⅴ、Ⅵ、Ⅶ、Ⅷ的水平投影 5、6、7、8，再按照投影关系分别作出其侧面投影 5″、6″、7″、8″和正面投影 5′、6′、7′、8′。

(3)连接各点的同面投影，判断可见性。相贯线前后对称，其正面投影中以 1′、2′为界的可见和不可见部分的投影重合，用光滑曲线依次连接各点的正面投影即可，画成粗实线。另外，相贯线左右对称，其侧面投影中以 3″、4″为界的可见和不可见部分的投影重合，用光滑曲线依次连接各点的侧面投影即可，画成粗实线。最终作图结果如图 4-10(b)所示。

2. 两圆柱轴线垂直相交时的相贯线的三种形式

两圆柱的轴线垂直相交时产生的相贯线，不仅出现在两圆柱外表面相交的情况下[图 4-11(a)]，有时也出现在外圆柱面与内圆柱面相交的情况下[图 4-11(b)]，此时的相贯线也称为孔口交线，或者出现在两圆柱内表面相交的情况下[图 4-11(c)]，此时的相贯线也称为孔壁交线。

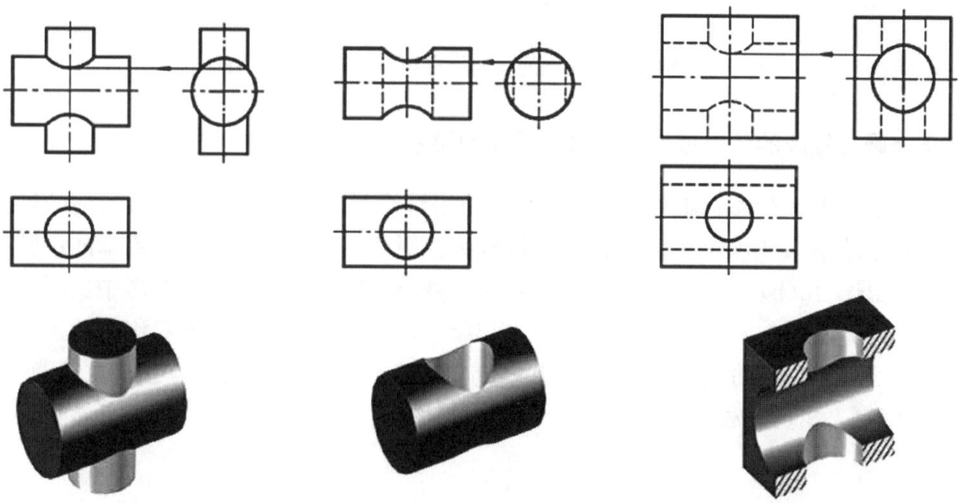

(a)两实心圆柱相交　　(b)实心圆柱与圆柱孔相交　　(c)两圆柱孔相交

图 4-11　两圆柱轴线垂直相交时的相贯线的三种形式

需要指出的是，只要两圆柱内、外表面的大小和相对位置不变，其形成的相贯线的形状及其特殊点的投影位置都不变，只是可见性发生变化。

3. 轴线垂直相交的两圆柱直径变化对相贯线的影响

两圆柱的轴线垂直相交时，相贯线的形状与两圆柱的相对大小有关。当两圆柱的直径不相等时[图 4-12(a)、图 4-12(c)]，相贯线为两条空间曲线，曲线的弯曲方向是弓向较大的圆柱的轴线。当两圆柱的直径相等时[图 4-12(b)]，相贯线为两条平面曲线(椭圆)。

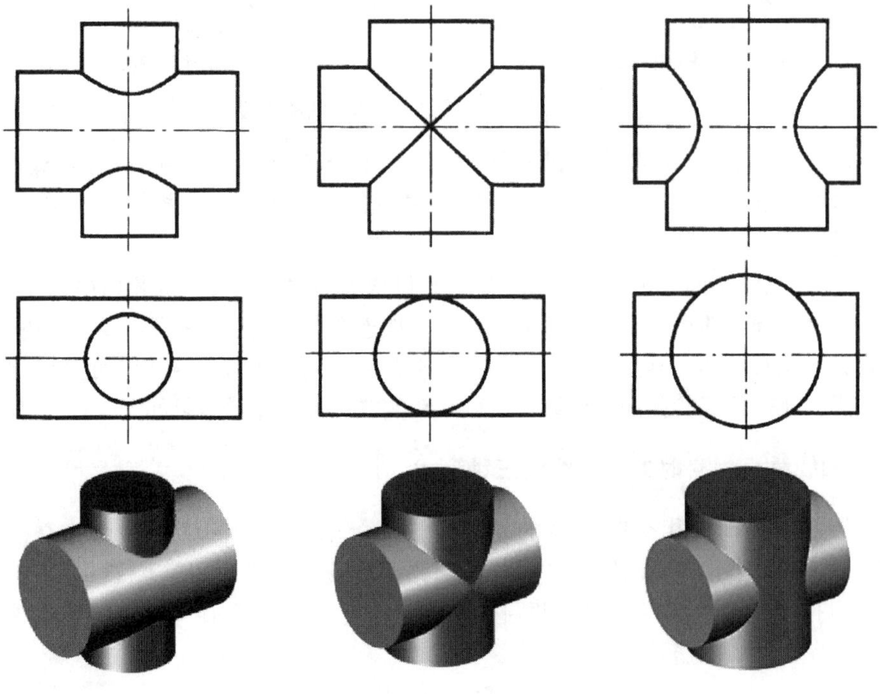

(a)两圆柱直径不相等　(b)两圆柱直径相等　(c)两圆柱直径不相等

图 4-12　轴线垂直相交的两圆柱直径变化对相贯线的影响

4. 两正交圆柱轴线的相对位置变化对相贯线的影响

两正交圆柱轴线的相对位置不同，形成的相贯线的形状也不同。当两圆柱的轴线共面垂直正交时[图 4-13(a)]，相贯线为前后对称的两条空间封闭曲线。当铅垂的小圆柱开始前移时[图 4-13(b)]，相贯线为前后不对称的两条空间曲线，且正面投影中出现了部分细虚线。当铅垂的小圆柱逐渐前移时[图 4-13(c)]，相贯线仍为前后不对称的两条空间曲线，但正面投影中曲线相切处的投影成为尖点。当铅垂的小圆柱继续前移时[图 4-13(d)]，相贯线成为一条封闭的空间曲线。

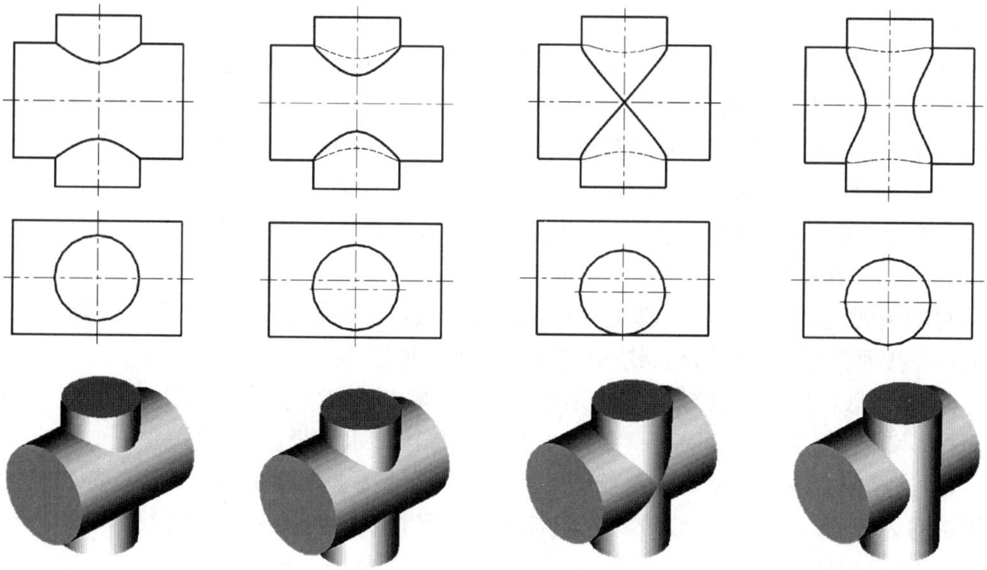

(a)　　(b)　　(c)　　(d)

图 4-13　两正交圆柱轴线的相对位置变化对相贯线的影响

【例 10】如图 4-14(a)所示，求作半圆柱和圆台的相贯线。

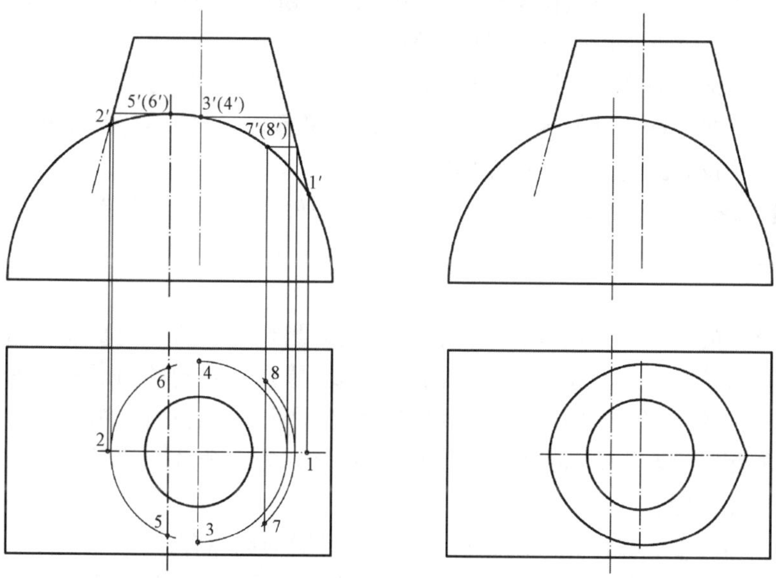

(a)已知条件和作图过程　　(b)作图结果

图 4-14　作半圆柱和圆台的相贯线

分析：

圆台从右上方贯穿进半圆柱，圆台的轴线与半圆柱的轴线不相交，但它们具有共同的前后对称面，其相贯线是一条前后对称的空间封闭曲线。由于相贯线所在的正垂半圆柱面的正面投影具有积聚性，所以相贯线的正面投影与正垂的半圆柱面的投影重合，为一段圆弧。因此，根据积聚性，由相贯线的正面投影即可求得其水平投影。

作图：

(1)作特殊点的投影。在相贯线的正面投影中标注出 $1'$、$2'$，此两点为圆台最右和最左的素线上的点Ⅰ和Ⅱ的正面投影，Ⅰ、Ⅱ点是相贯线的最右和最左点，也都是相贯线前后对称面上的点，Ⅰ点还是相贯线的最低点，按照投影关系分别作出其水平投影 1、2。在相贯线的正面投影中标注出 $3'$、$4'$，此两点为圆台最前和最后的素线上的点Ⅲ和Ⅳ的正面投影，Ⅲ、Ⅳ是相贯线的最前和最后点，按照投影关系利用纬圆法分别作出其水平投影 3、4。在相贯线的正面投影中标注出 $5'$、$6'$，此两点为半圆柱最高的素线上的点Ⅴ和Ⅵ的正面投影，Ⅴ、Ⅵ点都是相贯线的最高点，也都是相贯线侧面投影转向轮廓线上的点，按照投影关系利用纬圆法分别作出其水平投影 5、6。

(2)作一般位置点的投影。在相贯线的正面投影中标注出前后对称的两个点Ⅶ、Ⅷ的正面投影 $7'$、$8'$，按照投影关系利用纬圆法分别作出其水平投影 7、8。

(3)连接各点的同面投影，判断可见性。圆台上小下大，位于圆台表面的相贯线的水平投影均为可见，用光滑曲线依次连接各点的水平投影即可，画成粗实线。最终作图结果如图 4-14(b)所示。

4.2.2 辅助平面法求相贯线

用辅助平面法求相贯线上点的投影是基于三面共点的原理。即利用辅助平面同时截切相贯的两立体，可得到两组截交线，这两组截交线的交点即为相贯线上的点。这些点既是两立体表面上的点，也是辅助平面上的点。

辅助平面的选择原则是，所选平面截切相贯的两立体所得的两组截交线形状简单易于作图。通常选取特殊位置的平面(一般为投影面平行面)，使其与两回转体表面的交线为直线或平行于投影面的圆，以简化作图。

【例 11】如图 4-15(a)所示，求作轴线正交的圆柱和圆锥的相贯线，立体的轮廓未判定前用细双点画线表示。

分析：

圆柱从圆锥的左方贯穿进圆锥，圆柱的轴线为侧垂线，圆锥的轴线为铅垂线，两回转体的轴线垂直正交于一个正平面上，两相贯回转体具有共同的前后对称面，其相贯线是一条前后对称的空间封闭曲线。由于相贯线所在的侧垂圆柱面的侧面投影具有积聚性，所以相贯线的侧面投影与侧垂的圆柱面的投影重合，为一个圆，故只需再作出相贯线的水平投影和正面投影。

本例采用辅助平面法作相贯线。辅助平面的可能的选择有：

(1)采用一系列与圆锥轴线垂直的水平面作为辅助平面(水平面的位置介于圆柱的最低素线和最高素线之间)。此时，辅助平面与圆锥面的截交线是圆(纬圆)，与圆柱面的截交线是直线(素线)。

(2)采用一系列平行于圆柱轴线且过锥顶的侧垂面作为辅助平面(侧垂面的位置介于过锥顶的圆柱面的前、后切平面之间)。此时，辅助平面与圆锥面的截交线是直线(素线)，与圆柱面的截交线是直线(素线)。

作图：

(1)作特殊点的投影。

如图 4-15(b)所示，在相贯线的侧面投影中标注出 1″、2″，此两点为圆锥最左素线上的点Ⅰ和Ⅱ，同时也是圆柱最高和最低的素线上的点Ⅰ和Ⅱ的侧面投影，Ⅰ、Ⅱ点是相贯线的最高和最低点，都是相贯线前后对称面上的点，也都是相贯线正面投影的转向轮廓线上的点，Ⅱ点还是相贯线的最左点。按照投影关系分别作出点Ⅰ和Ⅱ的正面投影 1′、2′和水平投影 1、2。

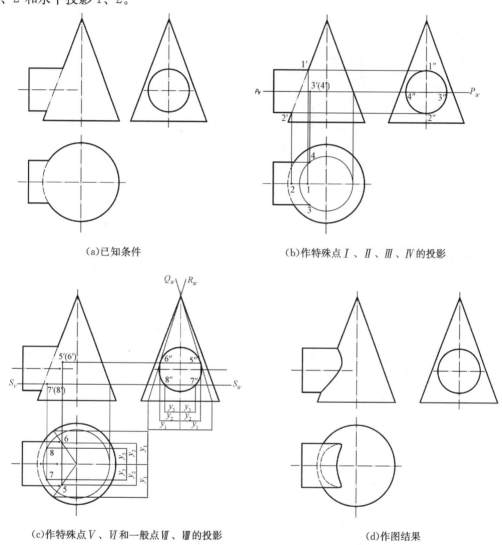

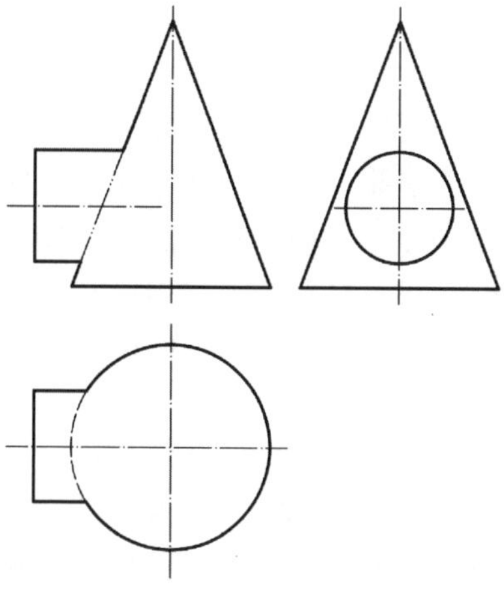

(a)已知条件

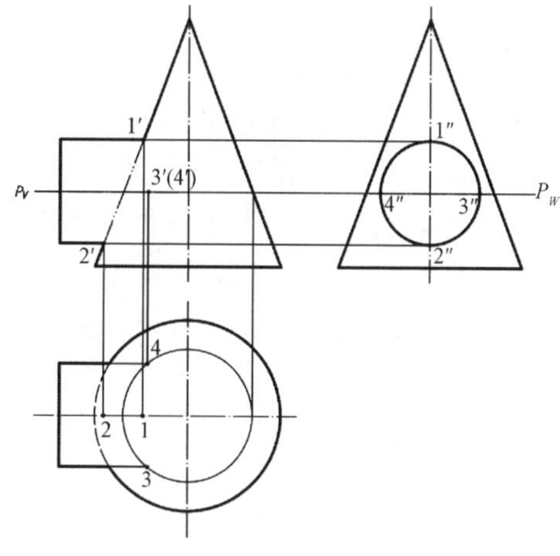

(b)作特殊点Ⅰ、Ⅱ、Ⅲ、Ⅳ的投影

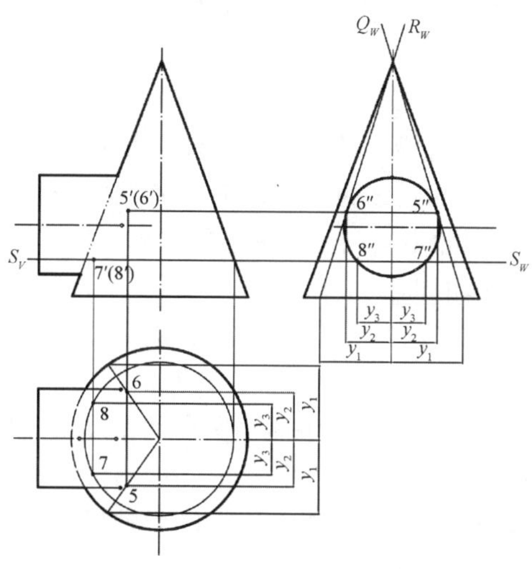

(c)作特殊点Ⅴ、Ⅵ和一般点Ⅶ、Ⅷ的投影

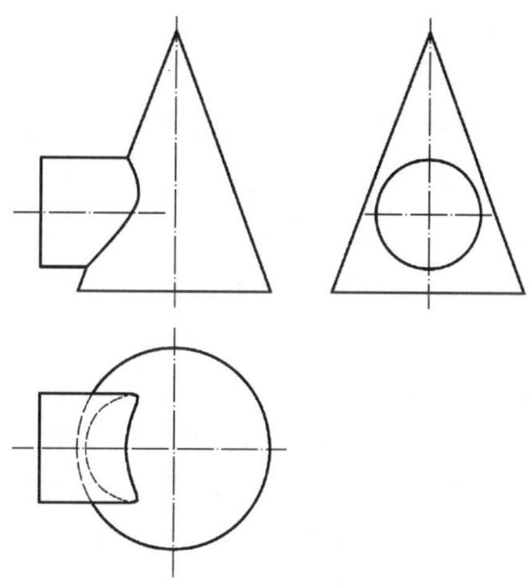

(d)作图结果

图 4-15　作轴线正交的圆柱和圆锥的相贯线

如图 4-15(b)所示，在相贯线的侧面投影中标注出 3″、4″，此两点为圆柱最前和最后的素线上的点Ⅲ和Ⅳ的侧面投影，Ⅲ、Ⅳ点是相贯线的最前和最后点，都是相贯线水平投影的转向轮廓线上的点。过圆柱轴线作水平面 P 为辅助平面，标记 P_V和 P_W，P_V和 P_W分别为水平面的积聚性的正面投影和侧面投影。水平面 P 与圆锥面的截交线为水平纬圆，采用纬圆法作出截交线的水平投影圆，该投影圆与圆柱面的水平投影的转向轮廓线交于 3、4，再按照投影关系作出Ⅲ、Ⅳ点的正面投影 3′、4′。

如图 4-15(c)所示，过锥顶作与圆柱面相切的侧垂面 Q 和 R，标记为 Q_W和 R_W，Q_W

和R_W分别为侧垂面的积聚性的侧面投影。侧垂面 Q 和 R 与圆柱面相切于前后对称的两条素线，这两条素线的侧面投影积聚在Q_W和R_W与圆柱面的侧面投影圆的切点 5″、6″处。侧垂面 Q 和 R 与左圆锥面相交于两条素线，这两条素线的侧面投影分别与Q_W和R_W重合。5″、6″为圆柱面与辅助侧垂面Q 和R 相切的素线的侧面投影，Ⅴ、Ⅵ点是相贯线的最右点。采用素线法根据宽距离相等和前后对应关系作出Ⅴ、Ⅵ点的水平投影 5、6，再按照投影关系作出Ⅴ、Ⅵ点的正面投影 5′、6′。

(2)作一般位置点的投影。

如图 4-15(c)所示，作水平面 S 为辅助平面，标记S_V和S_W，S_V和S_W分别为水平面的积聚性的正面投影和侧面投影。水平面 S 与圆柱面交于前后对称的两条素线，这两条素线的侧面投影积聚在S_W与圆柱面的侧面投影圆的交点 7″、8″处。水平面 S 与圆锥面的截交线为水平纬圆，采用纬圆法作出截交线的水平投影圆，根据宽距离相等和前后对应关系作出Ⅶ、Ⅷ点的水平投影 7、8，再按照投影关系作出Ⅶ、Ⅷ点的正面投影 7′、8′。

(3)连接各点的同面投影，判断可见性。

相贯线前后对称，其正面投影中以 1′、2′为界的可见和不可见部分的投影重合，用光滑曲线依次连接各点的正面投影即可，画成粗实线。另外，在水平投影中以 3、4 为界，相贯线的上半部分的水平投影可见，画成粗实线，下半部分的水平投影不可见，画成细虚线。最终作图结果如图 4-15(d)所示。

【例 12】如图 4-16(a)所示，求作圆台与球体的相贯线，立体的轮廓未判定前用细双点画线表示。

分析：

圆台从球体的上前方贯穿进球体，圆台的轴线为铅垂线，两回转体的轴线虽然不相交，但是两相贯回转体具有共同的左右对称面，其相贯线是一条左右对称的空间封闭曲线。由于相贯线所在两个回转面都不是圆柱面，因此不能利用积聚性法求相贯线。

本例采用辅助平面法作相贯线。辅助平面可能的选择如下。

(1)采用过圆台轴线的侧平面作为辅助平面。此时，辅助平面与圆台的截交线是圆台最前和最后的素线，与球体的截交线是最大的侧平纬圆。

(2)采用过圆台轴线的正平面作为辅助平面。此时，辅助平面与圆台的截交线是圆台最左和最右的素线，与球体的截交线是正平纬圆。

(3)采用一系列垂直于圆台轴线，同时截切圆台和球体的水平面作为辅助平面。此时，辅助平面与圆台和球体的截交线都是水平纬圆，截交形成的两个水平纬圆具有左右对称的两个交点。

作图：

(1)作特殊点的投影。

如图 4-16(b)所示，过圆台轴线作侧平面 P 的辅助平面，标记为P_V和P_H，P_V和P_H分别为侧平面的积聚性的正面投影和水平投影。侧平面 P 与圆台表面的截交线为圆台最前和最后的素线，与球体的截交线是最大的侧平纬圆。在它们的侧面投影的相交处标注出 1″、2″，此两点为相贯线在圆台表面最后和最前素线上的点Ⅰ和Ⅱ的侧面投影，Ⅰ、Ⅱ点分别是相贯线的最后和最高、最前和最低的点，它们都是相贯线左右对称面上的点，也都是相贯线侧面投影的转向轮廓线上的点。按照投影关系分别作出点Ⅰ和Ⅱ的正面投影 1′、2′和水平投影 1、2。

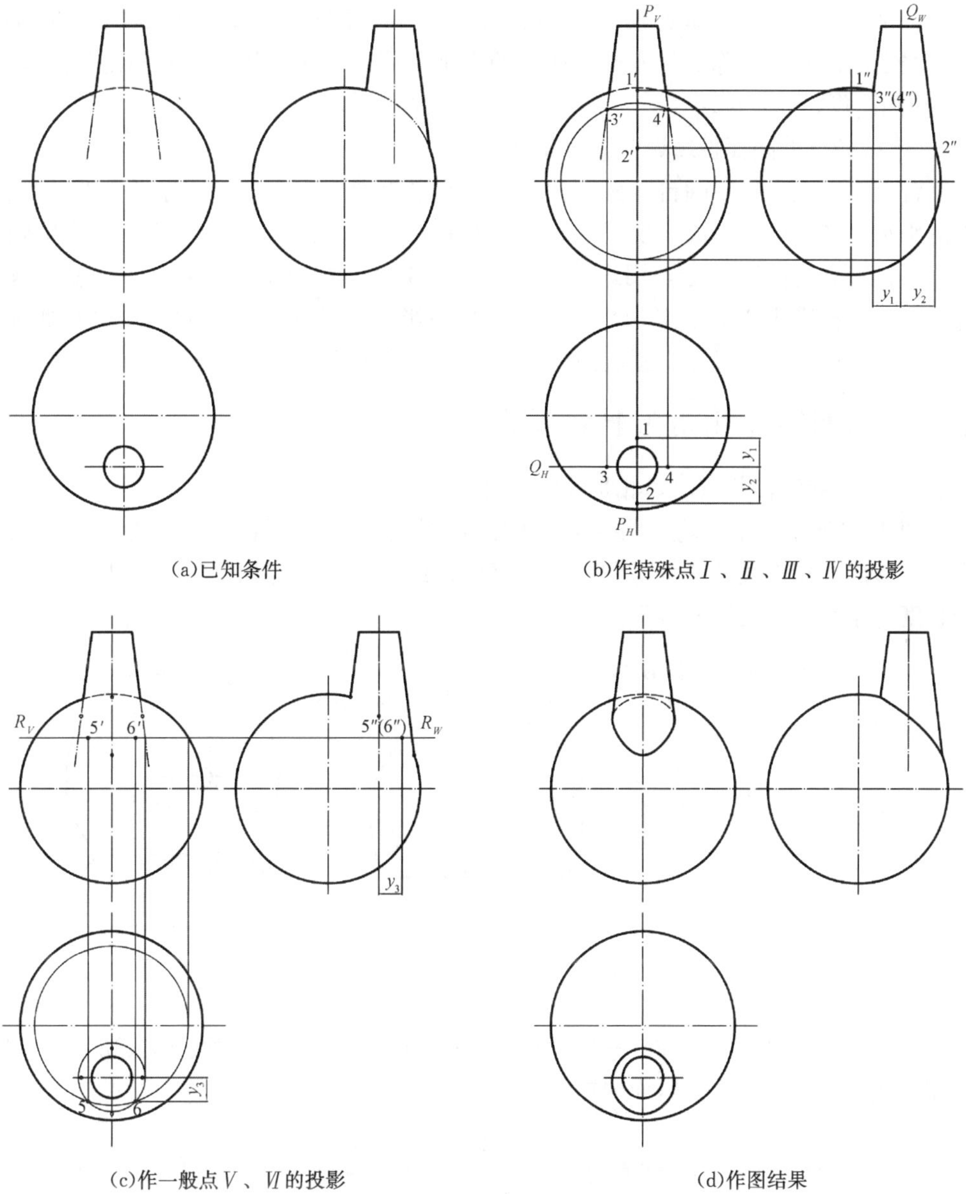

(a)已知条件　　　　(b)作特殊点Ⅰ、Ⅱ、Ⅲ、Ⅳ的投影

(c)作一般点Ⅴ、Ⅵ的投影　　　　(d)作图结果

图 4-16　作圆台和球体的相贯线

如图 4-16(b)所示，过圆台轴线作正平面 Q 的辅助平面，标记为 Q_W 和 Q_H，Q_W 和 Q_H 分别为正平面的积聚性的侧面投影和水平投影。正平面 Q 与圆台表面的截交线为圆台最左和最右的素线，与球体的截交线是正平纬圆。采用纬圆法在它们的正面投影的相交处标注出 3′、4′，此两点为相贯线在圆台表面最左和最右素线上的点Ⅲ和Ⅳ的正面投影，Ⅲ、Ⅳ点分别是相贯线的最左和最右点，它们都是相贯线正面投影的转向轮廓线上的点。按照投影关系分别作出点Ⅲ和Ⅳ的侧面投影 3″、4″和水平投影 3、4。

(2)作一般位置点的投影。

如图 4-16(c)所示，作水平面 R 为辅助平面，标记 R_V 和 R_W，R_V 和 R_W 分别为水平面的积聚性的正面投影和侧面投影。水平面 R 与圆台和球体的截交线都是水平纬圆。采用纬圆法分别作出圆台和球体的截交圆的水平投影，在两圆相交处标注出 5、6，此两点即为相贯线上两个左右对称的一般点Ⅴ和Ⅵ的水平投影，再按照投影关系作出其正面投影 5′、6′和侧面投影 5″、6″。

(3)连接各点的同面投影，判断可见性。

圆台上小下大，位于圆台表面的相贯线的水平投影均为可见，用光滑曲线依次连接各点的水平投影即可，画成粗实线。相贯线左右对称，其侧面投影中以 1″、2″为界的可见和不可见部分的投影重合，用光滑曲线依次连接各点的侧面投影即可，画成粗实线。另外，在正面投影中以 3′、4′为界，相贯线的前半部分的正面投影可见，画成粗实线，后半部分的正面投影不可见，画成细虚线。最终作图结果如图 4-16(d)所示。

4.2.3　两回转体相贯的特殊情况

(1)同轴的回转体相贯时，相贯线为垂直于轴线的圆。

如图 4-17 所示，轴线均为同一条铅垂线的球体、圆柱、圆台以及一般回转体在两两相贯时，形成的相贯线都是水平圆，因此相贯线的正面投影都积聚为一条水平直线，直线的长度等于圆形相贯线的直径。

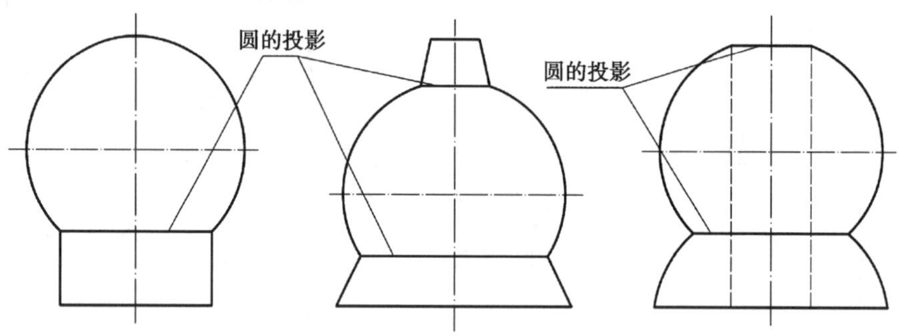

图 4-17　同轴回转体的相贯线

(2)轴线相交，且平行于同一投影面的圆柱、圆锥两两相贯，当它们公切于一个球面时，相贯线是垂直于这个投影面的椭圆。

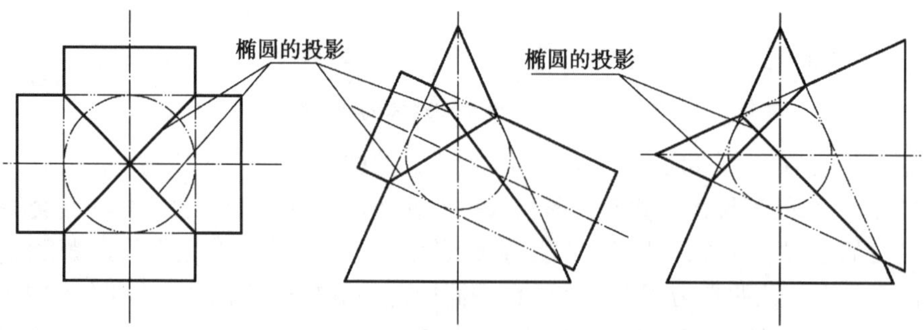

图 4-18　公切于一个球面的回转体的相贯线

如图 4-18 所示，轴线都平行于正面且相交的圆柱、圆锥，两两相贯，还能公切一个球，它们形成的相贯线都是垂直于正面的两个椭圆，因此相贯线的正面投影都积聚为一条直线。

【例 13】如图 4-19(a)所示，求作组合相贯体的相贯线。

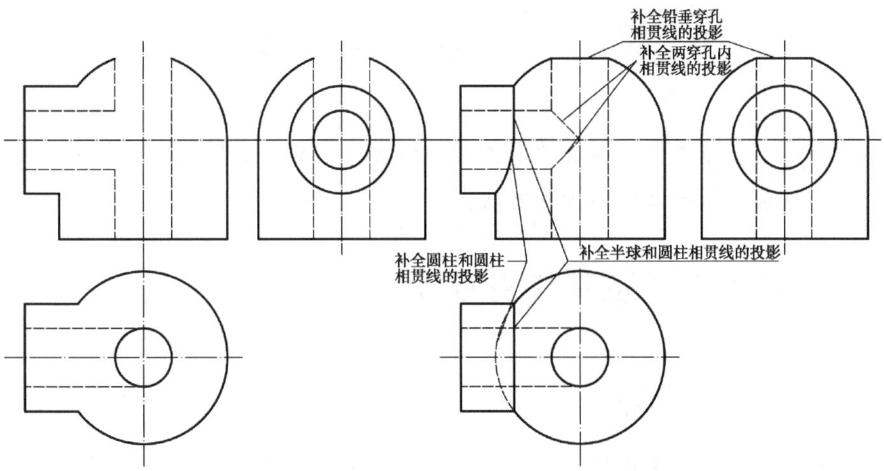

(a)已知条件　　(b)作图结果

图 4-19　作组合相贯体的组合相贯线

分析：

该组合相贯体由三部分组成：其主体是铅垂的大圆柱与半球相切，左侧有一个轴线通过半球球心的侧垂的小圆柱，小圆柱上方与半球相贯，下方与大圆柱相贯。同时，相贯体主体内部有一个同轴的铅垂穿孔，侧垂的小圆柱内也有一个同轴的侧垂穿孔，该穿孔向右延伸到与铅垂的穿孔相通，这两个正交的穿孔直径相等。

铅垂的大圆柱与半球相切，属于共面情况，不考虑相贯线；铅垂的穿孔与半球属于同轴回转体相贯，其相贯线为水平圆，相贯线的水平投影为反映真形的圆形，正面投影和侧面投影积聚成等直径长的直线；侧垂的穿孔与铅垂的穿孔轴线相交，且都平行于正面，直径相等说明它们能公切一个球，则它们的相贯线为垂直于正面的两个半椭圆，相贯线的水平投影为积聚性的左半圆，侧面投影为圆形，正面投影为两段直线；侧垂的小圆柱与半球属于同轴回转体相贯，其相贯线为侧平的上半圆，相贯线的侧面投影为反映真形的上半圆，正面投影和水平投影都是直线；侧垂的小圆柱与铅垂的大圆柱轴线正交相贯，相贯线为半个马鞍形的空间曲线，相贯线的侧面投影为下半圆，水平投影为一段圆弧，正面投影为一段曲线，曲线的弯曲方向是弓向大圆柱的轴线。

具体作图过程从略，请读者自行对照分析，最终作图结果如图 4-19(b)所示。

第5章 组 合 体

由两个及以上的基本形体组成的形体称为组合体。本章主要介绍组合体视图的画法、组合体尺寸标注以及组合体视图读图方法。

5.1 三视图的形成及其投影规律

5.1.1 三视图的形成

在绘制机械图样时，用正投影法将机件向投影面投影所得的图形称为视图，如图 5-1 所示。

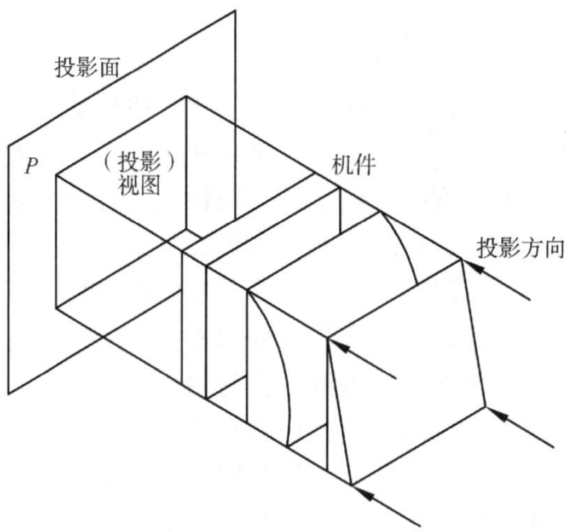

图 5-1 视图

一个视图只能反映机件一个方位的形状，往往不能完整反映机件在三维空间的真实结构形状。通常需要从不同方向对机件进行投影得到不同方向的视图，这些视图相互补充以完整反映机件在三维空间的真实结构形状。工程上常用三投影面体系对机件进行投影得到三视图以表达机件的形状。

三视图是从三个不同方向对同一个机件进行投影的结果，能较完整地表达机件的结构。如图 5-2(a)所示，在三面投影体系中，把机件由前向后投影，在 V 面所得的视图称为主视图；把机件由上向下投影，在 H 面所得的视图称为俯视图；把机件由左向右投影，在 W 面所得的视图称为左视图。

三视图的位置配置如图 5-2(b)所示，三面投影完成后，以 V 面为基准，沿 Y 轴剪开，然后 H 面绕 X 轴向下转 90°，W 面绕 Z 轴向右转 90°，以主视图为主，俯视图在主视图的正下方，左视图在主视图的正右边。在绘制机械图样时，一般不画出投影轴和投影连线。

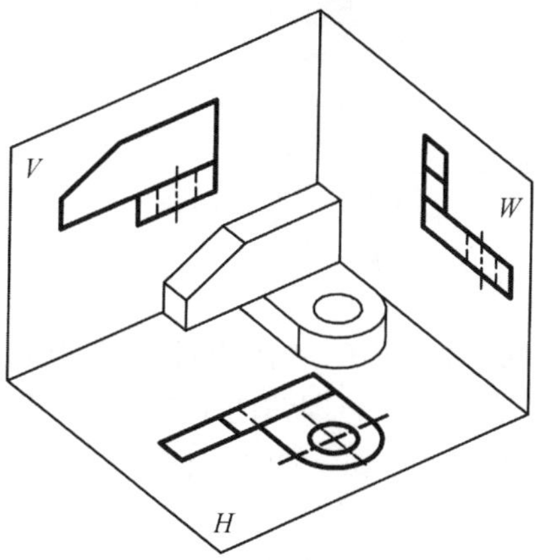

(a)形成过程

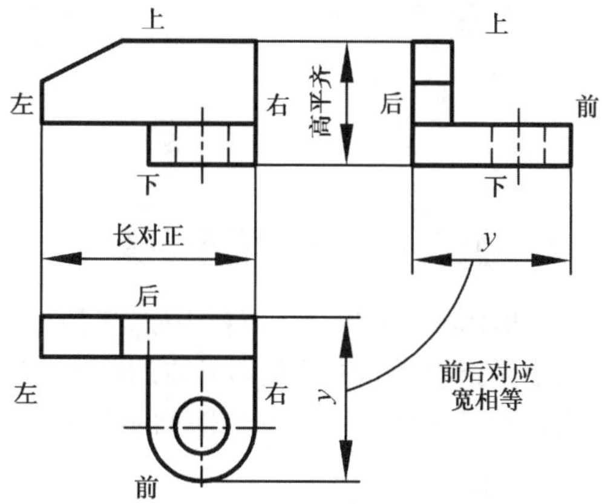

(b)三视图的投影规律

图 5-2　三视图

5.1.2　三视图的投影规律

通常规定，机件左右之间的距离为长，前后之间的距离为宽，上下之间的距离为高。对照图 5-2(a)和图 5-2(b)可以看出，主视图反映机件的上下、左右的位置关系，机件的长和高的尺寸关系；俯视图反映机件的前后、左右的位置关系，机件的长和宽的尺寸关系；左视图反映机件的上下、前后的位置关系，机件的宽和高的尺寸关系。由此可得出三视图的投影规律：①主、俯视图——长对正；②主、左视图——高平齐；③俯、左视图——宽相等。

5.2　组合体的组合形式及表面连接关系

要掌握组合体视图的画法、组合体尺寸标注以及组合体视图读图方法，首先就要了解组合体的各基本形体之间的组合形式和相对位置，以及各基本形体组合时各表面之间的连接关系。

5.2.1　组合体的组合形式

基本形体组合成组合体有三种组合形式：叠加型组合、切割型组合以及既有叠加又有切割的综合型组合。叠加型组合是各基本形体以平面接触相互堆积、叠加后形成组合体。切割型组合是在基本形体上进行切块、挖槽、打孔等切割后形成组合体。综合型组合则是前述两种组合形式的综合。组合体的各种组合形式如图 5-3 所示。

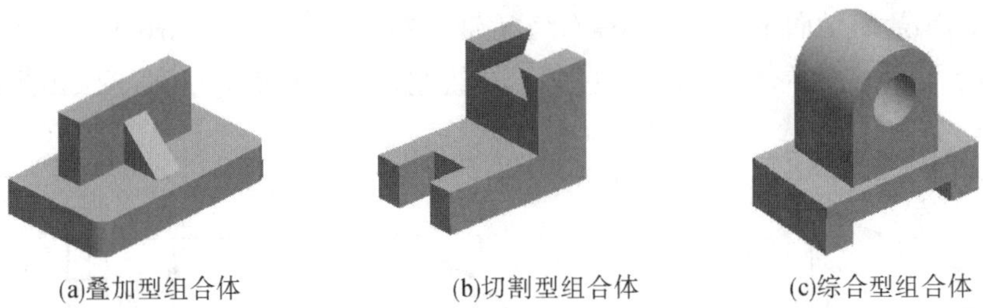

图 5-3　组合体的组合形式

5.2.2　组合体的表面连接关系

基本形体组合成组合体时各表面之间的连接关系有共面、相错、相切及相交四种形式。

共面是指组合体中两基本形体的同方向的某两个表面平齐，即该两个表面处于同一平面内。此时在视图中两基本形体的这两个表面处不能画出交线，如图 5-4 所示。

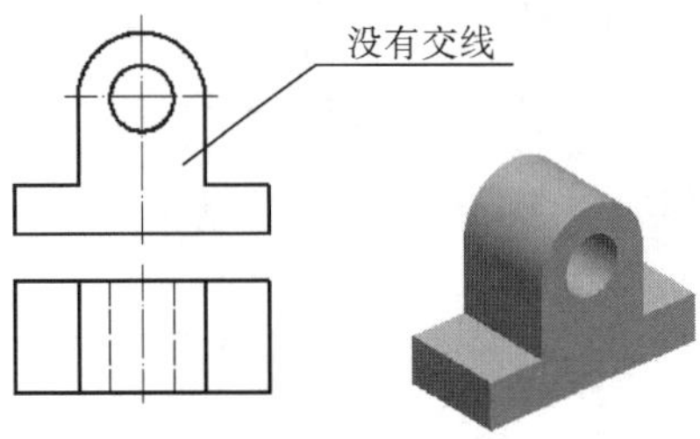

图 5-4　两表面共面的画法

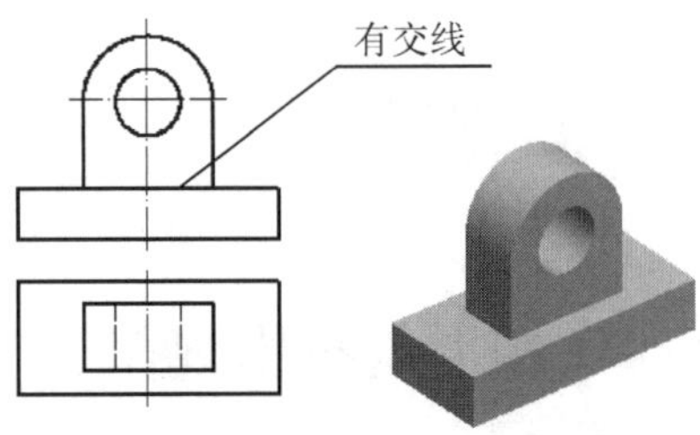

图 5-5　两表面相错的画法

相错是指组合体中两基本形体的同方向的某两个表面不平齐，即该两个表面不在同一平面内。此时在视图中两基本形体的这两个表面处必须画出交线，如图 5-5 所示。

相切是指组合体中两基本形体的某两个相邻表面(平面与曲面或曲面与曲面)光滑过渡。相切处不存在轮廓线，此时在视图中两基本形体的这两个表面相切处不应画线，如图 5-6 所示。

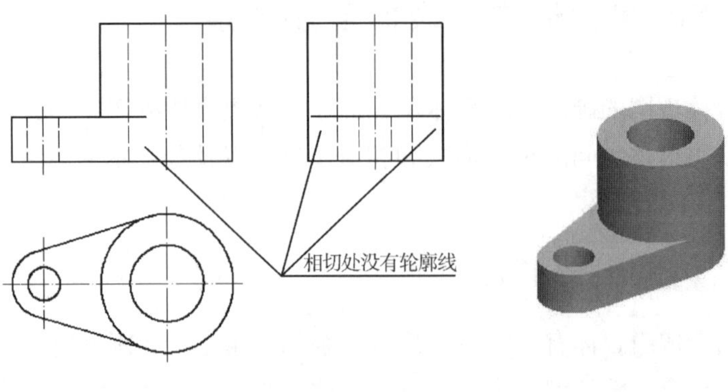

图 5-6　两表面相切的画法

相交是指组合体中两基本形体的某两个相邻表面在结合处产生交线(截交线或相贯线)。此时在视图中两基本形体的这两个表面相交处必须画出交线，如图 5-7、图 5-8

所示。

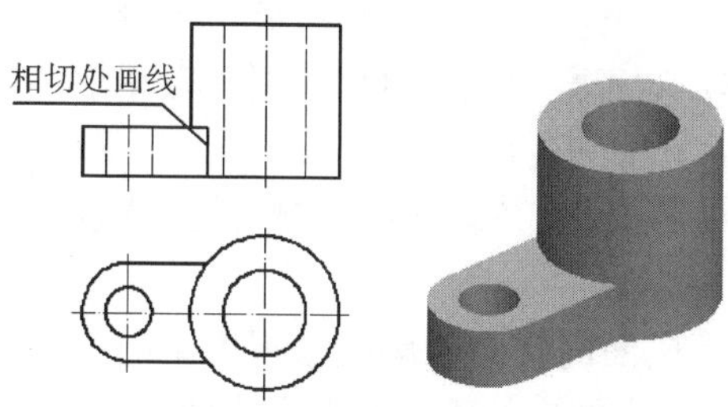

图 5-7　平面与曲面相交

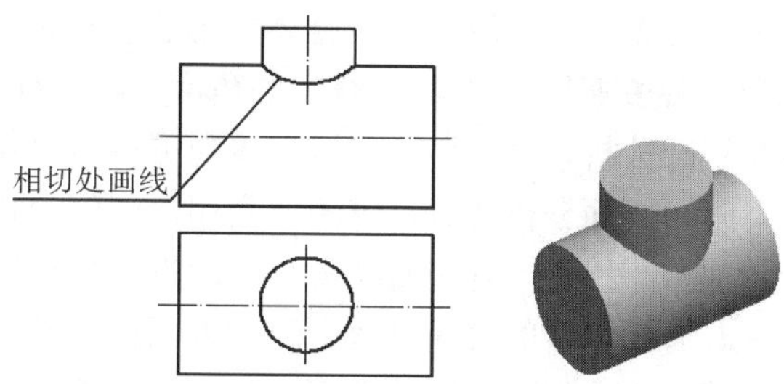

图 5-8　曲面与曲面相交

5.3　组合体的形体分析及线面分析

5.3.1　组合体的形体分析

任何复杂的组合体都可以看成是由若干个形状结构比较简单的基本形体组合而成。这些基本形体可以是完整的，也可以是经过钻孔、切槽等加工而成的。假想把复杂的组合体分解成若干个形状结构比较简单的基本形体，并分析这些基本形体的结构形状、相互间的组合形式、相对位置，以及组合时表面连接关系的分析过程称为形体分析法。形体分析法是画组合体视图、组合体尺寸标注以及组合体视图读图的基本方法。

按形体分析法，图 5-9 所示的支座，可以看成是由带孔底板、空心圆柱、肋板、带孔耳板和空心凸台这五个基本形体组合而成。这些基本形体主体组合方式是叠加型组合，其中左下方的底板的前后两个侧面与直立空心圆柱外部回转面相切，肋板和右上方的耳板的前后侧面均与直立空心圆柱相交而产生交线，肋板的左侧面与直立空心圆柱相交产生的交线是曲线，前方的水平空心凸台与直立空心圆柱外表面实实相贯，内部两孔虚虚相贯，内外均产生相贯线。

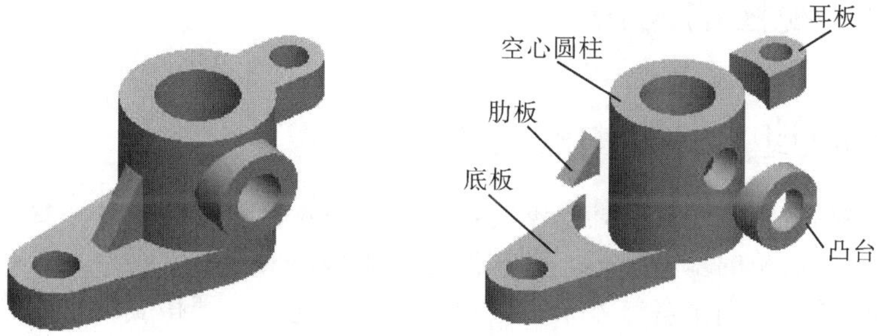

图 5-9　支座的形体分析

5.3.2　组合体的线面分析

组合体可以看作是由组合体各表面围成的形体。线面分析法就是根据线、面的空间性质和投影规律，分析组合体的表面或表面间的交线与视图中的线框或图线的对应关系进行画图、看图的方法。画组合体的视图实际上是画组合体表面或表面间的交线的投影，从而得到组合体的视图，读组合体的视图实际上是弄清视图中线框和图线在空间的形状和相对位置，从而想象出组合体的形状。形体分析法是从“体”的角度分析组合体，而线面分析法则是从“面”“线”的角度分析组合体。对于叠加型组合体，通常运用形体分析法进行分析，对于切割型组合体则更多运用线面分析法进行分析。

运用线面分析法时，应注意利用面、线投影的积聚性、实形性和类似性这些投影特性。通常，组合体各表面在视图中的投影具有如下特性：

具有积聚性的表面、两个邻接表面的交线以及曲面的转向轮廓线在视图中的投影通常为线；不具有积聚性的表面、孔洞以及相切表面在视图中的投影通常为线框。

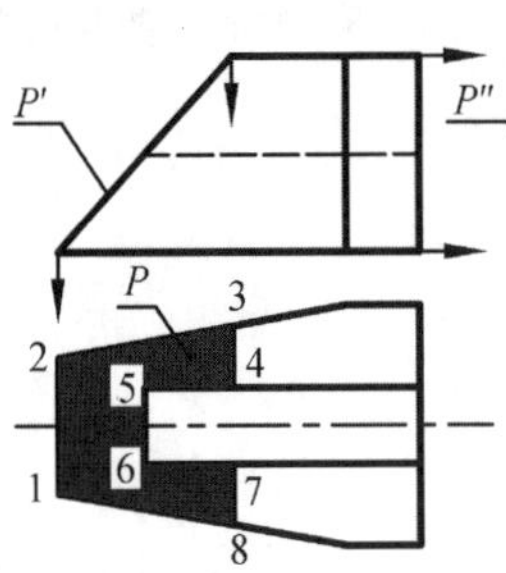

(a)

(b)

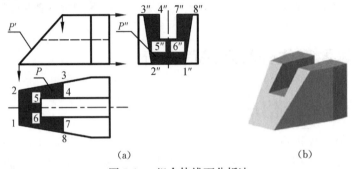

图 5-10　组合体线面分析法

如图 5-10(b)所示组合体，从图中可以看出，该组合体前后对称，属于切割型组合体。按照线面分析法，该组合体可以看作是由四棱柱切割得到：分别用两个铅垂面切割得到前后两个梯形侧面；分别用两个正平面、一个水平面切割得到上部矩形通槽；用正垂面切割得到八边形左端面；此外，构成该组合体的面还有两个五边形水平面(顶面)，一个六边形水平面(底面)，一个八边形侧平面(右端面)，以及正前方和正后方两个矩形正平面。构成该组合体的各表面及交线根据其空间性质和投影规律在视图中的投影如图 5-10(a)所示，图中用线面分析的思路示例了八边形左端面在不同视图中的投影特性。

5.4　组合体视图的画法

5.4.1　叠加型组合体视图的画法

对于叠加型组合体，在绘制其视图时，要运用形体分析法将组合体合理地分解为若干个形状结构比较简单的基本形体，并按照各基本形体的形状、组合形式、形体间的相对位置和表面连接关系画出各基本形体的投影，综合起来，即得到整个组合体视图。下面以图 5-11(a)所示的支座为例，介绍叠加型组合体视图的画图步骤和方法。

1. 形体分析

如图 5-11(b)所示，支座可看成由带孔底板、支承板、肋板和空心圆柱四个基本形体组成。底板上有直径相等的两个圆孔和 1/4 圆角，底板、支承板、肋板和空心圆柱由下而上以叠加型组合方式进行组合。支承板与底板的后面平齐，空心圆柱后端面与支承板的后面相错，支承板的左右两个侧面与空心圆柱的外回转面相切，肋板位于空心圆柱的正下方并与空心圆柱垂直相交起增强作用，肋板左右两个侧面以及前面与空心圆柱的外回转面相交有交线。

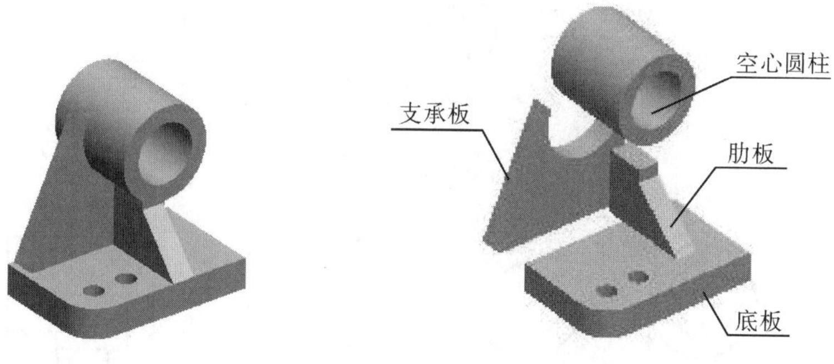

(a)　　(b)

图 5-11　支座的形体分析

2. 确定安放位置

组合体视图表达时，其安放位置主要根据两个原则确定：①遵从于其工作状态；②遵从于其加工状态。即应按照组合体工作时的状态进行安放，若组合体工作状态不固定则应考虑组合体加工时所处的状态确定其安放位置。

图 5-11(a)支座工作时状态相对固定，通常为直立放置，因而在视图表达时应将其直立安放。

3. 选择主视图方向

主视图是表达组合体的一组视图中最主要的视图。选择主视图时应将组合体放正，使其主要平面或主要轴线平行或垂直于投影面，以便在投影时得到实形。组合体视图表达时，一般按如下原则确定主视图的投影方向：

(1)选择形状特征最明显，位置特征最多的方向作为主视图的投影方向。即主视图要尽可能多地反映组合体的结构特征。

(2)避免在其他视图上出现较多的不可见轮廓线，以免影响视图表达的清晰程度和尺寸标注。

如图 5-12 所示，A 向所得主视图中，组成该支座的各基本形体的形状及它们间的相对位置关系表达最为清晰，最能反映支座各组成部分的主要形状特征和较多的位置特征。因而，A 向作为主视图投影方向最好。若选取 B 方向作为主视图的投影方向，则肋板的投影在主视图中全部变成不可见轮廓线。C 向和 D 向投影所得主视图中，底板、肋板、空心圆柱间的位置关系以及支承板的形状特征没有 A 向清晰，故不应选取 C 向或 D 向作为主视图的投影方向。

4. 确定其他视图数量

确定其他视图数量的原则是：用最少的视图完整、准确、清晰、合理地表达组成组合体的各基本形体的形状结构、相对位置和表面连接关系。

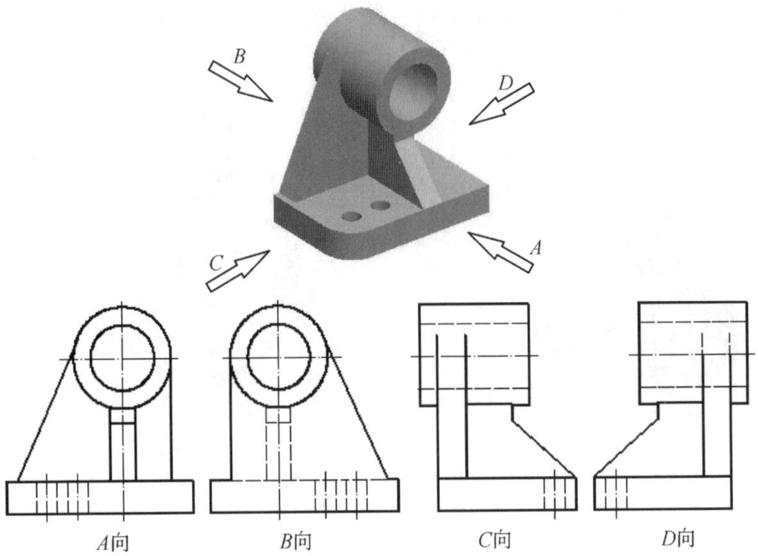

图 5-12　支座主视图投影方向的选择

在支座的视图表达中，主视图表达了底板的厚度以及支承板和空心圆柱的形状，还必须用俯视图来表达底板的形状和两孔的相对位置，用左视图来表达肋板的形状以及支承板和空心圆柱的宽度。因而，支座的整体结构要用主、俯、左三个视图才能完整、准确、清晰、合理地表达。

5. 选比例、定图幅

组合体的视图表达确定后，要根据组合体的实际大小，大概算出其视图所占图面的大小，包括视图间的适当间隔，然后按国标规定选择比例和图幅。

6. 布置视图

绘图时，应根据组合体的总长、总宽、总高，参照图 5-13 所示的原则确定各视图在图框内的位置，使视图分布均匀、美观。每个视图的准确位置用水平方向和竖直方向两条绘图基准线确定。通常，若视图在某个方向上对称，则选择对称中心线作为该方向上的绘图基准线，若不对称，则选择极限位置的可见轮廓线作为该方向上的绘图基准线。

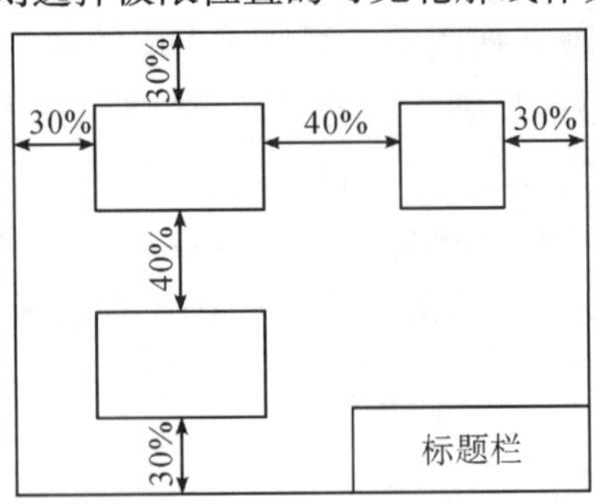

图 5-13　组合体三视图布图

在支座视图绘制中，采用底板最右侧端面的轮廓线作为主、俯视图水平方向的绘图基准线，采用底板底面的轮廓线作为主、左视图竖直方向的绘图基准线；采用底板后面的轮廓线作为俯视图竖直方向、左视图水平方向的绘图基准线。

7. 画底稿

采用硬的铅笔画出底稿，底稿中的图线应分出线型，线要画得细而轻淡，以便修改和保持图面整洁。

画图时，应先画出反映组合体形状特征的视图，再画其他视图，几个视图应根据“长对正、高平齐、宽相等”的投影原则配合画出。对于每个视图，应按形体分析法的分析，将组合成组合体的各基本形体按先画主要形体，再画次要形体，先画主要轮廓，再画细节的顺序逐个画出它们的视图。每增加一个基本形体，要特别注意分析该基本形体与其他基本形体之间的相对位置关系和表面连接关系，被遮挡部分应改为虚线。

8. 检查、加粗、加深

底稿完成后，要仔细检查全图，改正错误，确定投影及连接关系无误后，按国家标准规定的线型加粗、加深。加粗、加深时应按照从左至右、从上至下的顺序进行，先画圆或圆弧，后画直线，先画虚线、点画线、细实线，后粗实线。一张图纸中，加粗、加深完成后，所有的粗线线宽必须一致，所有的细线线宽必须一致，粗线和细线的颜色深浅必须一致。

9. 标注尺寸

组合体视图尺寸的标注方法将在5.5节中进行介绍。

10. 填写标题栏

作为一张完整规范的图纸还必须按要求填写标题栏。

支座视图绘制的具体方法与步骤，见图5-14。

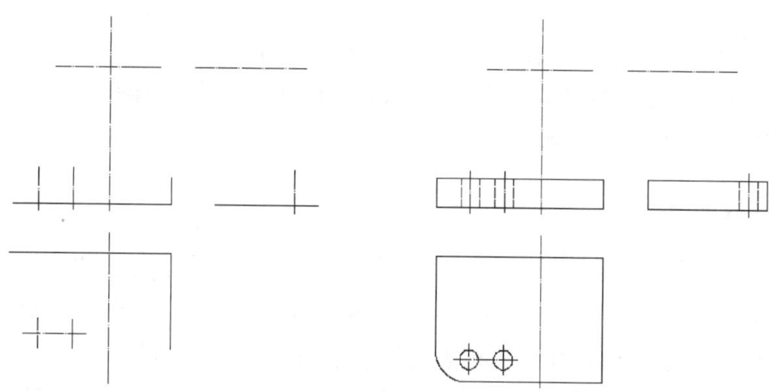

(a) (b)

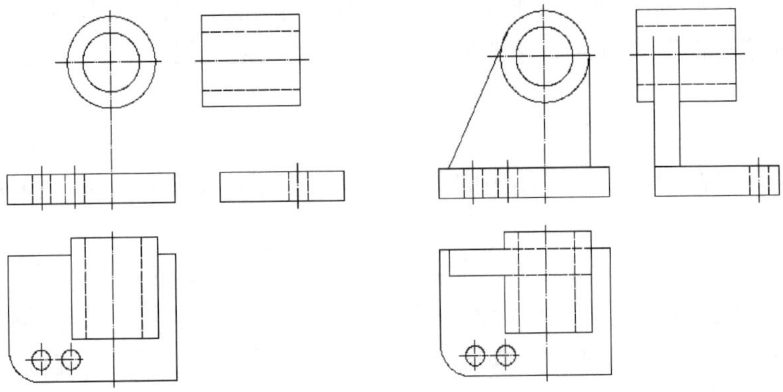

(c) (d)

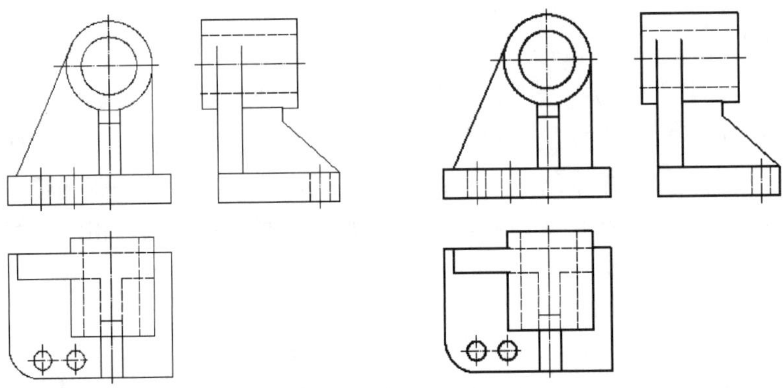

(e) (f)

(a)画各视图的作图基准线；(b)画底板：先画俯视图；(c)画圆筒：先画主视图；
(d)画支承板：先画主视图；(e)画肋板：先画左视图；(f)检查，加粗、加深

图 5-14 支座的画图方法和步骤

5.4.2 切割型组合体视图的画法

对于切割型组合体，其表面的交线较多，形体不完整，在画其视图时，往往需要在形体分析的基础上结合线面分析，才能正确画出其视图。下面以图 5-15 所示的组合体为例，介绍切割型组合体视图的画图方法和步骤。

1. 形体分析及线面分析

该组合体可以看作是由四棱柱用一个水平面和一个正垂面切去四棱柱 1，用两个侧垂面切去柱体 2，用两个正平面和一个侧平面切去四棱柱 3，最后形成切割型组合体，如图 5-15(b)所示。通过截切，在组合体表面形成了新的 *A*、*B*、*C*、*D*、*E*、*F*、*G* 七个截断面，如图 5-15(a)所示。其中 *A* 面是水平面，在俯视图中反映实形，在主、左视图中积聚为水平方向的直线；*B* 面为正垂面，在主视图中积聚成斜线，在俯、左视图中为类似形；*C*、*D* 面是侧垂面，在主、俯视图中为类似形，在左视图中积聚成直线；*E*、*F* 面为正平面，在主视图中反映实形，在俯、左视图中积聚为直线；*G* 面为侧平面，在主、

俯视图中积聚为直线，在左视图中反映实形。

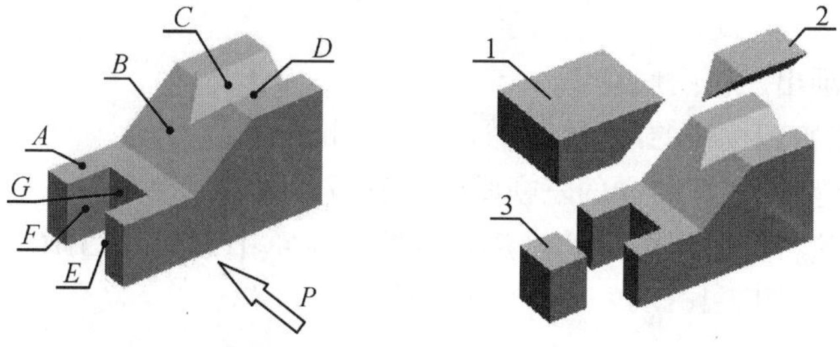

(a)组合体及主视图方向　　(b)形体分析

图 5-15　切割型组合体主视图方向及形体分析

安放位置按图 5-15 自然姿态放置，以 P 向作为主视图方向，并根据其结构特征选择主、俯、左三个视图表达其结构。选定比例定完图幅后按图 5-16(a)画出三个视图的绘图基准线。

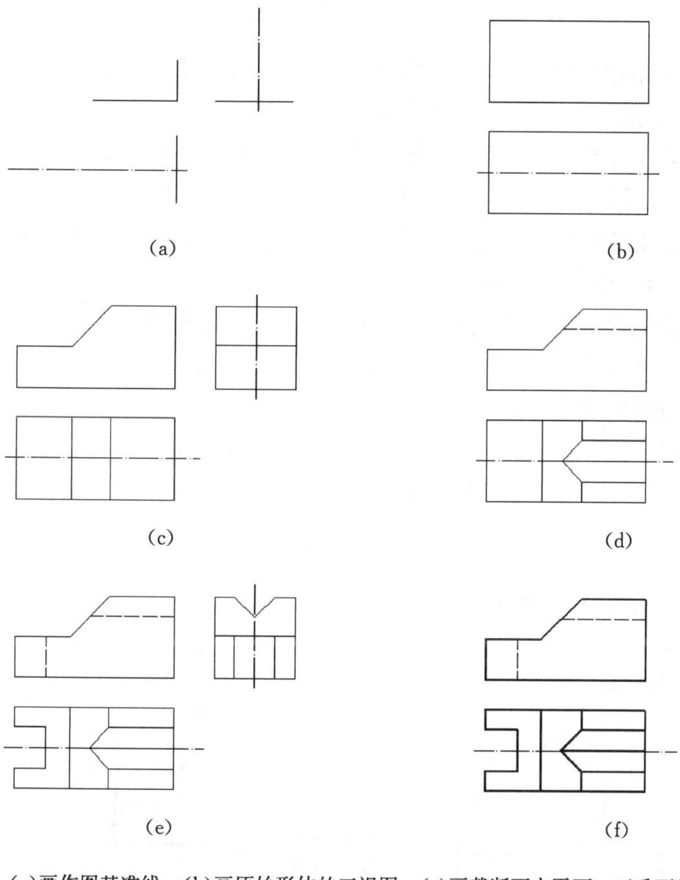

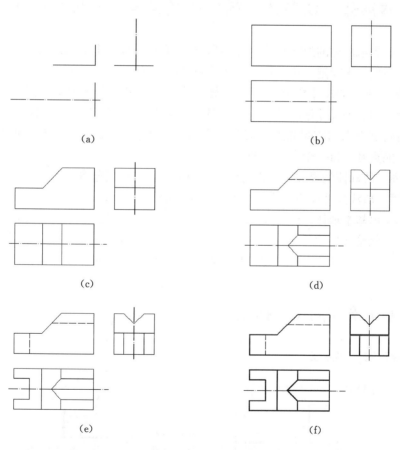

(a)画作图基准线；(b)画原始形体的三视图；(c)画截断面水平面、正垂面的三视图；
(d)画 V 形通槽的三视图；(e)画矩形通槽的三视图；(f)检查，加粗、加深

图 5-16　切割型组合体视图的画图方法和步骤

2. 画底稿

按如下步骤画出三视图底稿：

(1)画出其原始四棱柱的三视图，如图 5-16(b)所示。

(2)画出新产生的各截断面的三视图。画各截断面的三视图时，应从各截断面具有积聚性和反映其形状特征的视图开始画起，按照第 4 章中截交线的画法思路和步骤进行绘制，如图 5-16(c)、图 5-16(d)、图 5-16(e)所示。

3. 检查，加粗、加深

三视图底稿完成后，仔细检查投影是否正确，是否有缺漏和多余的图线，确认无误后，按国家标准规定的线型加粗、加深，如图 5-16(f)所示。

最后，还需标注组合体尺寸和按要求填写标题栏。

5.5　基本形体、切割体、相贯体及组合体的尺寸标注

视图只能表示形体的形状结构，而各形体的真实大小及其在组合成组合体时的相互位置，则要靠尺寸来确定。尺寸标注时必须满足如下基本要求。

(1)正确：标注的尺寸数值应准确无误，所注尺寸应符合《技术制图》和《机械制图》国家标准中有关尺寸注法的规定，这部分内容已在第 1 章 1.1.5 节中说明。

(2)完整：所注尺寸必须能唯一确定组合体及各基本形体的大小及相对位置，既不能遗漏，也不能重复，每一个尺寸在图中只标注一次。

(3)清晰：所标注的尺寸应反映特征、集中标注，布局要整齐，便于查找和看图。

(4)合理：所注尺寸应符合设计、制造和装配等工艺要求。

组合体是由基本形体以叠加、切割以及叠加、切割的综合等方式组合得到的，标注组合体的尺寸就是要按形体分析法注出各基本形体的定形尺寸以及确定它们之间的相对位置的定位尺寸。因此，要标注组合体的尺寸首先要学会如何标注基本形体、切割体以及相贯体的尺寸。

5.5.1　基本形体的尺寸标注

1. 棱柱、棱锥的尺寸标注

棱柱、棱锥的尺寸标注如图 5-17 所示。

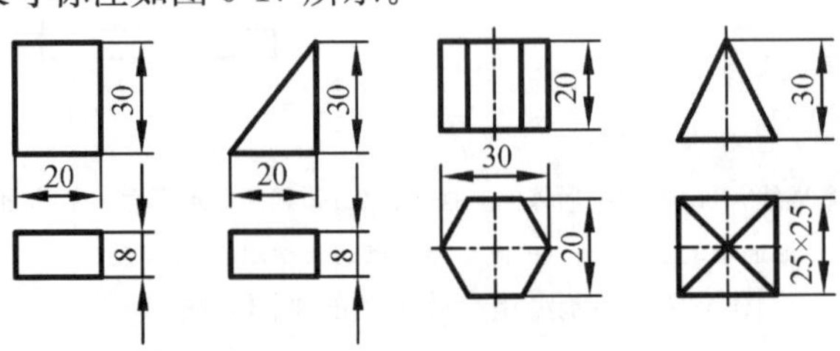

图 5-17　棱柱、棱锥的尺寸标注

2. 回转体的尺寸标注

如图 5-18 所示，圆柱、圆锥、圆台的端面圆的直径尺寸加注直径符号 ϕ，一般注在非圆视图上。球直径前加注 $S\phi$。

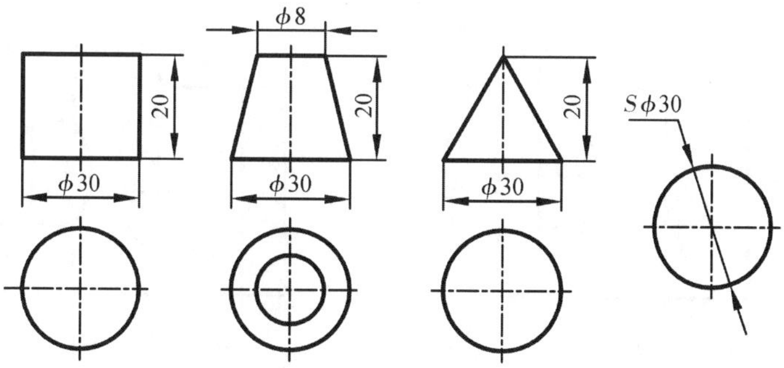

图 5-18　回转体的尺寸标注

5.5.2　切割体的尺寸标注

如图 5-19(a)、图 5-19(b)、图 5-19(c)所示，切割体尺寸标注时不能标注截交线的大小尺寸，只需要标注：①未切割之前作为一个整体时的基本尺寸；②切割时所用截平面的定位尺寸。图 5-19(d)、图 5-19(e)分别为正、误标注示例。

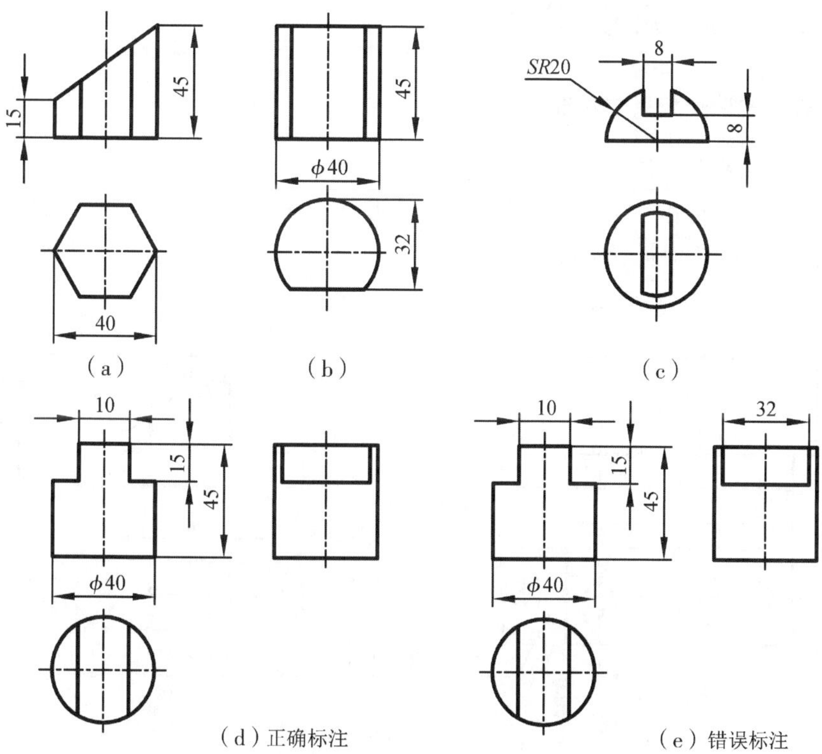

图 5-19　切割体的尺寸标注

5.5.3　相贯体的尺寸标注

相贯体尺寸标注时，相贯线上不能标注尺寸，只标注产生相贯线各形体的定形、定位尺寸。正、误标注示例分别如图 5-20(a)、图 5-20(b)所示。

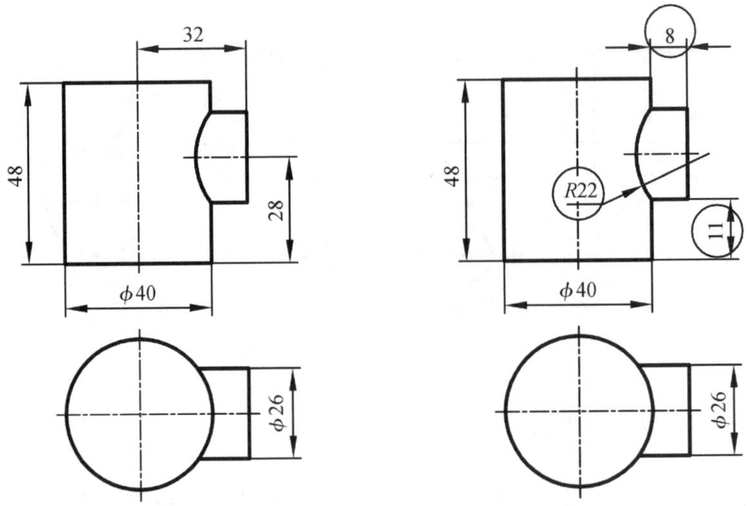

(a) 正确标注　　(b) 错误标注

图 5-20　相贯体的尺寸标注

5.5.4　组合体的尺寸标注

1. 组合体的尺寸种类和尺寸基准

1)组合体的尺寸种类

①定形尺寸：确定组合体中各基本形体的形状和大小的尺寸。如图 5-21(b)中 $R14$、$2\times\phi10$、$\phi16$ 等尺寸均属于定形尺寸。

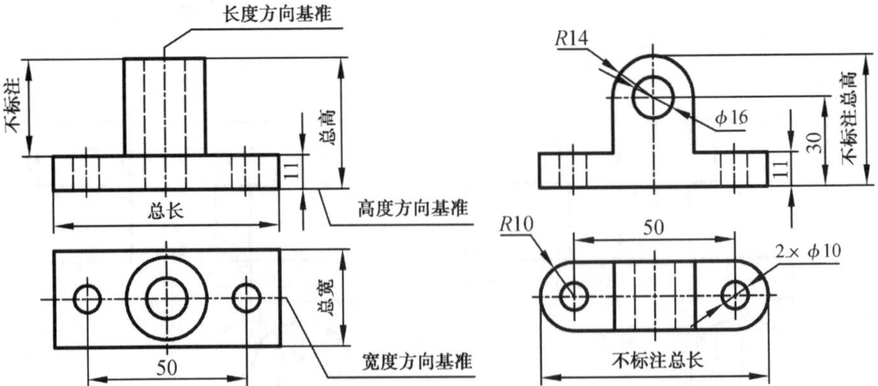

(a)　(b)

图 5-21　组合体的尺寸

②定位尺寸：确定组合体中各基本形体相对位置的尺寸。

基本形体的定位尺寸最多有三个，即长、宽、高方向上各一个。若基本形体在某方向上处于叠加、平齐、对称、同轴之一者，则该方向上的一个定位尺寸应省略不标。如图 5-21(a)中，圆柱筒长度和宽度方向的定位尺寸均省略。

③总体尺寸：确定组合体外形的总长、总宽和总高的尺寸。

如果组合体定形和定位尺寸已经标注完整，若再加注总体尺寸，就会出现封闭尺寸链(同一个方向上首尾相连的封闭尺寸)，这时就要对已标注的定形和定位尺寸作适当的调整。如图 5-21(a)所示，删除圆柱筒的高度尺寸，标注总高。另外，当组合体的某一方向具有回转结构时，由于注出了回转结构的定形、定位尺寸，该方向的总体尺寸不再注出，此时该方向总体尺寸由回转结构的定形尺寸和定位尺寸得到，如图 5-21(b)、图 5-22 所示。

2)组合体的尺寸基准

确定尺寸位置的几何要素称为尺寸基准。尺寸基准是标注尺寸的起点。组合体在长、宽、高三个方向上，每个方向必须有一个主要尺寸基准。当形体结构复杂时，根据需要，在某一个方向上允许有一个或几个辅助尺寸基准，但每个辅助尺寸基准都必须和主要尺寸基准有尺寸联系。

在标注每一个方向的尺寸时，应先选择好尺寸基准，以便从尺寸基准出发，确定各部分形体之间的位置。选择主要尺寸基准时，若组合体在某个方向上对称，则优先考虑选用对称面作为该方向上的主要尺寸基准，若不对称，则选用其底面、重要的端面、回转体的轴线以及圆的中心线等作为主要尺寸基准。辅助尺寸基准则根据需要进行选择。如图 5-21(a)所示，选择通过圆柱筒轴线的侧平面作为长度方向的主要尺寸基准，选择通过圆柱筒轴线的正平面作为宽度方向的主要尺寸基准，选择底板的底面作为高度方向的主要尺寸基准。

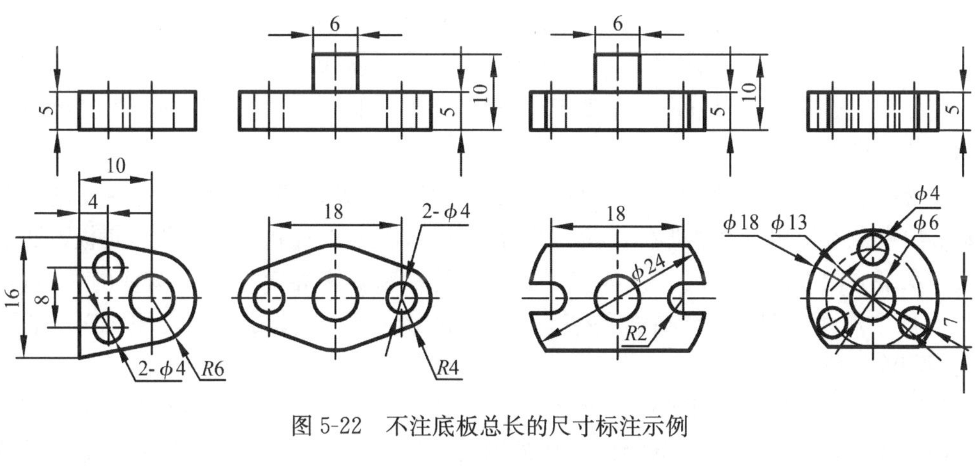

图 5-22 不注底板总长的尺寸标注示例

2. 标注组合体尺寸的步骤

标注组合体的尺寸时，先运用形体分析法分析形体，弄清组合体由哪些基本形体以何种方式组合而成，然后确定该组合体长、宽、高三个方向的主要尺寸基准以及必要的辅助基准，最后依次标注出构成组合体的各基本形体的定形尺寸、定位尺寸和组合体的总体尺寸，并仔细检查、校对、调整全部尺寸。

下面以图 5-23 支座为例，说明标注组合体尺寸的方法及具体步骤。

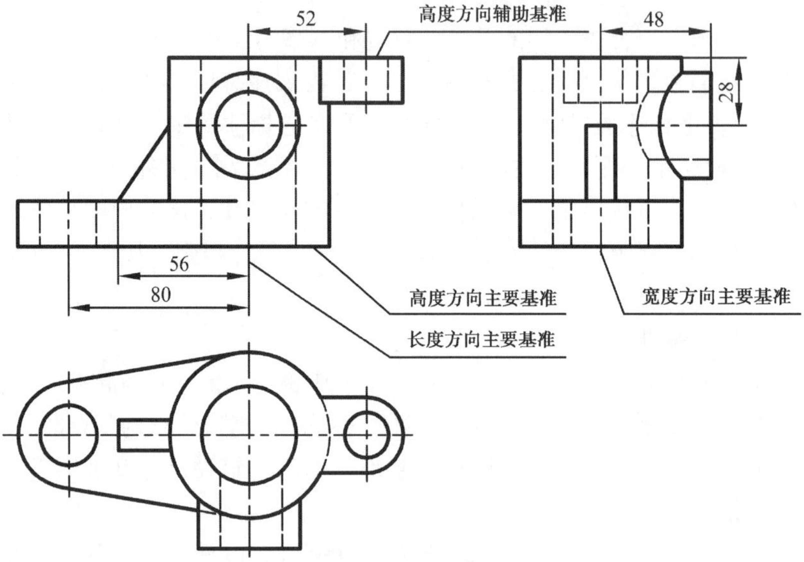

图 5-23　支座的尺寸基准和定位尺寸

(1)对组合体进行形体分析。该组合体可分解为底板、空心圆柱筒、肋板、凸台和耳板五个部分。底板底面和空心圆柱筒下端面平齐，底板前后表面和空心圆柱筒回转面相切；肋板底面和底板上表面平齐，肋板前后表面和空心圆柱筒回转面相交；耳板上表面和空心圆柱筒上端面平齐，耳板前后表面和空心圆柱筒回转面相交；凸台和空心圆柱筒相贯，内外回转面均产生相贯线。

(2)确定尺寸基准。如图 5-23 所示，选择通过空心圆柱的轴线的侧平面作为长度方向的主要尺寸基准，选择通过空心圆柱的轴线的正平面作为宽度方向的主要尺寸基准，选择底板的底面作为高度方向的主要尺寸基准，选择耳板和空心圆柱顶面为高度方向的辅助尺寸基准。

(3)标注定位尺寸。如图 5-23 所示，从组合体长、宽、高三个方向的主要基准和辅助基准出发依次注出各基本形体的定位尺寸。80、56、52 三个尺寸分别是底板、肋板和耳板在水平方向上的定位尺寸，确定了底板、肋板和耳板相对于空心圆柱的左右位置。48、28 两个尺寸分别是凸台在宽度和高度方向的定位尺寸，确定了凸台相对于空心圆柱的上下和前后位置。

(4)标注定形尺寸。如图 5-24 所示，依次标注组合成支座的基本形体的定形尺寸。

(5)标注总体尺寸。为了表示组合体外形的总长、总宽和总高，应标注相应的总体尺寸。如图 5-25 所示，80 是空心圆柱的高度的定型尺寸，同时也是支座高度方向的总体尺寸。因为左右两端分别以底板和耳板的回转面结束，所以支座不能直接标注长度方向的总体尺寸，该方向上的总体尺寸由底板和耳板的定位尺寸 80、52 以及底板和耳板回转端面的定型尺寸 22、16 共同确定。宽度方向的总体尺寸由凸台定位尺寸 48 和空心圆柱半径共同确定，不能再重复标注。

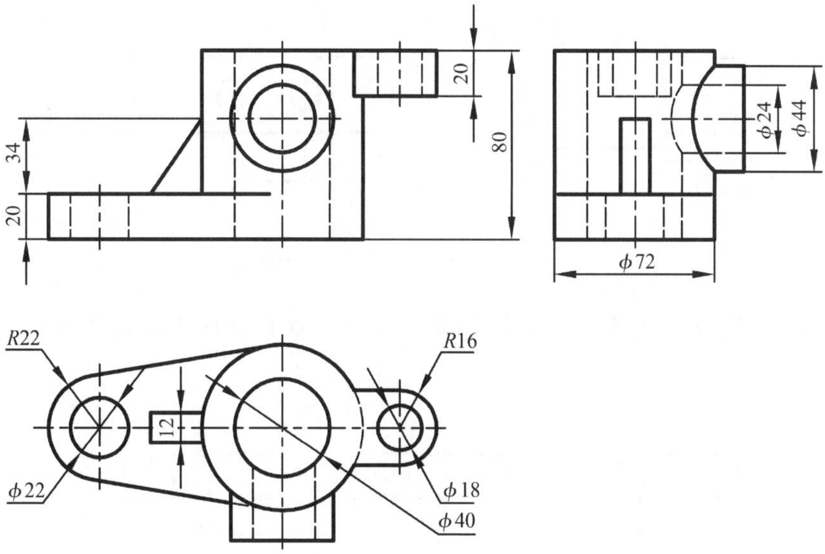

图 5-24 支座的定形尺寸

(6)检查校对全部尺寸。检查校对的重点是：尺寸标注是否正确、完整、清晰、合理，有无遗漏或重复。最后，根据需要在检查校对的基础上进行适当的调整。

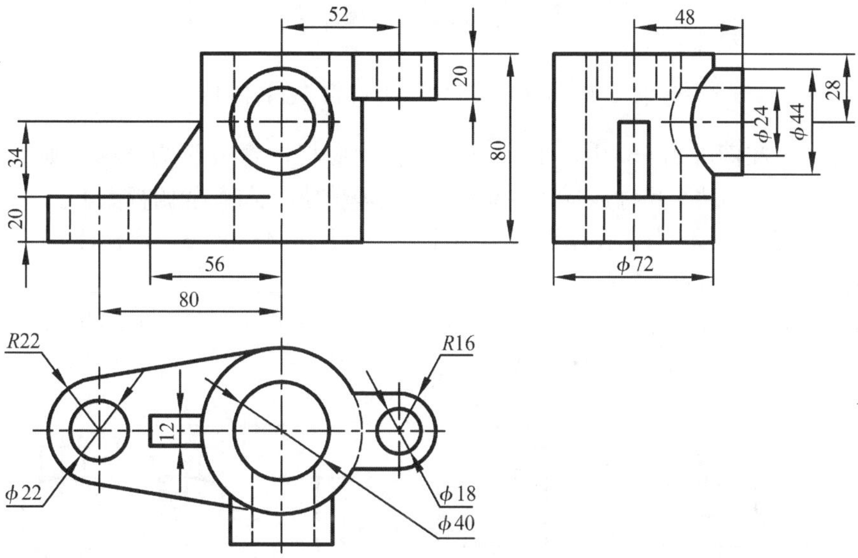

图 5-25 支座的总体尺寸

3. 标注组合体尺寸的注意事项

(1)尺寸应尽量标注在视图外面，与两个视图相关的尺寸尽量布置在两个视图之间，尺寸线、尺寸界线与轮廓线尽量不要相交，如图 5-23～图 5-25 所示。对于同一方向的并列尺寸，应使小尺寸在内，大尺寸在外，并保证尺寸线间隔均匀，同一方向的串联尺寸应排列在同一直线上，如图 5-26 所示。

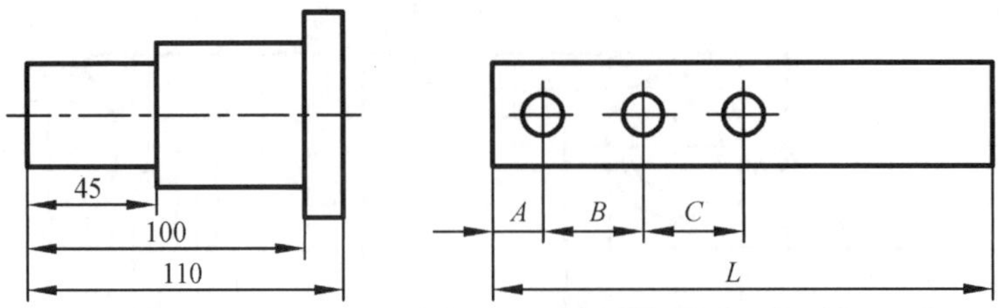

图 5-26　并列尺寸与串联尺寸的标注

(2)定形、定位尺寸尽量标注在反映基本形体形状和位置特征的视图上，如图 5-27 所示。

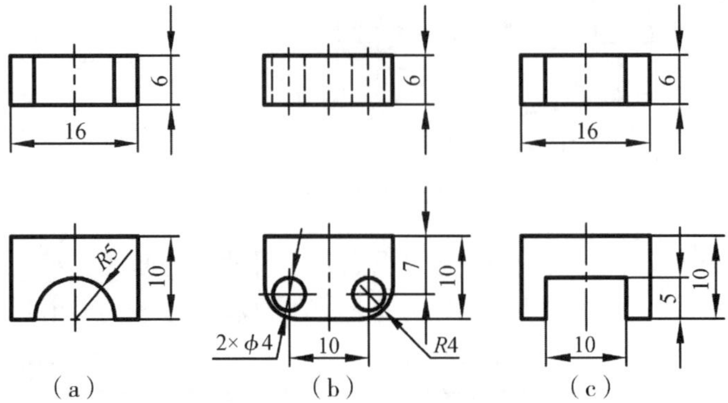

图 5-27　定形、定位尺寸标注在特征视图上

图 5-27(a)和图 5-27(b)中，半径和直径尺寸应标注在投影为圆弧和圆的视图上，图 5-27(c)中缺口的两个尺寸应标注在更能反映形体的形状特征的俯视图上。

又例如，在图 5-25 中，在左视图上标注的定位尺寸 48 和 28，比标注在主、俯视图上更能明显反映凸台的位置特征。

(3)同一基本形体的定形尺寸和相关的定位尺寸尽量集中标注，并尽量布置在两个视图之间，以便于读图，如图 5-28 所示。

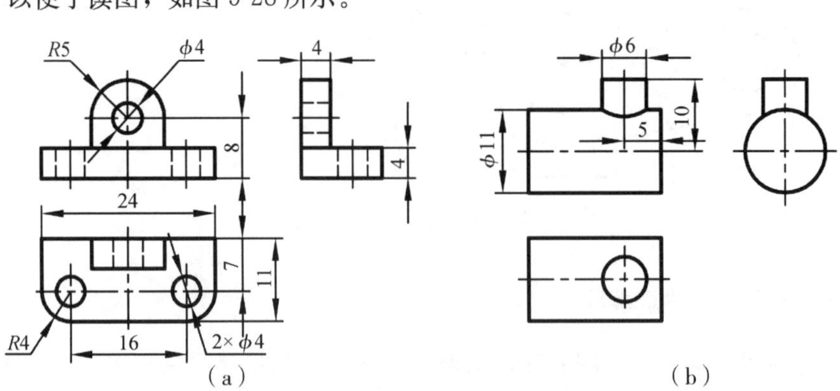

图 5-28　集中标注示例

(4)一般来说，大于半圆的圆弧标注直径，小于或等于半圆的圆弧标注半径，同轴回转体的直径尺寸，尽量标注在投影为非圆的视图上，如图 5-29 所示。

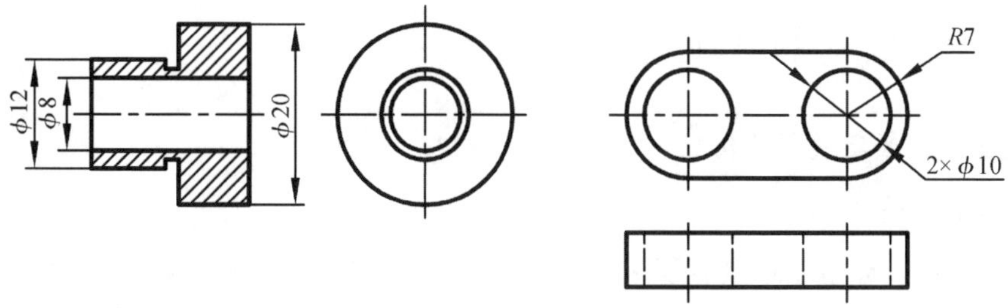

图 5-29　直径与半径的标注

(5)尺寸尽量不标注在虚线上。但为了布局需要和尺寸清晰，必要时也可标注在虚线上，如图 5-25 所示左视图上的 ϕ24。

(6)基本形体组合时自然产生的交线不可直接标注交线的尺寸，而应该标注产生交线的形体或截面的定形、定位尺寸，如图 5-30 所示。又如图 5-25 中，底板和空心圆柱相切处不能标注底板的定型尺寸。

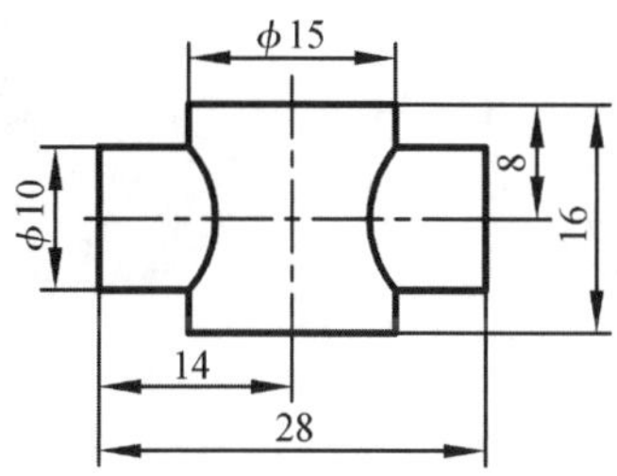

图 5-30　相贯体尺寸标注

(7)考虑到形体加工等因素，视图中不应出现“封闭尺寸链”，如图 5-31 所示。

对于以上各点，在实际标注尺寸时，有时会出现不能完全兼顾的情况，应在保证尺寸标注正确、完整、清晰、合理的基础上，根据尺寸布置的需要灵活运用和进行适当的调整。

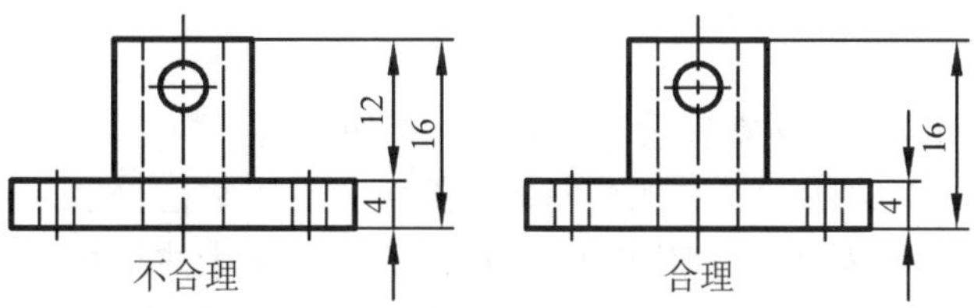

图 5-31　不能标注封闭尺寸链

5.6　读组合体的视图

画组合体的视图是将空间三维形体用正投影的方法在平面图纸上表达成二维图形，而读组合体的视图是由视图根据点、线、面、体的正投影特性以及多面正投影的投影规律想象出空间形体的三维形状和结构。要能正确、迅速地读懂视图，必须掌握读图的基本要领和基本方法，培养空间想象能力和构思能力，通过不断实践，逐步提高读图能力。

5.6.1 读图的基本要领

1. 弄清视图中线条与线框的含义

1)视图中的每一条线

视图中的线，通常表示具有积聚性的平面或柱面的投影、表面与表面(两平面、两曲面、或一平面和一曲面)交线的投影或者曲面转向轮廓线在某方向上的投影。如图 5-32(a)所示，线条 *a* 表示圆柱筒顶端平面的投影，线条 *b* 表示肋板侧面和圆柱筒外表面交线的投影，线条 *c* 表示圆柱筒外部回转面转向轮廓线的投影。

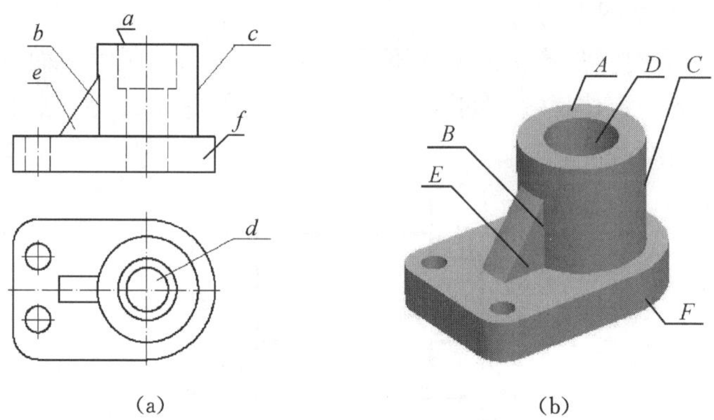

图 5-32　视图中图线和线框的含义

2)视图中的封闭线框

视图中的封闭线框，一般来说都对应空间形体的某个表面(平面或曲面)、曲面及其相切的组合面(平面或曲面)、孔或凹坑的投影，并且封闭线框与对应的空间表面一般具有投影类似性。如图 5-32(a)所示，*d* 线框表示的是孔的投影，*e* 线框表示的是肋板侧面平面的投影，*f* 线框是底板上曲面及与其相切的平面所构成的组合面的投影。

3)视图中相邻封闭线框

视图中相连封闭线框，通常表示不共面、不相切的两不同位置的表面(平面或曲面)。如图 5-33(a)、图 5-33(b)所示，主视图中相连的两个封闭线框分别是两个相互平行的正平面的投影(a)，一个曲面和一个正平面的投影(b)。视图中线框里有另一线框，可以表示凸起或凹下的表面。如图 5-33(c)所示，俯视图中的圆形线框是组合体圆形凸起的投影。视图中线框边上有开口线框和闭口线框，分别表示通槽和不通槽，如图 5-33(d)、图5-33(e)所示。

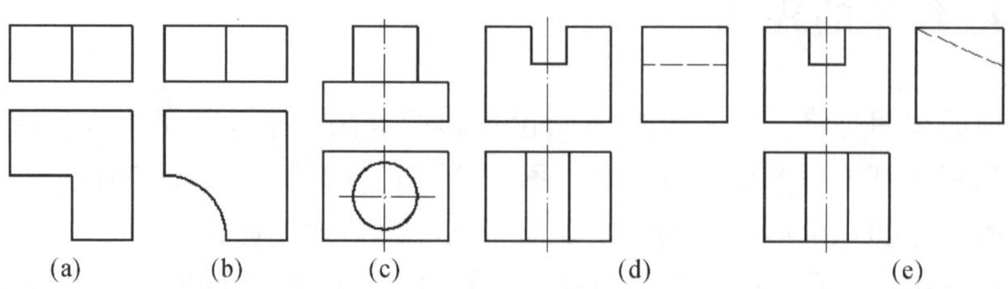

图 5-33　相邻封闭线框的含义

2. 要把几个视图联系起来进行分析

一般情况下，一个视图不能完全确定组合体的形状。如图 5-34(a)所示，由这个视图至少可分别构思出图中(b)～(h)所示的这些空间形体。

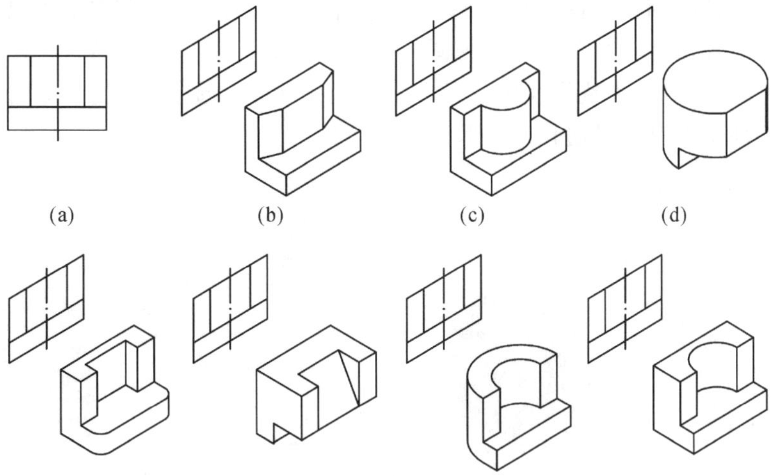

(a) (b) (c) (d) (e) (f) (g) (h)

图 5-34 一个视图不能确定组合体的形状示例

有时，两个视图也不能完全确定组合体的形状。如图 5-35 所示，三视图中，主、俯视图相同，但四组三视图表达的组合体形状各不相同。

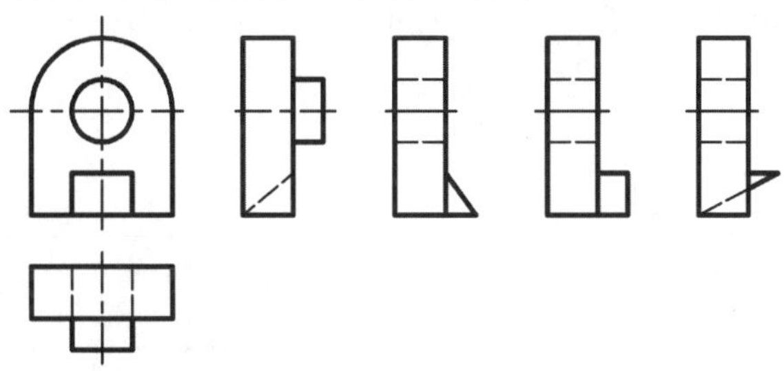

图 5-35 两个视图不能确定组合体的形状示例

由此可见，读图时，一般都要将各个视图联系起来分析、构思，才能想象出这组视图所表示的组合体的准确形状。

3. 从特征视图入手

读组合体视图时，要善于抓住形状特征视图和位置特征视图。形状特征视图是指最能反映构成组合体的各基本形体的形状特征的视图，位置特征视图是指最能反映构成组合体的各基本形体之间相互位置关系的视图。

主视图是反映组合体整体的主要形状和位置特征的视图，但组合体的各组成部分的形状特征和位置特征不一定全部集中在主视图上。因此，读组合体视图时，要善于找出形状特征视图和位置特征视图。如图 5-36(a)、图 5-36(b)所示的两组三视图中，主、俯视图完全相同，唯有左视图不同。在两组视图中，主视图最能反映构成组合体的各基本形体的主要形状特征，属于形状特征视图，在构思各基本形体的形状结构时要抓住主视图。从主视图和俯视图中可以判断出该组合体内部有一个通孔(方孔或圆孔)和凸起(方形凸起或圆形凸起)，但是没法确定该通孔和凸起的位置，因而没法准确判断通孔和凸起的准确形状。左视图最能反映构成组合体的各基本形体的相互位置，属于位置特征视图，在构思各基本形体的相互位置时要抓住左视图。在图 5-36(a)中，左视图反映出组合体凸起在上部，通孔在下部，结合主、俯视图可知，在组合体上部有圆形凸起，下部有方形通孔。在图 5-36(b)中，左视图反映出组合体凸起在下部，通孔在上部，结合主、俯视图可知，在组合体上部有圆形通孔，下部有方形凸起。

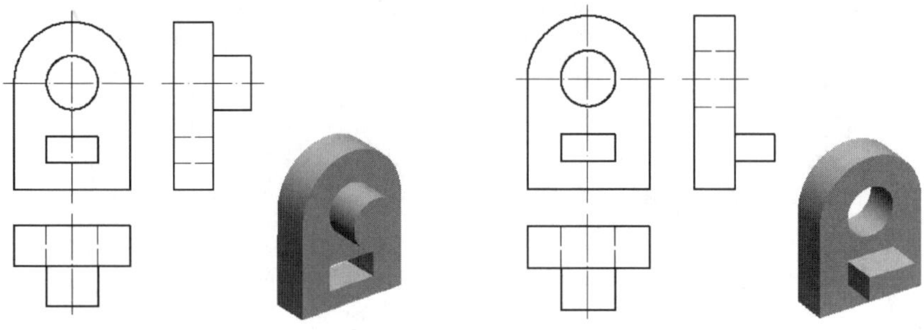

(a)　　(b)

图 5-36　从反映形状和位置特征的视图看起

如图 5-37 所示，该组合体由三个基本形体叠加而成，主视图反映了形体Ⅰ的主要形状特征，左视图反映了形体Ⅱ的主要形状特征，俯视图反映了形体Ⅲ的主要形状特征。分析形体Ⅰ时，应从主视图入手，分析形体Ⅱ时，应从左视图入手，分析形体Ⅲ时，应从俯视图入手。

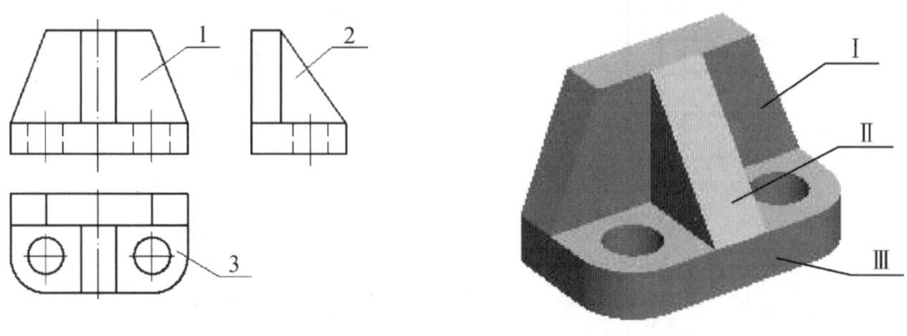

(a)　　(b)

图 5-37　从反映形状特征的视图看起

5.6.2　读图方法和步骤

从思维过程看，读图是画图的逆过程。因而，读图与画图一样，基本方法有形体分析法和线面分析法。一般而言，对于叠加型组合体多以形体分析法读图，对于切割型组合体多以线面分析法读图，对于综合型组合体，通常以形体分析法构思出组合体的主体结构，再运用线面分析法构思出较为复杂的局部结构，从而想象出组合体的空间形状。

1. 形体分析法

形体分析法读图就是把组合体看作是由若干基本形体组合而成的整体，运用各种基本形体的投影特性及其三面投影关系，想象出各基本形体的形状，然后再把基本形体按视图所表达的方式组合起来即可得到组合体的整体形状。

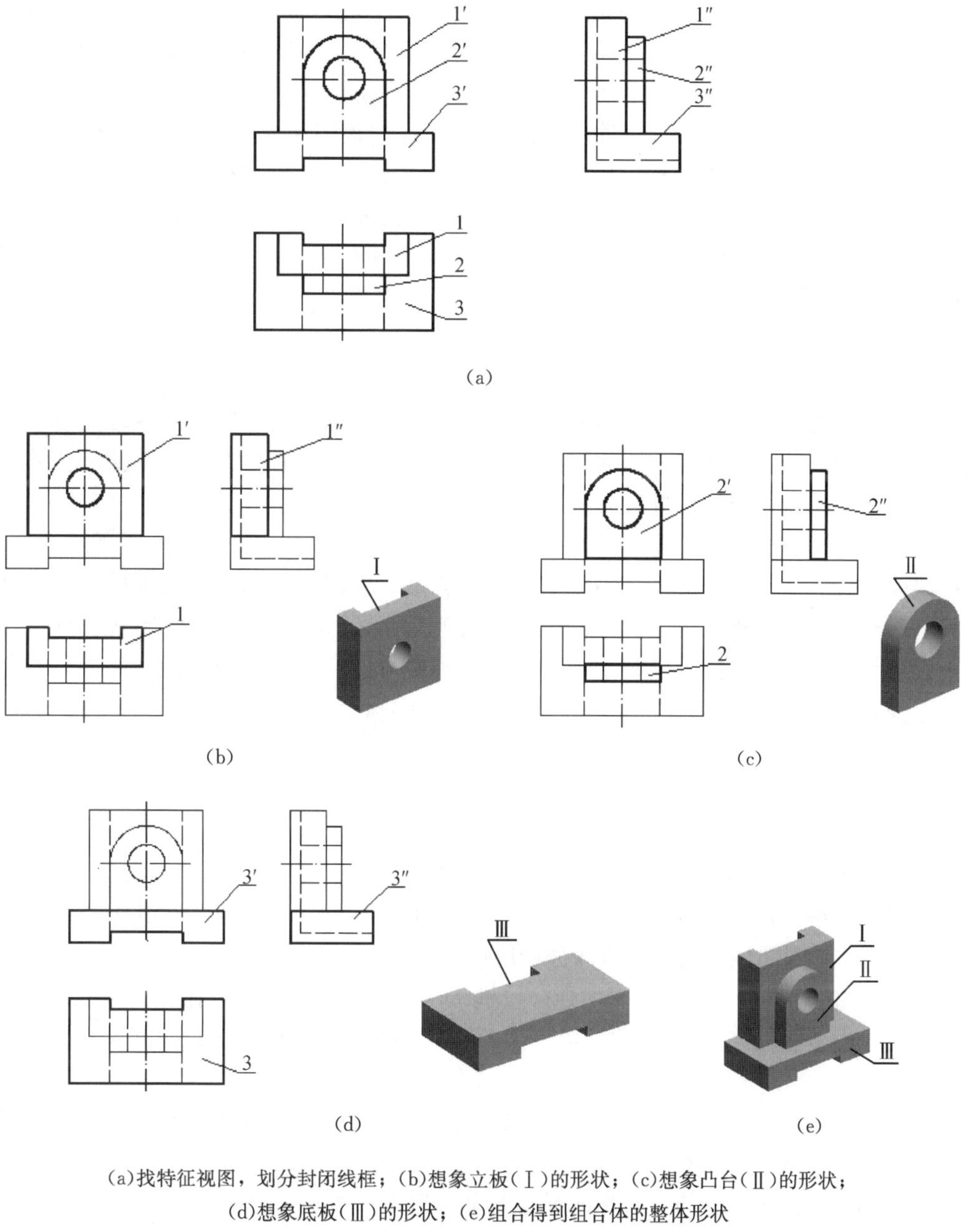

(a)找特征视图，划分封闭线框；(b)想象立板(Ⅰ)的形状；(c)想象凸台(Ⅱ)的形状；
(d)想象底板(Ⅲ)的形状；(e)组合得到组合体的整体形状

图 5-38　用形体分析法读组合体视图

形体分析法读图步骤为：第一步，找到最能反映组合体形状结构的特征视图，在特征视图上划分封闭线框，每一个封闭线框代表构成组合体的某个基本形体在特征视图上的投影；第二步，根据投影规律及长对正、高平齐、宽相等的投影关系找到所划分的每一个封闭线框在其他投影面上对应的投影，并将几个投影结合起来，想象出其所代表的基本形体的结构形状；第三步，将前述想象出来的所有基本形体按照组合体视图所表达的方式进行组合。

下面以图 5-38 为例，运用形体分析法读组合体视图。

(1)找到特征视图，在特征视图上划分封闭线框。相较而言，主、俯、左三视图中，主视图较多地反映了组合体的结构特征，属于特征视图。在主视图上划分出 $1'$、$2'$、$3'$ 三个封闭线框。

(2)按照长对正、高平齐、宽相等的投影关系在俯视图和左视图上找出与 $1'$、$2'$、$3'$ 对应的投影 1、2、3 和 $1''$、$2''$、$3''$。将 $1'$、1、$1''$结合，想象出立板Ⅰ的形状，将 $2'$、2、$2''$结合，想象出凸台Ⅱ的形状，将 $3'$、3、$3''$结合，想象出底板Ⅲ的形状。

(3)按照三视图所示，根据各基本形体所在的相对位置，将立板Ⅰ、凸台Ⅱ以及底板Ⅲ进行组合，得到组合体的整体结构，如图 5-38(e)所示。

2. 线面分析法

有一些组合体，特别是切割型组合体，是在基本形体基础上经过一些较为复杂的切割、穿孔后形成的，这种组合体的视图中的线框图线往往比较复杂，读图比较困难，这时候就需要运用线面分析法进行读图。

所谓的线面分析法是把组合体看成是由若干面(平面、曲面)封闭围成的，读图时，根据线面的投影特性，分析视图中线和线框的含义，弄清组合体所有表面的形状和相对位置，然后综合起来想象出组合体的形状。线面分析法读图的步骤为：首先，依次在视图上划分线框，最终要把全部视图上所有的线框划分完。然后，根据投影关系，在其他视图上找出与所划分线框对应的投影(线框或图线)，将每一个线框的所有投影结合起来，运用线、面投影特性相关知识确定每一个线框所表示的面(平面、曲面)的空间形状和对投影面的相对位置。最后，将前述想象出的所有的面(平面、曲面)“粘合”到一起即可构建出组合体的整体形状。

下面以图 5-39 为例，运用线面分析法读组合体视图。

根据三视图可以看出，该组合体由一个原始的四棱柱切割而成，在其上有一贯穿的阶梯孔。具体切割部位形状要用线面分析法进行读图。

如图 5-39(a)所示，在俯视图中划分线框 p，然后根据投影关系在主、左视图上找到相对应的投影 p 和 p''，根据面的投影特性可知，p 线框对应的 P 面在空间是一个梯形的正垂面。

如图 5-39(b)所示，在主视图中划分线框 q'，然后根据投影关系在俯、左视图上找到相对应的投影 q 和 q''，根据面的投影特性可知，q'线框对应的 Q 面在空间是一个七边形铅垂面。同理，处于后方与之对称的面也是七边形铅垂面。

如图 5-39(c)所示，在主视图上划分线框 r'，然后根据投影关系在俯、左视图上找到相对应的投影 r 和 r''，根据面的投影特性可知，r'线框对应的 R 面在空间是一个长方形的正平面。

如图 5-39(d)所示，在俯视图上划分一边为虚线的直角梯形线框 s，然后根据投影关系在主、左视图上找到相对应的投影 s' 和 s''，根据面的投影特性可知，s 线框对应的 S 面在空间是一个直角梯形的水平面。同理，在主视图上划分线框 t'，然后根据投影关系在俯、左视图上找到相对应的投影 t 和 t''，根据面的投影特性可知，t' 线框对应的 T 面在空间是一个长方形的正平面。

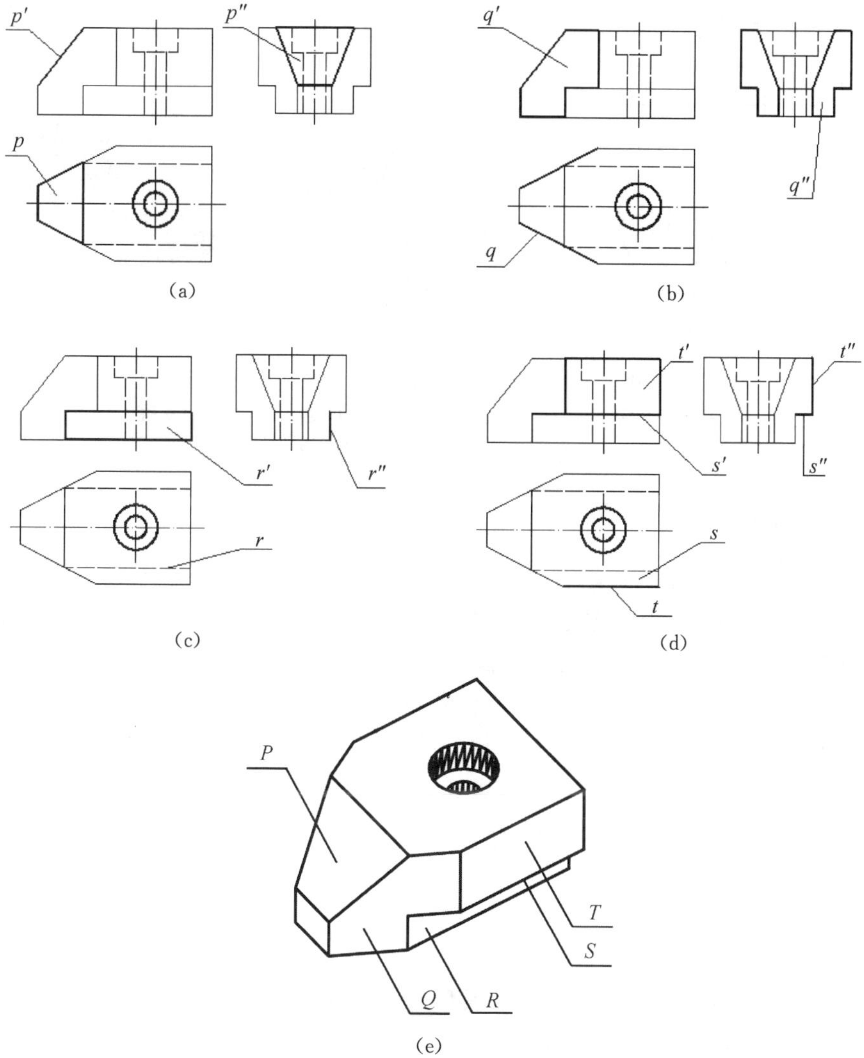

(a)分析正垂面 P；(b)分析铅垂面 Q；(c)分析正平面 R；(d)分析水平面 S 和正平面 T；(e)直观图

图 5-39 用线面分析法读组合体视图

按照同样的方法，可以对其余的面进行读图，最后将所有的面“粘合”在一起，综合起来即可想象出组合体的整体形状，如图 5-39(e)所示。

5.7 已知组合体两视图补画第三视图

已知组合体两视图补画第三视图是读图和画图能力的综合训练，一般的方法和步骤为：根据已知视图，按照读图的基本要领，运用形体分析法和线面分析法，想象组合体的形状，在想象出组合体形状的基础上，根据画图的思路和步骤补画出所缺的视图。

【例 1】如图 5-40 所示，已知组合体的主、俯视图，补画左视图。

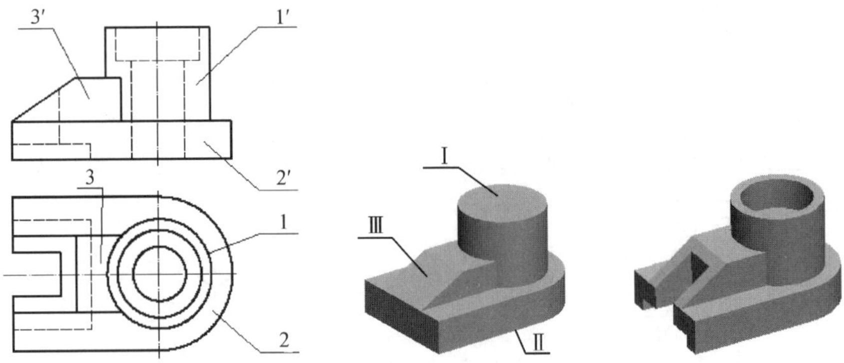

(a)　　(b)　　(c)

(a)在主视图上划分封闭线框，找出对应的投影；(b)想象三部分形体的形状；
(c)想象出组合体左端的长方形凹槽、矩形通槽和阶梯圆柱孔的位置和形状

图 5-40　想象组合体的形状

1. 想象组合体的形状

从已知视图可以看出，该组合体是一个综合型组合体，应该运用形体分析法想象其叠加组合的主体结构，再运用线面分析法想象其切割所得的细部结构。首先，在主视图上划分封闭线框 1′、2′、3′，再按照投影关系在俯视图上找出对应的投影 1、2、3，分别将 1′、1，2′、2，3′、3 结合，想象出它们各自的形状，得到构成组合体的圆柱Ⅰ、底板Ⅱ、右端与圆柱面相交的厚肋板Ⅲ三个部分的形状，如图 5-40(a)、图 5-40(b)所示。然后，再运用线面分析法进一步分析细节可知，主视图右边的虚线框表示阶梯圆柱孔，主、俯视图左边的虚线框表示长方形凹槽和矩形通槽。最后，综合起来想象即可得到组合体的整体形状，如图 5-40(c)所示。

2. 补画左视图

其过程如图 5-41(a)、图 5-41(b)、图 5-41(c)所示。

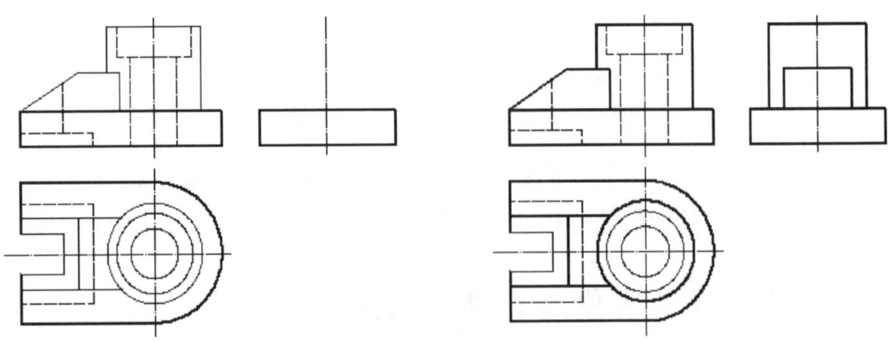

(a)　　(b)

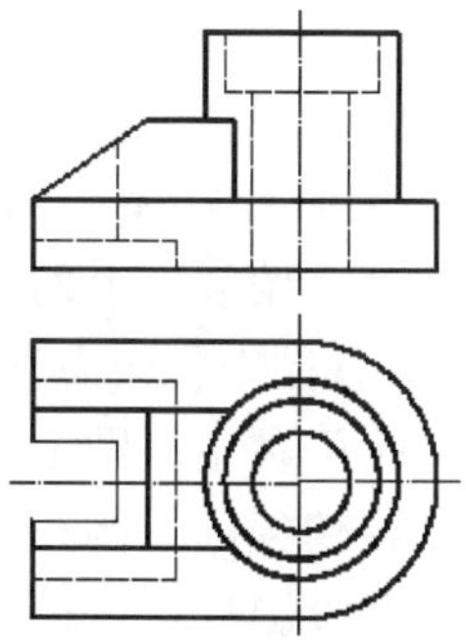

(c)

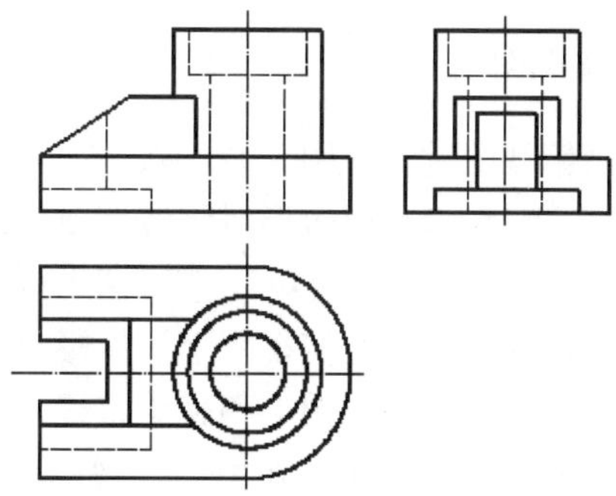

(d)

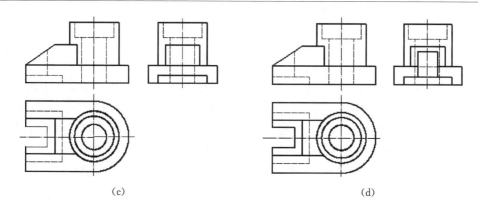

(a)补画底板Ⅱ的左视图；(b)补画圆柱Ⅰ和厚肋板Ⅲ的左视图；
(c)补画长方形凹槽和阶梯圆柱孔的左视图；(d)补画矩形通槽的左视图

图 5-41　补画组合体视图的步骤

【例 2】如图 5-42(a)所示，已知组合体的主、左视图，补画俯视图。

1. 想象组合体的形状

由主、左视图可以看出，该组合体由一个四棱柱切割而得。分别是用一个正平面和一个正垂面在左前方切去一块后，得到面 P 和 Q。再用一个正平面和一个侧垂面在右前方切去一角，得到面 S 和 R。组合体形状如图 5-42(b)所示。

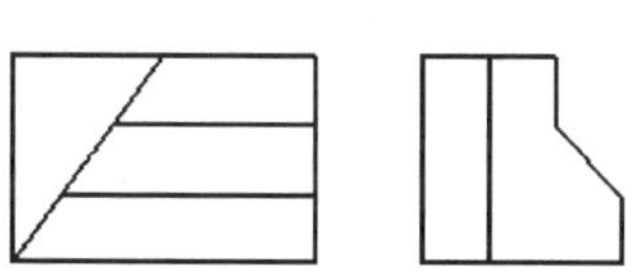

(a)

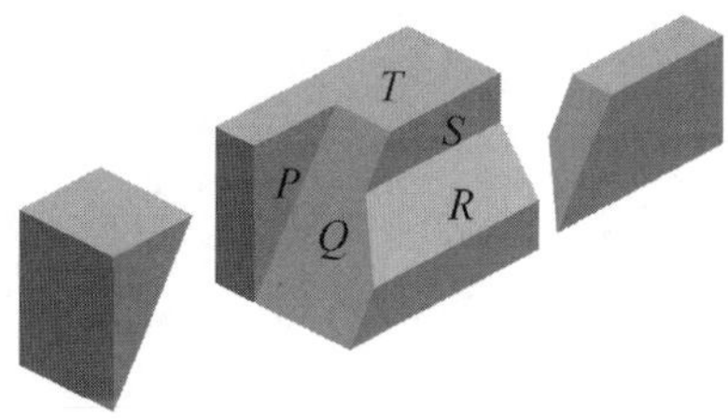

(b)

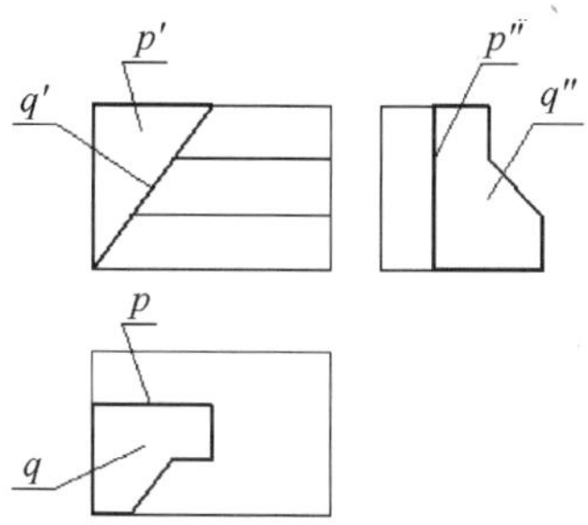

(c)

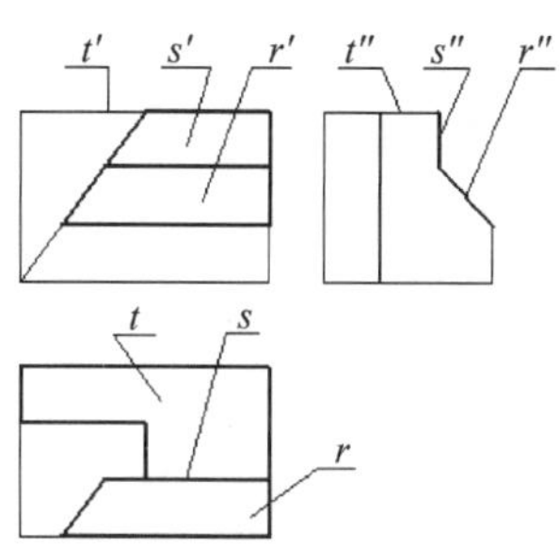

(d)

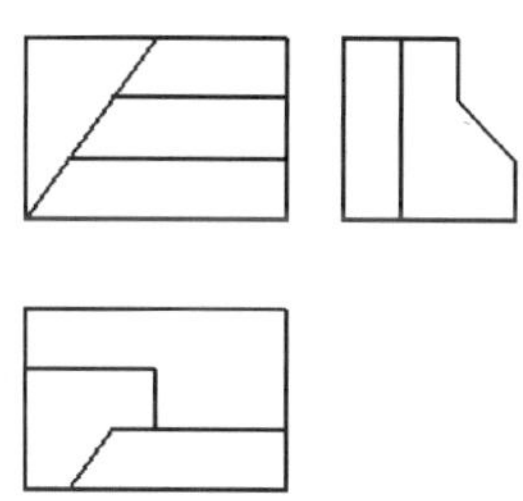

(e)

(a)组合体主、左视图；(b)想象组合体形状；(c)画正平面 P 和正垂面 Q 的俯视图；
(d)画侧垂面 R、正平面 S 和水平面 T 的俯视图；(e)检查，加粗、加深

图 5-42　补画切割型组合体的俯视图

2. 补画俯视图

补画俯视图过程如图 5-42(c)、图 5-42(d)、图 5-42(e)所示。正平面 P 和 S，在主视图中分别是三角形和四边形封闭线框 p'和 s'，根据投影特性可知其在俯视图上的投影积聚为直线 p 和 s。正垂面 Q 在左视图上为六边形封闭线框 q''，在主视图上积聚为直线 q'，根据投影特性可知其在俯视图上的投影为类似形六边形 q。侧垂面 R 在主视图上为四边形封闭线框 r'，在左视图上积聚为直线 r''，根据投影特性可知其在俯视图上的投影为类似形四边形 r。水平面 T 在主、左视图上积聚为直线 t'和 t''，根据投影特性可得俯视图上反映真实形状的六边形 t。

第 6 章　机件的常用表达方法

第 5 章中介绍了用三视图(主视图、俯视图、左视图)表达组合体的方法，本章将在此基础上进一步介绍机件的常用表达方法。在工程实际中，由于使用要求不同，机件的结构形状是多种多样的，当机件的结构形状比较复杂时，仅仅采用三视图表达就很难把物体的内外形状完整、准确、清晰、合理地表示出来，必须根据机件的结构特点，采取多种表达方法。本章将介绍国家标准《技术制图》和《机械制图》(GB/T 17451—1998，GB/T 17452—1998，GB/T 4457.5—2013，GB/T 4458.1—2002，GB/T 4458.6—2002)规定的包括视图、剖视图、断面图、局部放大图、规定画法和简化画法等机件的常用表达方法。

6.1　视图

视图主要用于表达机件的外部结构形状，一般只画出机件的可见部分，其不可见部分用虚线表示，必要时虚线可以省略不画。视图可分为基本视图、向视图、局部视图、斜视图。

6.1.1　基本视图

机件在基本投影面上的投影，称为基本视图。当机件的形状结构比较复杂时，在三视图中会出现较多的虚线，再加上内部结构的虚线，使图样很不清晰，不易读懂。为此，国家标准(GB/T 17451—1998、GB/T 4458.1—2002)规定采用正六面体的六个面作为基本投影面，即在原有的 V、H、W 面的基础上，再增加三个与之相对应的投影面前立面、顶面和左侧立面构成一个正六面体。将机件置于正六面体内，用正投影法分别向六个投影面投影，相应得到主视图、俯视图、左视图、右视图(由右向左投影)、后视图(由后向前投影)、仰视图(由下向上投影)共六个基本视图，如图 6-1 所示。

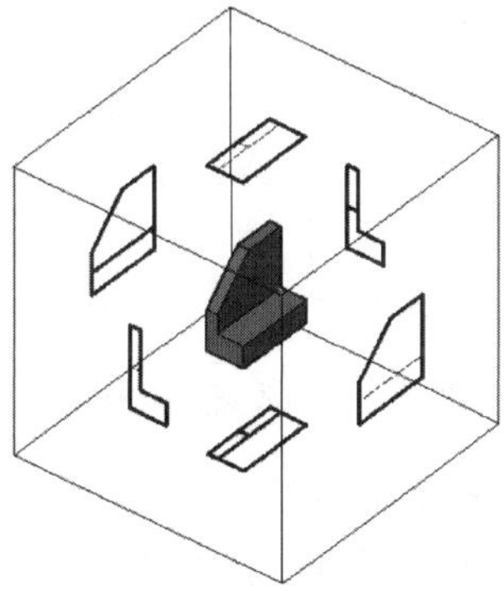

图 6-1　基本视图

投影后，保持正面投影面不动，以正面投影面为基准，其余各投影面按图 6-2 箭头所指方向展开，使之与正面投影面共面，即得六个基本视图。展开后六个基本视图的配置如图 6-3 所示。六个基本视图之间同样遵从“长对正、高平齐、宽相等”的投影规律，即主视图、俯视图和仰视图长对正，主视图、左视图、右视图和后视图高平齐，左视图、右视图与俯视图、仰视图宽相等。

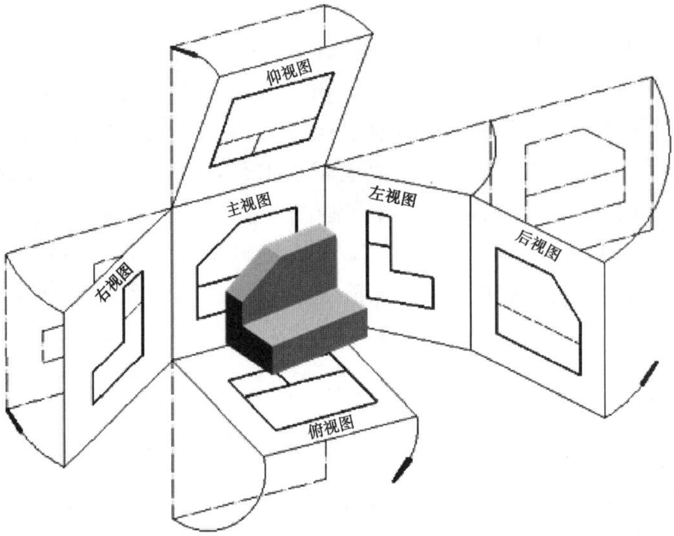

图 6-2　六个基本投影面的展开

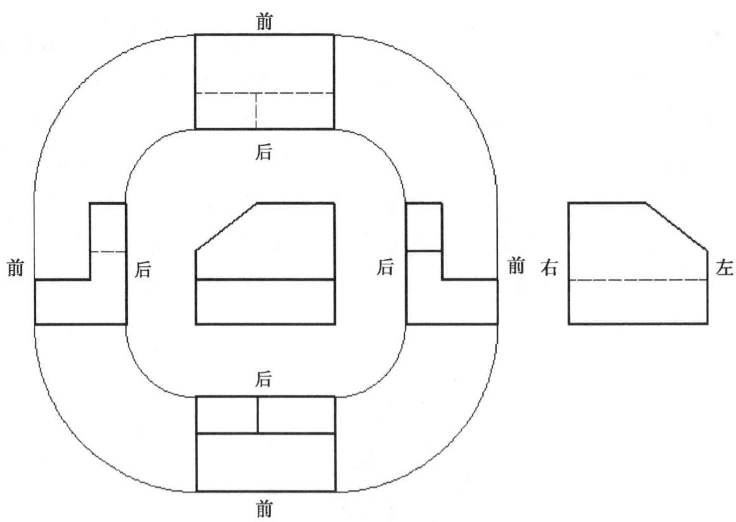

图 6-3　六个基本视图的配置关系

在实际绘图时，应根据机件的结构特点和复杂程度，按实际需要选择基本视图的数量，使机件表达完整、准确、清晰、合理，又不重复，且视图的数量最少。

6.1.2　向视图

向视图是可以自由配置的视图。基本视图按图 6-3 所示的位置配置时，不标注视图的名称，但为了合理地利用图纸的幅面，有时候基本视图也可以不按投影关系配置。这时，可以用向视图来表示，如图 6-4 所示。

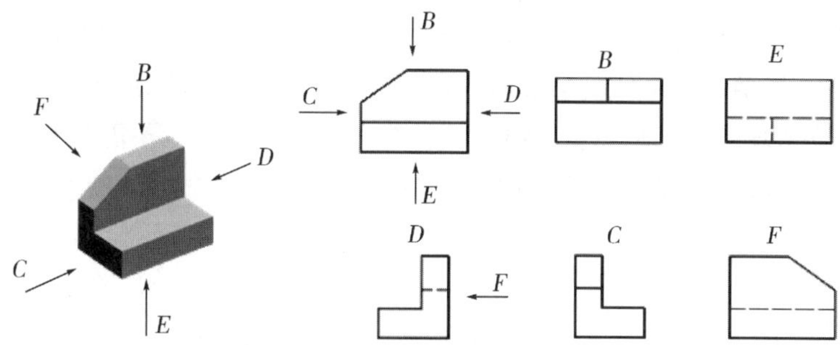

图 6-4　向视图的配置与标注

为了便于读图，按向视图配置的视图必须进行标注。即在向视图的上方正中位置标注“×”(“×”为大写的拉丁字母)，在相应的视图附近用箭头指明投影方向，并标注相同的字母，如图 6-4 所示。

6.1.3　局部视图

当采用一定数量的基本视图后，机件的主体结构已经表达清楚，但该机件仍有部分局部结构形状未表达清楚，而又没有必要再增加一个完整的基本视图来表达时，可单独将这一部分的结构形状向基本投影面投影来表达。这种将机件的某一局部向基本投影面投影所得的视图，称为局部视图。利用局部视图可以减少基本视图的数量，避免因表达局部结构而重复画出别的视图上已经表达清楚的结构，减少制图的工作量。如图6-5所

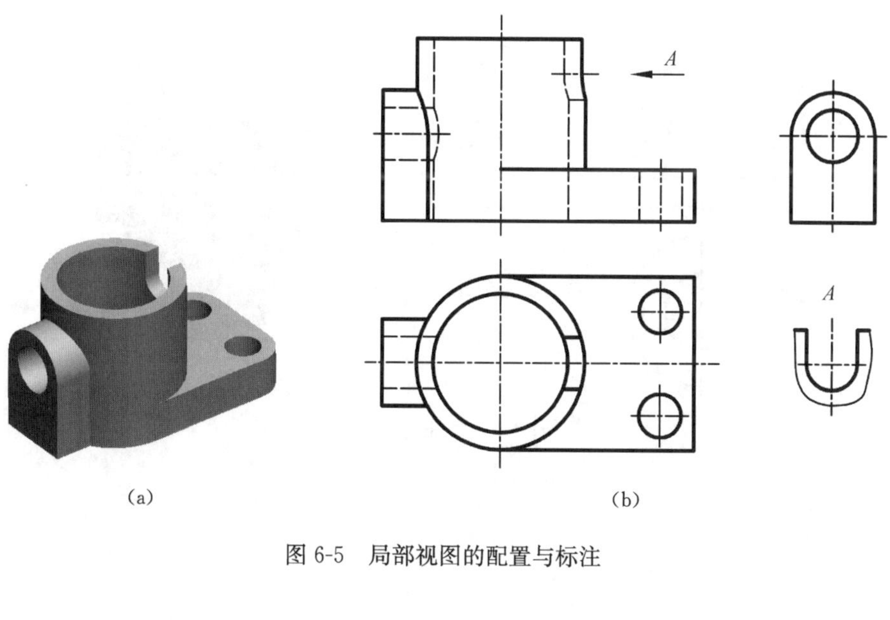

(a)　(b)

图 6-5　局部视图的配置与标注

示的机件，主、俯两个基本视图已将其结构的主体部分表达清楚，但左边凸台与右边缺口没法通过主、俯两个基本视图准确表达出其真实结构，又没有必要画出完整的左视图和右视图，此时可用局部视图表达这两处的结构，这样不但减少了两个基本视图，大大降低制图工作量，而且表达清楚，重点突出，简单明了。

画局部视图时应注意下列几点。

(1)局部视图应尽量按基本视图的位置配置，如图 6-5(b)中凸台的局部视图。有时为了合理布置图面，也可按向视图的配置形式配置，如图 6-5(b)中的局部视图“A”所示。

(2)确定局部视图投影范围的边界线应以细波浪线表示。画细波浪线时应注意：①细波浪线不能与轮廓线重合或画在轮廓线的延长线上；②细波浪线不能超出机件的轮廓线；③细波浪线应画在机件实体部分的投影上，不可画在机件中空部分的投影上。波浪线的正误画法示例如图 6-6 所示。

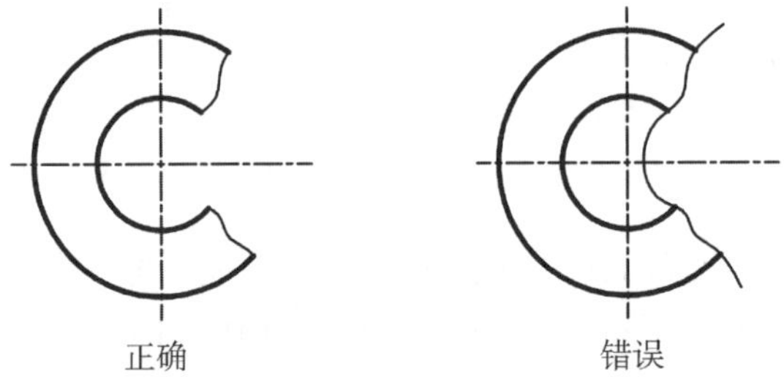

图 6-6　局部视图边界线画法示例

当所表示的局部结构是完整且外形轮廓线又自成封闭时，细波浪线可省略不画，如图 6-5 所示的左边凸台的局部视图以及图 6-7 所示 A 向局部视图。

(3)当局部视图按投影关系配置，中间又无其他视图隔开时，允许省略标注，如图 6-5、图 6-7 所示的凸台。但当局部视图按向视图的配置形式配置时，必须对其进行标注。标注时，在局部视图上方用大写拉丁字母标出视图的名称“×”，并在相应视图附近用箭头指明投影方向，注上相同的字母，如图 6-5 和图 6-7 中的局部视图“A”所示。

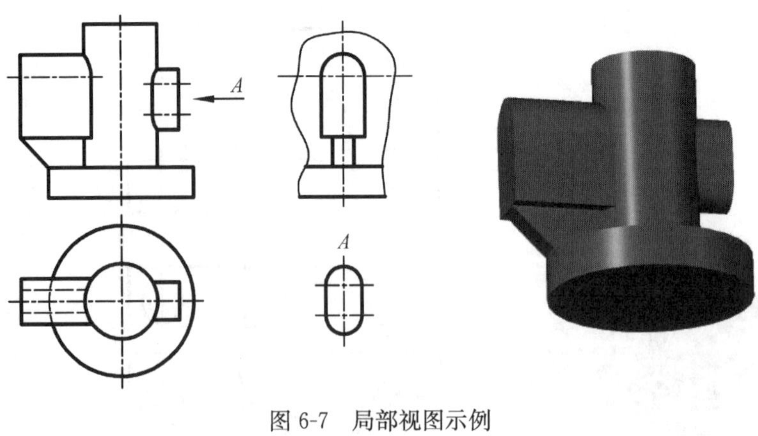

图 6-7　局部视图示例

6.1.4　斜视图

当机件上某部分的倾斜结构不平行于任何基本投影面时，则其投影在基本视图中不能反映该部分的实形，不便于读图。为了表达出倾斜部分的实形，可增加一个与机件的倾斜部分平行且垂直于某一个基本投影面的辅助投影面，然后将机件上的倾斜部分向辅助投影面投影得到视图，再将辅助投影面旋转到与其垂直的基本投影面重合的位置，即可得到反映该部分实形的视图。这种将机件上倾斜部分向不平行于任何基本投影面的辅助投影面投影所得到的视图，称作斜视图。斜视图常用于表达机件上倾斜部分的外形，其余部分不必全部画出(在基本视图中画出)，用波浪线断开即可。

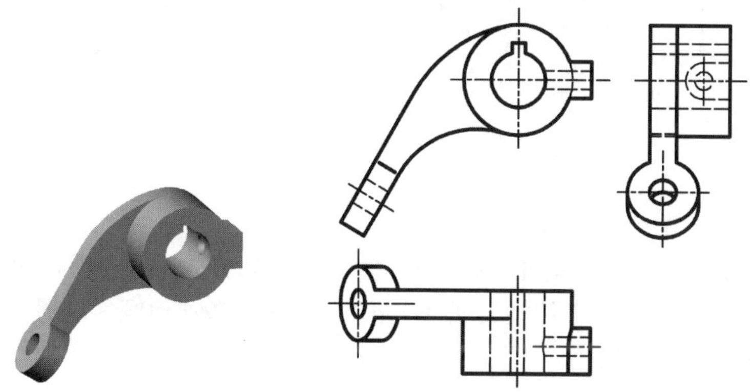

(a)　　(b)

图 6-8　摇臂三视图

如图 6-8 (a) 所示的摇臂，若直接投影在 V、H、W 三个基本投影面上得到三视图，如图 6-8 (b)所示，则摇臂上倾斜部分在俯视图和左视图中不能反映实形(比如实际结构为圆的部分在俯视图和左视图上的投影成为椭圆)，这样不但增加了制图难度，而且图样表达不直观，看图不方便。因而应按照图 6-9 所示，增加一个与摇臂的倾斜部分平行且垂直于 V 面的辅助投影面 P，将倾斜部分投影到 P 面上得到斜视图，如图 6-10 所示，这样既可反映出倾斜部分的真实形状，同时画图也简单。

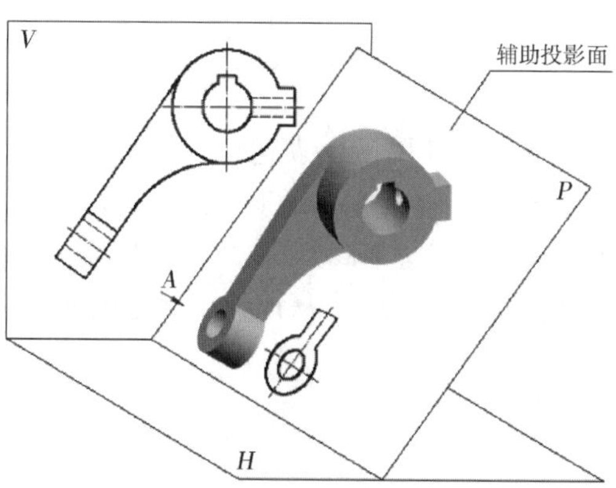

图 6-9　斜视图的直观图

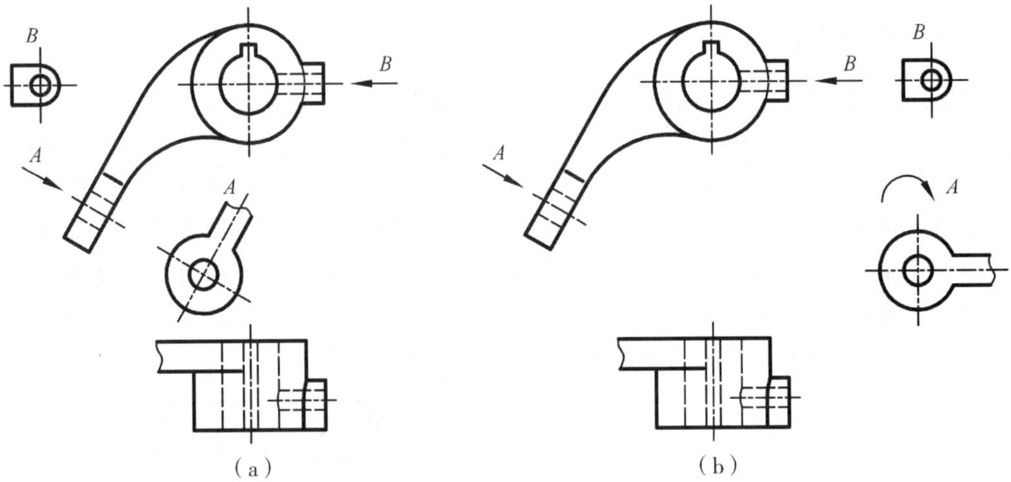

图 6-10　摇臂的斜视图和局部视图

斜视图的配置与标注规定如下：

(1)斜视图必须用带字母的箭头指明表达部位的投影方向，并在斜视图上方用相同的字母标注“×”(“×”为大写拉丁字母)，不论图形和箭头如何倾斜，图样中的字母总是水平书写。如图 6-10(a)所示“*A*”。

(2)斜视图一般配置在箭头所指方向的一侧，且按投影关系配置，如图 6-10(a)中的斜视图“*A*”。有时为了合理利用图纸幅面，也可将斜视图按向视图配置在其他适当的位置。在不致引起误解时，可将倾斜的图形旋转到水平位置配置，以便于作图和看图，如图 6-10(b)中的斜视图 *A*。在旋转后的斜视图上方应标注视图名称“×”及旋转符号，旋转符号的箭头方向应与斜视图的旋转方向一致，表示该视图名称的大写拉丁字母应靠近旋转符号的箭头端。旋转符号用半圆形细实线画出，其半径等于字体的高度，线宽为字体高度的 1/10 或 1/14，箭头按尺寸线的终端形式画出。若斜视图是按顺时针方向转正，则标注为“⌒↘×”，若斜视图是按逆时针方向转正，则应标注为“×↙⌒”。也允许将旋转角度标注在字母之后，如“⌒↘×60°”或“×60°↙⌒”。

6.2　剖视图

若机件的内部结构比较复杂，则用视图表达机件结构时，在视图中就会出现许多虚线，造成层次不清，影响视图的清晰，且不便于绘图、标注尺寸和读图。为了解决这种机件内部结构的表达问题，减少虚线，国家标准规定采用假想切开机件的方法将内部结构由不可见变为可见(即“剖视”的方法)，从而将虚线变为实线。

6.2.1　剖视图的概念

1. 剖视图的形成

假想用剖切面(剖切物体的假想平面或曲面)从适当的位置剖开机件，移去观察者与剖切面之间的部分，将留下的部分向投影面投影，并在剖面区域(假想被剖切面剖切到的机件的实体部分，即剖面)内画上剖面符号，这样得到的图形称为剖视图，简称剖视，如图 6-11 所示。

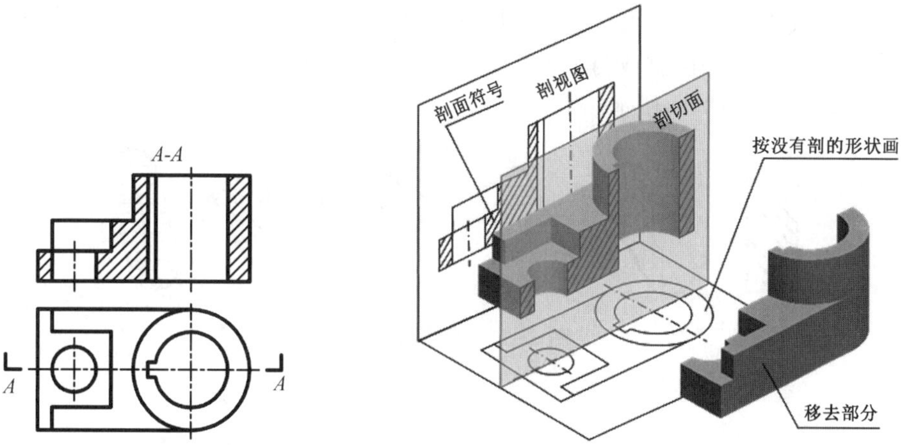

图 6-11　剖视图的形成

2. 剖面符号

为了在剖视图上区分物体被剖切面剖切到的实体与空心部分，在画剖视图时，应在剖面上画出剖面符号(剖面线)。机件的材料不相同，采用的剖面符号也不相同。各种材料的剖面符号如表 6-1 所示。

表 6-1　各种材料的剖面符号(GB/T 4457.5—2013)

<table>
<tr><td colspan="2">金属材料
(已有规定剖面符号者除外)</td><td>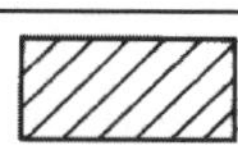</td><td>木质胶合板
(不分层数)</td><td></td></tr>
<tr><td colspan="2">非金属材料
(已有规定剖面符号者除外)</td><td>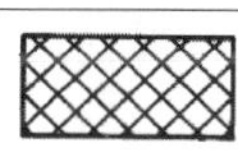</td><td>基础周围的泥土</td><td>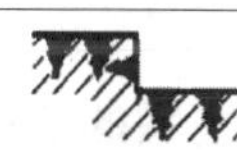</td></tr>
<tr><td colspan="2">转子、电枢、变压器和
电抗器等的迭钢片</td><td>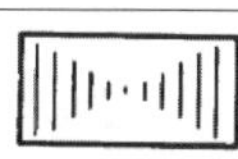</td><td>混凝土</td><td>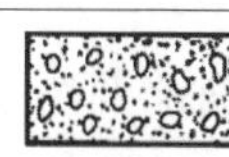</td></tr>
<tr><td colspan="2">线圈绕组元件</td><td>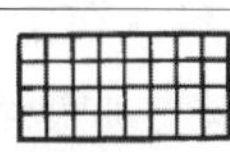</td><td>钢筋混凝土</td><td>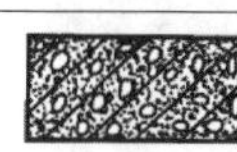</td></tr>
<tr><td colspan="2">型砂、填砂、粉末冶金、砂轮、
陶瓷刀片、硬质合金、刀片等</td><td>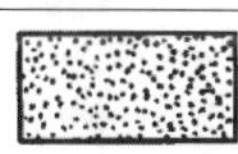</td><td>砖</td><td>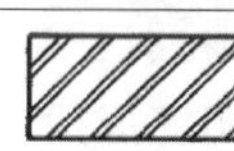</td></tr>
<tr><td colspan="2">玻璃及供观察
用的其他透明材料</td><td>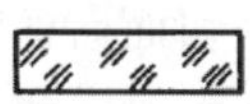</td><td>格网
筛网、过滤网等</td><td></td></tr>
<tr><td rowspan="2">木
材</td><td>纵剖面</td><td></td><td rowspan="2">液体</td><td rowspan="2">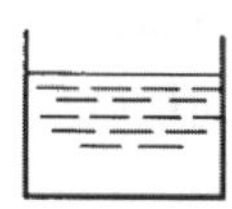</td></tr>
<tr><td>横剖面</td><td>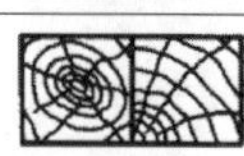</td></tr>
</table>

注：1. 剖面符号仅表示材料的类别，材料的代号和名称必须另行注明。

2. 迭钢片的剖面线方向，应与束装中迭钢片的方向一致。

3. 液面用细实线绘制。

当不需要在剖面区域中表示材料的类别时，剖面符号可采用与金属材料剖面线相同的通用剖面线表示。在同一机件的零件图中，剖面线应画成间隔相等、方向相同的细实线，其间隔应按剖面区域的大小选定，一般取 2～4 mm，倾斜方向应与主要轮廓线或剖面区域的对称线成 45°角，如图 6-12、图 6-13(a)所示。当图形的主要轮廓线与水平线成 45°时，该图形的剖面线应画成与水平成 30°或 60°的平行线，其倾斜方向仍与其他图形的剖面线一致，如图 6-13(b)所示。

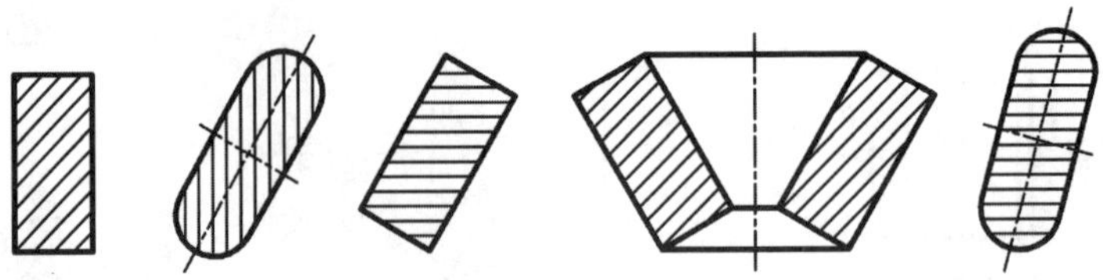

图 6-12　剖面线的方向

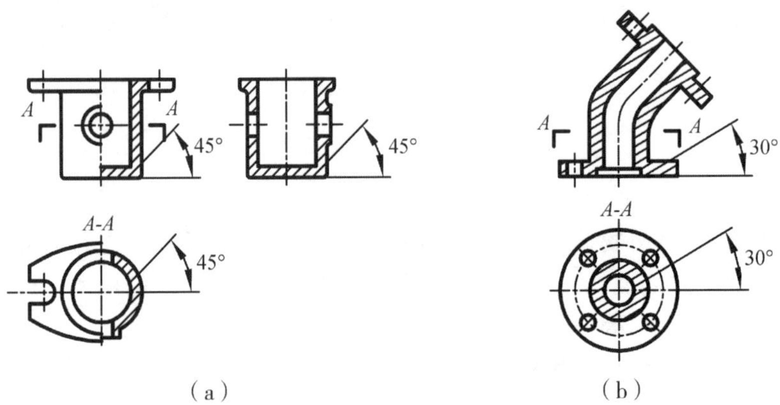

图 6-13　金属材料的剖面线画法

3. 画剖视图的步骤

1)确定剖切面的位置

为了清楚地反映机件的内部形状且便于读图，在画剖视图时，剖切面通常平行于投影面，且通过物体内部结构(如孔、沟槽)的对称平面或轴线。

2)画剖视图

剖切完成后，将背对着投影方向的部分移除，剩下的部分进行投影。画图时先画剖切面上内孔形状和外形轮廓线的投影，再画剖切面后的可见轮廓线的投影。最后，在剖面区域内画出剖面线。剖视图通常按投影关系配置在相应的位置上，必要时可以配置在其他适当的位置。

画剖视图应注意：

(1)在画剖视图时，剖切机件是假想的处理过程，并不是把机件真正切掉一部分。因此，当机件的某一视图画成剖视图后，其他视图仍应按完整的机件画出，不应出现如图 6-14(a)所示俯视图只画出一半的错误。

(2)剖切面后方的可见轮廓线应全部画出，不能遗漏。剖切面前方已被切去部分的可见轮廓线不应画出。如图 6-14(a)中，主视图漏画了阶梯孔的可见轮廓线，多画了已剖去部分的轮廓线。

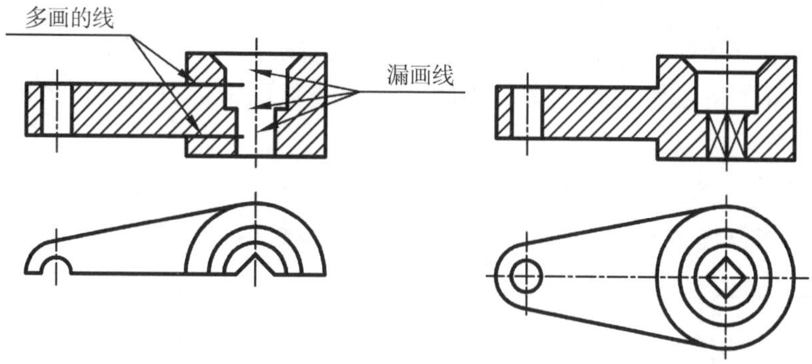

(a) 错误画法　　(b) 正确画法

图 6-14　剖视图示例

(3)在不影响完整表达机件形状的前提下，剖切面后面的不可见部分的轮廓线——虚线，一般不在剖视图中画出，以增加图形的清晰性。但当需要在剖视图上表达这些结构，又能减少视图数量时，允许画出必要的虚线，如图 6-15 所示。

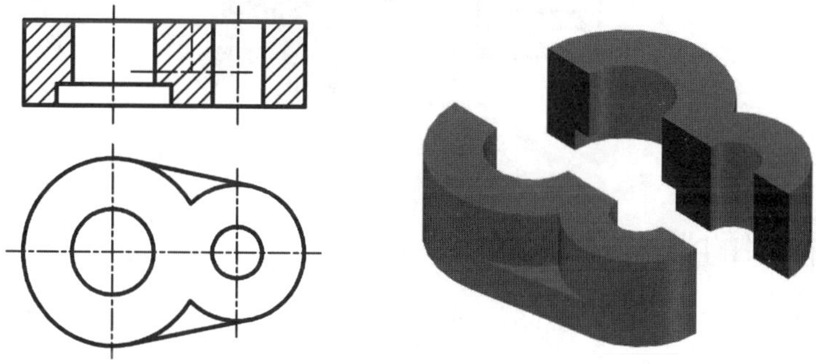

图 6-15　剖视图中必要的虚线

4. 剖视图的标注

在画剖视图时，应将剖切位置、剖切后的投影方向和剖视图的名称标注在相应的视图上，以指明剖切位置及视图间的投影关系。

1)剖切位置

用线宽 1～1.5 倍 b(b 为粗实线线宽)，长 5～10 mm 的粗实线(粗短画)表示剖切面的起迄和转折位置。为了不影响图形的清晰度，剖切符号应避免与图形轮廓线相交，如图 6-11、图 6-13 所示。

2)投影方向

在剖切符号的起迄处外侧画出与剖切符号相垂直的箭头或粗短画，表示剖切后的投影方向，如图 6-11、图 6-13 所示。

3)剖视图名称

在表示剖切平面起讫和转折位置的粗短画外侧写上相同的大写拉丁字母“×”，并在相应的剖视图上方正中位置用同样的字母标注出剖视图的名称“×－×”，字母一律按水平位置书写，字头朝上，如图 6-11、图 6-13 所示。在同一张图纸上，同时有几个剖视图时，其名称应顺序编写，不得重复。

在下列情况下，剖视图的标注内容可以简化或省略：

(1)当剖视图按投影关系配置，中间又没有其他图形隔开时，可省略投影方向的标注。

(2)当单一剖切平面通过物体的对称平面或基本对称平面，且剖视图按投影关系配置，中间又没有其他图形隔开时，可省略标注，如图 6-16 中的主视图。

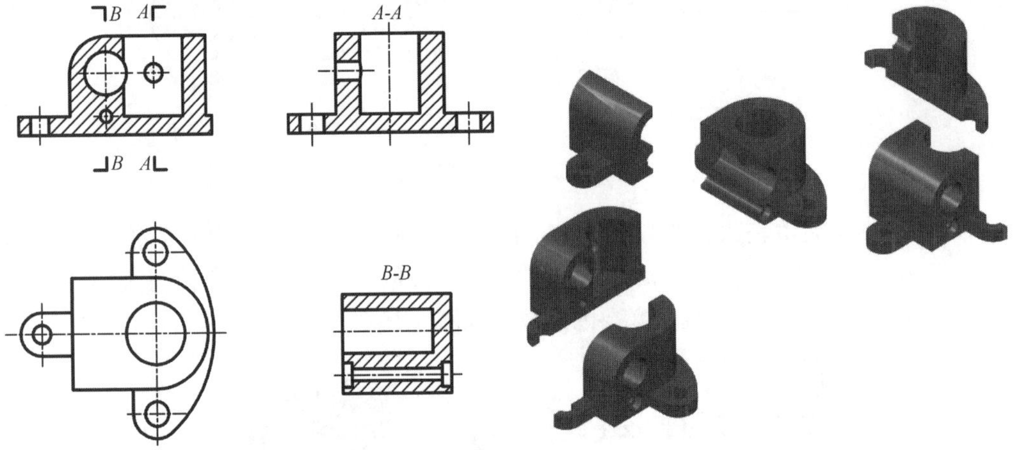

图 6-16　剖视图的标注

6.2.2　剖视图的种类及画法

根据机件内部结构表达的需要以及剖切范围大小，剖视图可分为全剖视图、半剖视图和局部剖视图。在这些剖视图中可以选择单一剖切面或者多个剖切面进行剖切。下面将对全剖视图、半剖视图和局部剖视图进行介绍。应提前明确的是，某一个机件的表达选择哪种剖视图，是根据机件需要表达内部结构，还是外部形状，又或是两者都需要表达，然后结合机件是否具有对称结构进行确定。而用几个剖切面进行剖切则是根据机件的内部结构的分布情况确定的。也就是说，不论采用何种剖切方法都可以根据表达的需要画成全剖、半剖或局部剖视图。

1. 全剖视图

用一个或几个剖切面完全地剖开机件然后进行投影所得的剖视图，称为全剖视图。

1)单一剖切面

(1)平行于基本投影面的单一剖切平面

用一个平行于基本投影面的剖切平面进行剖切，是画剖视图最常用的一种方法。前面介绍的剖视图，均为采用平行于基本投影面的单一剖切平面剖切得到的剖视图。当机件的内部结构较复杂、外形较为简单且具有对称平面时，常采用这种剖视图表达机件内部结构形状。

当采用平行于基本投影面的单一剖切平面剖切机件画全剖视图时，通常按投影关系进行配置，当没有任何图形隔开时，可以省略标注，如图 6-17 所示。

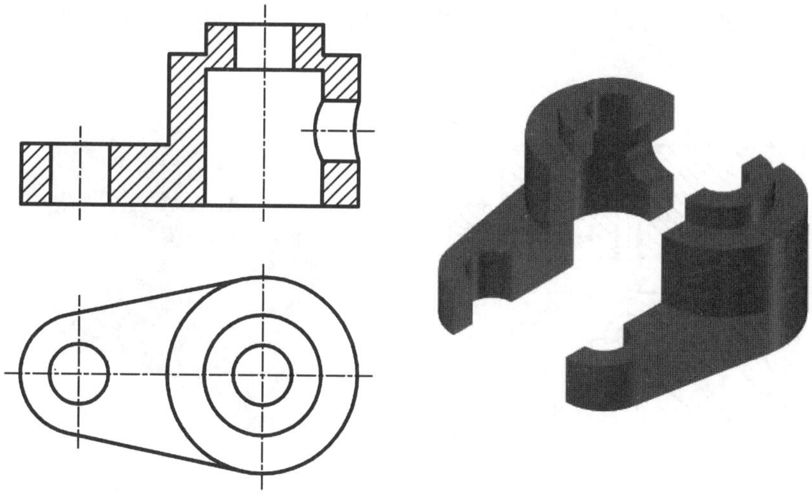

图 6-17　剖视图省略标注

(2)单一斜剖切平面

当机件上有倾斜部分的内部结构需要表达时，可和画斜视图一样，选择一个垂直于基本投影面且与所需表达部分平行的投影面，然后再用一个平行于这个投影面的剖切平面剖开机件，向这个投影面投影，并将其旋转到与它所垂直的基本投影面重合后画出，这样得到反映该部分结构实形的剖视图。这种用一个不平行于任何基本投影面的剖切平面剖切机件的方法，称为斜剖，如图 6-18 所示。

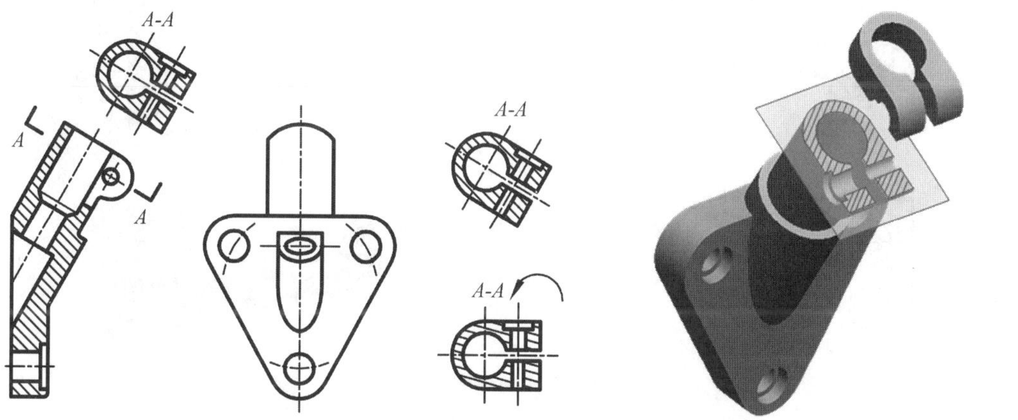

图 6-18　斜剖视图的形成

如图 6-18 所示，在画斜剖视图时，必须标注剖切位置符号和表示投影方向的箭头或粗短画，且视图一般应按投影关系配置在箭头所指一侧的对应位置。必要时，可配置在图纸的其他适当位置。在不致引起误解的情况下，同斜视图一样，允许将斜剖视图旋转，旋转后的图形要在其上方标注旋转符号，标注形式为“×—×⌒”(顺时针旋转)或“×—×⌒”(逆时针旋转)。应特别注意的是，注写字母一律按水平位置书写，字头朝上，旋转符号的尺寸和比例与斜视图相同。

(3)单一柱面剖切面

采用柱面剖切机件时，剖视图应按展开绘制，同时在剖视图名称后加注“展开”二字，如图 6-19 所示。

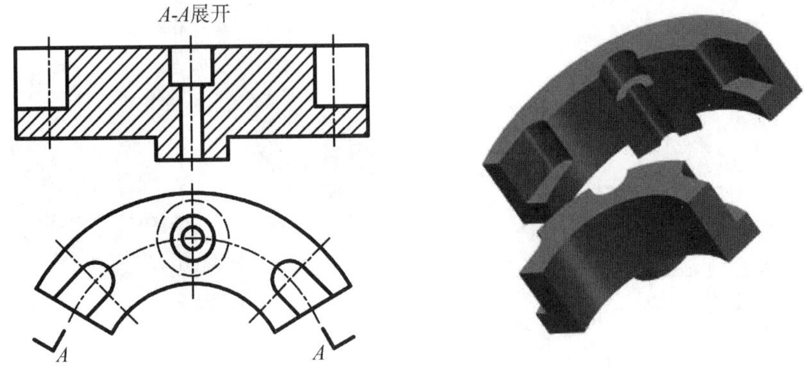

图 6-19　用单一柱面剖切

2)几个平行的剖切平面

当机件上的内部结构(孔、槽等)层次较多，且这些内部结构的轴线或对称平面位于几个相互平行的平面上时，用单一剖切面剖切不能充分表达机件内部结构，这时可以用几个与基本投影面平行的剖切平面剖切机件体，再向基本投影面投影。这种用几个平行的剖切平面剖开机件的方法，称为阶梯剖，如图 6-20 所示。

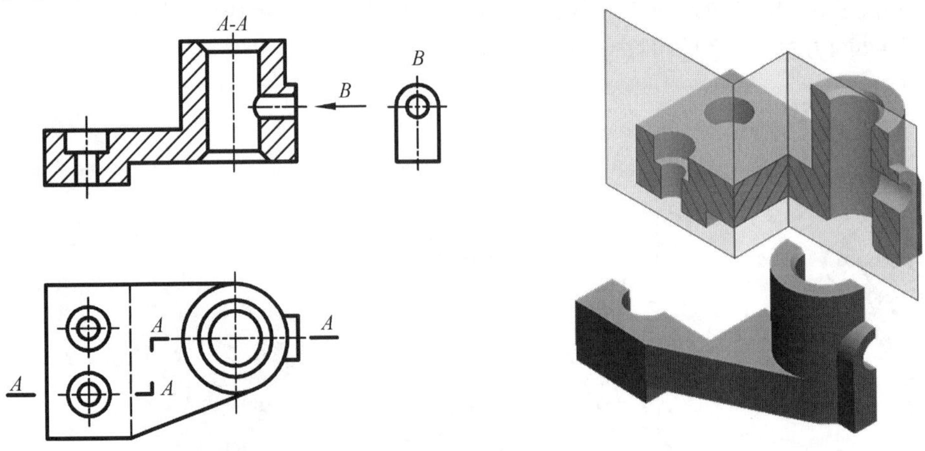

图 6-20　阶梯剖视图的形成及标注

在阶梯剖中，各剖切平面相互连接而不重叠，表示剖切位置起讫、转折处的剖切符号和字母必须标注(同时在剖视图上方标出相同字母的剖视图名称“×—×”)。转折符号成直角并对齐，且不应与图中的轮廓线重合，当转折处位置有限又不致误解时可省略字母。剖切符号两端用箭头或粗短画表示投影方向。当视图之间投影关系明确，没有任何图形隔开时，可以省略投影方向的标注，如图 6-20 所示。

阶梯剖时应注意：

(1)剖切是假想的处理过程，在阶梯剖的剖视图中剖切平面转折处不能画轮廓线，如

图 6-21(a)所示。另外，剖切平面转折符号也不得与轮廓线重合，如图 6-21(b)所示。

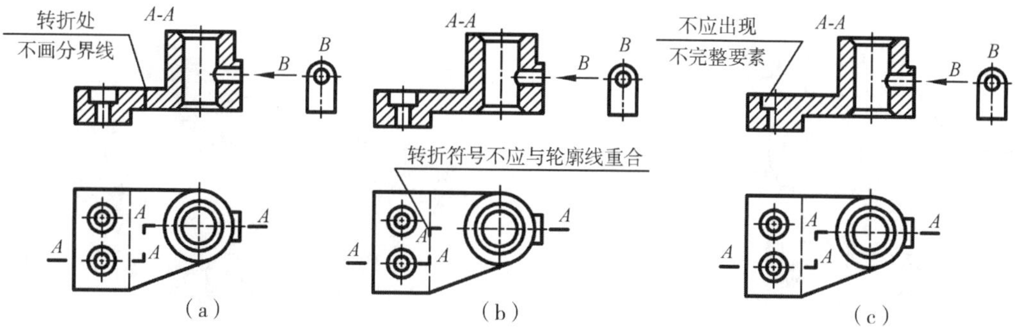

图 6-21　阶梯剖视图中常见的错误画法及标注示例(一)

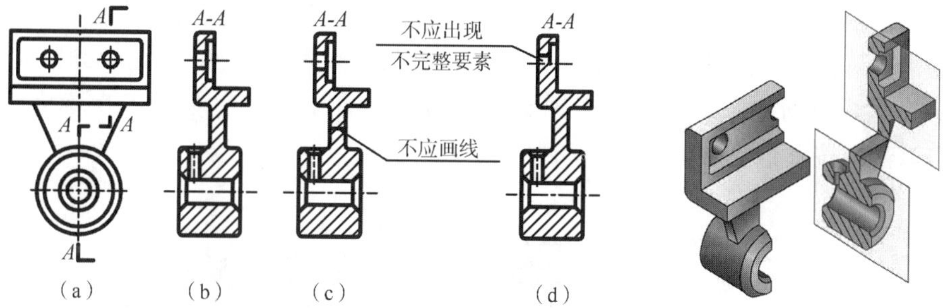

图 6-22　阶梯剖视图中常见的错误画法及标注示例(二)

(2)在阶梯剖中，一般不允许出现不完整要素，如图 6-21(c)、图 6-22(d)所示。仅当两个要素在图形上具有公共对称中心线或轴线时，可以对称中心线或轴线为界各画一半，如图 6-23 所示。

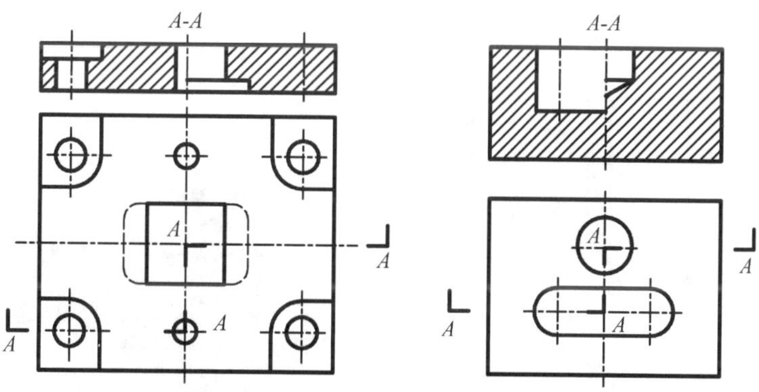

图 6-23　允许出现不完整要素的阶梯剖视图示例

3)两个相交的剖切平面

当机件的内部结构形状用一个剖切平面不能表达完全，且这个机件在整体上又具有回转轴时，可用两个相交的剖切平面(交线垂直于某一基本投影面，且其中一个剖切平面平行于另一基本投影面)剖开机件，并将与基本投影面不平行的剖切平面剖开的结构及其有关部分旋转到与基本投影面平行再进行投影，这种表达方法称为旋转剖，如图 6-24 所示。旋转剖常用于表达杆类机件（图 6-24）及具有公共回转轴线的盘盖类机件

(图 6-25)。

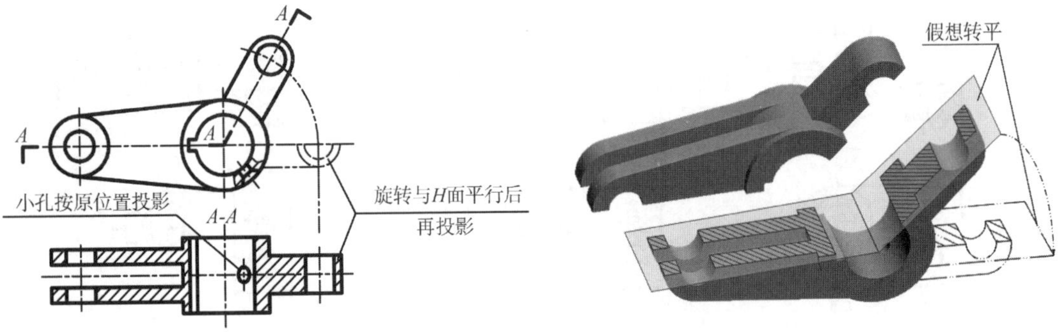

图 6-24　旋转剖视图的形成及标注

用旋转剖的方法表达时，应先剖切后旋转，即剖切后将机件倾斜部分的结构旋转到与某一基本投影面平行的位置再投影，以反映被剖切后该部分内部结构的实形，在剖切平面后的其他结构仍按原来位置投影，如图 6-24 中的小孔。当剖切后产生不完整要素时，应将该部分按不剖绘制，如图 6-26 所示。

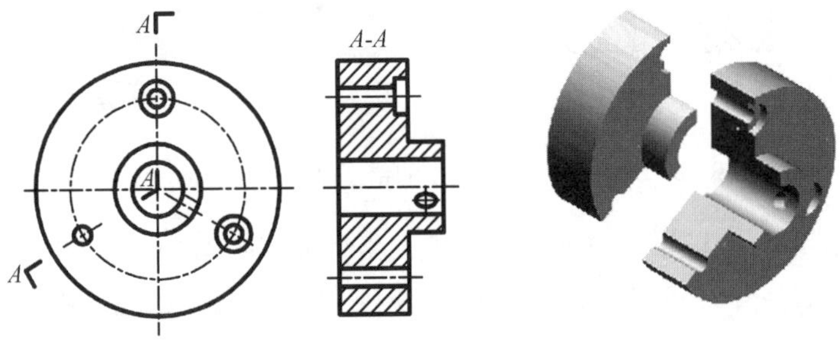

图 6-25　盘盖类零件的旋转剖示例

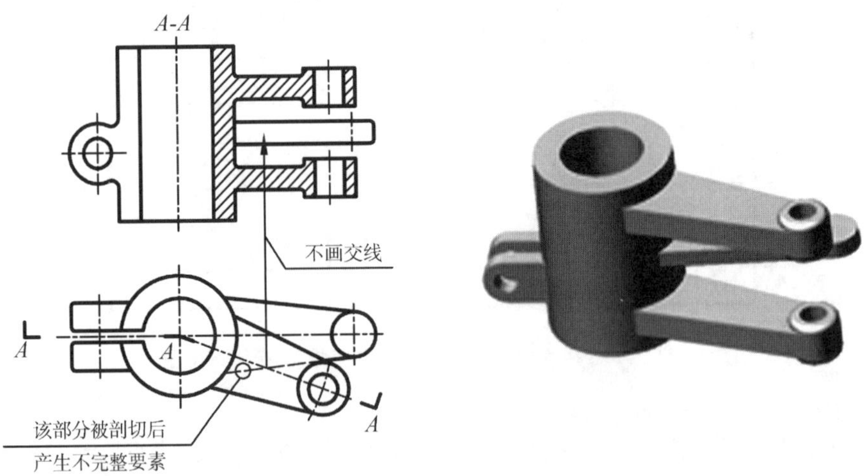

图 6-26　旋转剖视图剖切产生的不完整要素的处理示例

采用旋转剖画剖视图时必须标注。标注时，在剖视图上方标出剖视图名称“×-×”，在相应视图上用剖切符号表示剖切位置，剖切符号两端用箭头或粗短画表示投影方向(应注意标注的投影方向是与剖切平面垂直的投影方向，而不是旋转方向)，在剖切平面的起讫和转折处标注相同字母，注写字母时一律按水平位置书写，字头朝上。当旋转剖视图按投影关系配置，中间又无其他图形隔开时，可省略投影方向的标注。

4)组合剖切平面

当机件的内部结构形状较多且复杂，单用阶梯剖和旋转剖仍不能表达清楚时，可以用多个相交、平行组合的剖切平面剖开机件，这种方法称为复合剖，如图 6-27～图 6-29 所示。图 6-29 是用几个相交的剖切平面剖切机件，采用这种剖切方法画剖视图时，可用展开画法。

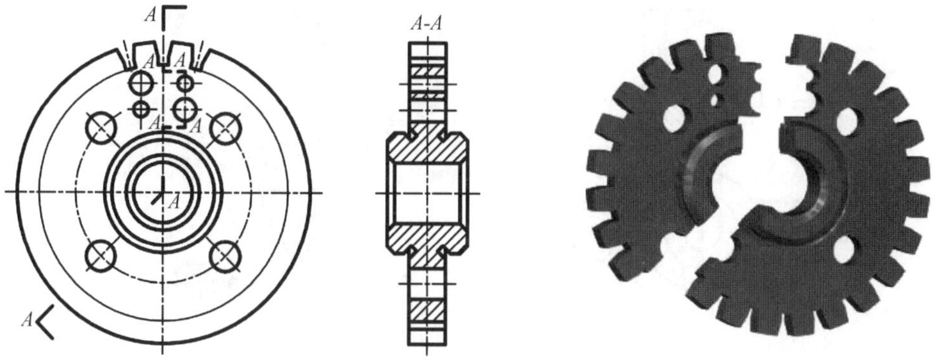

图 6-27　复合剖示例(一)

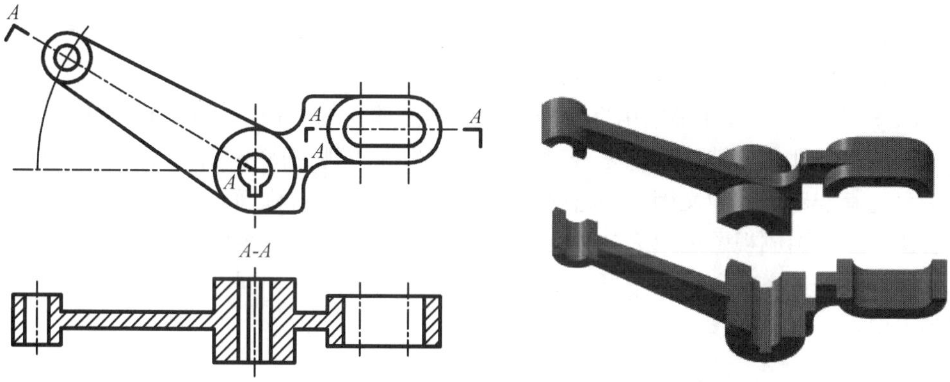

图 6-28　复合剖示例(二)

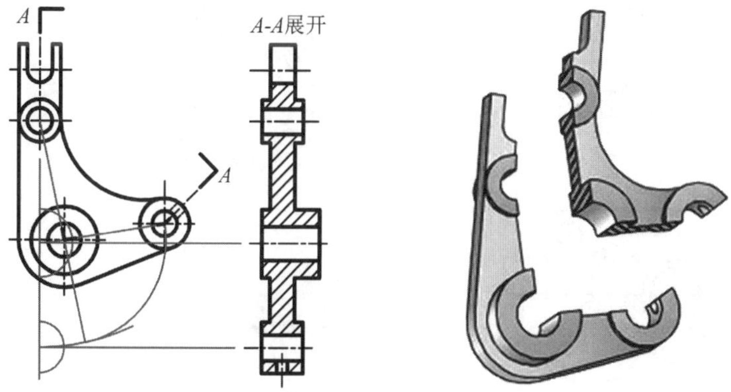

图 6-29　复合剖示例(三)

采用复合剖画剖视图必须标注，其画法和标注方法与阶梯剖、旋转剖基本相同。采用展开画法时，应标注出“×-×展开”，如图 6-29 所示。

2. 半剖视图

当机件具有对称平面时，向垂直于对称平面的投影面上投影所得的图形，以对称中心线(细点画线)为界，一半画成视图用以表达外部结构形状，另一半画剖视图用以表达内部结构形状，这样得到的剖视图称作半剖视图，其配置方式和标注方法与用平行于基本投影面的单一剖切平面剖切得到的全剖视图相同，如图 6-30 所示。

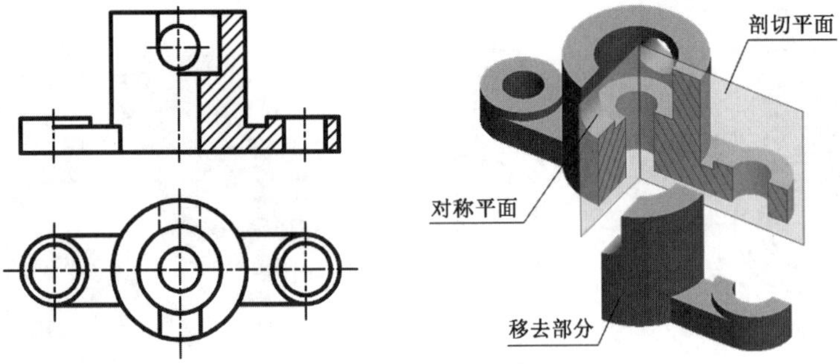

图 6-30　半剖视图的形成

半剖视图适用于如下结构特征机件：

(1)具有垂直于基本投影面的对称面，内、外结构都比较复杂，在用剖视表达内部结构的同时必须保留外部结构特征的机件。

如图 6-31 所示，机件必须用剖视表达清楚其内部孔的结构，但若用全剖的方式虽然能表达清楚其内部孔的结构，但是外部凸台的结构在主视图中不能表达出来，单靠俯视图无法表达其准确结构。又因为该机件具有垂直于 V 面的对称面，因而采用半剖视图的方式表达，一半画成视图用以表达外部凸台的结构特征，另一半画成剖视图用以表达内部孔结构形状，这样在主视图中既能表达清楚内部孔的结构，同时外部凸台的结构特征也得到了保留。

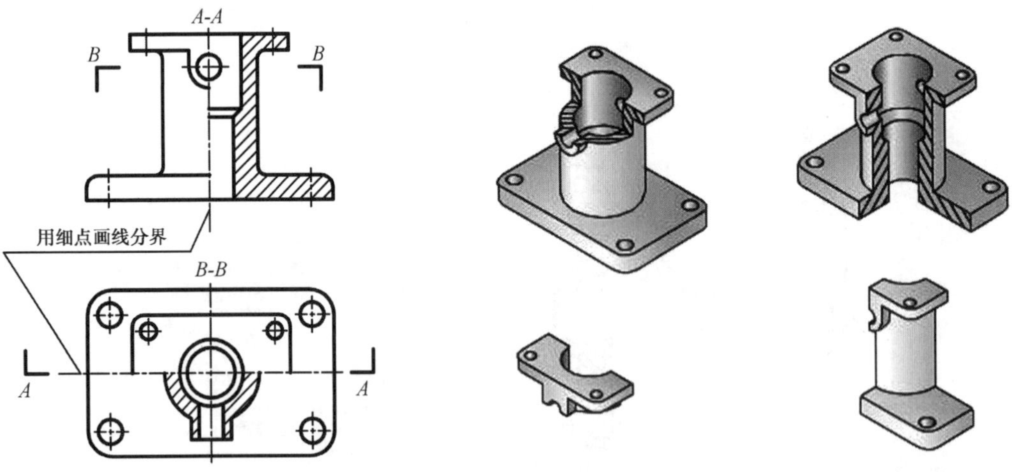

图 6-31　半剖视图示例

(2)若机件的结构接近对称(机件主体结构对称)，且不对称部分已在其他视图上表达清楚时，根据需要，也可以画成半剖视图，如图 6-32 所示。

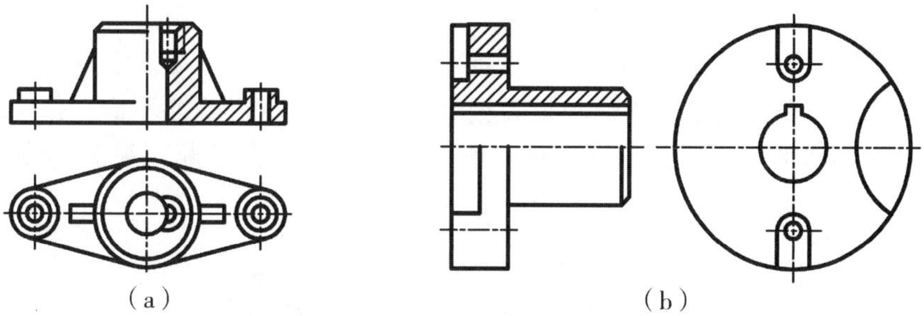

图 6-32　基本对称机件的半剖视图

画半剖视图时应注意：

(1)半剖视图中视图与剖视图的分界线为点画线，不能画成其他图线，更不能理解为机件被两个相互垂直的剖切面共同剖切而将其画成粗实线，如图 6-33 所示。

(2)物体的内部结构在剖视部分已经表达清楚，在表达外形的视图部分不必再画出虚线，但对孔、槽等结构要用点画线画出其中心位置，如图 6-31、图 6-32 所示。

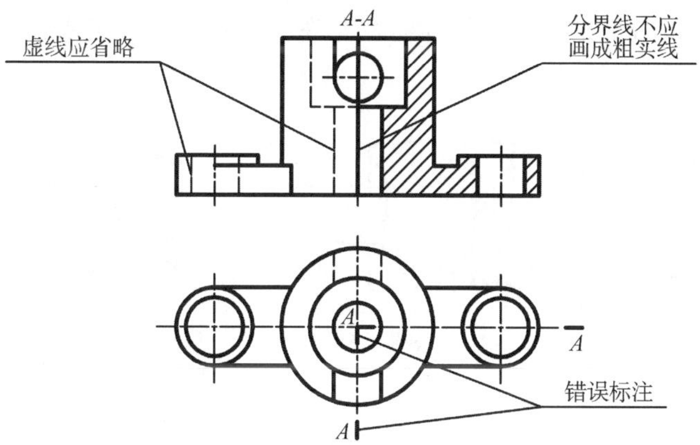

图 6-33　半剖视图的错误画法示例

(3)标注机件内部结构对称方向的尺寸时，尺寸线应略超过中心线，并且在一端画出箭头，如图 6-34 中 $\phi20$ 尺寸的标注。

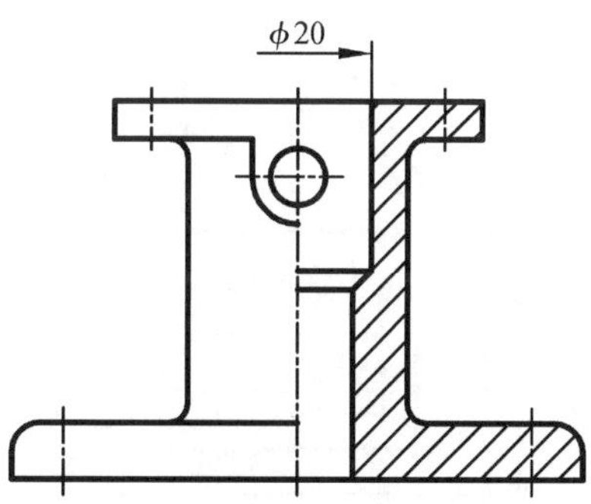

图 6-34　半剖视图尺寸标注示例

(4)画对称机件的半剖视图时，应根据机件对称的实际情况，将半剖视图画在主、俯视图的右一半，俯、左视图的前一半，主、左视图的上一半。

3. 局部剖视图

当机件尚有部分的内部结构形状未表达清楚，但又没有必要或不适合作全剖视或半剖视时，可用剖切平面局部地剖开物体，所得的剖视图称为局部剖视图，如图 6-35 所示。局部剖切后，物体断裂处的分界线用波浪线表示。

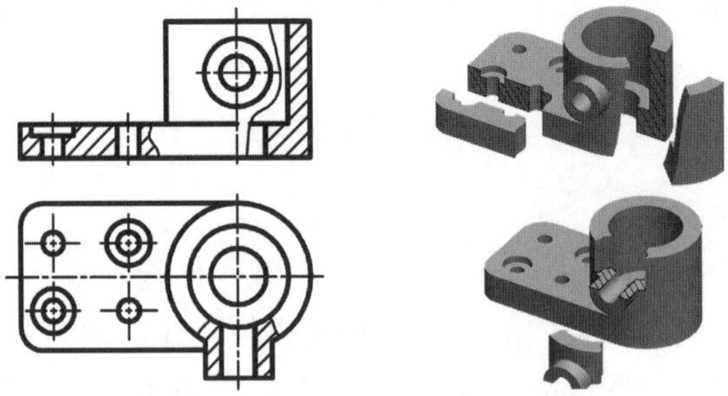

图 6-35　局部剖视图示例

当被剖切部分的局部结构为回转体时，允许将该结构的中心线作为局部剖视图与视图的分界线，如图 6-36 中的主视图。

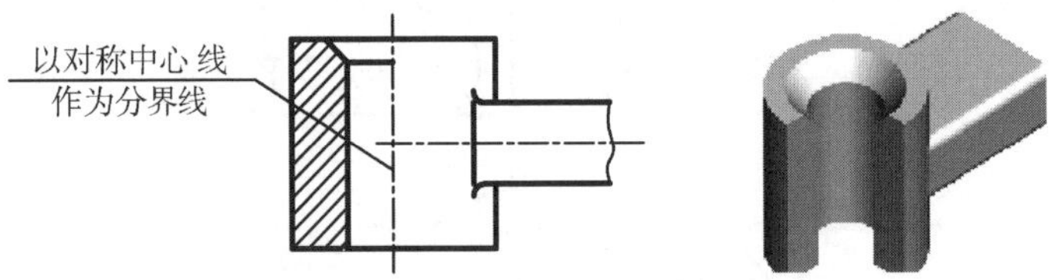

图 6-36　用中心线代替波浪线的局部剖视图

局部剖视图主要用于如下情况：

(1)不对称机件的内、外形状均需在同一视图上兼顾表达时，如图 6-35、图 6-37 所示。

(2)机件只有局部结构需要剖切表示，而又没有必要作全剖视时，如图 6-38 所示。

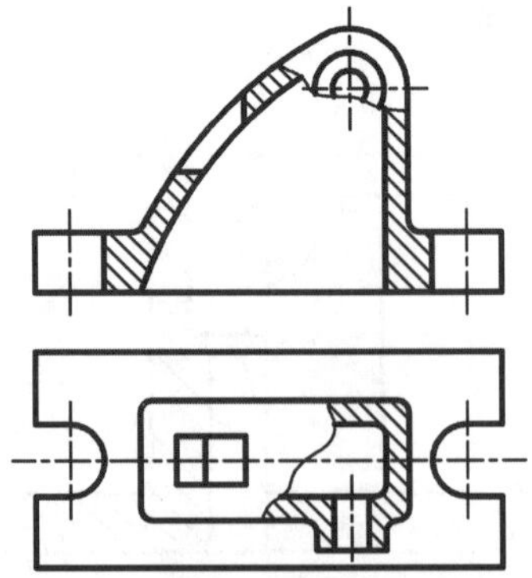

图 6-37　内、外形状都需要表达的局部剖视图

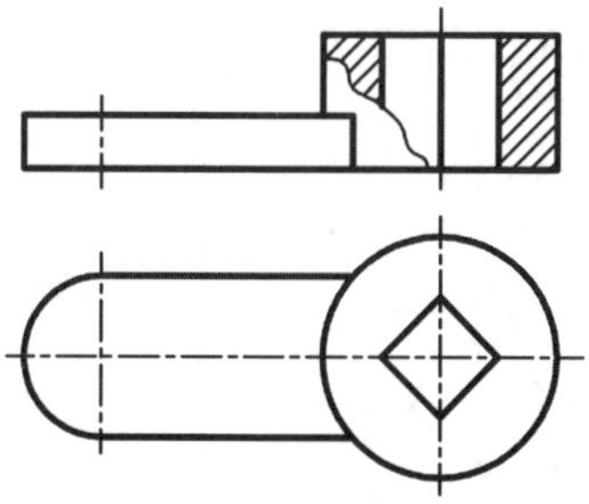

图 6-38　没有必要作全剖视图的局部剖视图

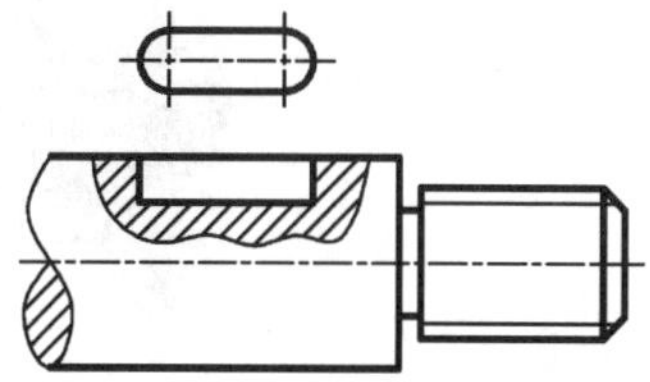

图 6-39　表达实心件上的孔、槽的局部剖视图

(3)当轴、杆、手柄等实心机件上的孔、凹坑和键槽等局部结构需要剖开表达时，如图 6-39 所示。

(4)当机件对称且在图上恰好有一轮廓线与对称中心线重合时，不宜采用半剖视图，此时可采用局部剖视图，如图 6-40 所示。

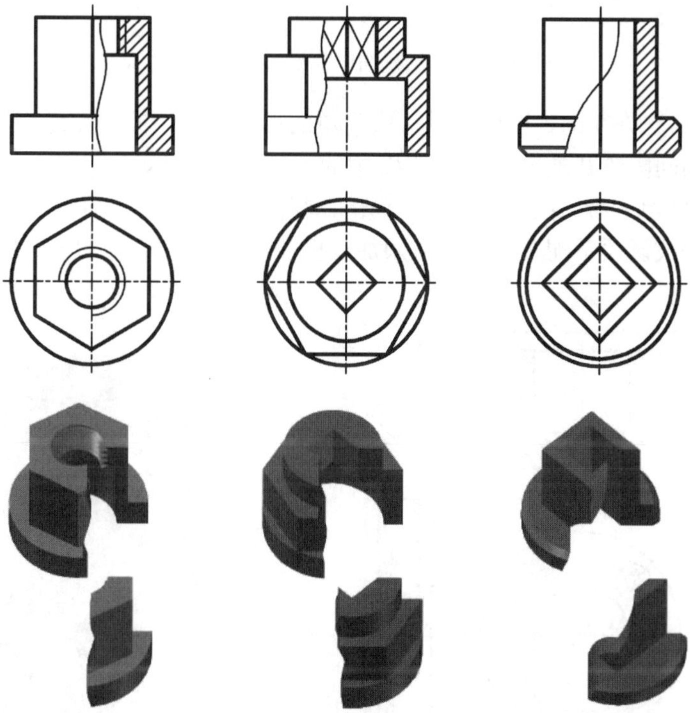

图 6-40　不宜采用半剖视图而采用局部剖视图示例

局部剖视剖切范围可大可小，是一种比较灵活的表达方法，但在同一个视图上，局部剖的次数不宜过多，否则会使机件显得支离破碎，影响机件形体的完整性和视图的清晰性。

画局部剖视图应注意：

(1)局部剖视图中，视图与剖视图之间应以波浪线为分界线。如图 6-41 所示，画波浪线时：①波浪线不应超出视图的轮廓线；②波浪线不应与轮廓线重合或在轮廓线的延长线上；③不应在机件空洞地方画波浪线。

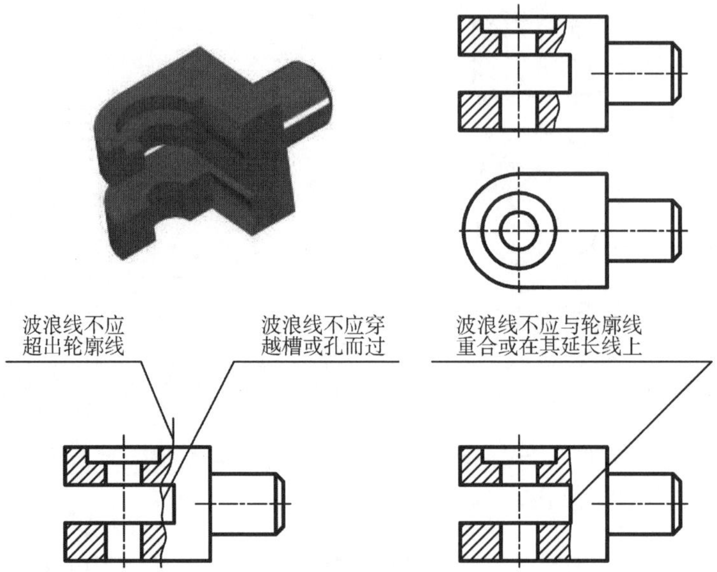

图 6-41　局部剖视图中波浪线的正、误画法

(2)必要时，允许在剖视图中再做一次简单的局部剖视，但应注意用波浪线分开，剖面线同方向、同间隔错开画出，如图 6-42 中的“$B-B$”所示。

(3)当单一剖切平面的位置明显时，局部剖视图可省略标注。但当剖切位置不明显或局部剖视图未按投影关系配置时，则必须加以标注，如图 6-42 中 $B-B$ 局部剖。

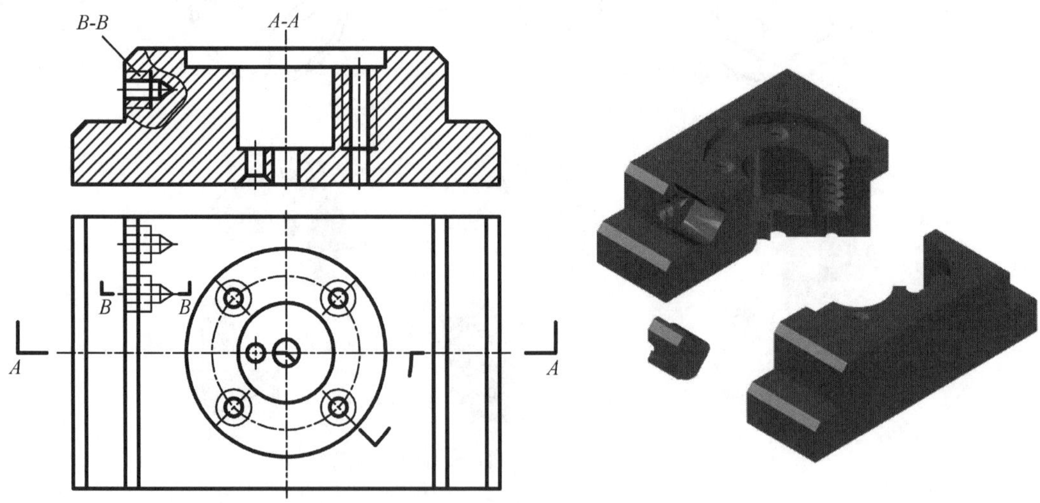

图 6-42　在旋转剖视图中再作一次局部剖视

6.3　断面图

6.3.1　断面图的概念

1. 断面图的形成

假想用剖切平面将机件的某处切断，仅画出该剖切平面与机件接触部分(断面)的视图，这种视图称为断面图(简称断面)。断面图常用来表达机件上某一局部结构的断面形状，如机件上的肋板、轮辐、键槽、小孔以及杆件和型材的断面等。在断面图中，机件和剖切面接触的部分称为剖面区域。国家标准规定，在剖面区域内要画上剖面符号。如图 6-43 即为断面图示例。

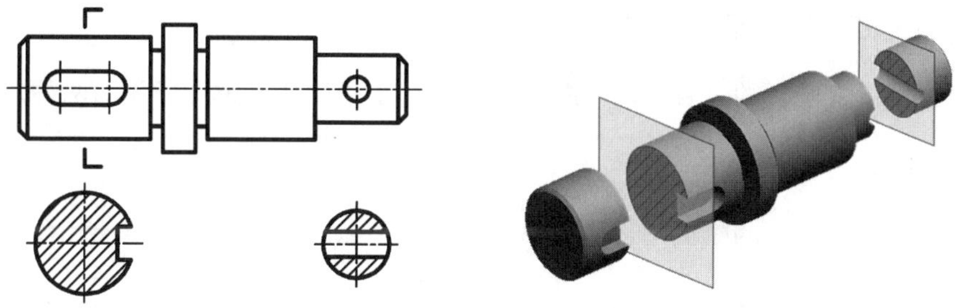

图 6-43　断面图

2. 断面图与剖视图的区别

断面图只投影剖切平面和机件相交部分的断面形状，而剖视图除了投影出机件被剖切的断面图形外，还要投影出剖切平面后可见的轮廓线。即断面图是“面”的投影，而剖视图是“体”的投影，如图 6-44 所示。

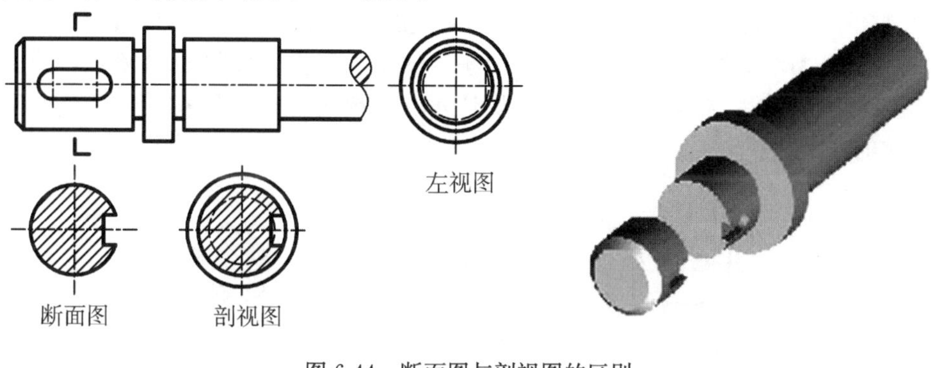

图 6-44　断面图与剖视图的区别

3. 断面图的剖切——法向剖切

断面图中，假想的剖切平面一般应垂直于机件被剖切部分的主要轮廓线，如图 6-45(a)所示。若用单一剖切平面剖切不能完全垂直于机件主要轮廓线时，可以用两个相交的剖切平面进行剖切，在这种情况下，断面图中间应用波浪线断开，如图 6-45(b)所示。

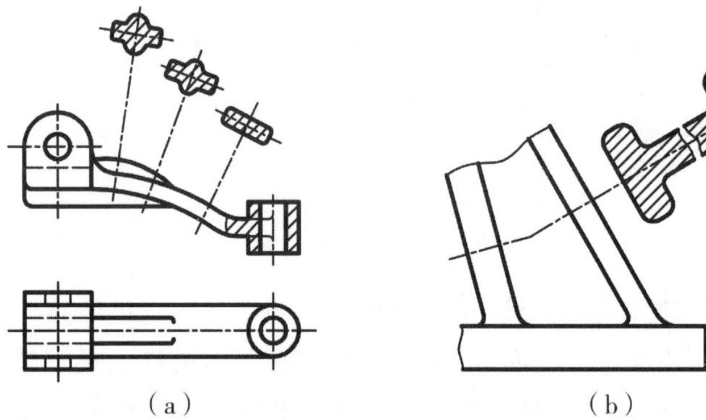

图 6-45　断面图中的法向剖切

6.3.2　断面图的种类及画法

按其在图纸上配置的位置不同，断面图分为移出断面图和重合断面图两种。

1. 移出断面图

画在视图轮廓之外的断面图，称为移出断面图，如图 6-43、图 6-46 所示。

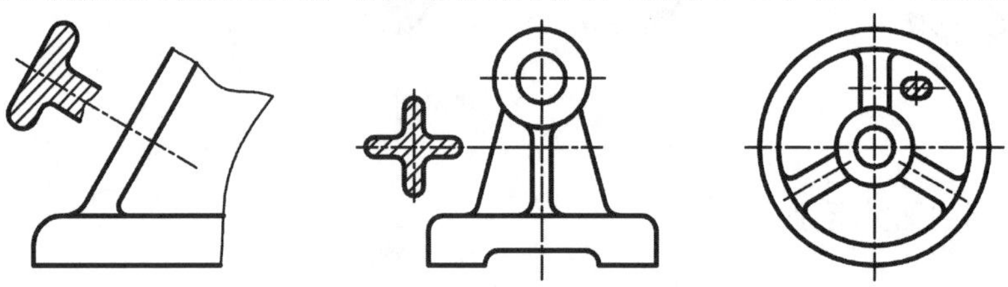

图 6-46　移出断面

1)移出断面图的画法

(1)移出断面图的轮廓线用粗实线绘制，并在剖面区域内画上剖面符号，如图 6-43 所示。

(2)移出断面图应尽量配置在剖切平面迹线的延长线上，如图 6-43 所示，或者直接按投影关系进行配置，如图 6-47 中 $B-B$ 所示。必要时也可配置在其他适当位置，如图 6-47中的“$A-A$”。

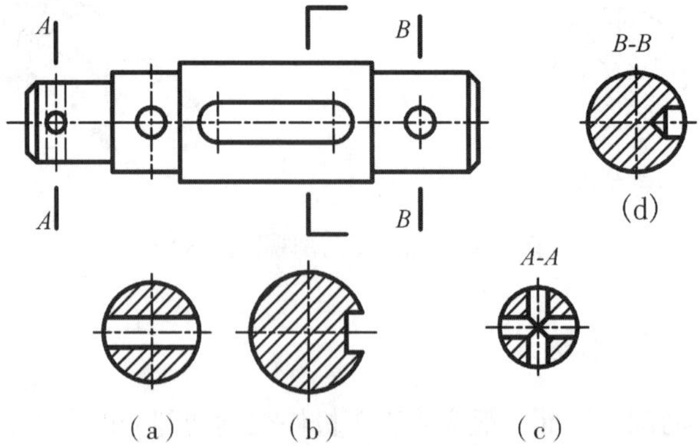

图 6-47　移出断面图的画法

。

(3) 当剖切平面通过回转面形成的孔或凹坑的轴线时，这些结构应按剖视图绘制，但若不是由回转面形成的孔或凹坑，如键槽，则按断面图绘制，如图 6-48 所示。

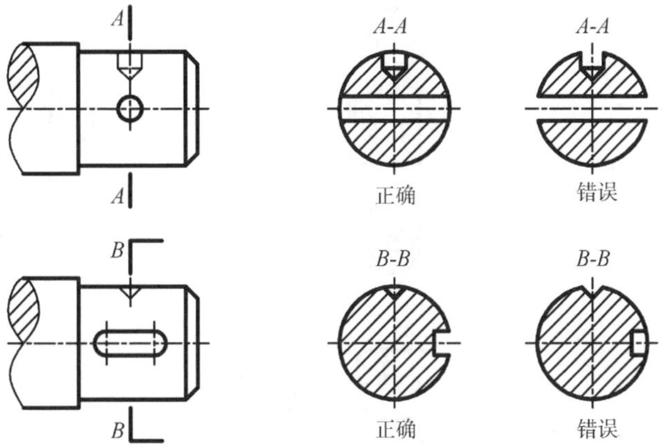

图 6-48　移出断面图的正、误画法示例(一)

(4)当剖切平面通过非圆孔，但会导致出现完全分离的几部分断面时，这样的结构也应按剖视图绘制，如图 6-49 所示。

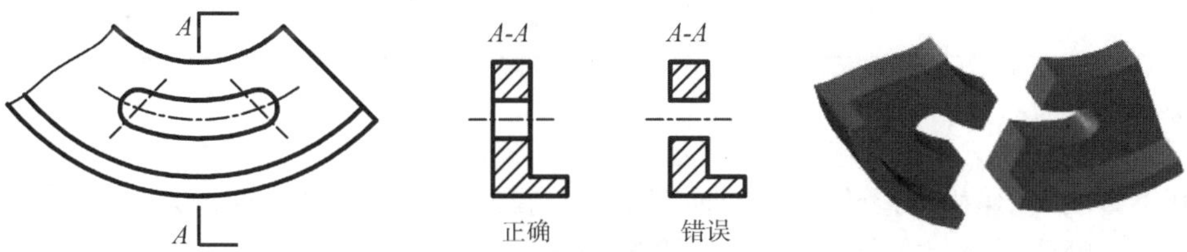

图 6-49　移出断面图的正、误画法示例(二)

(5)由两个或多个相交的剖切平面剖切得出的移出断面图，中间应断开绘制，用波浪线隔开，可以配置在任意一个剖切平面的迹线的延长线上，如图 6-45(b)所示。

(6)当移出断面图对称时，可将断面图画在视图的中断处，如图 6-50 所示。

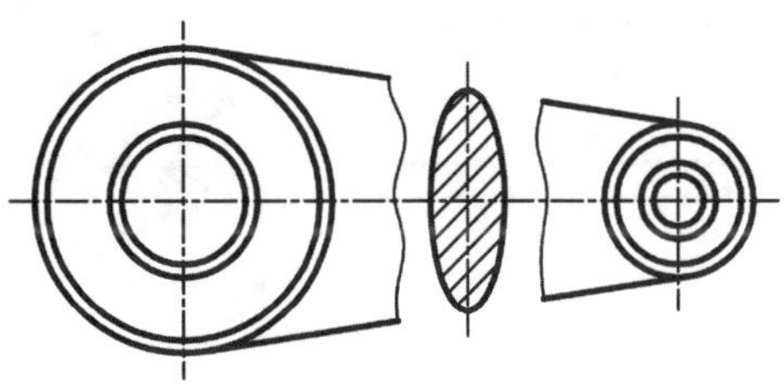

图 6-50　配置在视图中断处的移出断面图

2)移出断面图的标注

移出断面图一般应在断面图上方用大写拉丁字母标出断面图的名称“×-×”，用剖切符号表示剖切位置，用箭头或粗短画表示投影方向，并注上同样的字母。根据配置情况和视图结构特征，移出断面图可以省略部分或全部标注。表 6-2 列出了移出断面图的标注方法。

表 6-2　移出断面图的标注方法

断面图形状 断面图 配置	对称的移出断面图	不对称的移出断面图
配置在剖切平面迹线的延长线上	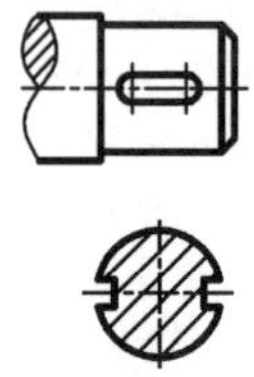 不必标注	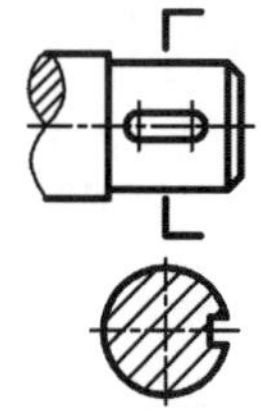 可省略字母
按投影关系配置	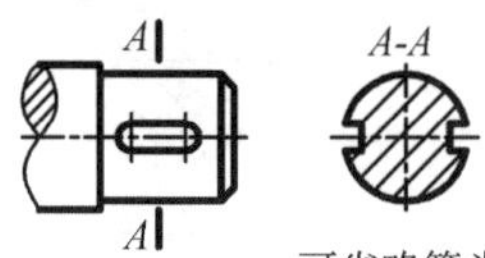 可省略箭头	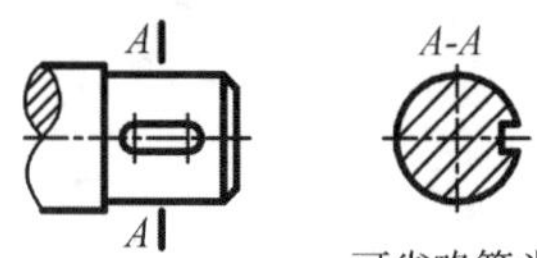 可省略箭头
配置在其他位置	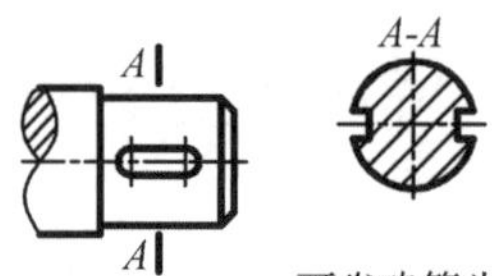 可省略箭头	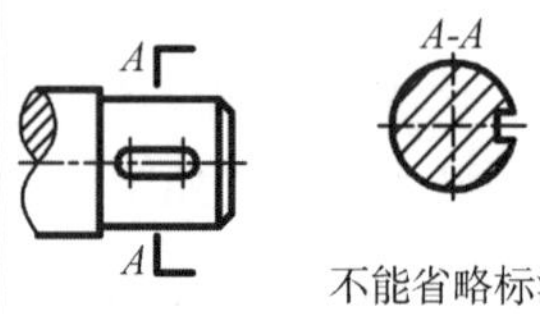 不能省略标注

2. 重合断面图

在不影响图形清晰的条件下，断面图也可按投影关系画在视图轮廓之内。画在视图轮廓之内的断面图称为重合断面图。重合断面图可理解为将断面形状绕剖切平面的迹线旋转 90°后，再配置在视图轮廓之内，如图 6-51、图 6-52 所示。

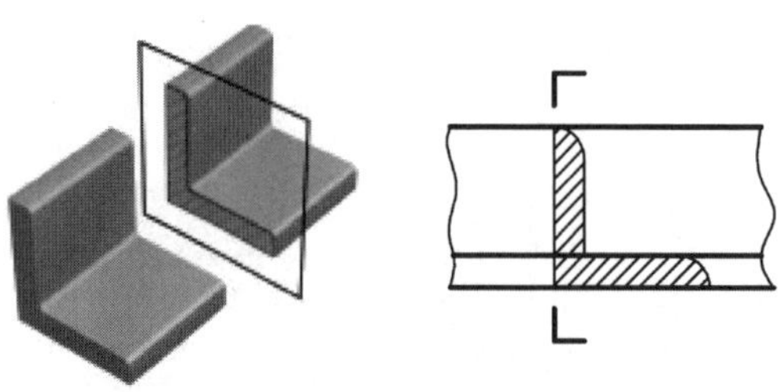

图 6-51　不对称的重合断面图

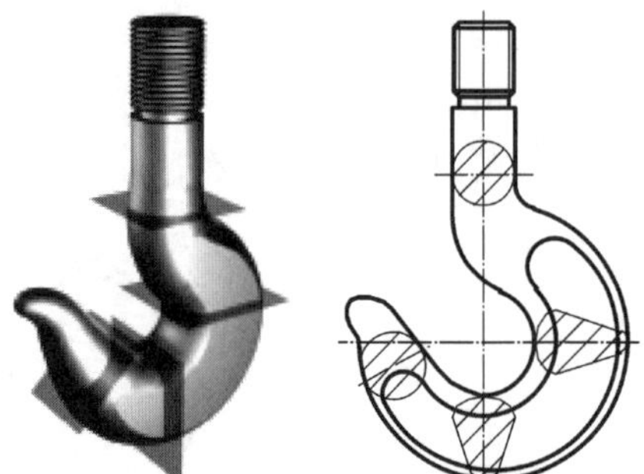

图 6-52　对称的重合断面图

重合断面图的轮廓线用细实线绘制，如图 6-51、图 6-52 所示。当重合断面图轮廓线与视图中的轮廓线重合时，视图的轮廓线仍应连续画出，不可间断，如图 6-51 所示。

因为重合断面图直接画在视图内的剖切位置上，标注时可省略字母。重合断面图对称时，不需作任何标注，如图 6-52 所示的重合断面图。当重合断面图不对称时，则需标出剖切符号和投影方向，如图 6-51 所示。

注意图 6-53 中机件上肋板的移出断面图和重合断面图的不同画法。

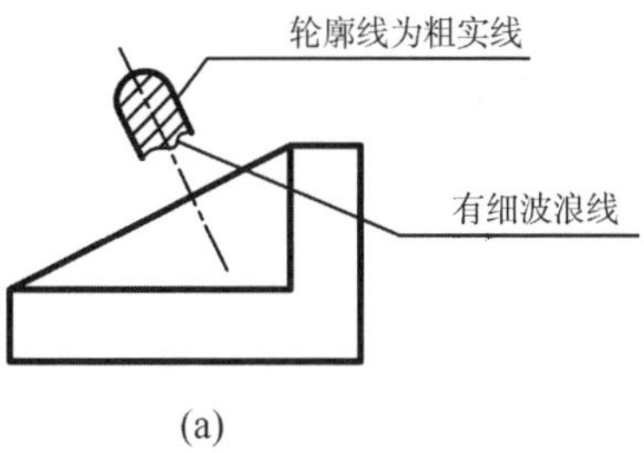

图 6-53　肋板的移出断面图和重合断面图的不同画法

6.4　局部放大图、规定画法和简化画法

6.4.1　局部放大图

当机件上的某些局部结构较小，在原定比例的视图中不易表达清楚或不便标注尺寸时，可将此局部结构用大于原视图所采用的比例单独画出，这种图形称为局部放大图，如图 6-54、图 6-55 所示。此时，原视图中该部分结构也可简化表示。

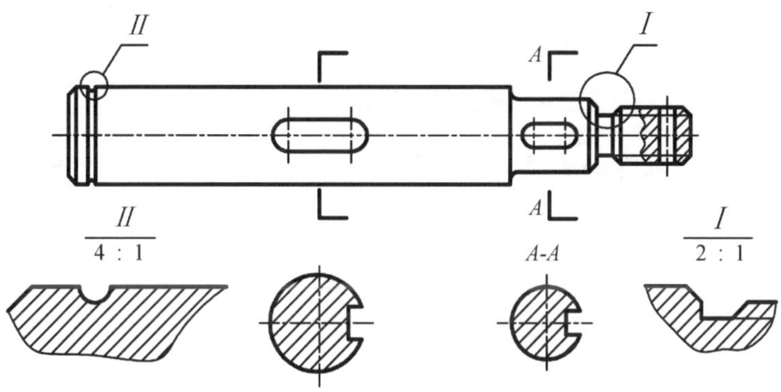

图 6-54　局部放大图示例(一)

局部放大图可画成视图、剖视图或断面图，它与被放大部分所采用的表达方法无关。局部放大图应尽量配置在被放大部位的附近。

局部放大图必须进行标注，一般应用细实线圆或长圆圈出被放大的部位，当同一机件上有几处被放大的部位时，必须用罗马数字依次标明被放大的部位，并在局部放大图的上方标注出相应的罗马数字和所采用的比例(该比例是局部放大图中机件要素的线性尺寸与实际机件相应要素的线性尺寸之比，与原视图所采用的比例无关)，如图 6-54 所示。如放大部位仅有一处，则不必标明数字，但必须标明放大比例，如图 6-55 所示。

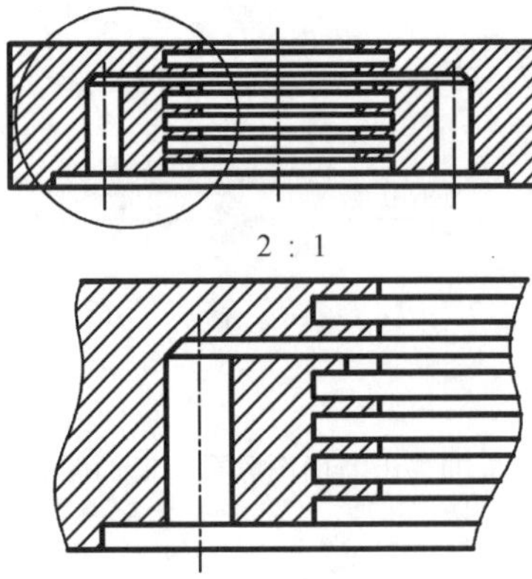

图 6-55　局部放大图示例(二)

同一机件上不同部位的局部放大图，当图形相同或对称时，只需画出一个，如图 6-56所示。

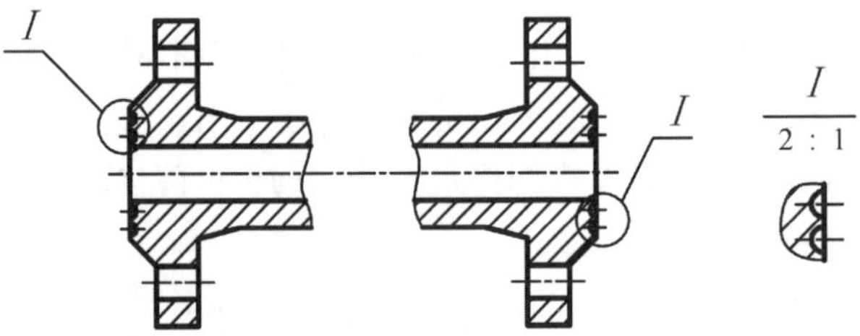

图 6-56　不同部位的局部放大图，当图形相同或对称时，只需画出一个

有些机件的结构形状在必要时，还可采用几个视图来表达同一个被放大的部位，如图 6-57 所示。

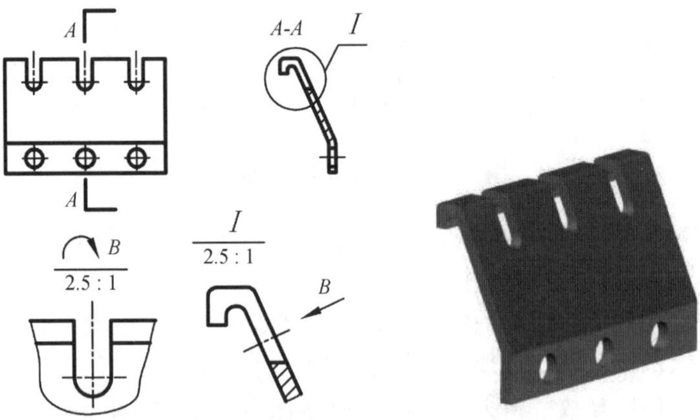

图 6-57　采用几个视图来表达同一个被放大的部位

6.4.2　规定画法和简化画法

(1)剖视图中的规定画法

①对于机件上的肋、轮辐及薄壁等，当剖切平面沿纵向剖切时，这些结构上不画剖面符号，而用粗实线将它与其邻接部分分开，当剖切平面按横向剖切时，这些结构仍需

画上剖面符号，如图 6-58 所示。

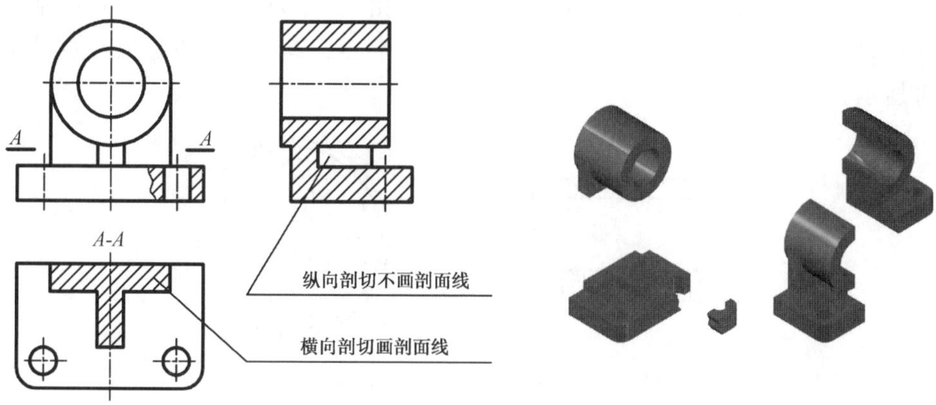

图 6-58　肋板的剖切画法

②当机件回转体上均匀分布的肋、轮辐、孔等结构不处于剖切平面上时，可将这些结构假想旋转到剖切平面上画出，且不需加任何标注，如图 6-59(a)所示小孔的画法和图 6-59(b)所示肋的画法。

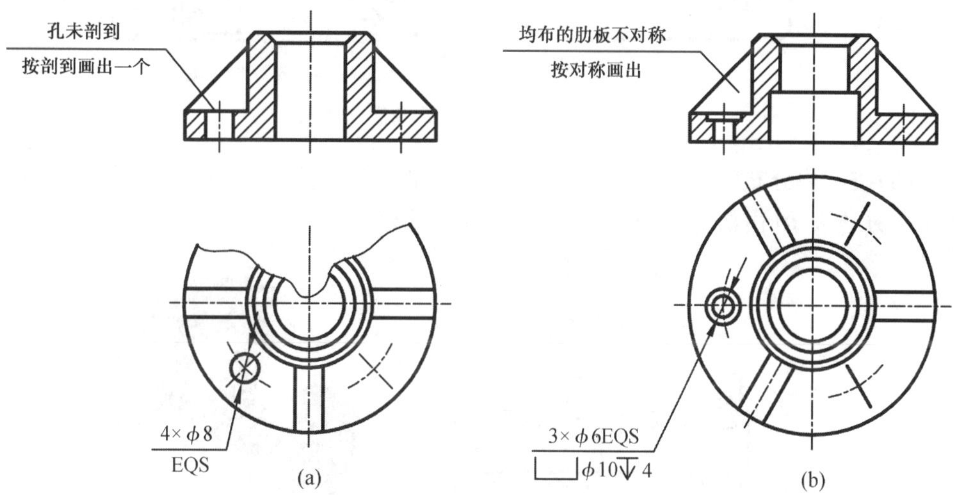

图 6-59　回转体上均匀结构的画法

③当需要表示剖切平面前已剖去的部分结构时，可用双点画线按假想轮廓画出，如图 6-60 所示。

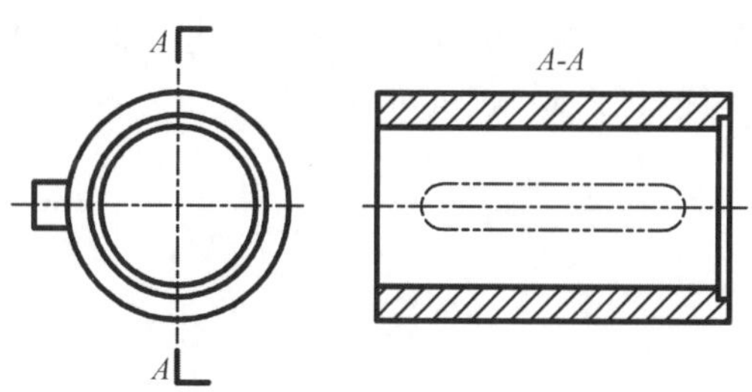

图 6-60　用双点画线表示被剖切去的机件结构

(2)重复结构的画法。当机件上具有若干相同的齿、槽、孔等结构，并按一定规律分布时，只需画出几个完整结构(所需画出的完整结构的个数以能准确表达出这些结构的形状和分布规律为标准)，其余用细实线相连或标明中心位置，并注明总数，如图 6-61、图 6-62所示。

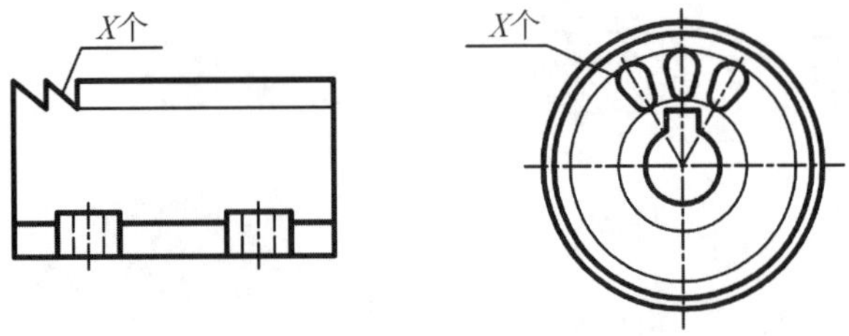

图 6-61　相同重复结构的简化画法(一)

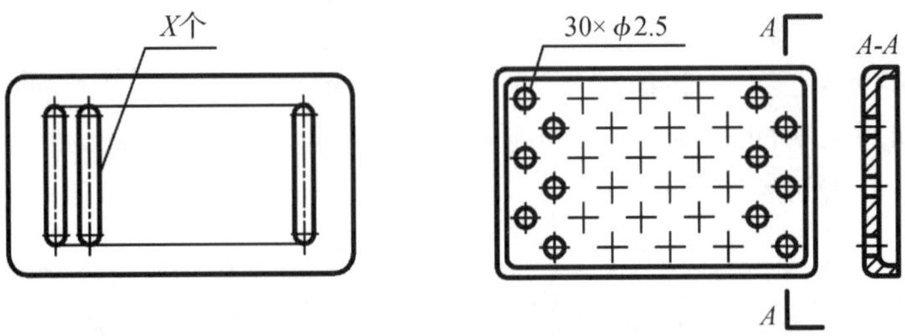

图 6-62　相同重复结构的简化画法(二)

(3)按圆周分布的孔的画法。圆柱形法兰和类似零件上均匀分布的孔，可按图 6-63 所示的方法表示(由机件外向该法兰端面方向投影)。

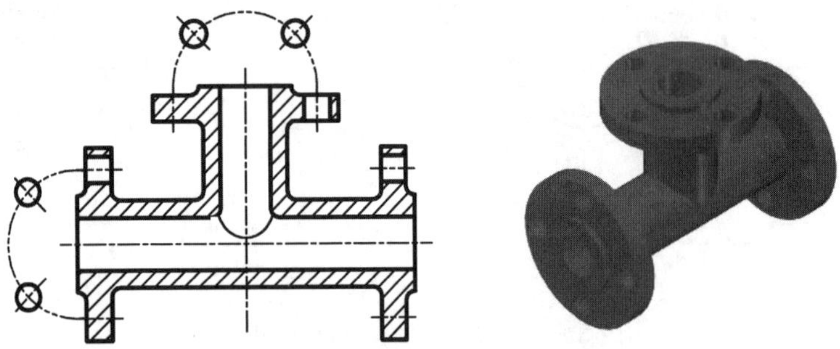

图 6-63　圆柱形法兰和类似零件上均匀分布的孔的画法

(4)对称机件的简化画法。为了减少绘图工作量和节约图幅，在不致引起误解时，对称或基本对称机件的视图，可只画一半或四分之一，并在图形对称中心线的两端分别画两条与其垂直的平行细实线(细短画)，也可画出略大于一半且以波浪线为界线的圆，如图 6-64 所示。

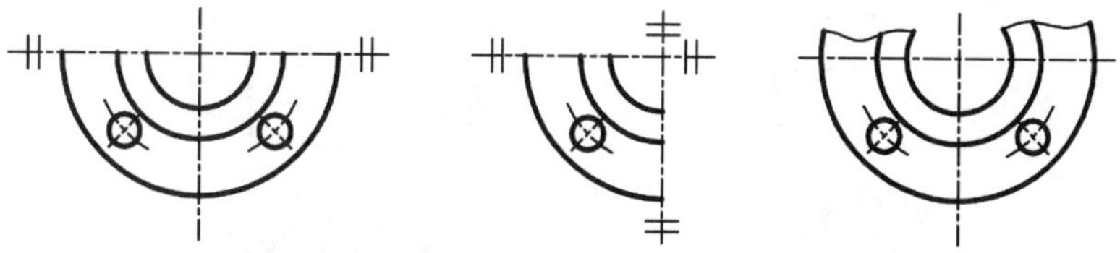

图 6-64　对称机件的简化画法

(5)机件上对称结构的局部视图，可按图 6-65 所示的方法绘制。

(6)机件上较小结构所产生的交线(截交线、相贯线)，如在一个视图中已表达清楚时，可在其他图形中简化或省略，如图 6-65、图 6-66 所示。

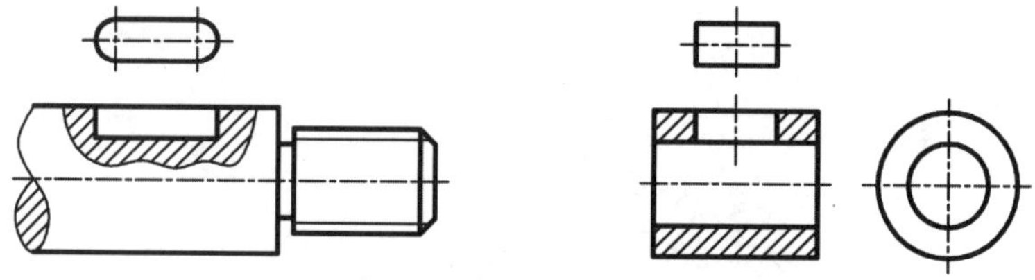

图 6-65　对称结构的局部视图

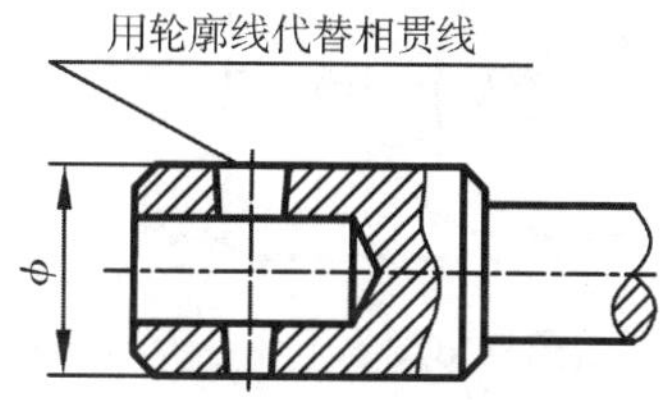

图 6-66　小结构交线的简化画法

(7)在不致引起误解时，图中的过渡线、相贯线可以简化。例如用圆弧或直线代替非圆曲线，如图 6-67 所示。但当使用简化画法会影响对图形的理解时，则应避免使用。

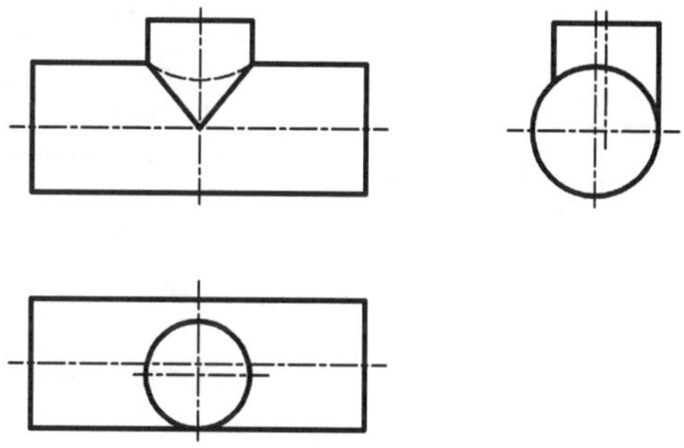

图 6-67　相贯线的简化画法

(8)为了避免增加视图、剖视图、断面图，可用平面符号(相交的两条细实线)表示平面，如图 6-68 所示。

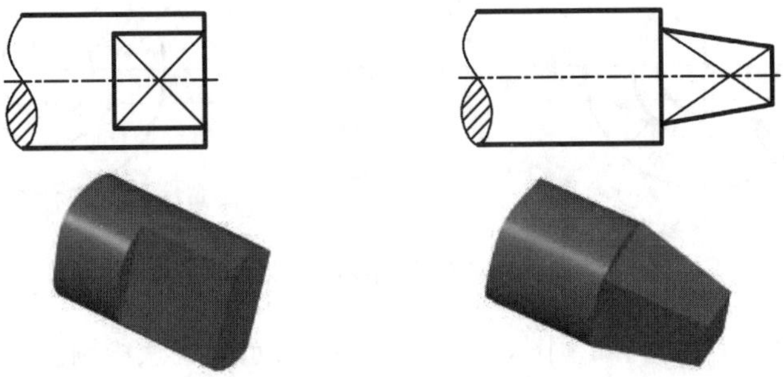

图 6-68　平面的简化表示法

(9)与投影面倾斜角度小于或等于 30°的圆或圆弧，其投影可用圆或圆弧代替，如图 6-69所示。

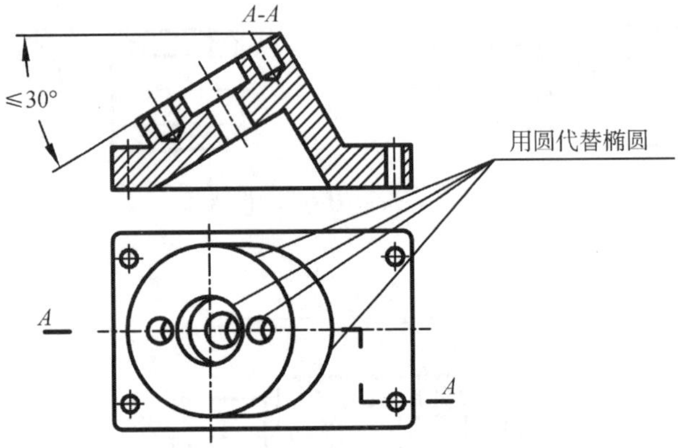

图 6-69　与投影面倾斜角度小于或等于 30°的圆或圆弧的画法

(10)较长的机件(轴、型材、连杆等)，当其沿长度方向形状一致，或按一定规律变化时，可以断开后缩短表示。其折断处可用图 6-70 所示的方法表示，图中尺寸要按机件真实长度注出。

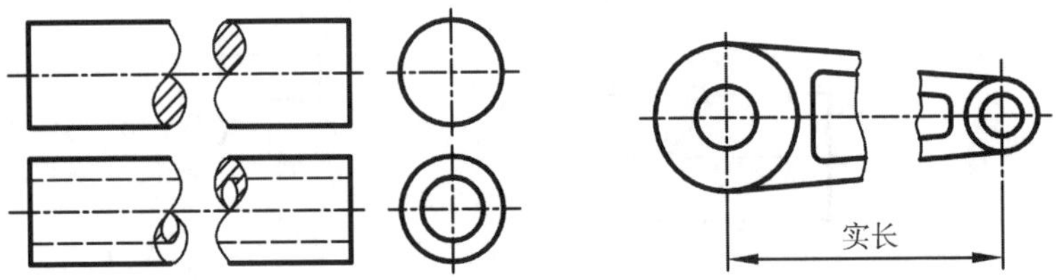

图 6-70　较长机件的折断画法

(11)型材(角钢、工字钢、槽钢等)中的小斜度结构，在一个图中已表达清楚时，其他图中按小端画出，如图 6-71 所示。

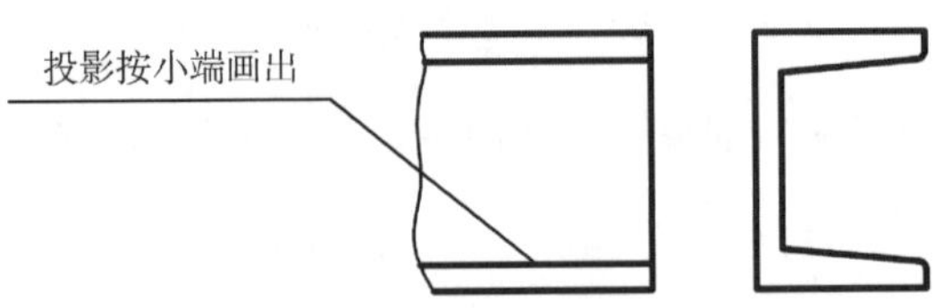

图 6-71　小斜度结构的简化画法

(12)对于网状物、编织物或物体上的滚花部分，可以在轮廓线附近用细实线示意画出，并在图上或技术要求(见 8.5 节)中注明这些结构的具体要求，如图 6-72 所示。

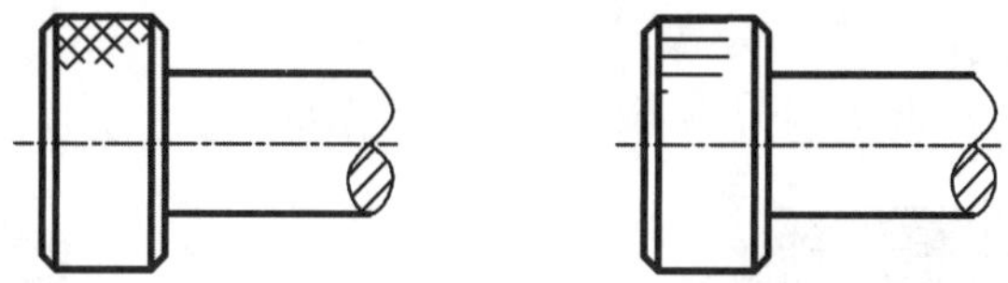

图 6-72　网状物、编织物或物体上的滚花的画法

(13)机件上较小结构已在一个图形中表达清楚时，在其他图形中可简化表示或省略，如图 6-73 所示。

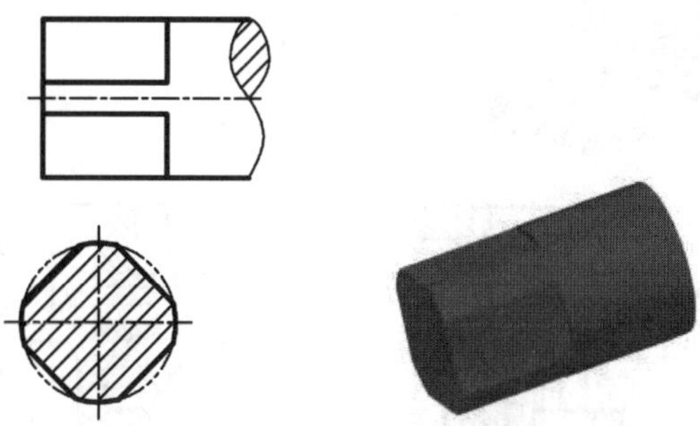

图 6-73　较小结构及斜度的简化画法

(14)除确系需要表示的圆角、倒角外，在不致引起误解时，其他圆角、倒角在零件图(见第 8 章)中均可不画，但必须注明尺寸，或在技术要求中加以说明，如图 6-74 所示。

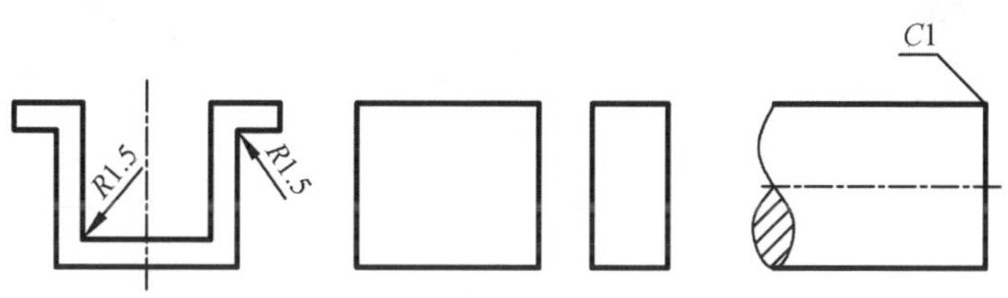

图 6-74　小圆角、小倒圆、小倒角的简化画法和标注

6.5　机件表达方法综合运用举例

机件的结构形状多种多样，表达方法也各不相同，在实际应用中，应当根据机件的结构特点，选用适当的表达方法，用最少的视图，完整、准确、清晰、合理地表达机件各部分的结构形状。

【例 1】阀体

图 6-75 所示阀体的表达，有两种方案可供选择。

方案一：为了表达阀体内腔的结构形状，主视图采用全剖视图；因机件结构前后对称，俯视图采用 $A-A$ 半剖视图，以表达顶板形状、顶板上孔的位置、中间圆柱筒形状、底板形状及底板上孔的位置。肋板的结构表达采用了重合断面图；左视图采用半剖视图，表达了凸缘的外部形状与阀体的内腔结构。

方案二：在方案一中，左视图与主视图所表达的内容有不少重复之处，方案二省略了左视图，而用 *B* 向局部视图表达凸缘的外部形状；主视图采用了局部剖视图，表达了内腔形状和底板上的小孔。

相比较之下，方案二表达更为简明，且制图工作量较少。方案二属于最优方案。

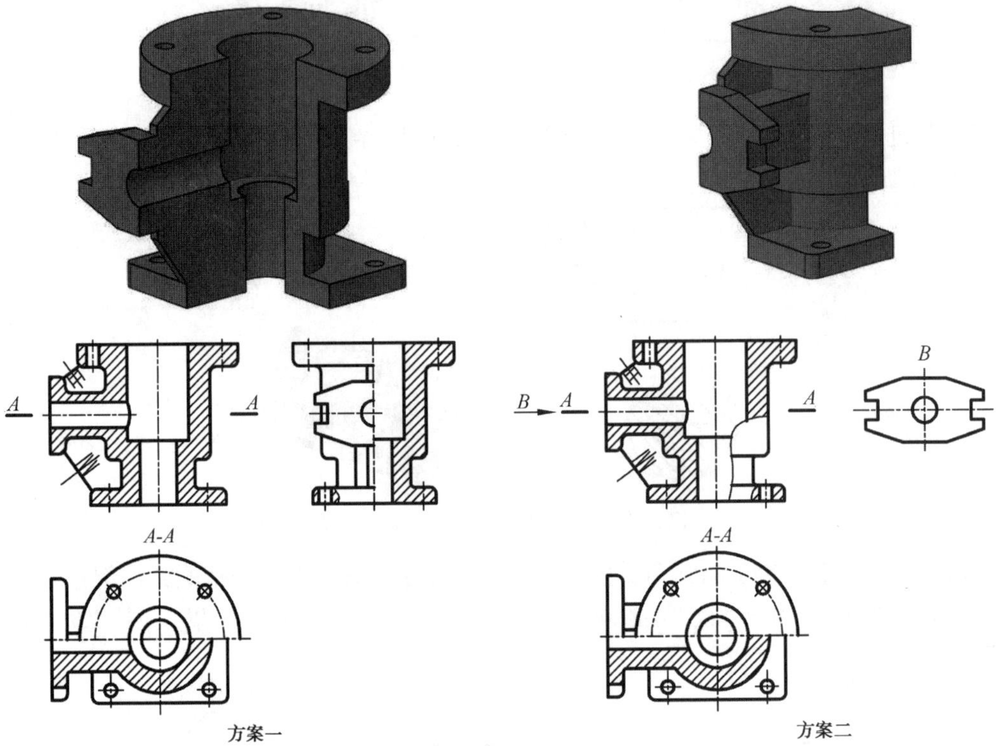

图 6-75　阀体的表达方案

【例 2】支架

在图 6-76 所示支架结构表达中，主视图采用两个局部剖视图，它既表达了肋、圆柱和斜板的外部结构形状，又表达了上部圆柱的通孔以及下部斜板上的四个小通孔的内部形状；用一个局部视图表达上部圆柱的形状及其与十字肋的相对位置关系；用移出断面图表达十字肋的断面形状；用斜视图“A↶”表达底部斜板的实形及其与十字肋的相对位置。

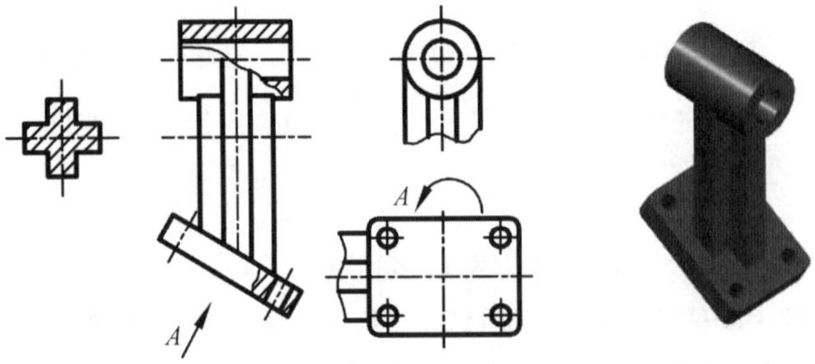

图 6-76　支架结构表达方法

【例 3】管接头

图 6-77 所示管接头的结构特征是：中间是空心圆柱，其左上方和右下方各有一个空心圆柱和中间空心圆柱相贯。几个空心圆柱的端部有四个形状各不相同的连接用的凸缘。

管接头表达方案的选择是：主视图采用“$B-B$”旋转剖，既表达了机件外部各形体的相对位置，又表达了内腔各部分结构形状和相对位置；俯视图采用“$A-A$”阶梯剖，表达左右两个通道与中间空心圆柱连接的形状和相对位置，以及下部凸缘的形状和孔的分布；用“$C-C$”斜剖视图表达右通道凸缘的形状及凸缘上孔的分布；用“$D-D$”局部剖视图表达右边凸缘上的通孔结构；为了表达机件上端凸缘的形状和孔的分布，采用“F”向局部视图；“E”向局部视图表达了左面通道凸缘的形状和孔的分布。

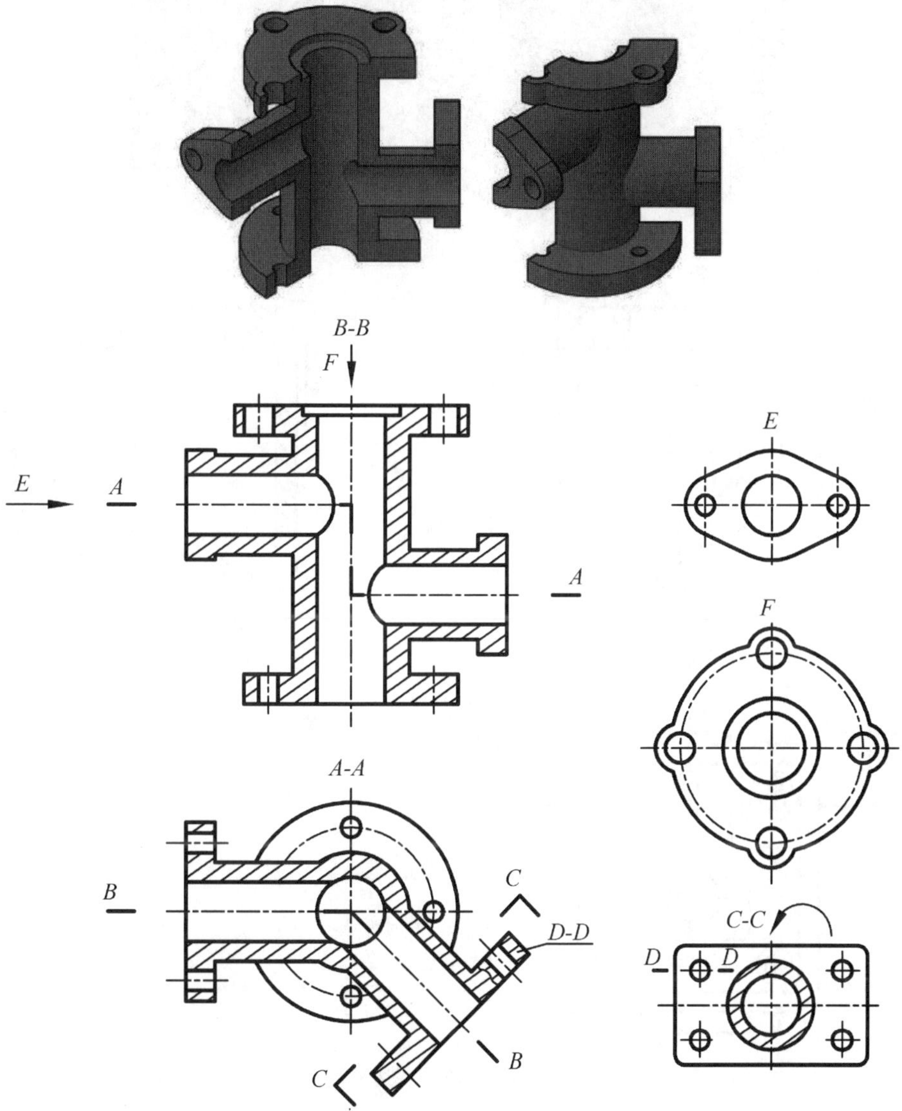

图 6-77　管接头的表达方法

【例 4】箱体

在如图 6-78 所示的箱体结构表达中，因为箱体左右基本对称，所以主视图采用半剖视图，既表达了箱体的内部结构，同时箱体主体的外形和前方圆形凸台及三个支承板的形状特征也得到了保留；因为其前后不对称，因而，箱体左视图采用了全剖视图，进一步表达箱体内部的结构形状；俯视图主要表达箱体的外形和顶面上的九个螺孔的相对位置以及空腔内部圆锥台和外部三个支承板前后的相对位置；在俯视图上用局部剖视图表达阶梯形安装孔的内部结构。

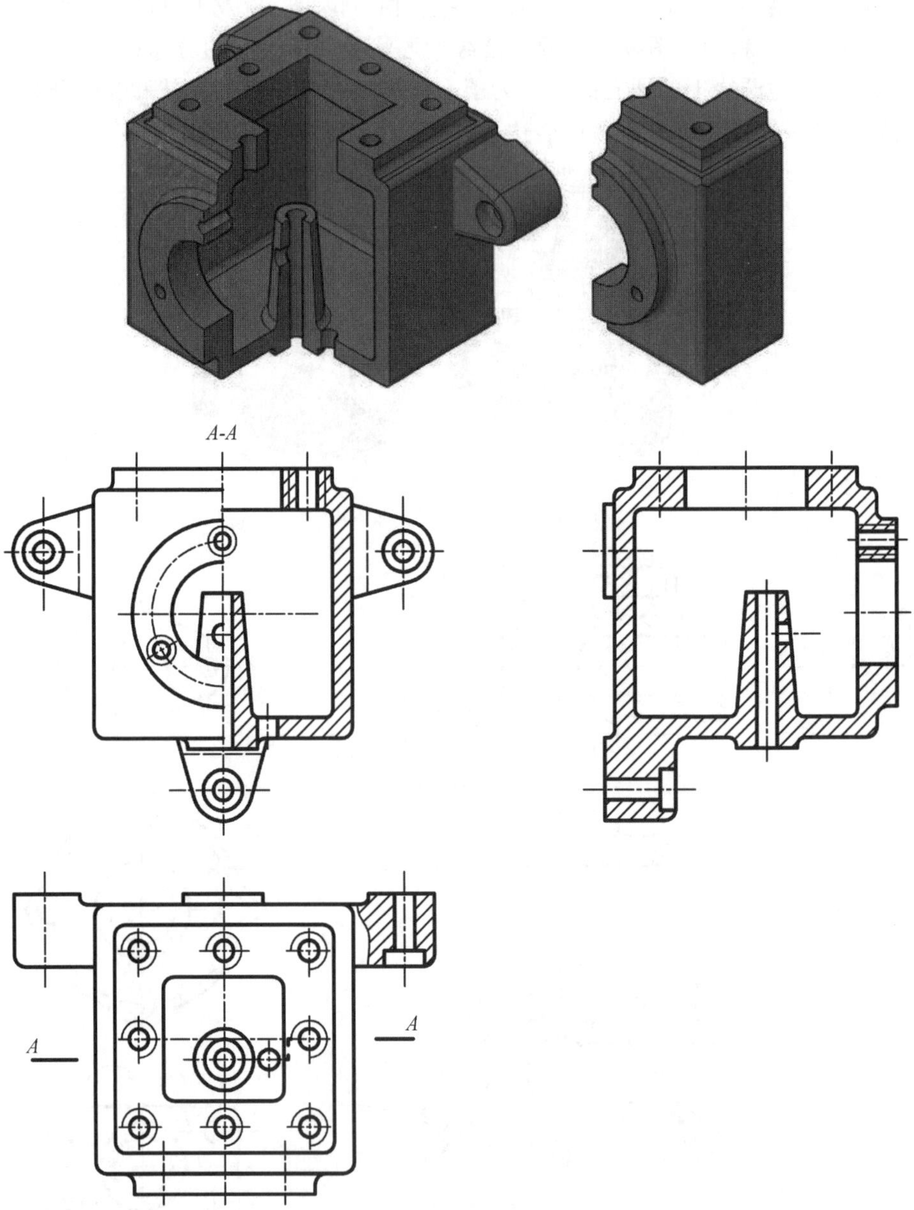

图 6-78　箱体的表达方法

第 7 章　标准件和常用件

零件是机器中每一个单独加工的单元体，任何机器都是由若干零件组成的。机器的功能不同，其零件的数量、种类和形状等也不同。在组成机器的零件中，有一些零件被广泛、大量、频繁地用于各种机器之上。为了设计、制造和使用方便，这些零件的相关结构形状、尺寸和画法等被标准化或部分标准化。标准化或部分标准化后，这些零件可组织专业化大批量生产，提高生产效率，并且在进行设计、装配和维修机器时，可以按规格选用和更换。

国家标准将其型式、结构、材料、尺寸、精度及画法等均予以标准化的零件称为标准件，如螺栓、双头螺柱、螺钉、螺母、垫圈、键、销、轴承等。国家标准只对其部分结构及尺寸参数进行了标准化的零件称为常用件，如齿轮、弹簧等。

本章将介绍标准件与常用件的基本知识、规定画法、代号与标记以及相关标准表格的查用。

7.1　螺纹

1. 螺纹的形成

螺纹可认为是由平面图形(如三角形、梯形、锯齿形等)绕着和它共平面的轴线作螺旋运动而形成的轨迹，如图 7-1 所示。

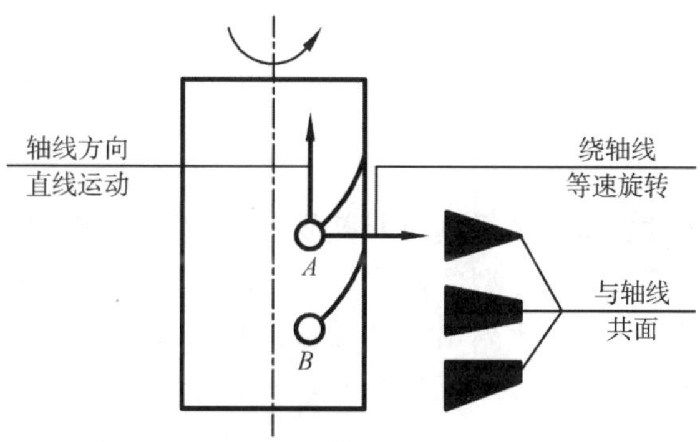

图 7-1　螺纹的形成

在圆柱体(或圆锥体)外表面形成的螺纹，称为外螺纹，在圆柱体(或圆锥体)内表面形成的螺纹，称为内螺纹，如图 7-2 所示。

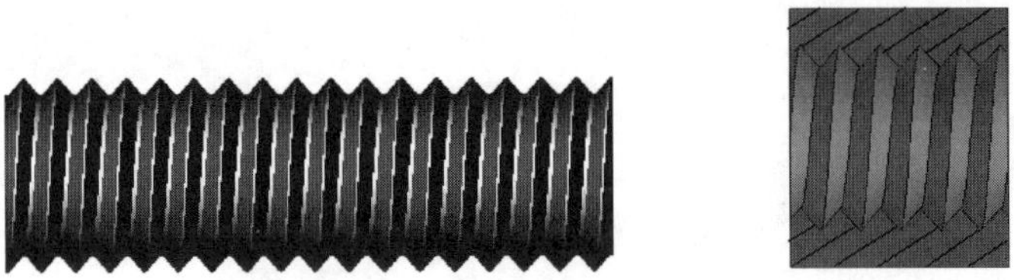

(a)外螺纹　　(b)内螺纹

图 7-2　外螺纹和内螺纹

螺纹通常是根据螺旋线的形成原理用专用刀具在专用机床上制造而成的，如图 7-3(a)所示。另外，还可以用丝锥攻制内螺纹和用板牙套制外螺纹，如图 7-3(b)、7-3(c)所示。

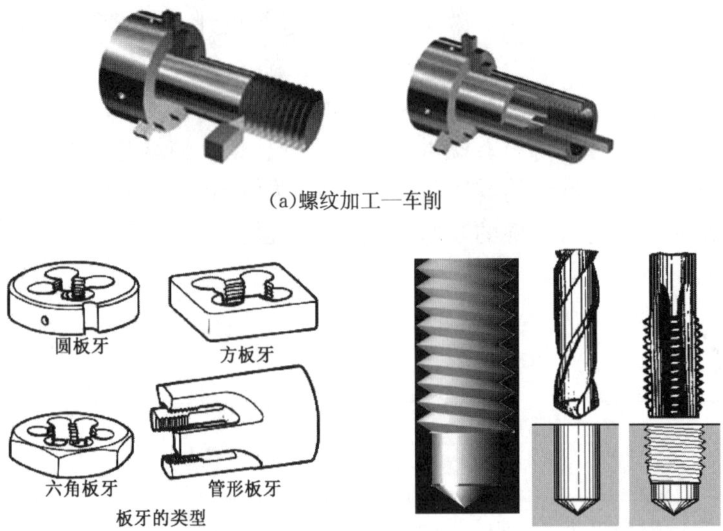

(b)外螺纹的加工一板牙　　(c)内螺纹的加工一丝锥

图 7-3　螺纹加工

2. 螺纹的要素

1)牙型

牙型是通过螺纹轴线的剖面上螺纹的齿廓形状。螺纹的牙型有三角形、梯形、矩形、锯齿形等，如图 7-4 所示。不同牙型的螺纹有不同的用途，如三角形螺纹用于连接，梯形、方形螺纹用于传动等，表 7-1 列出了常见螺纹的用途。在螺纹牙型上，相邻两牙侧之间的夹角，称为牙型角，以 α 表示，如图 7-5 所示。

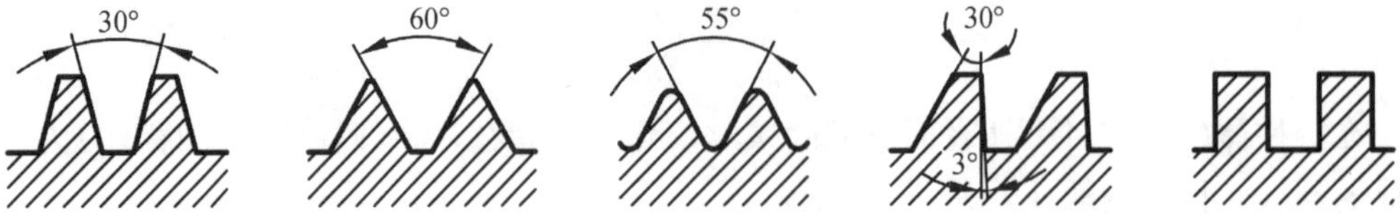

(a) 梯形螺纹　(b) 三角形螺纹　(c) 管螺纹　(d) 锯齿形螺纹　(e) 矩形螺纹

图 7-4　螺纹的牙型

图 7-5　螺纹牙型角

表 7-1　连接螺纹和传动螺纹

螺纹种类			外形及牙型	用途
连接螺纹	普通螺纹	细牙普通螺纹		细牙普通螺纹一般用于薄壁零件或细小的精密零件连接
		粗牙普通螺纹		粗牙普通螺纹一般用于机件的连接
	管螺纹	非螺纹密封的管螺纹	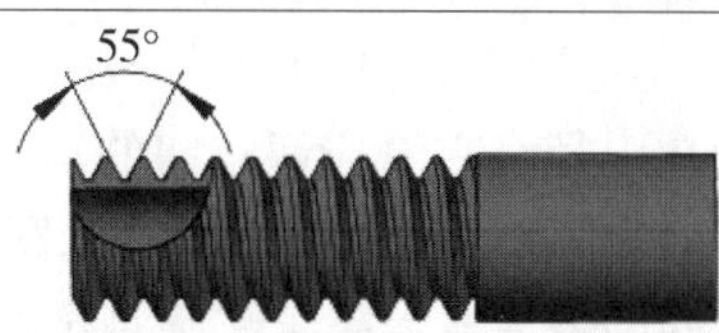	用于管接头、旋塞、阀门及其附件
		用螺纹密封的管螺纹		用于管子、管接头、旋塞、阀门及其他螺纹连接的附件
传动螺纹		梯形螺纹	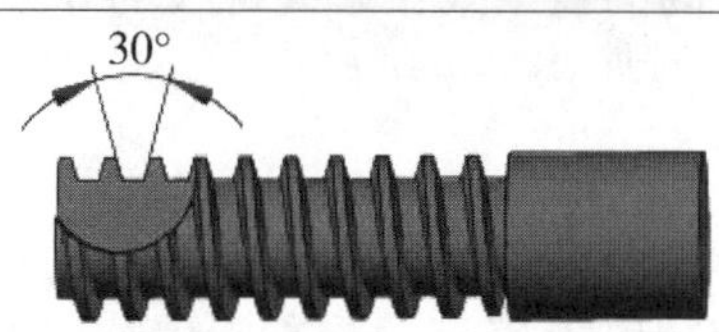	用于必须承受两个方向轴向力的地方，如车床的丝杠

2)螺纹直径

如图 7-6 所示，螺纹的直径分为大径、中径和小径。螺纹大径是与外螺纹牙顶或内螺纹牙底相切的假想圆柱面的直径，内、外螺纹的大径分别以 D 和 d 表示。螺纹小径是与外螺纹牙底或内螺纹牙顶相切的假想圆柱面的直径，内、外螺纹的小径分别以 D_1 和 d_1 表示。在大、小径之间设想有一圆柱，在其母线上螺纹牙的轴向厚度与两牙之间的轴向距离相等，该假想圆柱的直径称为螺纹中径，内、外螺纹的中径分别以 D_2 和 d_2 表示。一般情况下公称直径指螺纹的大径尺寸（管螺纹除外）。

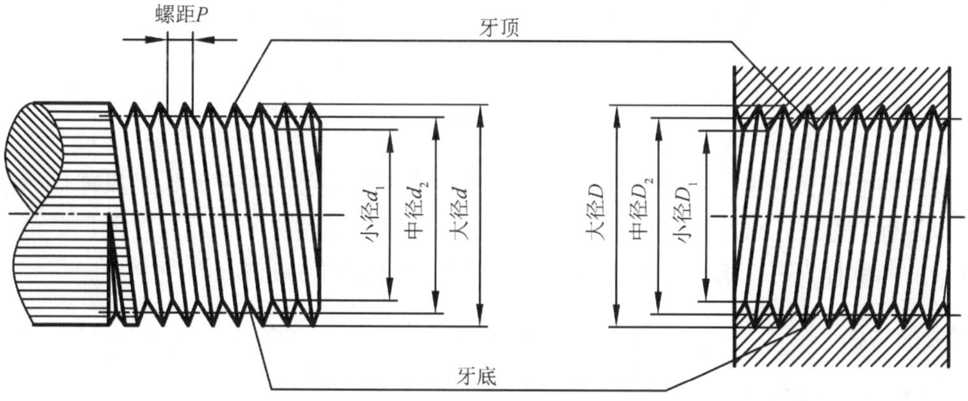

图 7-6　螺纹的直径

3)线数

线数指螺纹件上加工的螺旋线数目，螺纹的线数又称为头数，通常用 n 表示。螺纹有单线螺纹与多线螺纹之分。沿一条螺旋线生成的螺纹称为单线螺纹，沿两条以上的螺旋线生成的螺纹称为多线螺纹，如图 7-7 所示。

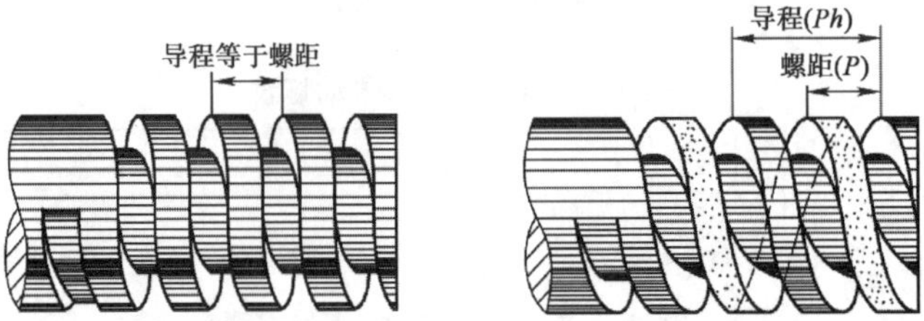

(a) 单线　　(b) 单线

图 7-7　螺纹的线数、导程和螺距

4)螺距(P)与导程(Ph)

螺距是指螺纹上相邻两牙在中径线上对应两点间的轴向距离，导程是指在同一条螺旋线上，相邻两牙在中径线上对应两点间的轴向距离，如图 7-7 所示。

螺距、导程、线数三者之间的关系式：单线螺纹的导程等于螺距，即 $Ph=P$；多线螺纹的导程等于线数乘以螺距，即 $Ph=nP$。

5)旋向

螺纹有右旋和左旋两种。顺时针旋转时旋入的螺纹，称右旋螺纹，逆时针旋转时旋入的螺纹，称左旋螺纹。右旋螺纹不用表示，左旋螺纹用附加符号 LH 表示。旋向可以按图 7-8 所示的方法判断：将外螺纹垂直放置，螺纹的可见部分是右高左低时为右旋螺纹，左高右低时为左旋螺纹。

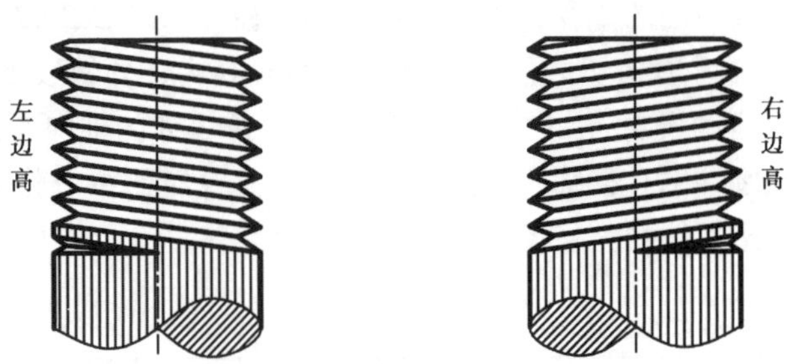

(a) 左旋　　(b) 右旋

图 7-8　螺纹的旋向

螺纹的牙型、公称直径和螺距是决定螺纹的最基本要素。这三个要素都符合标准的螺纹称为标准螺纹，设计时尽量选用标准螺纹。牙型符合标准，而公称直径、螺距不符合标准的螺纹称为特殊螺纹。牙型不符合标准的螺纹称为非标准螺纹。

3. 螺纹的结构

1)螺纹起始端倒角或倒圆

为了防止外螺纹起始圈损坏和便于装配，通常在螺纹起始处做出一定形式(圆锥形的倒角或球面形的倒圆等)的末端，如图 7-9 所示。

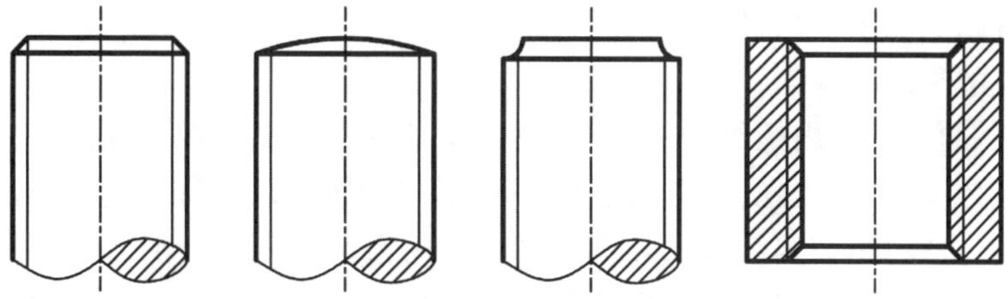

图 7-9　螺纹末端

2)螺纹收尾、退刀槽和肩距

车削螺纹的刀具将近螺纹末尾时要逐渐离开工件，因而螺纹末尾附近的螺纹牙型将逐渐变浅，形成不完整的螺纹牙型，这一段螺纹称为螺尾，如图 7-10(a)中标有尺寸的一段长度。有时为了避免产生螺尾，在该处预制出一个退刀槽，如图 7-10(b)、7-10(c)所示。螺纹至台肩的距离称为肩距，如图 7-10(d)中的 a。

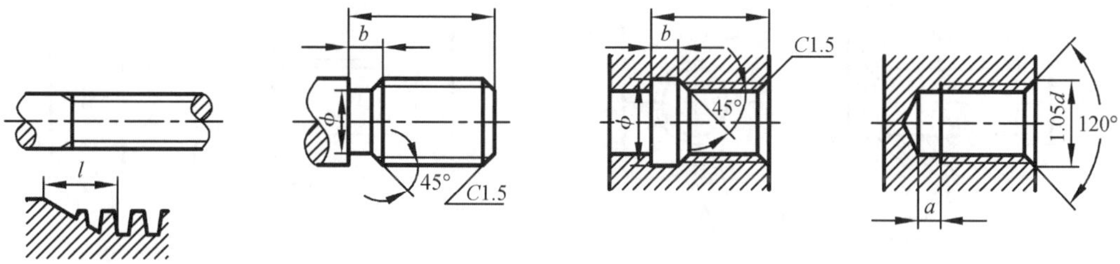

(a) 外螺纹的螺尾　(b) 外螺纹的退刀槽　(c) 内螺纹的退刀槽　(d) 肩距

图 7-10　螺尾、退刀槽和肩距

4. 螺纹的规定画法(GB/T 4459.1—1995)

1)外螺纹的画法

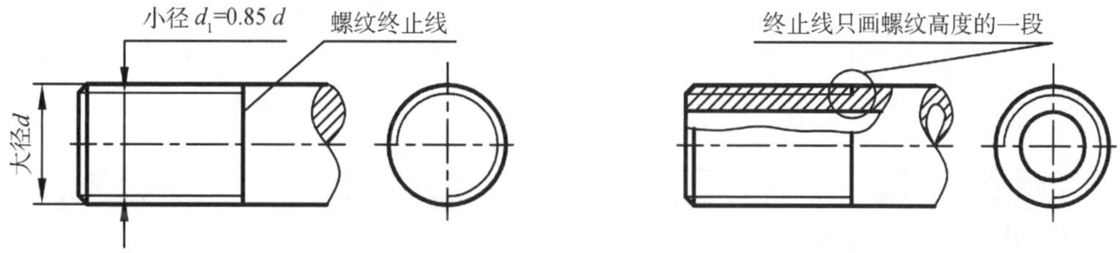

(a) 视图画法　(b) 剖视画法

图 7-11　外螺纹的画法

外螺纹不论其牙型如何，在平行于螺纹轴线的视图上，螺纹的牙顶圆(大径)的投影用粗实线表示，牙底圆(小径)近似的画成大径的 0.85 倍，投影用细实线表示，在螺杆的倒角或倒圆部分也应画出。螺纹收尾线通常不画出，如果要画出螺纹收尾，则画成斜线，其倾斜角度与轴线成 30°。在垂直于螺纹轴线的投影面的视图中，表示牙底圆(小径)投影的细实线只画 3/4 圈(空出约 1/4 圈的位置不作规定)。此时，螺杆倒角的投影不应画出。螺纹终止线在不剖的外形图中画成粗实线。外螺纹的视图画法如图 7-11(a)所示。在剖视图中，螺纹终止线只画螺纹高度的一段，剖面线必须画到表示牙顶圆投影的粗实线为止。外螺纹的剖现画法如图 7-11(b)所示。

2)内螺纹的画法

如图 7-12(a)所示，内螺纹不论其牙型如何，在平行于轴线的视图上，一般画成全剖视图，内螺纹牙顶圆(小径)的投影用粗实线表示，尺寸画成大径的 0.85 倍，且不画入倒角区，牙底圆(大径)用细实线表示，螺纹终止线用粗实线表示，剖面线应画到表示小径的粗实线为止。在垂直于螺纹轴线的投影面的视图上，表示大径的细实线只画约 3/4 圈，表示倒角的投影不应画出。

绘制不穿通的螺孔时，一般应将钻孔深度和螺孔深度分别绘出，钻孔深度比螺孔深度要长约 0.5D(D 为螺纹大径)，锥角 120°一般不需要标注，如图 7-12(a)所示。

当螺纹为不可见时，螺纹的所有图线用虚线画出，如图 7-12(b)所示。

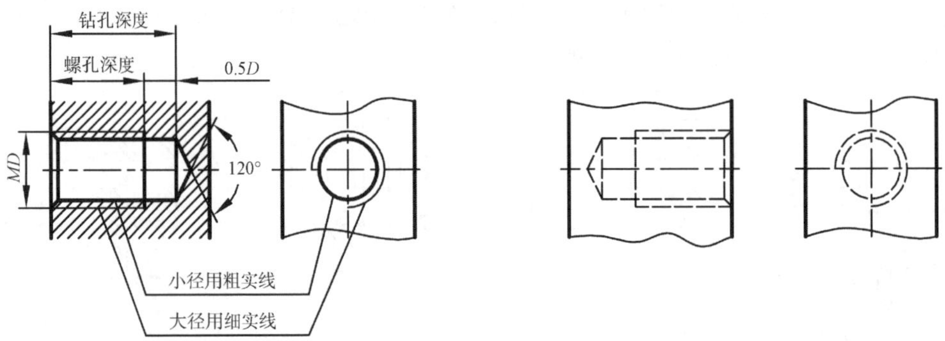

(a) 剖视画法　　(b) 不可见螺纹表示法

图 7-12　内螺纹的画法

3)螺纹连接的画法

只有当前述内、外螺纹的五个基本要素都相同时，内、外螺纹才能进行连接。用剖视图表示螺纹连接时，旋合部分按外螺纹的画法绘制，未旋合部分按各自原有的画法绘制，如图 7-13 所示。画图时必须注意：表示内、外螺纹大径的细实线和粗实线，以及表示内、外螺纹小径的粗实线和细实线应分别对齐；在剖切平面通过螺纹轴线的剖视图中，实心螺杆按不剖绘制。

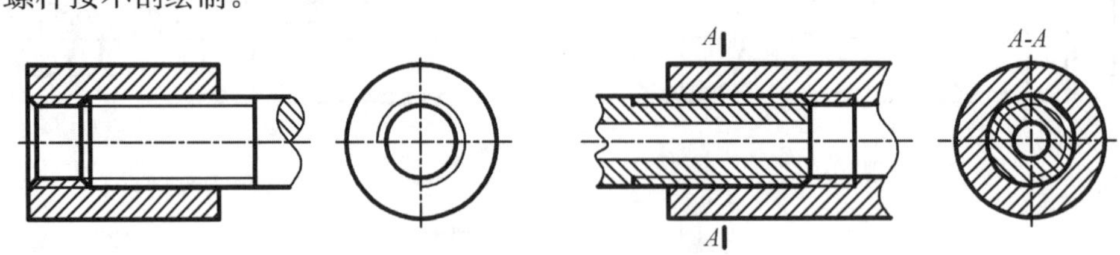

图 7-13　内、外螺纹旋合画法

5. 螺纹牙型表示法

标准螺纹的牙型不用在图形中绘出，可以在尺寸标注中通过牙型的代号加以识别，例如，普通螺纹的牙型代号为 M。对于非标准螺纹，可以在图中采用局部剖视图画出 2、3 个螺纹的牙型，如图 7-14(a)所示。也可以采用局部放大图表示，如图 7-14(b)所示，在局部放大图中，应标明牙型各部分的尺寸和技术要求。

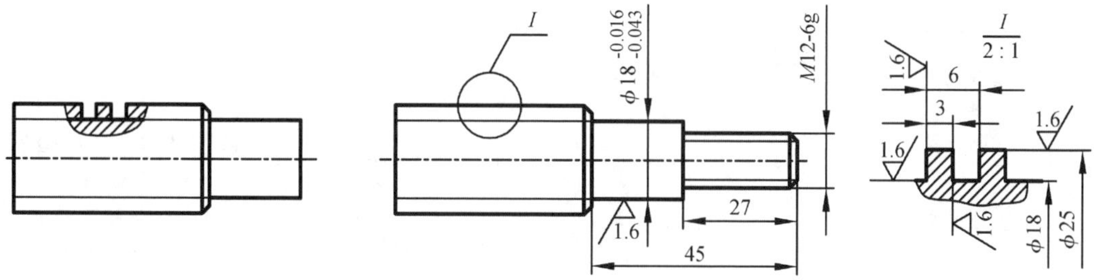

(a)　　　　(b)

图 7-14　螺纹牙型表示法

6. 螺纹的种类与标记

螺纹采用规定画法后，图上无法反映出螺纹的要素及制造精度等，应在图样上按规定形式进行标记，以表示该螺纹的牙型、公称直径、螺距、公差带等。

国家标准(GB/T 4459.1—1995)规定，标准螺纹应在图上用相应的牙型代号来表示，表 7-2 列出了常用标准螺纹的种类、牙型与标记。

表 7-2　常用标准螺纹的种类、牙型与标记

螺纹类型			特征代号	牙型略图	标注示例	说明
连接紧固用螺纹	粗牙普通螺纹		M	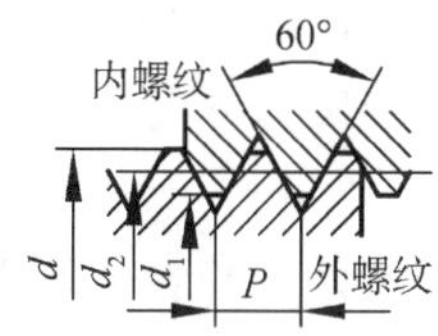	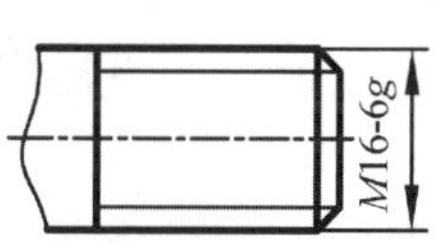	粗牙普通螺纹，公称直径 16 mm，右旋，中径公差带和大径公差带均为 6 g，中等旋合长度
	细牙普通螺纹			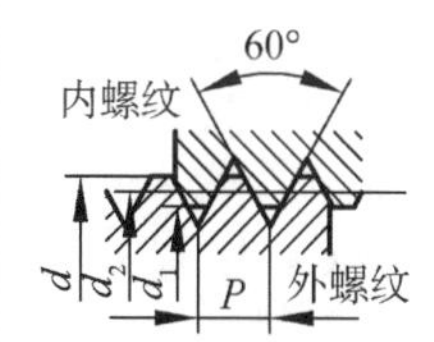	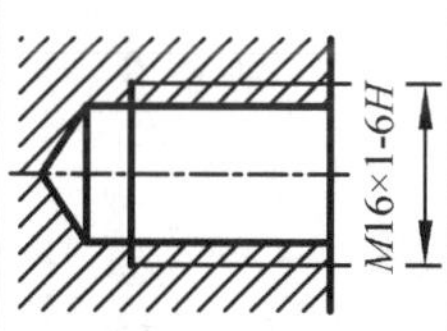	细牙普通螺纹，公称直径 16 mm，螺距 1 mm，右旋，中径公差带和小径公差带均为 6H，中等旋合长度
管用螺纹	55°非密封管螺纹		G	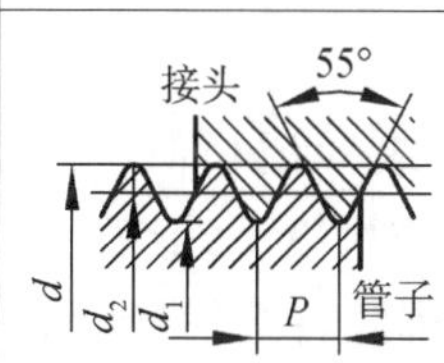	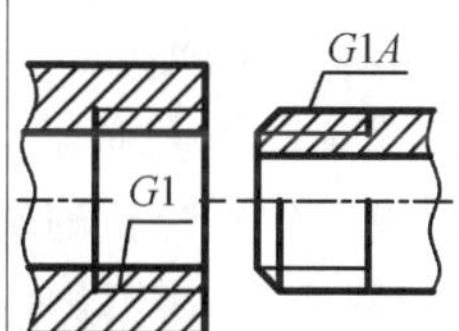	55°非密封管螺纹 G—螺纹特征代号 1—尺寸代号 A—外螺纹公差带代号
	55°密封管螺纹	圆锥内螺纹	R_C	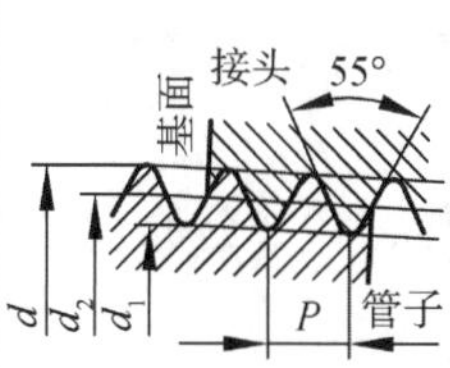	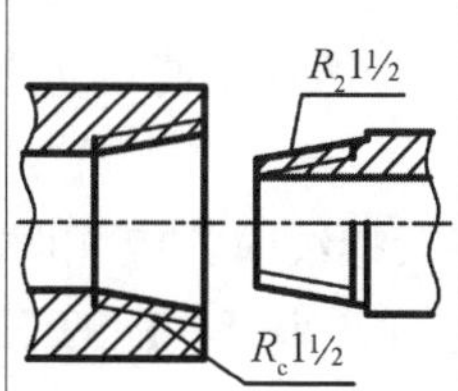	55°密封管螺纹 R_1—与圆柱内螺纹配合的圆锥外螺纹 R_2—与圆锥内螺纹配合的圆锥外螺纹 1½—尺寸代号
		圆柱内螺纹	R_P			
		圆锥外螺纹	R_1、R_2			

续表

螺纹类型		特征代号	牙型略图	标注示例	说明
传动螺纹	梯形螺纹	Tr	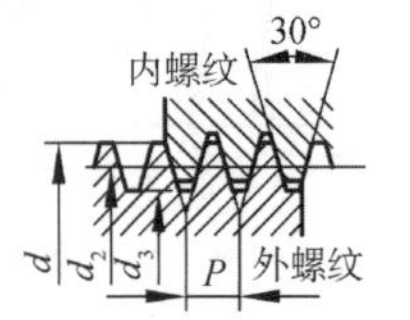	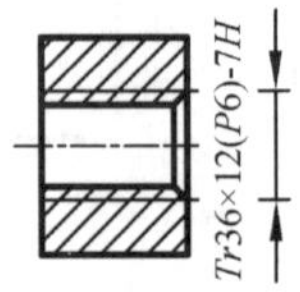	梯形螺纹，公称直径 36 mm，双线螺纹，导程 12 mm，螺距 6 mm，右旋，中径公差带 7H，中等旋合长度
	锯齿形螺纹	B	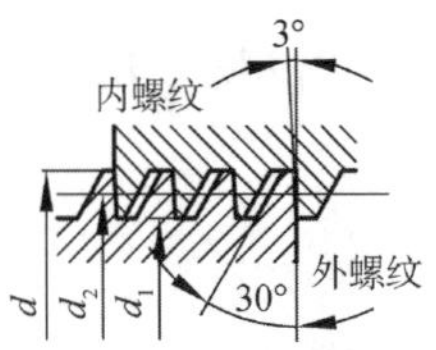	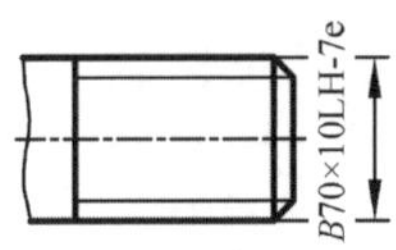	锯齿形螺纹，公称直径 70 mm，单线螺纹，螺距 10 mm，左旋，中径公差带为 7e，中等旋合长度

1)普通螺纹的标记

普通螺纹的标记格式为：

特征代号 螺纹大径×导程（螺距 P） 旋向—螺纹公差带代号—旋合长度代号

(1)特征代号：粗牙普通螺纹及细牙普通螺纹均用“M”作为特征代号。

(2)公称直径：除管螺纹(代号为 G 或 R)外，其余螺纹公称直径均为螺纹大径。

(3)导程(螺距 P)：单线螺纹只标导程即可(螺距与之相同)，多线螺纹的导程、螺距均需标出。粗牙螺纹的螺距已完全标准化，查找国标手册即可，在标记时省略标记。

(4)旋向：当旋向为右旋时，不标记；当旋向为左旋时要标记“LH”两个大写字母，表示左旋。

(5)螺纹公差带代号：由表示公差等级的数字和表示基本偏差的字母组成，外螺纹用小写字母，如 5 g、6 g 等，内螺纹用大写字母，如 6H。

(6)旋合长度指螺纹旋入的长度。一般分为短、中、长三种，分别用 S、N、L 表示，中等旋合长度可省略不标。

例如，粗牙普通外螺纹，大径为 10，右旋，中径公差带为 5 g，顶径公差带为 6 g，短旋合长度。应标记为：M10－5g6g－S。

2)梯形螺纹和锯齿形螺纹的标记

梯形螺纹和锯齿形螺纹标记与普通螺纹标记相似，也是由螺纹代号、公差带代号、旋合长度代号三部分组成，但在标记时需注意以下几点：

(1)梯形螺纹特征代号为 Tr，锯齿形螺纹特征代号为 B。

(2)梯形螺纹的公称直径仅指外螺纹大径的基本尺寸，即使在梯形螺纹的内螺纹标记中，其公称直径并不是指螺纹本身的大径尺寸，而是指与该内螺纹相旋合的外螺纹的大径基本尺寸。

(3)当为双头或多头螺纹时，应注明导程，如公称直径为 40，螺距为 7，双线，左旋的梯形螺纹的标记为：Tr40×14(P7)LH。

(4)螺纹的公差带代号只指中径的公差带代号，如 B32×6－7E，表示公称直径为 32，螺距为 6，中径公差带代号为 7E 的锯齿形螺纹。

(5)螺纹的旋合长度代号只有长(L)，中等(N)两组。

例如，梯形螺纹，公称直径为 40，导程为 14，螺距为 7 的左旋双线内螺纹，中径公差带代号为 8E，长旋合长度。应标记为：Tr40×14(P7)LH－8E－L。

3)管螺纹标记

管螺纹的标记格式为：

螺纹代号 尺寸代号 公差带代号＋旋向

(1)管螺纹分为密封螺纹及非密封螺纹：非密封性圆柱管螺纹代号为 G，密封性圆柱管螺纹代号为 R_p；密封性圆锥外管螺纹代号为 R，密封性圆锥管内螺纹代号为 Rc。

(2)尺寸代号是指管件通孔的近似尺寸，以 in 为单位。

(3)外螺纹有 A、B 两种公差等级，公差等级代号标记在尺寸代号之后，内螺纹公差只有一种，故可以省略标记。

(4)所有的管螺纹均以引线标注，引线指向管螺纹的大径。

(5)右旋螺纹不标记旋向，左旋螺纹标记代号 LH。

例如，55°非螺纹密封的外管螺纹，尺寸代号为 3/4，公差等级为 A 级，右旋。应标记为：G3/4A。

7.2　常用螺纹紧固件

7.2.1　常用螺纹紧固件的比例画法及标记

螺栓、螺柱、螺钉、螺母、垫圈等统称为螺纹紧固件，它们都属于标准件，一般不需要画出这些螺纹紧固件的零件图，如需要时可采用比例画法，即根据螺纹的公称直径(大径 d 或 D)，按照与其近似的比例关系，计算出连接件的尺寸进行绘图。但需注意螺栓头高度为 0.7 d，而螺母的高度应为 0.8 d，其他尺寸的比例相同。螺纹紧固件的标记方法由 GB/T 1237—2000 规定。

1. 螺栓

螺栓由头部和杆部组成。常用头部形状为六棱柱的六角头螺栓，如图 7-15(a)所示。根据螺纹的作用和用途，六角头螺栓有“全螺纹”、“部分螺纹”、“粗牙”和“细牙”等多种规格。螺栓的规格尺寸指螺纹的大径 d 和公称长度 l。六角头螺栓比例画法如图 7-15(b)所示。

螺栓规定的标记形式为：名称　标准编号　螺纹代号×公称长度

例如，螺栓　GB/T　5780　M10×40，根据标记可知，螺栓为粗牙普通螺纹，螺纹规格 d=10 mm，公称长度 l=40 mm，性能等级为 4.8 级，不经表面处理，杆身为半螺纹，C 级的六角头螺栓。其他尺寸可从相应的标准中查得。

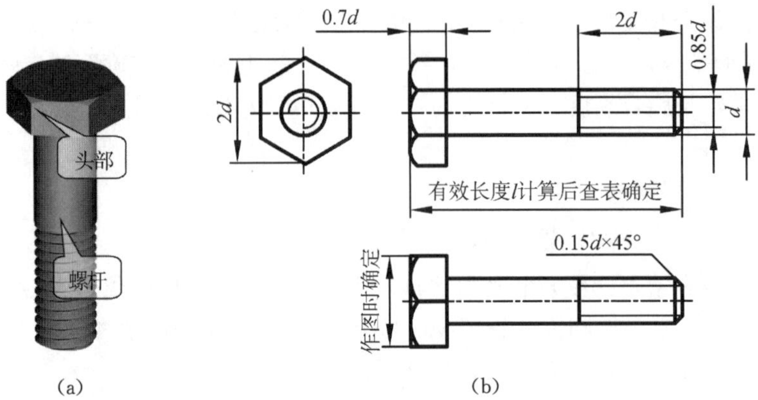

图 7-15　六角头螺栓比例画法

2. 螺母

螺母与螺栓等外螺纹零件配合使用，起联接作用，其中以图 7-16(b)所示六角头螺母应用最为广泛。六角头螺母根据高度不同，可分为薄型、1 型、2 型，根据螺距不同，可分为粗牙、细牙，根据产品等级，可分为 A、B、C 级。螺母的规格尺寸为螺纹大径 d。六角头螺母各部分尺寸及表面上用几段圆弧表示的交线，都以螺纹大径 d 的比例关系画出，如图 7-16(a)所示。

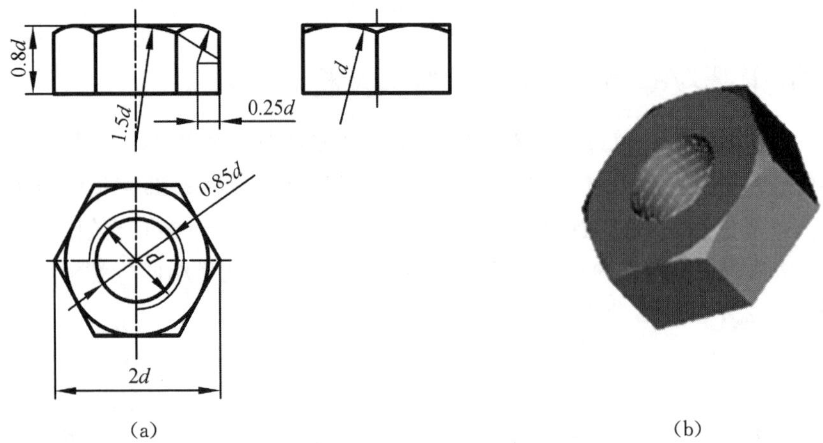

图 7-16　六角头螺母比例画法

螺母规定的标记形式为：名称　标准编号　螺纹代号

例如，螺母　GB/T　40　M10，根据标记可知，螺母为粗牙普通螺纹，螺纹规格 $D=10$ mm，性能等级为 5 级，不经表面处理，C 级六角头螺母。其他尺寸可从相应的标准中查得。

3. 垫圈

垫圈有平垫圈和弹簧垫圈之分。平垫圈一般放在螺母与被联接零件之间，用于保护被联接零件的表面，以免拧紧螺母时刮伤零件表面，同时又可增加螺母与被联接零件之间的接触面积。弹簧垫圈可以防止因振动而引起螺纹松动的现象发生。

平垫圈有 A 级和 C 级两个标准系列，在 A 级标准系列平垫圈中，又分为带倒角和不带倒角两种类型。垫圈的公称尺寸用与其配合使用的螺纹紧固件的螺纹规格 d 来表示。常用垫圈的画法如图 7-17 所示。

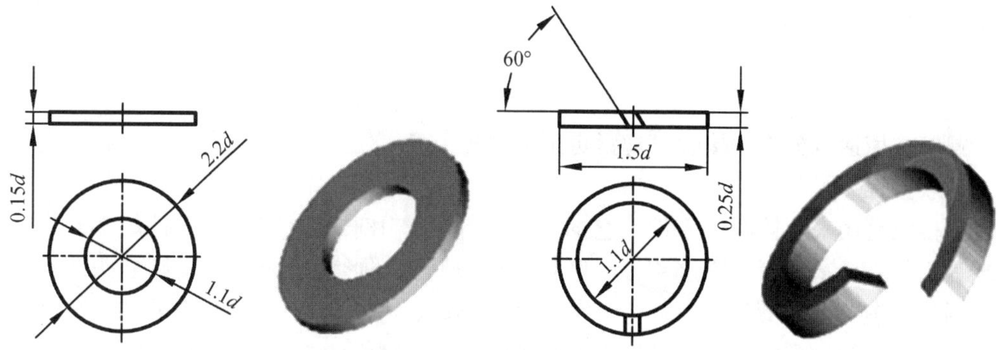

图 7-17　垫圈比例画法

垫圈规定的标记形式为：名称　标准编号　公称尺寸

例如，垫圈　　GB/T　97.1　　10，根据标记可知，平垫圈为标准系列，公称尺寸［螺纹规格，即螺纹的公称直径(大径)］d=10 mm，性能等级 100HV 级，不经表面处理。其他尺寸可从相应的标准中查得。

4. 双头螺柱

图 7-18(a)所示为双头螺柱，它的两端都有螺纹，其中用来旋入被联接零件的一端，称为旋入端，用来旋紧螺母的一端，称为紧固端。根据双头螺柱的结构分为 A 型和 B 型两种。双头螺柱比例画法如图 7-18(b)所示。

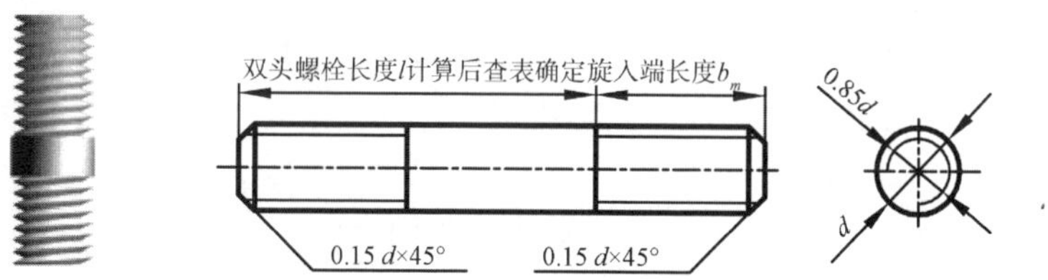

(a)　　　　　　　　　　(b)

图 7-18　双头螺柱比例画法

根据螺孔零件的材料不同，双头螺柱旋入端的长度有四种规格，每一种规格对应一个标准号，见表 7-3。

表 7-3　双头螺柱旋入端长度

螺孔的材料	旋入端的长度	标准编号
钢与青铜	$b_m=d$	GB/T 897—1988
铸铁	$b_m=1.25d$	GB/T 898—1988
铸铁或铝合金	$b_m=1.5d$	GB/T 899—1988
铝合金	$b_m=2d$	GB/T 900—1988

双头螺柱的规格尺寸为螺纹大径 d 和公称长度 l。

双头螺柱规定的标记形式为：名称　标准编号　螺纹代号×公称长度。

例如，螺柱　GB/T　899　M10×40，根据标记可知，双头螺柱的两端均为粗牙普通螺纹，d=10 mm，l=40 mm，性能等级为 4.8 级，不经表面处理，B 型(B 型可省略不标)，b_m=1.5 d。

5. 螺钉

螺钉按用途可分为联接螺钉和紧定螺钉两种。

1)联接螺钉

联接螺钉用来联接两个零件，它的一端为螺纹，用来旋入被联接零件的螺孔中，另一端为头部，用来压紧被联接零件。联接螺钉按其头部形状可分为开槽圆柱头螺钉、十字槽圆柱头螺钉、开槽盘头螺钉、十字槽沉头螺钉、内六角圆柱头螺钉等。图 7-19 所示为几种常用的联接螺钉结构。联接螺钉的规格尺寸为螺钉的直径 d 和螺钉的长度 l。

(a)开槽圆柱头螺钉　(b)开槽沉头螺钉　(c)内六角圆柱头螺钉

图 7-19　不同头部的联接螺钉

常用的开槽圆柱头螺钉和开槽沉头螺钉比例画法如图 7-20 所示。

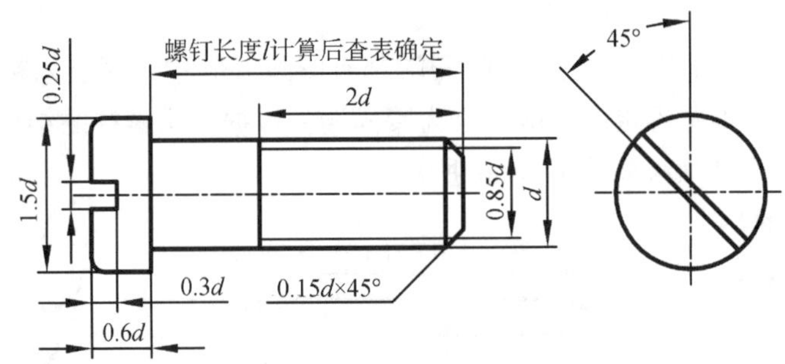

(a) 开槽圆柱头螺钉比例画法

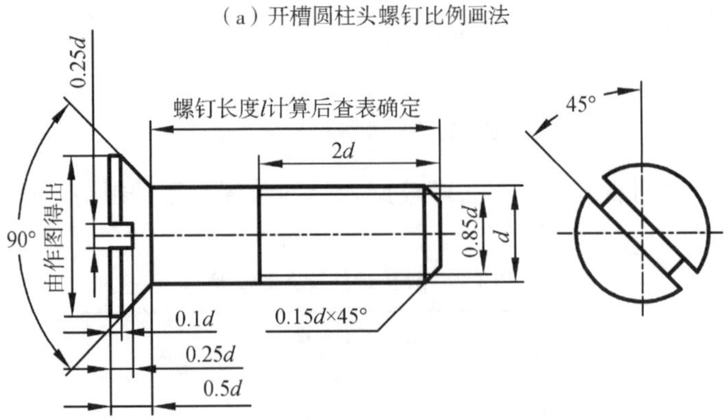

(b) 开槽沉头螺钉比例画法

图 7-20　螺钉比例画法

联接螺钉规定的标记形式为：名称　标准编号　螺纹代号×公称长度

例如，螺钉　GB/T　68　M8×30，根据标记可知，螺纹规格 $d=8$ mm，公称长度 $l=30$ mm，性能等级为 4.8 级，不经表面处理的开槽沉头螺钉。

2)紧定螺钉

紧定螺钉用来防止或限制两个相配合零件间的相对转动。头部有开槽和内六角两种形式，端部有锥端、平端、圆柱端等形式，如图 7-21 所示。紧定螺钉的规格尺寸为螺钉的直径 d 和螺钉长度 l。

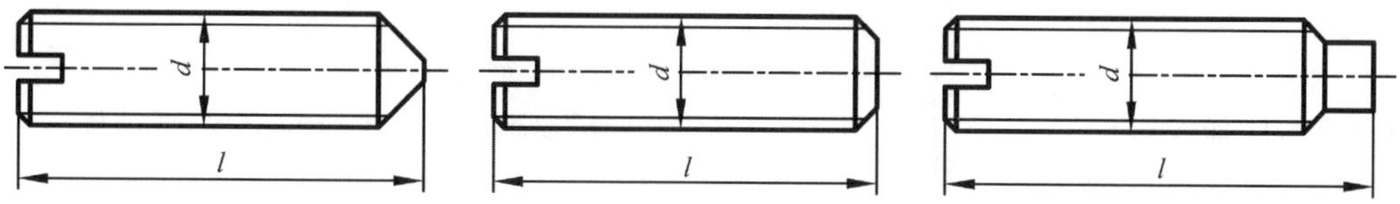

(a)锥端紧定螺钉　(b)平端紧定螺钉　(c)圆柱端紧定螺钉

图 7-21　不同端部的紧定螺钉

紧定螺钉规定的标记形式为：名称　标准编号　螺纹代号×公称长度

例如，螺钉　GB/T　73　M6×10，根据标记可知，螺纹规格 $d=6$ mm，公称长度 $l=10$ mm，性能等级为 14H 级，表面氧化的开槽平端紧定螺钉。

表 7-4 列出了常用螺纹紧固件的简化画法和规定标记。

表 7-4　常用螺纹紧固件的简化画法和规定标记示例

名称和标准代号	简化画法	标记及其说明
六角头螺栓 GB/T 5782—2016	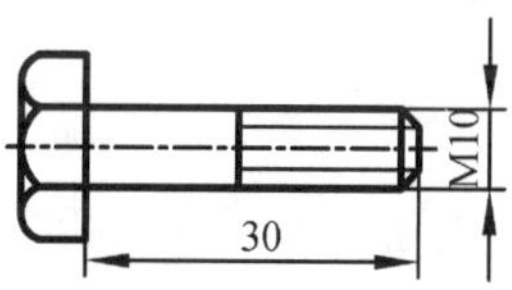	螺栓　GB/T　5782　M10×30 表示：A 级六角头螺栓，螺纹规格 M10，公称长度为 30 mm
双头螺柱 GB/T 898—1988	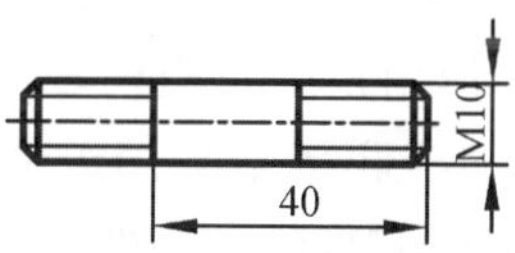	螺柱　GB/T　898　M10×40 表示：B 型双头螺柱（$b_m=1.25d$），两端均为粗牙普通螺纹，螺纹规格为 M10，公称长度为 40 mm
开槽沉头螺钉 GB/T 68—2016	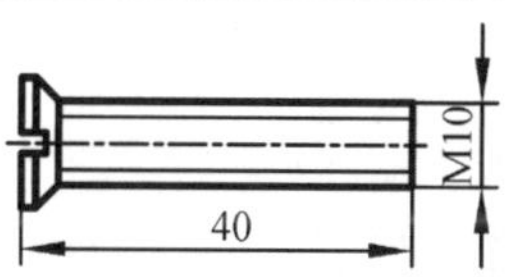	螺钉　GB/T　68　M10×40 表示：开槽沉头螺钉，螺纹规格 M10，公称长度为 40 mm
开槽圆柱头螺钉 GB/T 65—2016	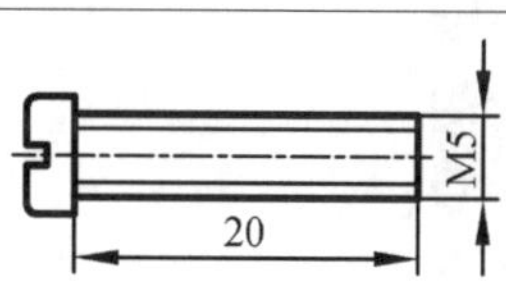	螺钉　GB/T　65　M5×20 表示：开槽圆柱头螺钉，螺纹规格 M5，公称长度为 20 mm，不经表面处理
开槽平端紧定螺钉 GB/T 73—2017	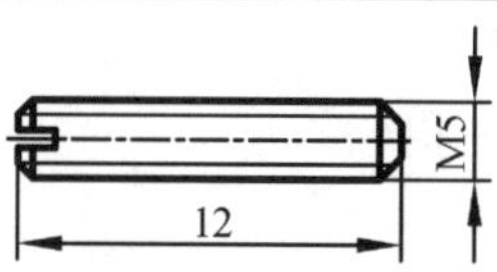	螺钉　GB/T　73　M5×12 表示：开槽平端紧定螺钉，螺纹规格 M5，公称长度为 12 mm

续表

名称和标准代号	简化画法	标记及其说明
六角螺母 GB/T 6170—2015	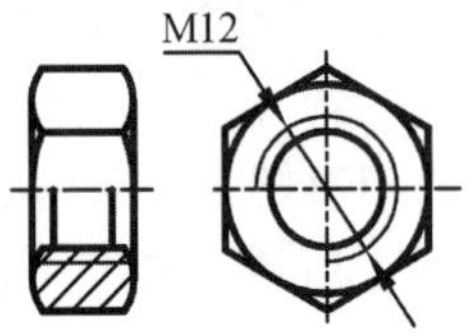	螺母　GB/T　6170　M12 表示：C级的六角螺母，螺纹规格为 M12，不经表面处理
平垫圈 GB/T 97.1—2002		垫圈　GB/T　97.1　8 表示：A级平垫圈，公称尺寸 8 mm（螺纹公称直径）
弹簧垫圈 GB/T 93—1987	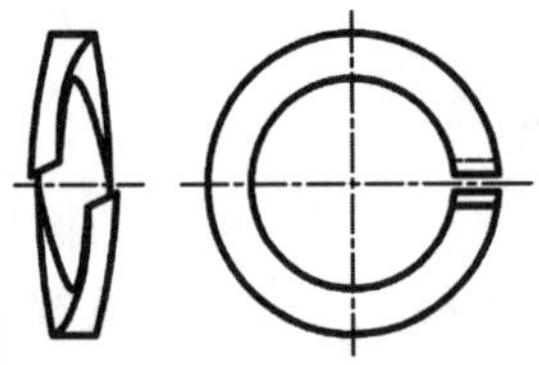	垫圈　GB/T　93　16 表示：规格为 16 mm(螺纹公称直径)，材料为 65 Mn，表面氧化的标准型弹簧垫圈

7.2.2　螺纹紧固件的联接画法

螺纹紧固件的基本联接方式有螺栓联接、螺柱联接和螺钉联接三类。紧固件各部分尺寸可以在相应国家标准中查出，但在绘图时为了简便和提高效率，一般采用比例画法。

1. 螺栓联接

螺栓联接常用于被联接件厚度不大，允许钻成通孔或经常拆卸，并能从被联接件两侧同时进行装配的零件。联接时，被联接件上的通孔直径(孔径≈1.1d)稍大于螺栓直径，在制有螺纹的一端加装垫圈并拧上螺母，垫圈的作用是防止损伤零件表面并使其受力均匀，如图 7-22 所示。在装配图(见第 9 章)中，螺栓联接常采用近似画法或简化画法画出。常用的六角头螺栓联接的近似画法和简化画法(省略螺母头部的六方倒角和螺栓螺纹端倒角)如图 7-23 所示。

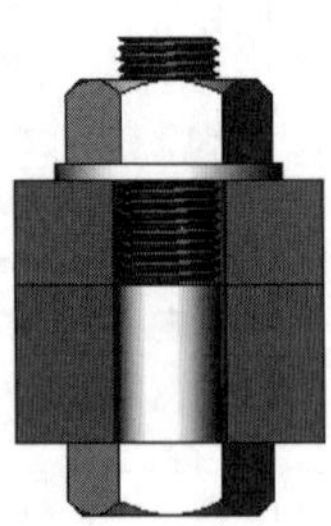

图 7-22　螺栓联接示意图

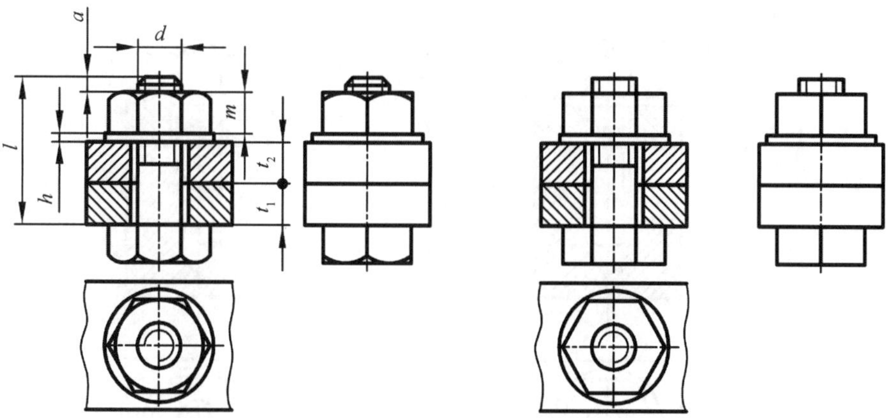

（a）近似画法　（b）简化画法

图 7-23　螺栓联接的画法

螺栓的公称长度 l 可按下式计算：

$$l=t_1+t_2+h+m+a$$

式中，t_1、t_2 为被联接零件的厚度；h 为垫圈厚度，$h=0.15\ d$；m 为螺母厚度，$m=0.85\ d$；a 为螺栓伸出螺母的长度，$a\approx(0.2\sim0.3)d$。计算出 l 后，还需从螺栓的标准长度系列中选取与 l 相近的标准值。

2. 双头螺柱联接

当被联接的零件之一较厚，或不允许钻成通孔而不宜采用螺栓联接，或因拆装频繁，又不宜采用螺钉联接时，可采用双头螺柱联接。双头螺柱联接时，通常将较薄的零件制成通孔(孔径$\approx$1.1 d)，较厚零件制成不通的螺孔。双头螺柱两端都制有螺纹，一端用以旋入被联接件的螺孔内，称为旋入端，其长度为 b_{m}，另一端用来拧紧螺母，称为紧固端。装配时，先将螺纹较短的一端(旋入端)旋入较厚零件的螺孔，再将通孔零件穿过螺纹的另一端(紧固端)，套上垫圈，用螺母拧紧，将两个零件联接起来，如图 7-24 所示。

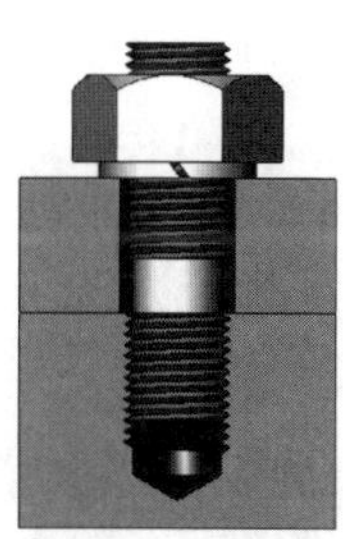

图 7-24　双头螺柱联接示意图

在装配图中，双头螺柱联接常采用近似画法或简化画法画出，如图 7-25(a)、7-25(b)所示。

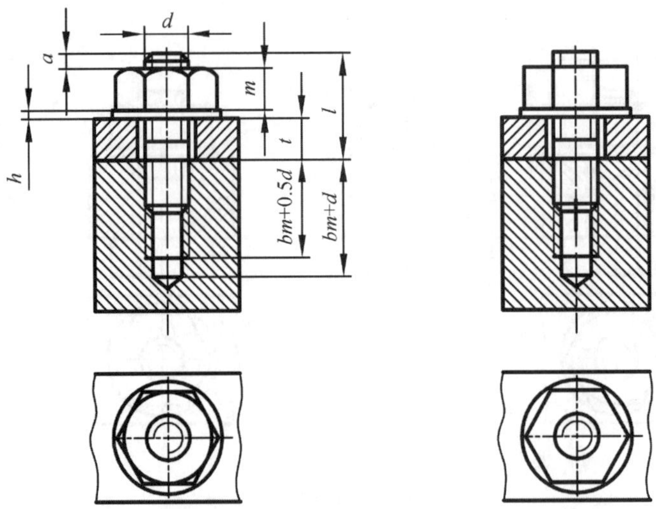

（a）近似画法　　（b）简化画法

图 7-25　双头螺柱联接的画法

双头螺栓公称长度 l 计算与螺栓连接相似，可按下式计算：

$$l=t+h+m+a$$

式中，t 为通孔零件的厚度；h 为垫圈厚度，$h=0.15\,d$（采用弹簧垫圈时，$h=0.2\,d$）；m 为螺母厚度，$m=0.85\,d$；a 为螺栓伸出螺母的长度，$a\approx(0.2\sim0.3)d$。计算出 l 后，还需从螺栓的标准长度系列中选取与 l 相近的标准值。较厚零件上不通的螺孔深度应大于旋入端螺纹长度 b_m，一般取螺孔深度为 $b_m+0.5\,d$，钻孔深度为 b_m+d。

在联接图中，螺柱旋入端的螺纹终止线应与两零件的结合面平齐，表示旋入端已全部拧入，足够拧紧。画图时，应按螺柱的大径和螺孔件的材料确定旋入端的长度 b_m，以确保连接可靠，见表 7-5。

表 7-5　旋入端长度

被旋入零件的材料	钢、青铜	铸铁	铝
旋入端长度 b_m	$b_m=d$	$b_m=1.25d$ 或 $b_m=1.5d$	$b_m=2d$

3. 螺钉联接

螺钉联接多用于被联接件受力较小，又不需经常拆卸的场合。用螺钉联接时，较厚的被联接件上制有螺纹孔，另外一个零件上加工有通孔，将螺钉穿过通孔旋入螺孔内，依靠螺钉头部压紧被联接件，如图 7-26 所示。

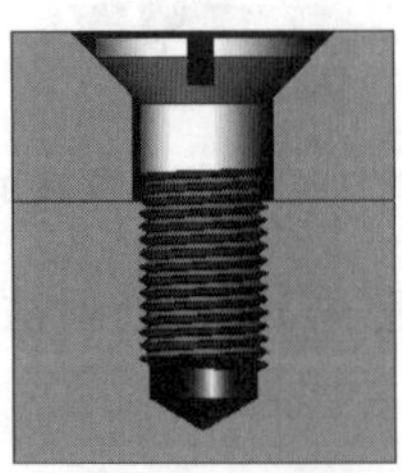

图 7-26　螺钉联接示意图

1)联接螺钉联接

当被联接的零件之一较厚，而装配后联接件受轴向力又不大时，通常采用联接螺钉联接，即螺钉穿过薄零件的通孔而旋入厚零件的螺孔，螺钉头部压紧被联接件，如图 7-27(a)、7-27(b)、7-27(c)所示。注意在俯视图（螺钉端视图）中，起子槽应画成 45°。

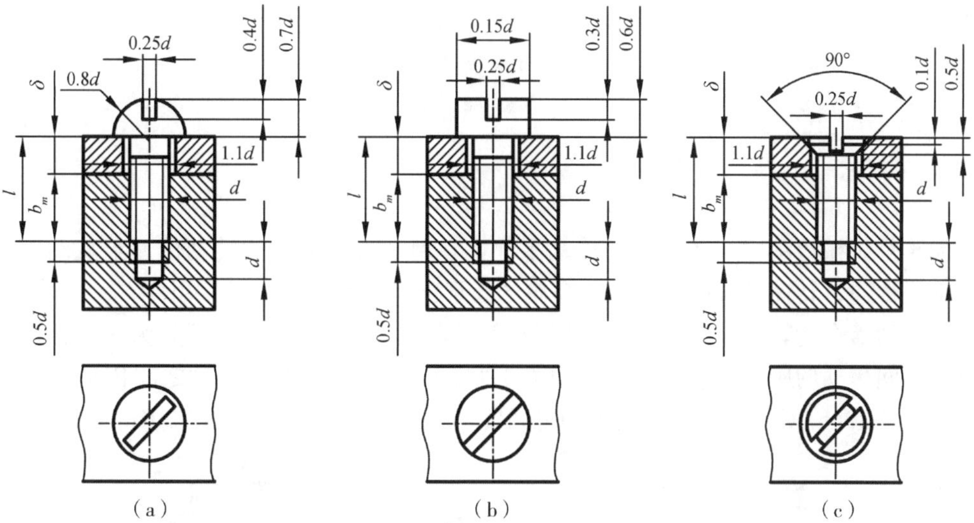

图 7-27 联接螺钉联接比例画法

螺钉的旋入深度 b_m 参照表 7-5 确定。螺钉长度 l 可按下式计算：

$$l=\delta+b_m$$

式中，δ 为光孔零件的厚度。

计算出 l 后，还需从螺钉的标准长度系列中选取与 l 相近的标准值。

2)紧定螺钉联接

紧定螺钉用来固定配合零件之间的相对位置，使它们不产生相对运动。例如要将轴、轮固定在一起，可先在轮毂的适当部位加工出螺孔，然后将轮、轴装配在一起，以螺孔导向，在轴上钻出锥坑，最后拧入螺钉，即可限定轮、轴的相对位置，使其不产生轴向相对移动和径向相对转动，如图 7-28 所示。各种紧定螺钉联结的画法见图 7-29 所示。

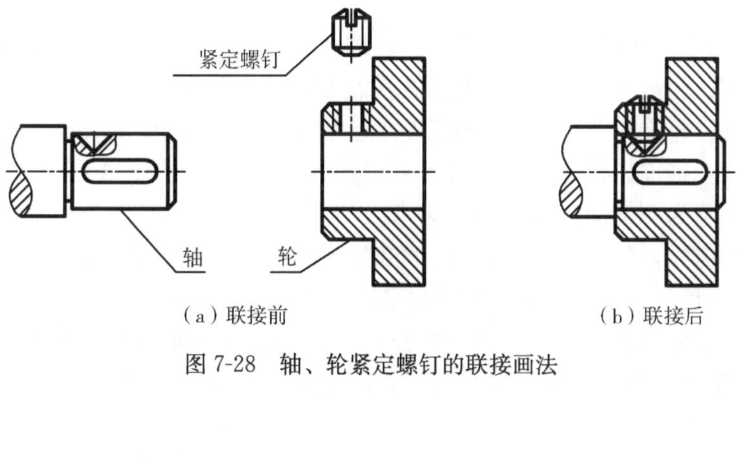

图 7-28 轴、轮紧定螺钉的联接画法

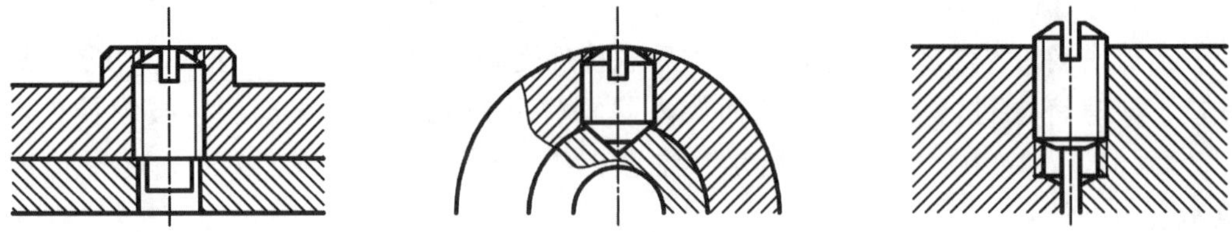

（a）开槽长圆柱端紧定螺钉联接　（b）开槽锥端紧定螺钉联接　（c）开槽平端紧定螺钉联接

图 7-29　紧定螺钉联接画法

7.3　齿轮

齿轮是机械传动中广泛采用的传动零件，它用来将主动轴的转动传递给从动轴，以完成动力传递、转速及旋向的改变。齿轮的齿形已经标准化，属于常用件。

根据两啮合齿轮轴线在空间的相对位置不同，常见的齿轮传动可分为三种：用于两平行轴之间传动的圆柱齿轮，如图 7-30(a)所示；用于两垂直相交轴之间传动的圆锥齿轮，如图 7-30(b)所示；用于两交叉轴之间传动的蜗轮与蜗杆，如图 7-30(c)所示。

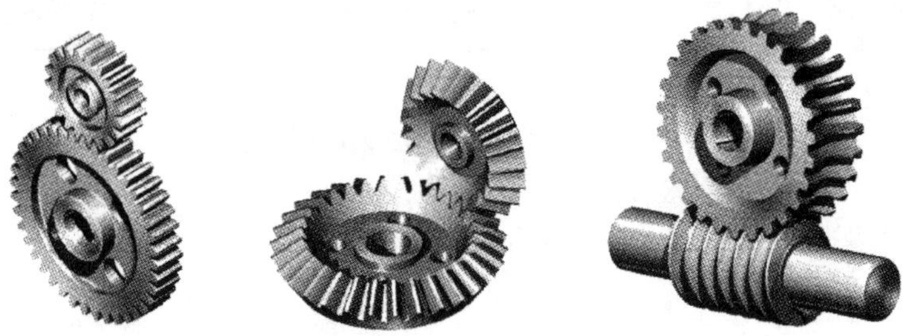

(a)圆柱齿轮　(b)圆锥齿轮　(c) 蜗杆、蜗轮

图 7-30　常见齿轮的传动形式

齿轮的轮齿符合国家标准规定的称为标准齿轮，在标准齿轮的基础上，轮齿做一些改变的称为变位齿轮。圆柱齿轮有直齿圆柱齿轮、斜齿圆柱齿轮和人字齿圆柱齿轮三种。本节着重介绍标准圆柱齿轮的尺寸关系和规定画法。

7.3.1　直齿圆柱齿轮各部分名称、尺寸关系及参数

图 7-31 所示为直齿圆柱齿轮结构，其各部分名称、尺寸关系及参数如下：

(1)齿顶圆：轮齿顶部所在的圆柱称之为齿顶圆，直径用 d_a表示。

(2)齿根圆：轮齿根部所在的圆柱称之为齿根圆，直径用 d_f表示。

(3)分度圆：标准齿轮轮齿上齿槽宽 e（齿槽齿廓间的弧长）与齿厚 s(轮齿齿廓间的弧长)相等的圆称为分度圆，直径用 d 表示。

(4)齿厚和齿间：每个齿在分度圆上的弧长称为齿厚，用 s 表示，齿槽在分度圆上的弧长称为齿间，用 e 表示。对于标准圆柱齿轮，齿厚等于齿间，即 $s=e$。

(5)齿高：分度圆将轮齿分为两个部分，从分度圆到齿顶的部分称为齿顶高，用 ha 表示；从分度圆到齿根部分称为齿根高，用 h_f表示；齿根高和齿顶高的和称为齿高用 h

表示，$h=h_a+h_f$。

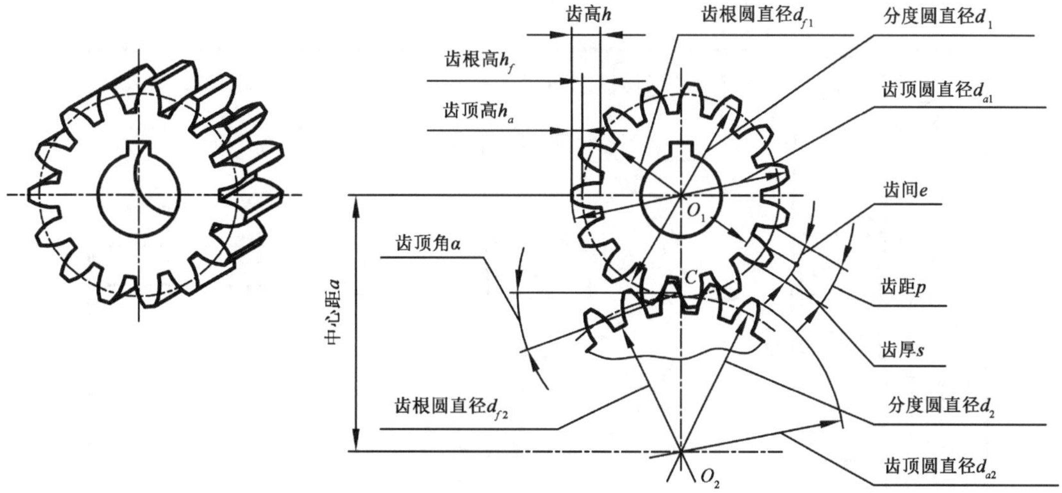

图 7-31　直齿圆柱齿轮结构及参数

(6)齿距：分度圆上相邻两齿对应点之间的弧长距离称为齿距，用 p 表示。齿距等于齿厚加齿间，即 $p=e+s$。

(7)模数：假设齿轮有 Z 个齿，则分度圆的周长等于齿距乘以齿数，即：$\pi d=pZ$，或 $d=(p/\pi)Z$。令 $m=p/\pi$，则 $d=mZ$。式中的 m 称为齿轮的模数。模数是设计、制造齿轮的一个重要参数，模数越大，齿厚就越大，齿轮的承载能力就越高。为了便于加工和制造，模数已经标准化、系列化，渐开线圆柱齿轮的模数系列见表 7-6 所示。

表 7-6 渐开线圆柱齿轮的模数系列

第一系列	1　1.25　1.5　2　2.5　3　4　5　6　7　8　10　12　16　20　25　32
第二系列	1.75　2.25　(3.25)　3.5　(3.75)　4.5　5.5　(6.5)　7　9　(11)　14
注：选用模数应先选用第一系列，其次选用第二系列；括号内模数尽可能不用	

(8)压力角：齿轮传动时，两个齿轮啮合点的速度与受力方向的夹角称为压力角，用 α 表示，我国标准齿轮的压力角为 20°。

(9)中心距：啮合两齿轮轴线间的距离称为中心距，用 a 表示。

只有模数和压力角相等的齿轮才能相互啮合和传动。模数、齿数、压力角是标准圆柱直齿轮的基本参数，其他参数均可由基本参数求出。齿轮主要参数的计算见表 7-7 所示。

表 7-7　标准直齿圆柱齿轮各部分尺寸关系　　(单位：mm)

名称及代号	公式	名称及代号	公式
模数 m	$m=p\pi=d/z$	齿根圆直径 d_f	$d_f=m(z-2.5)$
齿顶高 h_a	$h_a=m$	齿形角 α	$\alpha=20°$
齿根高 h_f	$h_f=1.25m$	齿距 p	$P=\pi m$
全齿高 h	$h=h_a+h_f$	齿厚 s	$s=p/2=\pi m/2$
分度圆直径 d	$d=mz$	槽宽 e	$e=p/2=\pi m/2$
齿顶圆直径 d_a	$d_a=m(z+2)$	中心距 a	$a=(d_1+d_2)/2=m(Z_1+Z_2)/2$

图 7-32 是一直齿圆柱齿轮的零件图，齿轮的参数表一般配置在图纸的右上角，参数的项目可以根据需要增加或减少。

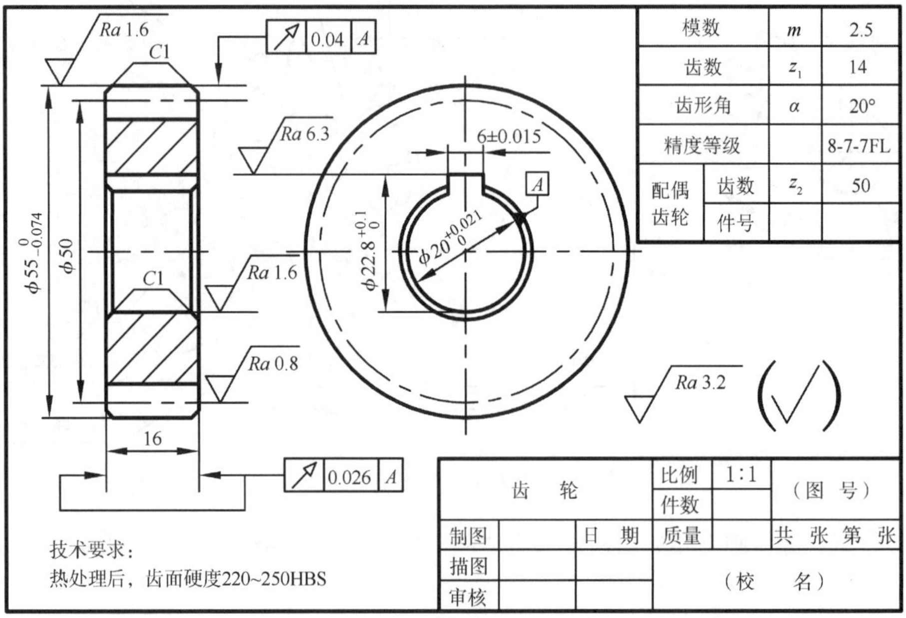

图 7-32　直齿圆柱齿轮的零件图

7.3.2　直齿圆柱齿轮的规定画法（GB/T 4459.2—2003）

1. 单个直齿圆柱齿轮的画法

圆柱齿轮的轮齿是在机床上用齿轮加工刀具加工出来的，由于齿形已经标准化，因此不需要画出它的真实投影，国家标准中给出了其规定画法，如图 7-33 所示。

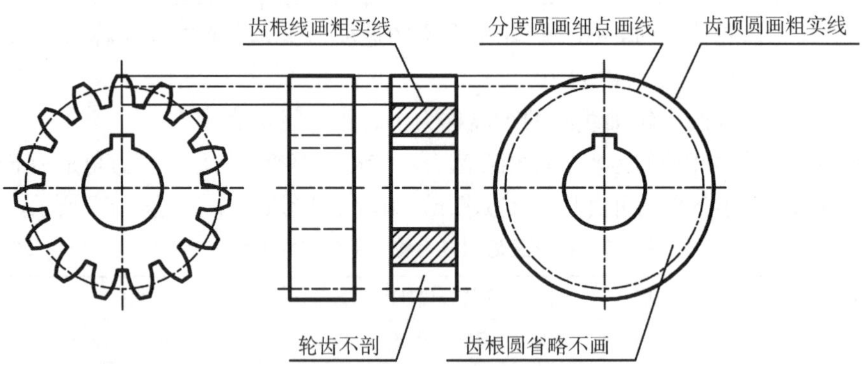

图 7-33　直齿圆柱齿轮的规定画法

直齿圆柱齿轮的规定画法中应注意以下两点。

(1)在视图中，齿顶圆和齿顶线用粗实线来表示；分度圆和分度线用点画线来表示；齿根圆和齿根线用细实线来表示，也可省略不画。

(2)在与齿轮轴线平行的基本投影面所得的视图中，一般采用全剖或半剖，此时轮齿部分要按不剖处理，齿顶线和齿根线用粗实线表示，分度线用点画线表示。

2. 圆柱齿轮啮合的画法

两个标准圆柱齿轮相互啮合时，分度圆处于相切的位置，如图 7-34 所示。

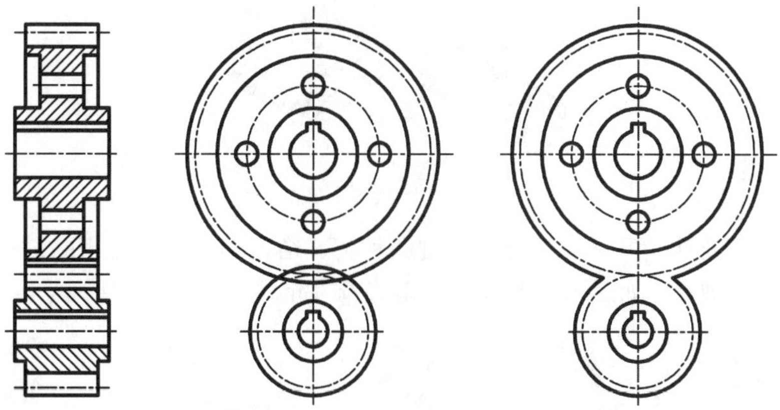

(a)　　(b)　　(c)

图 7-34　圆柱齿轮啮合的画法

两个标准圆柱齿轮相互啮合时应注意以下两点。

(1)在反映为圆的端视图中，两齿轮的分度圆相切，啮合区的齿顶圆用粗实线绘制，或者省略不画，如图 7-34(b)、图 7-34(c)所示。

(2)在反映齿轮轴线的视图中，一般画成全剖视图，剖切平面通过两齿轮的轴线，轮齿一律按不剖绘制。在啮合区内，一个齿轮的轮齿用粗实线绘制，另一个齿轮的轮齿的被遮挡部分用虚线绘制，也可省略不画，如图 7-34(a)所示。啮合两轮齿的齿顶线与齿根线之间有 0.25 mm 的间隙，如图 7-35 所示。

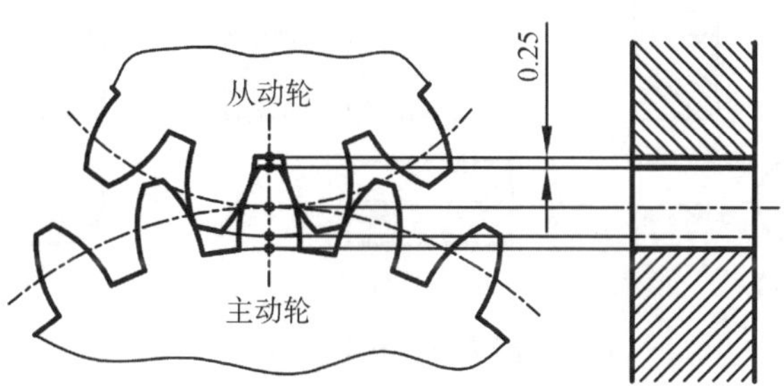

图 7-35　轮齿啮合区在剖视图上的画法

7.4　键联接、销联接

7.4.1　键联接

键主要用于轴和轴上的零件(如齿轮、皮带轮等)间的联接，以传递扭矩。如图 7-36

所示，将键嵌入轴上的键槽中，再把齿轮装在轴上，当轴转动时，通过键联接，齿轮也将和轴同步转动，达到传递动力的目的。

图 7-36　键联接

键是一种标准件，国家标准规定了键的种类、结构和尺寸。常用的键有普通平键、半圆键和钩头楔键等，如图 7-37 所示。本节将着重介绍应用最多的普通平键及其画法。

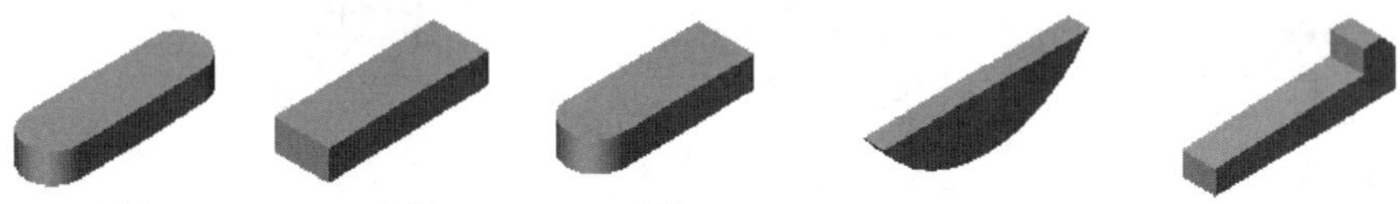

A型　　B型　　C型

(a)普通平键　　(b)半圆键　　(c)钩头楔键

图 7-37　常用键

1. 普通平键(GB/T 1096—2003)

如图 7-38 所示(倒角或倒圆未画)，普通平键分为三种结构形式：A 型为圆头普通平键，B 型为方头普通平键，C 型为单圆头普通平键。普通平键的主要结构尺寸为键宽 b、键高 h、键长 L。普通平键依靠的是键的两个侧面来传递动力。

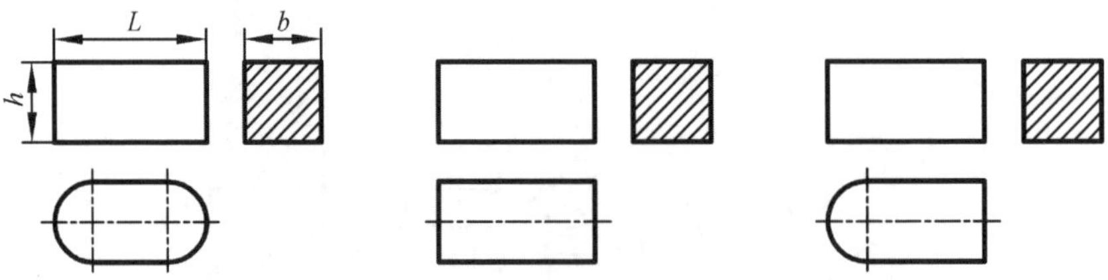

A型　　B型　　C型

图 7-38　普通平键

普通平键的标记格式为：

标准编号　　名称　键的形式　键宽 b × 键高 h × 键长 L

其中，A 型普通平键的形式 A 可以省略不标。例如，A 型普通平键，$b=8$，$h=7$，$L=25$，标记为，GB/T　1096　键 8×7×25，如为 B 型普通平键，尺寸同上，则标记为，GB/T　1096　键 B8×7×25。

2. 键槽

键槽也是随键的标准公布的标准结构，键槽的尺寸与轴和孔的直径相关，通过直径 *d* 可以在标准中查出键槽的深度等尺寸，以及尺寸偏差数值。图 7-39 所示为轴和轮毂上键槽的表示法和尺寸注法(未注尺寸数字)。

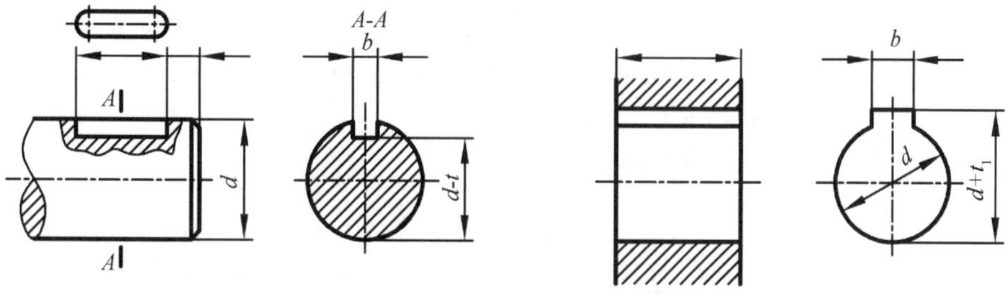

(a) 轴上的键槽　(b) 轮毂上的键槽

图 7-39　轴和轮毂上键槽的表示法和尺寸注法

3. 键联接

普通平键的两个侧面是工作面。在装配图中，键的侧面与键槽侧面接触，键的底面与轴之间接触，接触面的投影处只画一条轮廓线。键顶面是非工作面，它与轮毂的键槽之间留有间隙，必须画两条轮廓线，在反映键长度方向的剖视图中，轴采用局部剖视，键被剖切平面纵向剖切，按不剖处理。端视图中，当键被剖切平面横向剖切时，则画出剖面线。在键联接图中，键的倒角或小圆角一般省略不画。图 7-40 所示为普通平键联接的装配图画法。

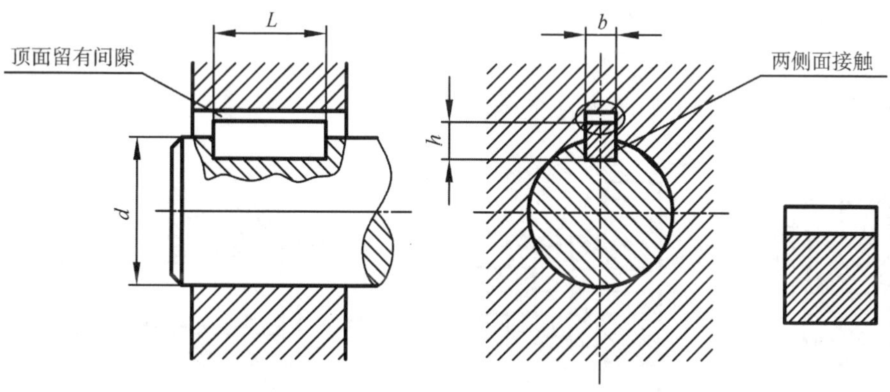

图 7-40　普通平键联接的画法

7.4.2　销联接

销也是一种标准件，常用于零件之间的联接、定位和防松。常用的有圆柱销、圆锥销和开口销等。表 7-8 列出了销的形式、标记示例及画法。

表 7-8　销的形式、标记示例及画法

名称	标准号	图　例	标　记　示　例
圆锥销	GB/T 117—2000	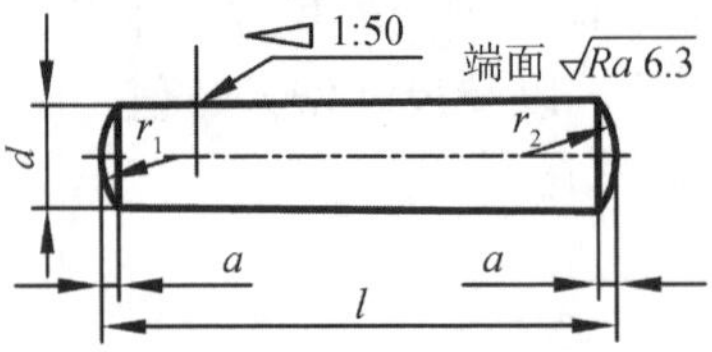 $r_1 \approx d$　$r_2 \approx a/2+d+(0.021)^2/8a$ A 型：锥面表面粗糙度 $R_a=0.8$ μm B 型：锥表面粗糙度 $R_a=3.2$ μm	公称直径 $d=6$ mm，公称长度 $l=30$ mm，材料为 35 钢，热处理硬度 28～38HRC，表面氧化处理的 A 型圆锥销标记为： 销　GB/T　117　6×30
圆柱销	GB/T 119.1—2000	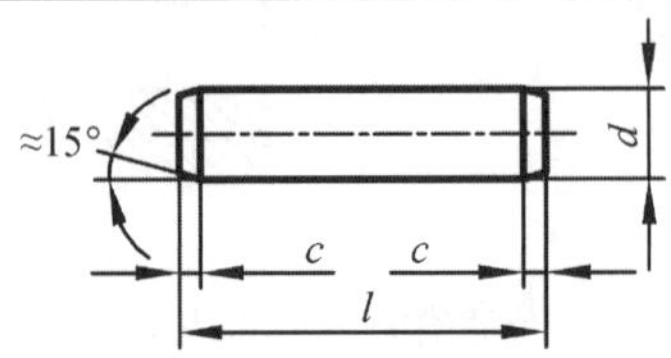	公称直径 $d=6$ mm，公差为 $m6$，公称长度 $l=30$ mm，材料为钢，不经淬火，不经表面处理的圆柱销标记为： 销　GB/T　119.1　6m6×30
开口销	GB/T 91—2000	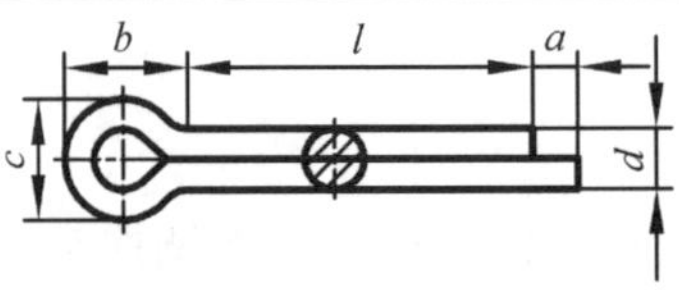	公称直径 $d=5$ mm，公称长度 $l=50$ mm，材料为为 Q215 或 Q235，不经表面处理的开口销标记为： 销　GB/T　91　5×50

圆柱销和圆锥销可以联接零件，也可以起定位作用(限定两零件间的相对位置)，如图 7-41(a)、图 7-41(b)所示。开口销常用在螺纹联接的装置中，以防止螺母的松动，如图 7-41(c)所示。

用圆柱销或圆锥销联接或定位零件时，为保证销联接的配合质量，被联接两零件的销孔必须在装配时一起加工。因此，在零件图上对销孔标注尺寸时，除了标注公称直径外，还需要注明“与××配作”。

绘图时，销的有关尺寸从标准中查找并选用。在剖视图中，当剖切平面通过销的回转轴线时，按不剖处理，如图 7-41 所示。

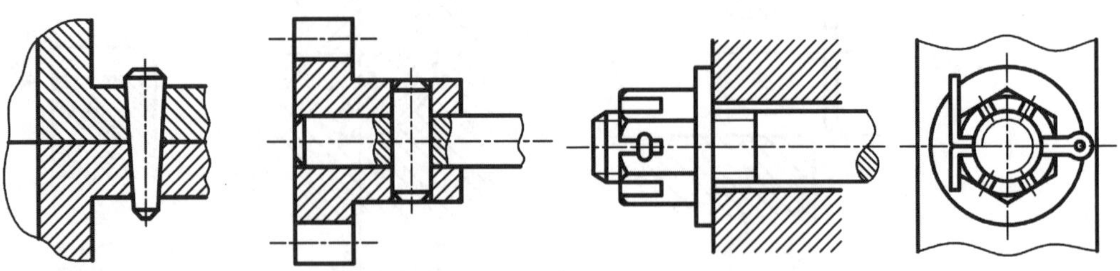

(a)圆锥销联接的画法　(b)圆柱销联接的画法　(c)开口销联接的画法

图 7-41　销联接的画法

7.5　滚动轴承

轴承是用来支撑轴的，分为滑动轴承和滚动轴承两类。滚动轴承由于它具有摩擦阻力小、结构紧凑等优点，在机器中被广泛应用。滚动轴承的结构形式、尺寸均已标准化，使用时可根据设计要求进行选择。本节将只介绍滚动轴承及其画法。

7.5.1　滚动轴承的种类与结构

滚动轴承一般由外圈、内圈、滚动体和保持架组成。按承受载荷的方向，滚动轴承可分为三类：主要承受径向载荷的深沟球轴承，如图 7-42(a)所示；主要承受轴向载荷的推力球轴承，如图 7-42(b)所示；同时承受径向载荷和轴向载荷的圆锥滚子轴承，如图 7-42(c)所示。

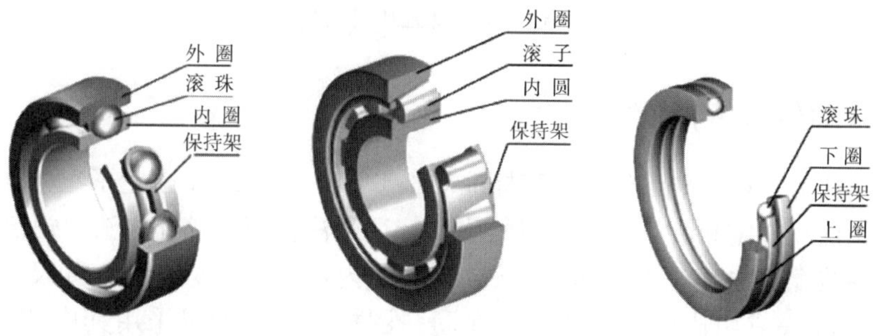

(a)深沟球轴承　(b)推力球轴承　(c)圆锥滚子轴承

图 7-42　常用滚动轴承的种类及结构

7.5.2　滚动轴承的代号

滚动轴承常用基本代号表示，基本代号由轴承类型代号、尺寸系列代号、内径代号构成。

1. 轴承类型代号

轴承类型代号用数字或字母表示。表 7-9 列出了部分轴承的类型代号。

表 7-9　部分轴承类型代号 (GB/T　272—2017)

代号	0	1	2		3	4	5	6	7	8	N	U	QJ
轴承类型	双列角接触球轴承	调心球轴承	调心滚子轴承	推力调心滚子轴承	圆锥滚子轴承	双列深沟球轴承	推力球轴承	深沟球轴承	角接触球轴承	推力圆柱滚子轴承	圆柱滚子轴承	外球面球轴承	四点接触球轴承

2. 尺寸系列代号

尺寸系列代号由轴承宽(高)度系列代号和直径系列代号组合而成，一般用两位数字表示(有时省略其中一位)。它的主要作用是区别内径(d)相同而宽度和外径不同的轴承，具体代号需查阅相关标准。

3. 内径代号

内径代号表示轴承的公称内径，一般用两位数字表示。代号数字为 00，01，02，03

时，分别表示公称内径 $d=10$ mm，12 mm，15 mm，17 mm；代号数字为 04～96 时，代号数字乘以 5，即得轴承公称内径；轴承公称内径为 1～9 mm、22 mm、28 mm、32 mm、500 mm 或大于 500 mm 时，用公称内径毫米数值直接表示，但与尺寸系列代号之间用“/”隔开，如深沟球轴承 62/22，$d=22$ mm。

图 7-43 为轴承基本代号示例：

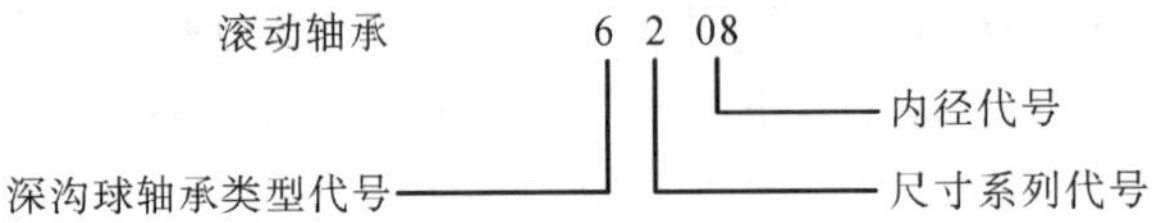

图 7-43　轴承基本代号示例

7.5.3　滚动轴承的画法

滚动轴承作为一种标准组件，国家标准 GB/T 4459.7—2017 规定了三种画法：通用画法、特征画法和规定画法。其中通用画法和特征画法都属于简化画法，规定画法属于比例画法。在装配图中滚动轴承的轮廓按外径 D、内径 d、宽度 B 等实际尺寸绘制，其余部分用简化画法或用比例画法绘制。在同一图样中，一般只采用其中的一种画法。GB/T 4459.7—2017 规定，在装配图中不需要表达轴承的形状和结构时，一般采用简化画法(通用画法、特征画法)，必要时，在产品图样(装配图)、产品标准、产品样本、用户手册、使用说明书中采用规定画法。

(1)通用画法。采用矩形的线框表示轴承的轮廓，在线框中央用与边框不相交的十字线表示隔离圈和滚动体，在十字线的上下端用一小段粗实线表示内、外圈有无档边，有线表示无挡边，无线表示有挡边，仅有一半线，表示有单挡边，如表 7-10 所示。

表 7-10　滚动轴承通用画法及尺寸比例示例

通用画法	外圈无挡边	内圈有单挡边
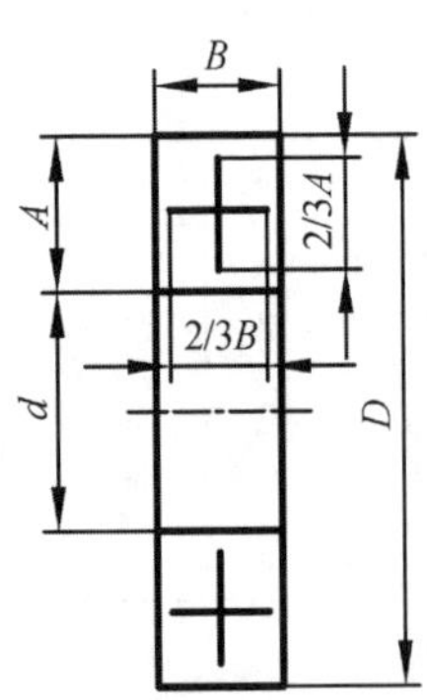	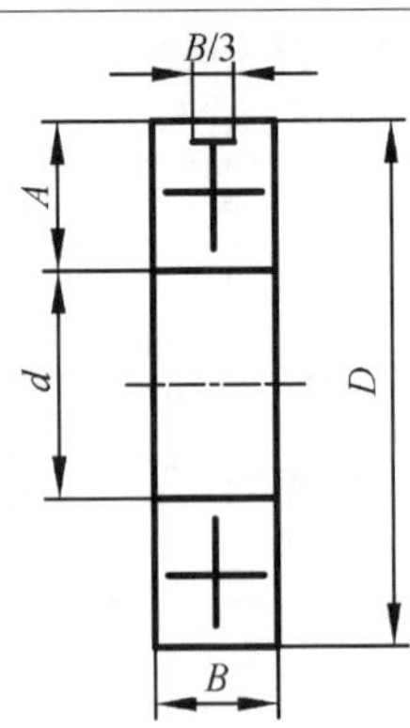	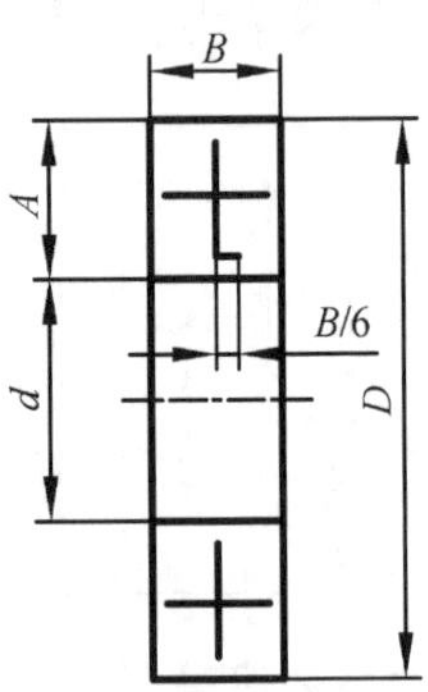

(2)特征画法。在轴承轮廓的矩形框内画出内、外圈、滚子的结构要素符号，可以比较形象地表达滚动轴承的结构特征、载荷特征。

(3)规定画法。按照 GB/T 4459.7—2017 给定的比例进行绘图，在剖视图中可以一半按照特征画法，另一半按照规定画法绘图。注意滚动体不画剖面线，其余各套圈(内圈、外圈)画成间隔、方向一致的剖面线。

常用滚动轴承的特征画法和规定画法见表 7-11。

表 7-11　常用滚动轴承的画法（GB/T　4459.7—2017）

名称、标准号和代号	主要尺寸数据	规定画法	特征画法	装配示意图
深沟球轴承 60000	D d B	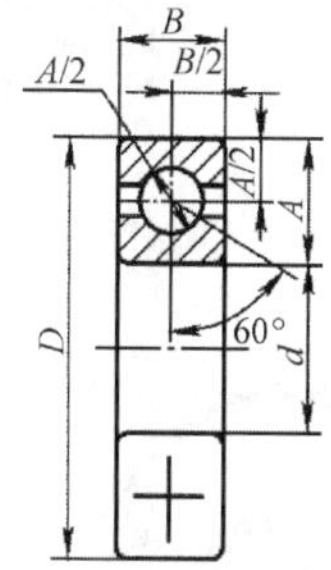	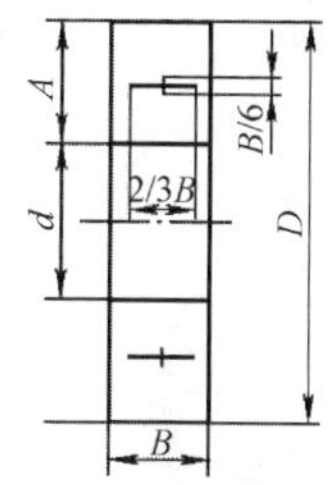	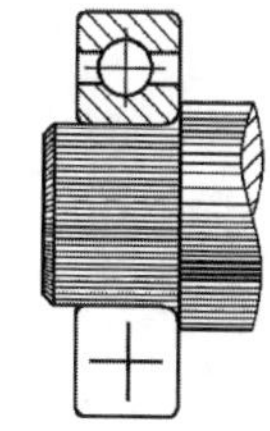
圆锥滚子轴承 30000	D d B T C	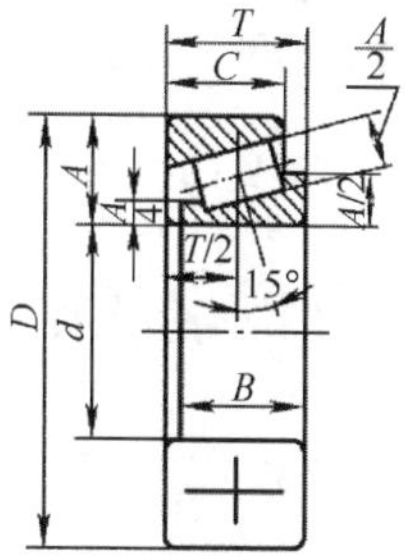	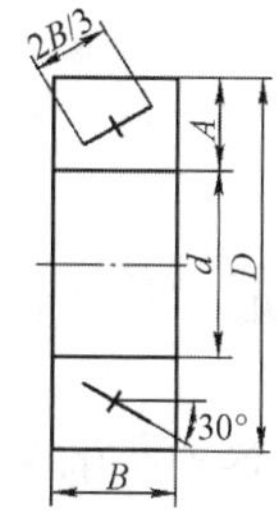	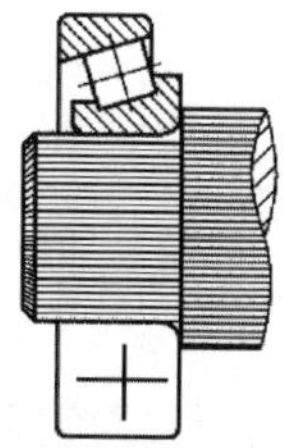
推力球轴承 50000	D d T	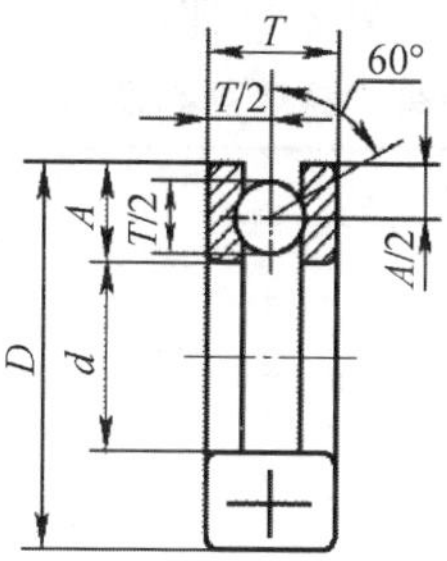	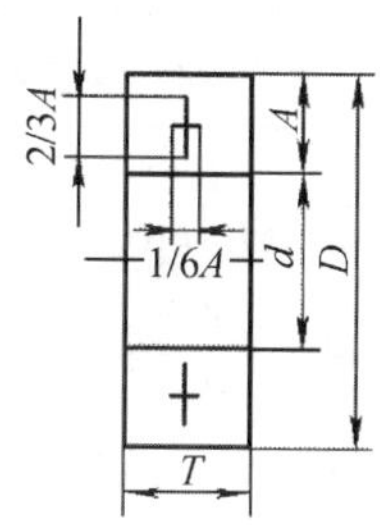	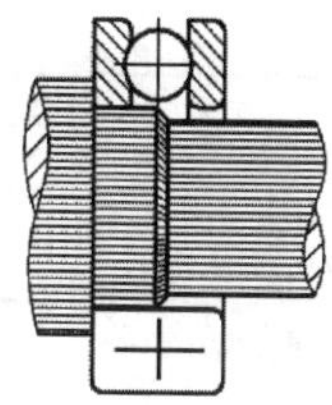

7.6　弹簧

7.6.1　弹簧的种类

弹簧是利用材料的弹性和结构特点，通过变形储存能量进行工作，当去除外力后立即恢复原形。弹簧在机械中广泛地用于减振、夹紧、储存能量和测力。

弹簧的种类很多，常见的有螺旋弹簧、板弹簧、碟形弹簧、平面涡卷弹簧(盘簧)等。根据受力情况的不同，螺旋弹簧又分为压缩弹簧、拉伸弹簧及扭转弹簧等，如图 7-44 所示。本节主要介绍圆柱螺旋压缩弹簧各部分的名称、尺寸关系及其画法。

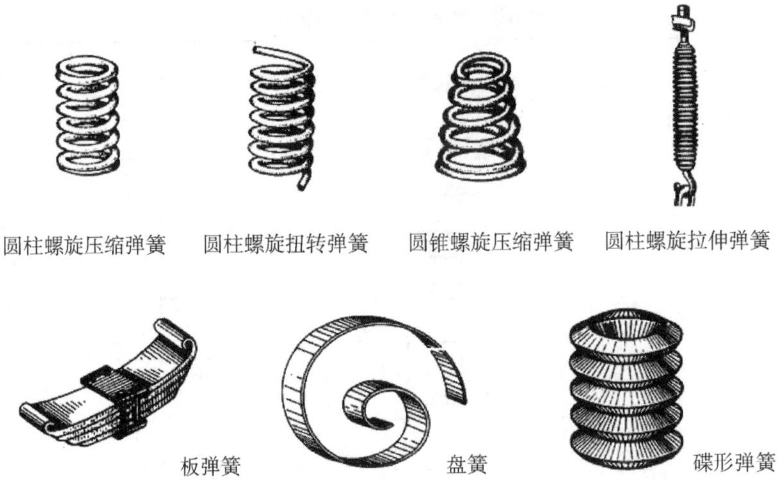

图 7-44　常见的弹簧

7.6.2　圆柱螺旋压缩弹簧各部分的名称、尺寸关系及其画法

1. 圆柱螺旋压缩弹簧各部分的名称、尺寸关系

圆柱螺旋压缩弹簧的基本结构及各部分名称如表 7-12 所示。

表 7-12　圆柱螺旋压缩弹簧的基本结构及各部分名称

名称	符号	说明	图例
簧丝直径	d	制造弹簧用的材料直径	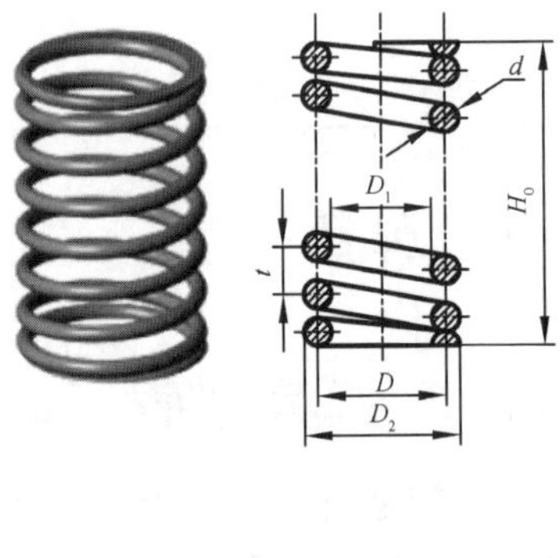
弹簧的中径	D	弹簧的平均直径	
弹簧的内径	D_1	弹簧的最小直径，$D_1=D-d$	
弹簧的外径	D_2	弹簧的最大直径，$D_2=D+d$	
有效圈数	n	中间相等节距的圈数	
支承圈数	n_0	弹簧两端并紧和磨平(或锻平)，仅起支承或固定作用的圈数(一般取 1.5、2 或 2.5 圈)	
总圈数	n_1	支承圈数与有效圈数之和，即 $n_1=n+n_0$	
节距	t	相邻两有效圈上对应点的轴向距离	
自由高度	H_0	未受负荷时的弹簧高度 $H_0=nt+(n_0-0.5)d$	
展开长度	L	制造弹簧所需钢丝的长度 $L\approx\pi Dn_1$	
旋向		与螺旋线的旋向含义相同，分右旋和左旋，一般为右旋	

2. 单个圆柱螺旋压缩弹簧的画图方法和步骤

弹簧的真实投影很复杂，GB/T 4459.4—2003 规定了圆柱螺旋压缩弹簧的简化画法，其主要原则如下：

(1)在平行于弹簧轴线的视图中，各圈的轮廓线均应画成直线。

(2)有效圈数在 4 圈以上的可以只画每一端的 1～2 圈(支撑圈除外)，中间用通过簧丝中心的点画线连接起来，且可以适当缩短图形的长度。

(3)弹簧均可按右旋弹簧画图，但左旋弹簧不论画成左旋还是右旋，必须注明“LH”指明旋向。

(4)螺旋压缩弹簧如要求两端并紧并磨平时，不论支撑圈数多少以及末端贴近情况如何，均按支撑圈数为 2.5 圈，磨平圈数为 1.5 圈画出。

图 7-45 给出了圆柱螺旋压缩弹簧的画图方法和步骤。

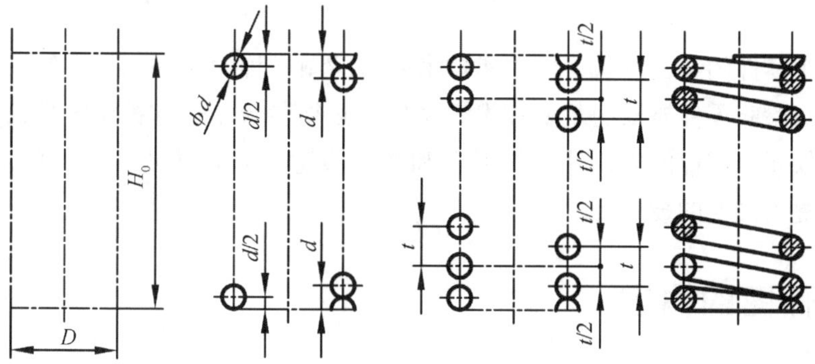

(a)　(b)　(c)　(d)

图 7-45　圆柱螺旋压缩弹簧的画图方法和步骤

(1)用中径 D 及自由高度 H_0 画矩形，如图 7-45(a)；

(2)按簧丝直径 d 画支撑圈簧丝部分的圆与半圆，如图 7-45(b)；

(3)根据节距 t 画出部分有效圈的簧丝断面，如图 7-45(c)；

(4)按右旋方向作出相应簧丝断面圆的公切线及剖面线，校核，加粗、加深，完成作图，如图 7-45(d)。

3. 圆柱螺旋压缩弹簧在装配图中的规定画法

装配图中，被弹簧挡住的结构一般不画出，可见部分应从弹簧外轮廓线或从簧丝断面的中心线画起，如图 7-46(a)所示。螺旋弹簧被剖切时，簧丝直径在图形上等于或小于 2 mm的剖面允许用涂黑表示，如图 7-46(b)所示，也可采用示意画法如图 7-46(c)所示。

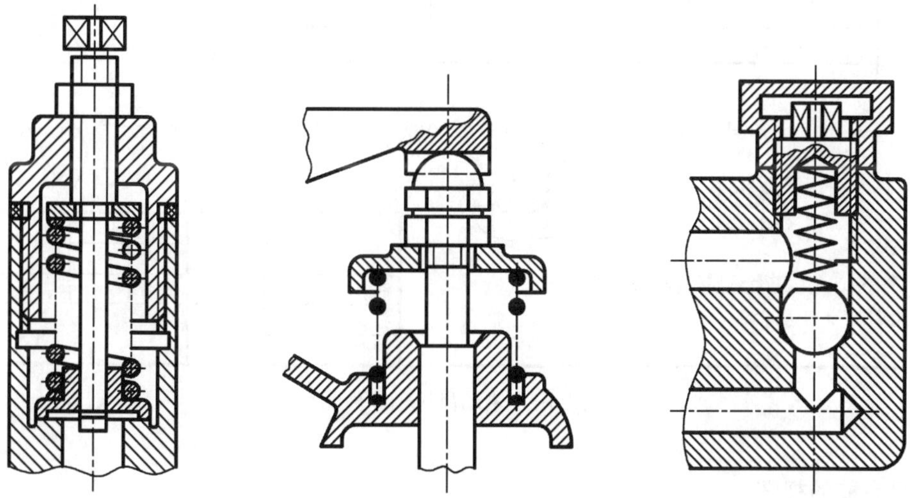

(a)　(b)　(c)

图 7-46　圆柱螺旋压缩弹簧在装配图中的画法

第 8 章　零　件　图

表达单个零件的结构形状、尺寸和技术要求的图样称为零件图。零件图是生产中进行加工制造与检验零件质量的重要技术性文件，必须包含制造和检验零件的全部技术资料，它不仅仅要把零件的内、外结构形状和大小表达清楚，还要对零件的材料、加工、检验、测量提出必要的技术要求。

8.1　零件图的内容

以图 8-1 齿轮泵中的主动齿轮轴零件图为例，一张完整的零件图应包括以下四方面的内容。

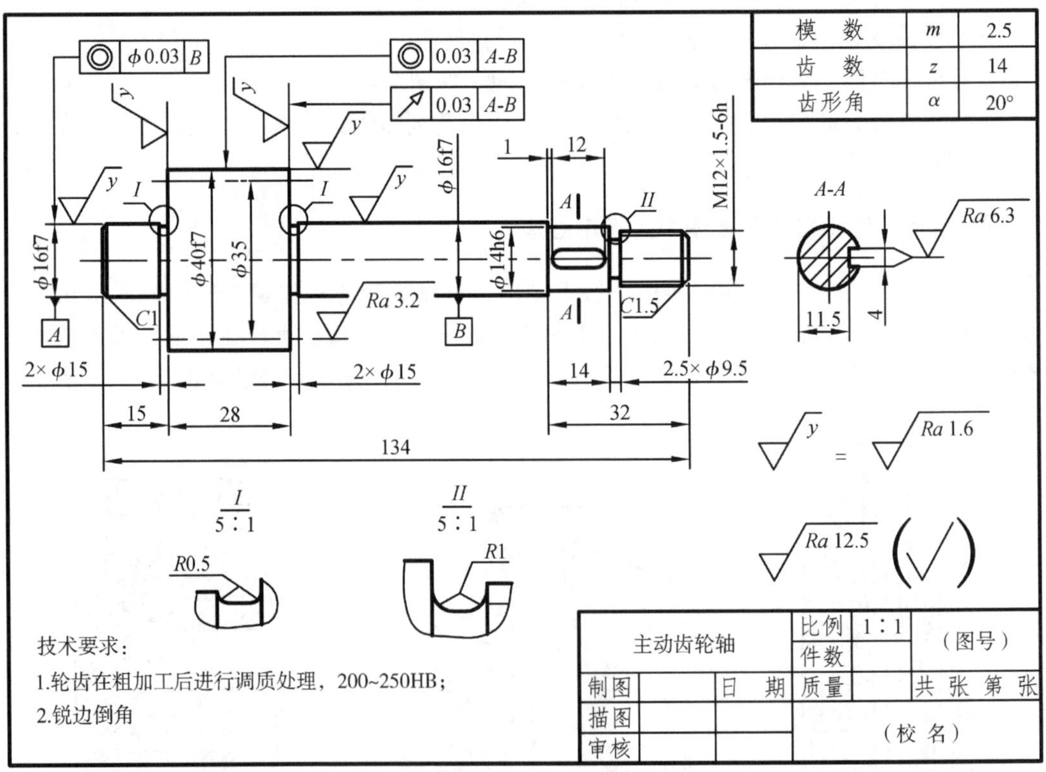

图 8-1　主动齿轮轴零件图

1. 一组完整的视图

在零件图中须用一组完整的视图将零件各部分的结构形状完整、准确、清晰、合理地表达出来。在视图表达中，应根据零件的结构特点选择适当的表达方法，用最简明的方案将零件的结构形状表达出来。

图 8-1 所示的主动齿轮轴零件图中，用主视图、局部放大图和断面图来表达主动齿轮轴结构。

2. 完整的尺寸标注

零件图中应正确、完整、清晰、合理地标注出表示零件各部分的形状大小和相对位置的尺寸，为零件的加工制造提供依据。

3. 必要的技术要求

零件图上要用规定的符号、代号、标记和简要的文字将制造和检验零件时应达到的各项技术指标和要求进行标注和说明。零件图上的技术要求包括表面粗糙度、尺寸极限与配合、几何公差、表面处理、热处理、检验等要求，零件制造后要满足这些要求才能算是合格产品。

4. 标题栏

零件图中应在图框的右下角按标准格式画出标题栏。零件图标题栏的内容一般包括零件名称、材料、数量、比例、图的编号以及设计、描图、绘图、审核人员的签名等。对于标题栏的格式，国家标准 GB/T 10609.1—2008 作了统一规定，使用中应尽量采用标准推荐的标题栏格式。学生绘图作业也可以采用图 1-6 推荐的简化格式。

8.2 零件图的视图选择

零件图要求将零件的结构形状完整、准确、清晰、合理地表达出来，并便于标注尺寸和技术要求，且画图方便。因此，必须合理地选择主视图和其他视图，用最少的视图最清楚地表达零件的内外形状和结构。

8.2.1 主视图的选择步骤及原则

主视图是零件图的核心，主视图的选择是否恰当直接影响到其他视图的选择，以及绘图、读图的方便和图幅的利用，所以主视图的选择非常关键。在进行主视图选择时应该按如下步骤进行。

1. 零件分析

零件分析是认识零件的过程，是确定零件表达方案的前提，在选择主视图之前，应首先对零件进行形体分析和线面分析，弄清楚零件的结构特征。

2. 确定安放位置

确定零件的安放位置应该考虑如下两个方面。

1)零件的加工位置

零件的加工位置是零件在加工时在机床上的装夹位置。主视图应尽量表示零件在机床上加工时所处的位置，这样在加工时可以直接进行图物对照，既便于看图和测量尺寸，又可减少差错。如轴类零件的加工，大部分工序是在车床或磨床上进行，因此不论工作位置如何，一般均将其轴线水平放置然后进行主视图方向的选择，如图 8-2 所示。

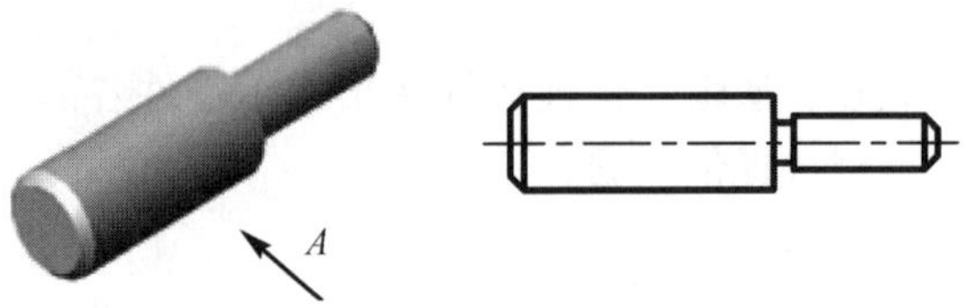

图 8-2　轴的安放位置及主视图选择

2)零件的工作位置

零件的工作位置是指零件装配在机器或部件中工作时的位置。零件的安放位置应尽量与零件在机器或部件中的工作位置一致，这样便于根据装配关系来考虑零件的形状及有关尺寸，便于校对。对于工作位置倾斜放置的零件，为便于绘图，应将零件放正。如支座、箱壳等零件，它们的结构形状比较复杂，加工工序较多，加工时的装夹位置经常变化，因此在画图时它们的安放位置应与工作位置一致，可方便零件图与装配图直接对照。如图 8-3 的支座以及图 8-4 的车床尾架体，就是根据其工作位置进行安放然后再选择主视图方向。

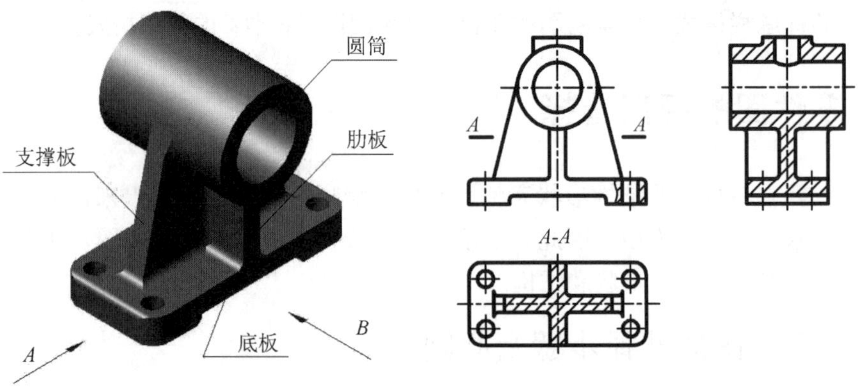

图 8-3　支座的安放位置及主视图选择

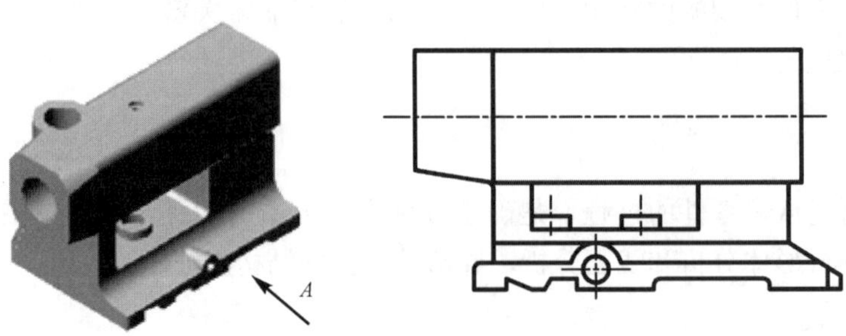

图 8-4　车床尾架体的安放位置及主视图选择

3. 主视图选择

零件的安放位置确定以后，应将最能反映零件形状特征和位置特征的方向作为主视图的投影方向。主视图要尽可能多地反映零件各部分的形状及它们之间的相对位置，以满足表达零件清晰的要求。

如图 8-3 所示支座，相比较于 A 向，B 向作为主视图投影方向可将圆筒、支撑板的形状和四个组成部分的相对位置表现得更清楚，故应以 B 向作为主视图的投影方向。

又如图 8-2 所示的轴和图 8-4 所示的车床尾架体，A 向作为主视图的投影方向能较好地反映该零件的结构形状和各部分的相对位置。

8.2.2 其他视图表达方案的选择

一般来讲，仅用一个主视图是不能完全反映零件的结构形状的。主视图确定以后，要分析该零件在主视图上还有哪些尚未表达清楚的结构，对这些结构的表达，应以主视图为基础，选用包括视图、剖视图、断面图、局部放大图等各种表达方法，并兼顾规定画法和简化画法进行表达。

具体选用时，应注意以下几点：

(1)根据零件的复杂程度及内、外结构形状，全面地考虑所需的其他视图，使每个所选视图具有独立存在的意义及明确的表达重点，注意避免不必要的细节重复，在能准确表达零件结构形状的前提下，使视图数量为最少。

(2)优先考虑采用基本视图，当有内部结构需表达时应尽量在基本视图上作剖视或断面。

(3)对尚未表达清楚的局部结构和倾斜部分结构，可增加必要的局部(剖)视图和局部放大图以及斜视图。但要注意不要使用过多的局部视图或局部剖视图，以免使得视图表达分散零乱，给读图带来困难。

(4)有关的视图应尽量保持直接投影关系，配置在相关视图附近。

(5)能采用省略、简化画法表达的要尽量采用。

(6)同一零件的表示方案不是唯一的，要按照视图表达零件形状完整、准确、清晰、合理的要求，进一步综合、比较、调整、完善，选出最佳的表达方案。

如图 8-5 所示机架的三个表达方案中，图 8-5(b)方案中，主视图采用外形视图，左视图采用全剖视，俯视图也采用全剖视，另加一个 $B-B$ 的局部剖视图和一个移出断面图；图 8-5(c)方案中，主视图采用外形视图，左视图改为局部剖视图，减少了图 8-5(b)中的 $B-B$ 的局部剖视图，同时将俯视图简化为一个移出断面，故图 8-5(c)方案优于图 8-5(b)方案；图 8-5(d) 方案中，按工作位置绘制主视图并采用局部剖视图，同时为表示肋板厚度在主视图上增加一个重合断面，左视图为外形视图，为表达支承板的形状在左视图上加上一个重合断面，这样图 8-5(d)方案更加简单明了，看图方便，绘图也简便，很显然 8-5(d)方案优于 8-5(b)、8-5(c)方案。因此，8-5(d)方案为最优方案。

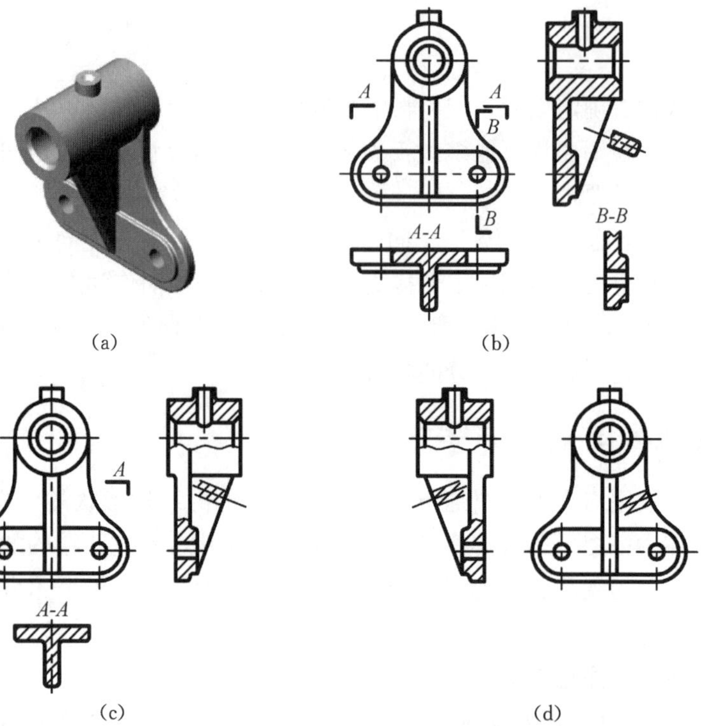

图 8-5　机架的表达方案选择

又如图 8-6 所示轴承座的两个表达方案中，根据上述原则进行比选，图 8-6(b)的表达方案较为合理。

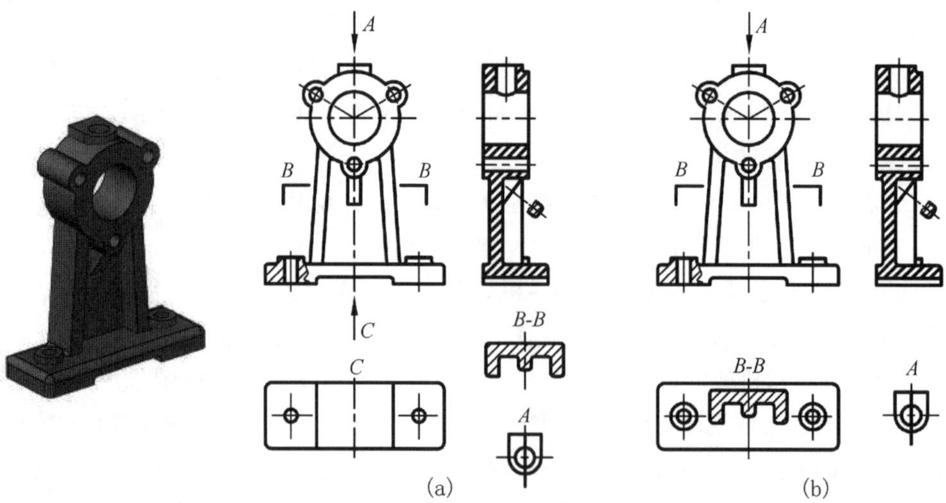

图 8-6　轴承座表达方案

8.2.3　典型零件的视图表达方法选择示例

工程实际中的零件结构千变万化，但根据它们在机器(或部件)中的作用和形体特征，以及加工制造方面的特点，通过比较归纳，可将一般典型零件大致分为轴套类零件、盘盖类零件、叉架类零件和箱体类零件。

1. 轴套类零件

轴套类零件包括轴类零件和套类零件。轴类零件主要用来支撑传动零件、传动扭矩和承受载荷，根据结构形状的不同，可分为光轴、阶梯轴、空心轴和曲轴等。套类零件一般是装在轴上，起轴向定位、传动或连接作用，用于支撑和保护传动零件或其他零件。在结构特征方面，轴套类零件主要是由大小不同的同轴回转体(如圆柱、圆锥)组成，轴向尺寸比径向尺寸大得多，并且根据结构和工艺的要求，轴、套上常有一些典型工艺结构，如键槽、退刀槽、砂轮越程槽、挡圈槽、轴肩、花键、中心孔、螺纹、倒角等结构。加工时轴套类零件主要是在车床或磨床上进行加工。

在轴套类零件的表达方案中，通常以加工位置将零件轴线水平放置，以便于加工时图物对照，并反映轴向结构形状，然后再根据零件上的工艺结构选择合理的主视图投影方向表达零件的主体结构，必要时再用局部剖视或其他辅助视图表达局部结构形状(轴类常用局部剖，套类常用全剖或局部剖)，用断面图、局部放大图表示工艺结构。轴套类零件表达方法示例如图 8-7 的轴套零件图和图 8-8 的齿轮轴零件图。

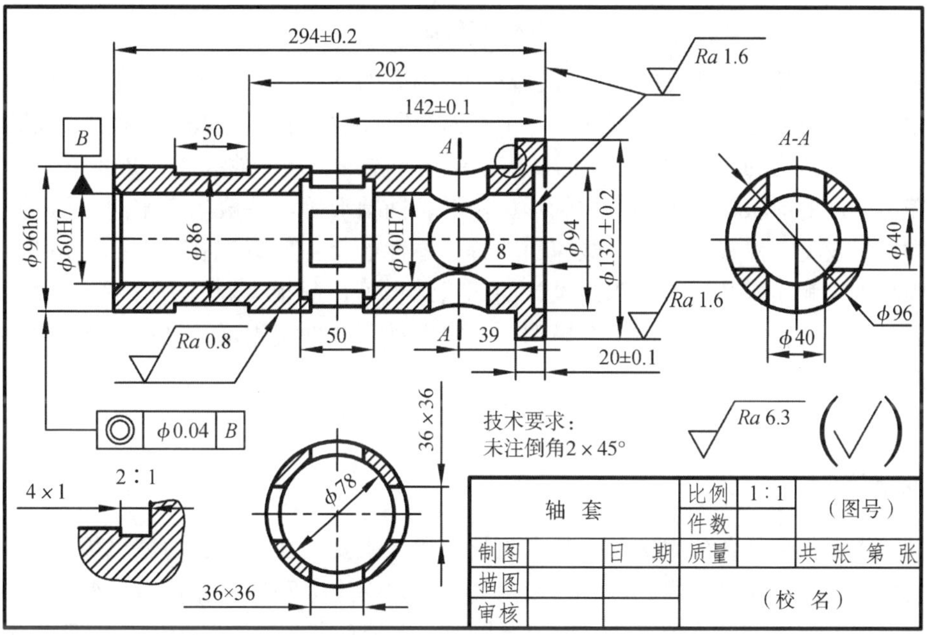

图 8-7　轴套零件图

2. 盘盖类零件

盘盖类零件的作用主要是轴向定位、防尘和密封，其种类包括轮盘类和盖类零件。轮盘类零件多为扁平回转体，厚度方向的尺寸比其他两个方向的尺寸小，轮盘上常有筋、轮辐、减轻孔等结构，其毛坯有铸件或锻件，机械加工的大部分工序在车床上加工，如轴承盖、花盘、法兰盘、齿轮、皮带轮等均属于这类零件。轮盘类零件安放时一般按加工位置水平放置，但有些较复杂的零件，因加工工序较多，也可按工作位置放置。一般轮盘类零件形状较复杂，多采用两个视图表示，主视图常采用全剖视图的方案，以反映

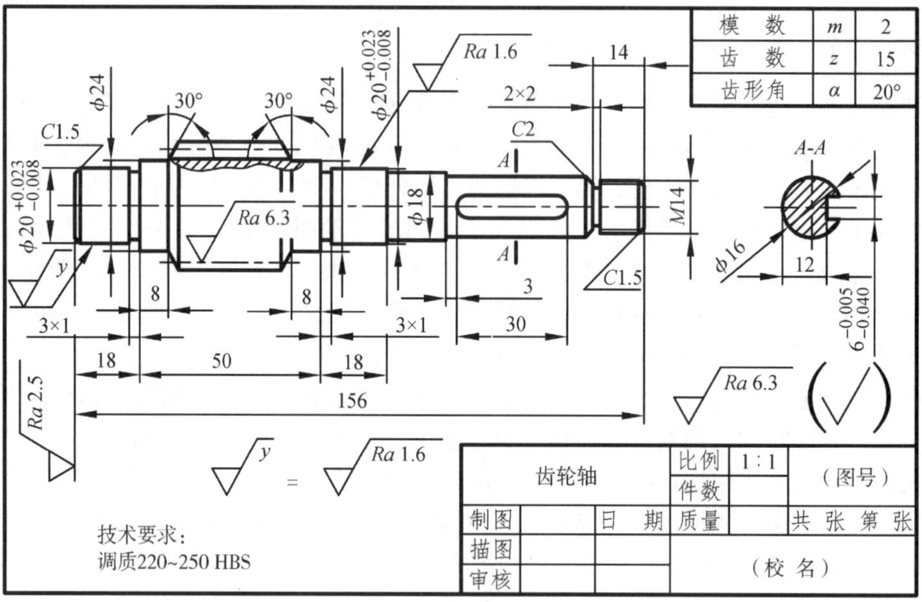

图 8-8　齿轮轴零件图

轮缘、轮辐及轮毂三个部分的相对位置及轮毂内腔的形状，为了表示零件外形及均布的孔、槽、肋、轮辐等结构，还需选用一个端面视图(左视图或右视图)。此外，根据轮盘零件的形状和结构的复杂程度，有时还需采用局部视图、局部放大图、断面图等。

盖类零件的形状较为多样，如圆形、矩形、椭圆形等，一般用于密封、压紧、支承等。常见的盖类零件有气缸盖、减速箱盖等，零件上面一般有沉孔、螺孔、销孔、凸台以及为减少接触面积及加工面积而设计的凹入结构等，形状一般较为扁平。盖类零件通常按安装位置放置，一般采用两个视图，主视图采用全剖视图反映结构，其他视图反映盖的外形以及孔系分布。

盘盖类零件表达方法示例如图 8-9 的端盖零件图和图 8-10 的法兰盘零件图。

3. 叉架类零件

叉架类零件包括各种用途的拨叉和支架。拨叉主要用在机床、内燃机等各种机器的操纵机构上，用于操纵机器、调节速度。支架主要起支撑和连接作用。叉架类零件大多是铸件或锻件，其外形比较复杂，形状不规则，常带有弯曲和倾斜结构，一般都具有肋、板、杆、筒、座、凸台、凹坑、拔模斜度等结构，局部结构常有油槽、油孔、螺孔和沉孔等。根据零件在机器中的作用和安装要求，大多数叉架类零件的主体部分都可以看做是由工作部分——承托(如承托轴、轴套等部位)，连接部分——中间支撑(如支撑筋或板等)，固定部分——基础(如固定用的底板、底座等)三部分组成。

叉架类零件形体较为复杂，且不大规则，有时难以放平，一般加工工序也较多，故其基本视图一般不少于两个。在选择主视图时，一般是在反映主要特征的前提下，按工作(安装)位置放置零件然后进行主视图投影方向的选择，但其主要轴线或平面应平行或垂直于投影面。当工作位置是倾斜的或不固定时，可将其放正后再进行主视图投影方向选择。主视图没有表达清楚的结构常用向视图、斜视图、局部视图、斜剖视图、断面图

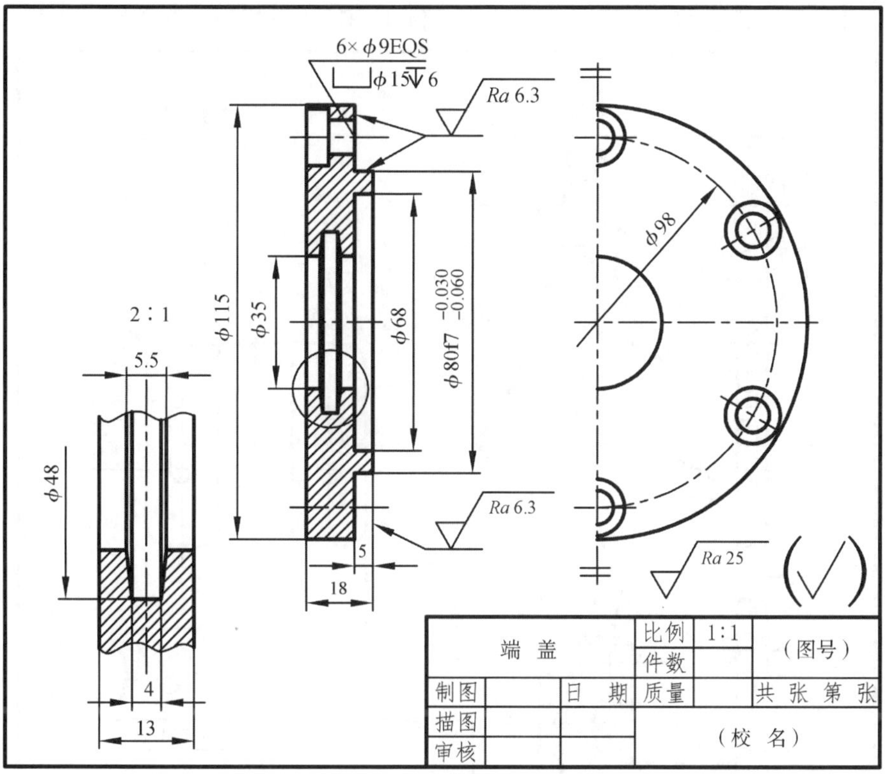

图 8-9　端盖零件图

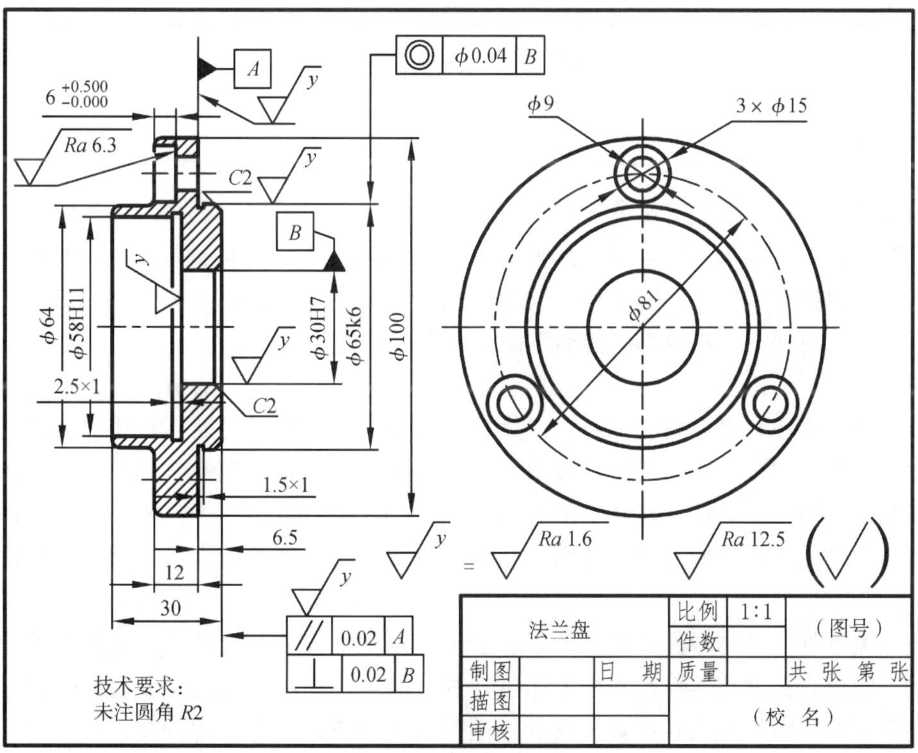

图 8-10　法兰盘零件图

等表达。叉架类零件表达方法示例如图 8-11 踏脚座零件图和图 8-12 拨叉零件图。

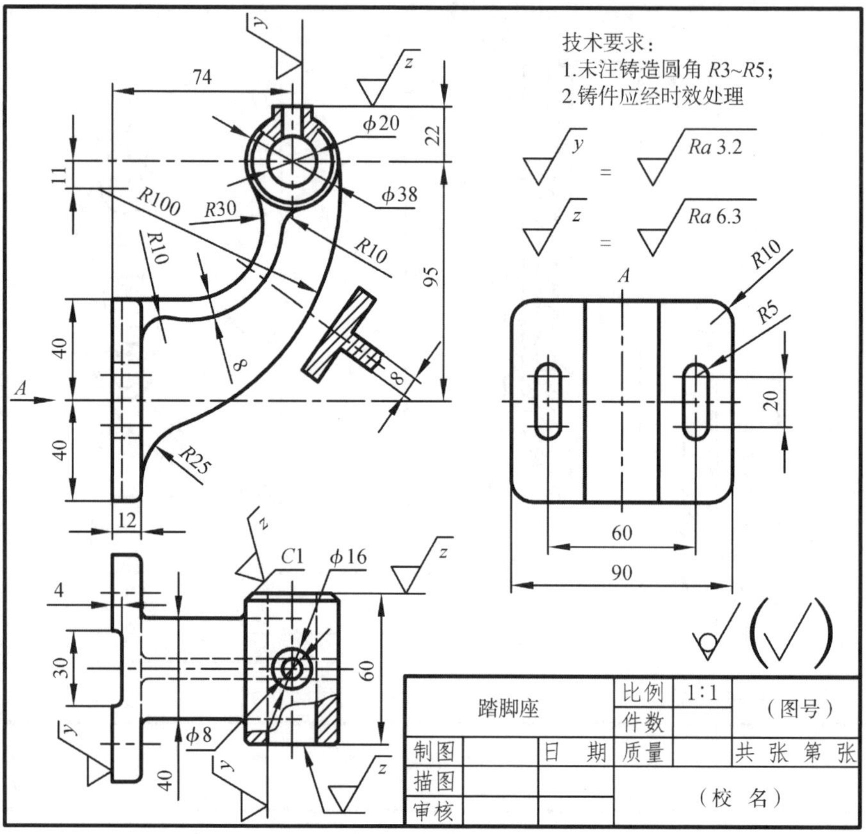

图 8-11　踏脚座零件图

4. 箱体类零件

箱体类零件是机器上的重要零件，作为机器或部件的基础件，它的主要作用是承托轴瓦、套、轴颈、轴承等，容纳装配轴、齿轮、蜗轮蜗杆、润滑油等，将机器及部件中其所承托、容纳的零件按一定的相互位置关系装配成一个整体，并按预定的传动关系协调其运动，同时保护机器内部的传动零件及操作人员的安全。

箱体类零件结构多样，但从工艺上看，其主要结构是由均匀的薄壁围成不同形状的空腔，空腔壁上还有多方向上的孔，以达到容纳和支撑作用。另外，箱体类零件还具有加强肋、凸台、凹坑、铸造圆角、拔模斜度、安装底板、安装孔等常见结构。箱体类零件一般都由铸造生产毛坯，箱体上的孔系多采用钻、扩、铰、镗等方式加工。箱体类零件最重要的结构是传动轴的轴承孔系，其相对位置对于保证传动零件能够正确传动非常重要。

箱体类零件内外结构都比较复杂，加工位置变化也较多。由于其在机器中的位置是固定的，因此，箱体类零件经常按工作位置进行放置，主视图采用主要表面的加工位置或最能反映形状特征和相对位置关系的一面作为投影方向，并采用剖视，以重点反映其内部结构。为了清晰地表达内外形状结构，表达箱体类零件通常需要三个或三个以上的

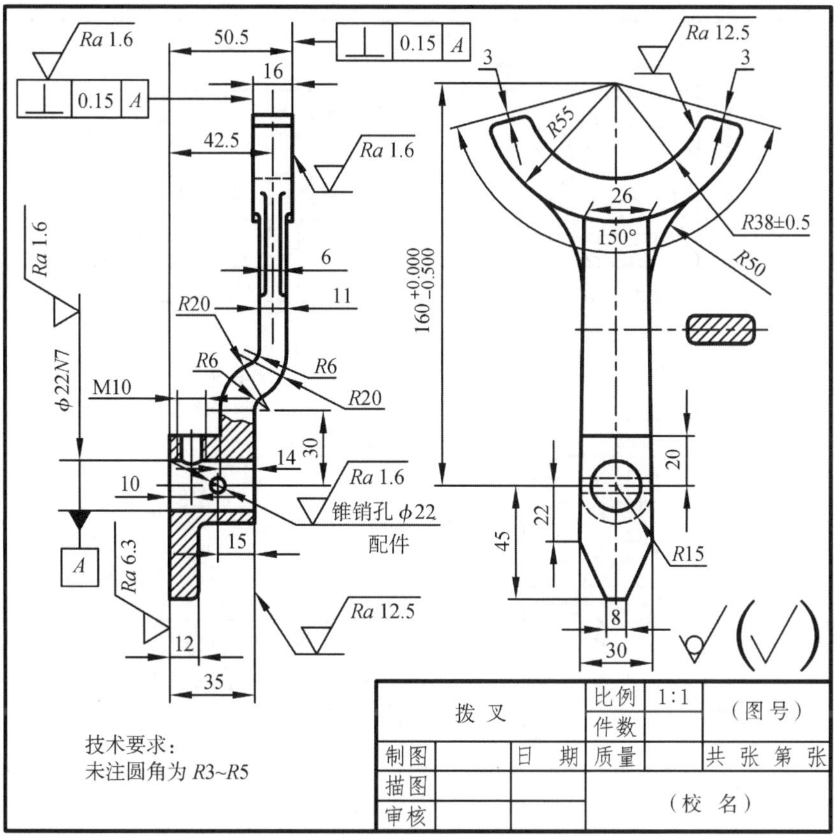

图 8-12 拨叉零件图

基本视图，并要灵活运用各种表达方法，视图上剖视比较多，局部结构采用局部视图、局部剖视图、断面图、斜视图及规定画法等来表示。箱体类零件表达方法示例如图 8-13 泵体零件图和图 8-14 座体零件图。

8.3 零件图的尺寸标注

零件的大小及结构之间的相对位置必须通过标注尺寸来说明。零件图的尺寸是加工和检验零件的重要依据，在标注时，不但要标注得正确、完整、清晰，而且必须标注得合理。所谓合理标注零件尺寸就是要使尺寸标注符合生产实际，方便加工与测量，并保证达到零件的设计要求。

8.3.1 尺寸基准的选择

零件图尺寸标注既要保证设计要求又要满足工艺要求，因而，要合理地标注尺寸，首先必须正确选择标注尺寸的出发点——尺寸基准。一般选作零件图尺寸基准的几何要素是：①零件的主要加工面、主要端面、主要支撑面、配合和安装面；②零件的对称面；③零件的主要回转面的轴线。

选择尺寸基准的目的，一是为了确定零件在机器中的位置或零件上几何要素的位置，

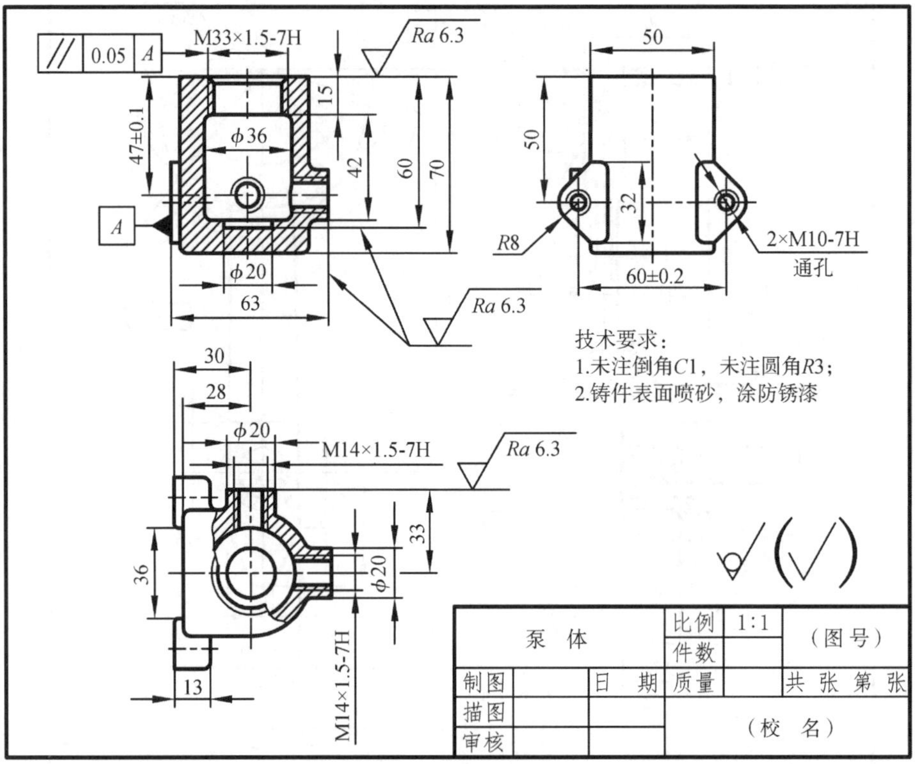

图 8-13　泵体零件图

以符合设计要求；二是为了在制造零件时，确定测量尺寸的起点位置，便于加工和测量，以符合工艺要求。因此，根据基准作用的不同，一般将基准分为设计基准和工艺基准两类。

设计基准——根据零件的结构和设计要求，用以确定零件在部件中准确位置的一些面、线、点。一般设计基准根据零件的结构特点和设计要求决定，如零件的轴线、对称中心线、对称面、重要的定位面、重要的端面、底面等通常被选作设计基准。

工艺基准——在加工时，确定零件装夹位置和刀具位置的一些基准以及检测时所使用的基准。工艺基准通常是根据零件加工制造、测量和检验等工艺要求所选定的一些面、线、点。

设计基准是零件尺寸标注的主要基准。工艺基准有时可能与设计基准重合，该基准不与设计基准重合时又称为辅助基准。由于零件有长、宽、高三个方向，一般在每个方向选一个主要基准，并根据实际需要，再选几个辅助基准，辅助基准与主要基准之间要有尺寸联系。对于轴套类和盘盖类零件，实际设计中经常采用的是轴向基准和径向基准，而不用长、宽、高基准。

选择基准的原则是：尽可能使设计基准与工艺基准一致，这一原则称为“基准重合原则”。这样，既能满足设计要求，又能满足工艺要求，以减少两个基准因不重合而引起的尺寸误差。当设计基准与工艺基准不一致时，应以保证设计要求为主，将重要尺寸从设计基准注出，次要尺寸从工艺基准注出，以便加工和测量。

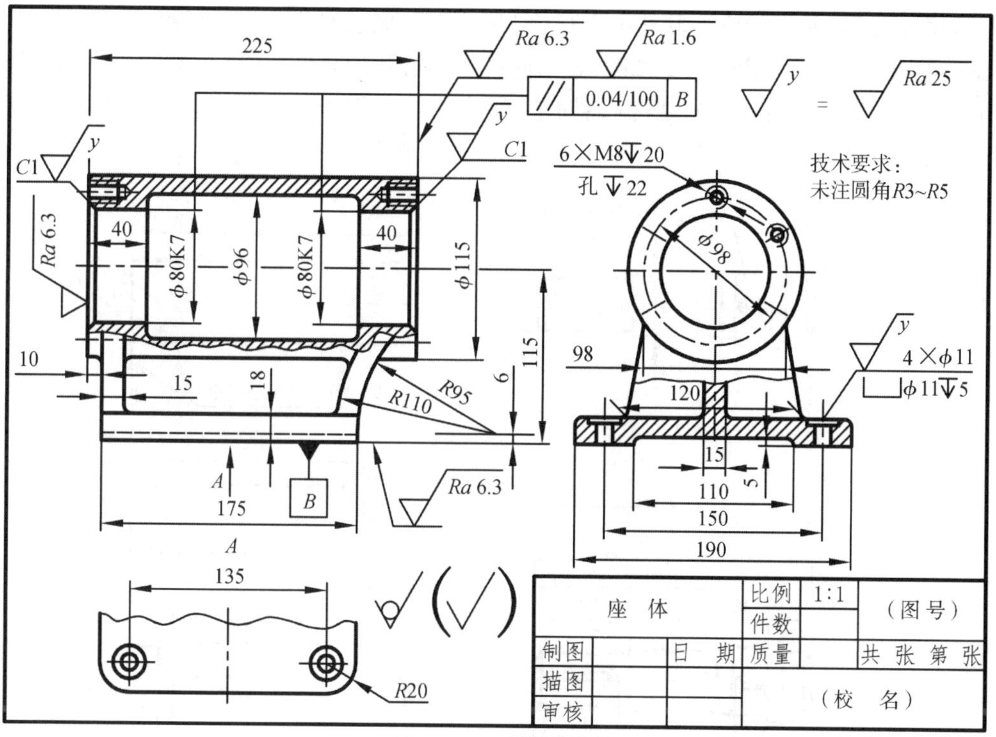

图 8-14　座体零件图

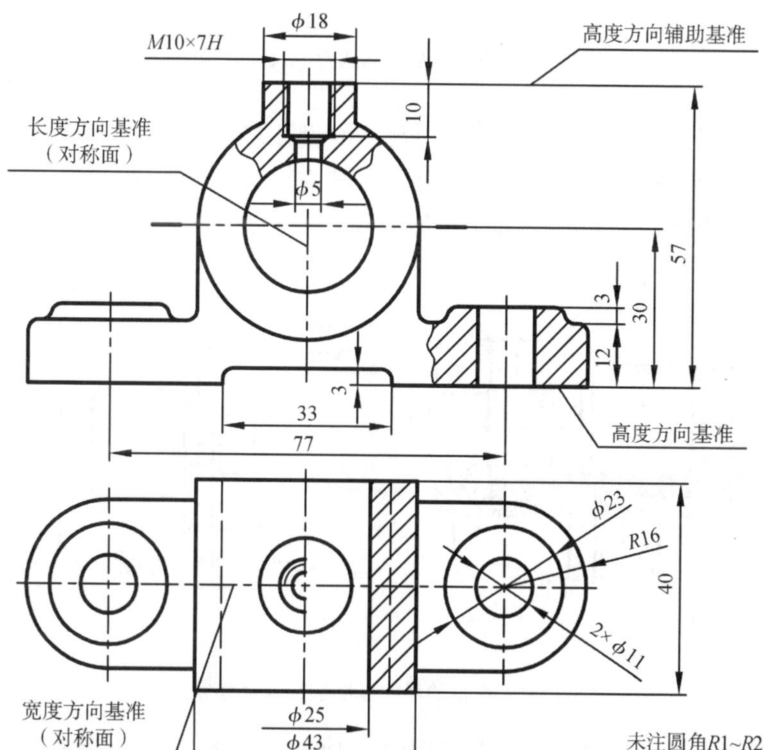

图 8-15　轴承座尺寸基准的选择及尺寸标注

如图 8-15 所示轴承座，其孔中心高为 30，应根据底面(安装面)来设计确定，因此底面是高度方向的设计基准(主要基准)，由此标注中心孔的高度 30 和总高 57。顶面上螺纹孔的深度 10 是以顶面为工艺基准(辅助基准)注出，以便于加工测量，57 是该辅助基准和主要基准的联系尺寸。

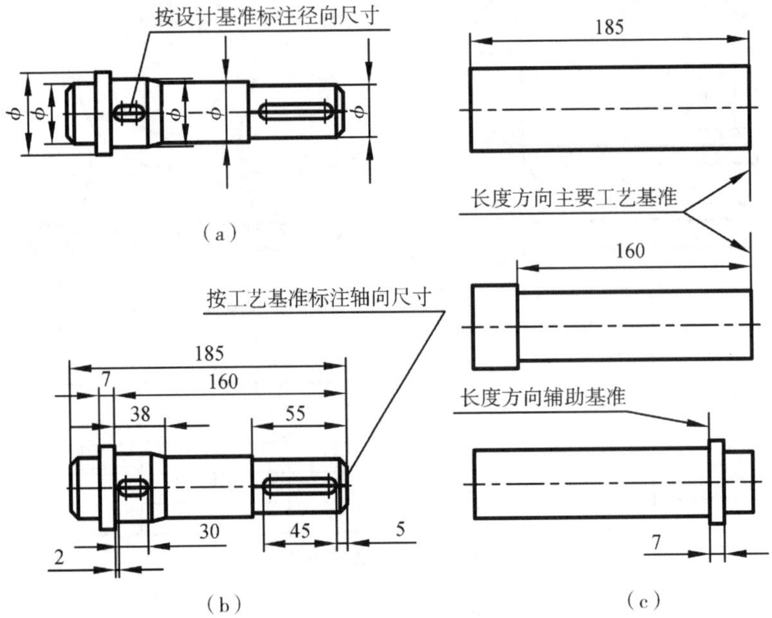

图 8-16　轴尺寸基准的选择及尺寸标注

如图 8-16 所示的轴，以轴线作为径向尺寸的设计基准，由此标注出所有直径尺寸(ϕ)。以轴的右端为长度方向的设计基准(主要基准)，由此可以标注出 55、160、185、5、45，再以轴肩作为工艺基准(辅助基准)，标注 2、30、38、7 等尺寸。

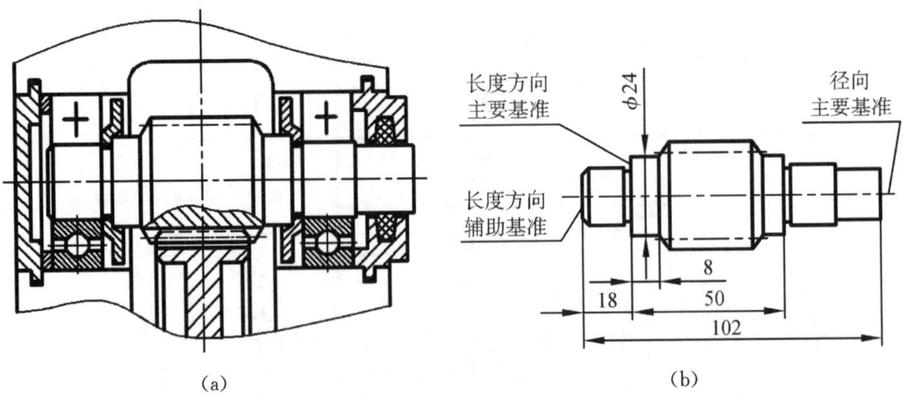

图 8-17　齿轮轴的尺寸基准选择及尺寸标注

如图 8-17 所示的齿轮轴，确定其在箱体中的轴向位置的是 ϕ24 圆柱左边的轴肩，确定径向位置的是轴线，所以设计基准是 ϕ24 圆柱左边的轴肩和轴线。齿轮轴在车床上加工时，其轴线与车床主轴轴的轴线一致，车刀每次的车削位置，都是以左边的端面为基准来定位的，所以工艺基准是左边的端面和轴线。因而，选择 $\phi24$ 圆柱左边的轴肩为长度方向的主要基准，齿轮轴左端面为辅助基准，图中 18 是辅助基准与主要基准的直接联系尺寸，选择齿轮轴轴线为径向的尺寸基准。

8.3.2　标注尺寸的基本原则

1. 零件上重要的尺寸必须直接注出

重要尺寸是指直接影响零件在机器或部件中的工作性能和准确位置的尺寸，如零件间的配合尺寸、重要的安装尺寸、定位尺寸等。如图 8-8 中的齿轮轴中两处 $\phi20$ 和两处 18 和 50 都是重要尺寸，是用来安装滚动轴承和轴向定位的，应直接标出。又如图 8-18(a) 所示的轴承座，轴承孔的中心高 h_1 和安装孔的间距尺寸 l_1 必须直接注出，而不应采取图 8-18(b)所示的主要尺寸 h_1 和 l_1 没有直接注出，要通过其他尺寸 h_2、h_3 和 l_2、l_3 间接计算得到，从而造成尺寸误差的积累。

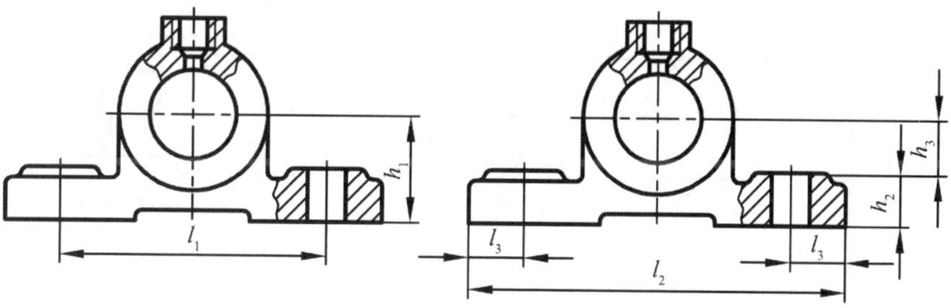

(a) 合理标注　　　　(b) 不合理标注

图 8-18　重要尺寸要直接注出

2. 避免出现封闭尺寸链

封闭尺寸链是指首尾相接，形成一整圈的一组尺寸。如图 8-19(a)所示的阶梯轴，组成尺寸链的各个尺寸称为组成环，未注尺寸一环称为开口环。每个组成环的尺寸在加工后都会产生误差，长度 b 有一定的精度要求，图 8-19(a)中选出一个不重要的尺寸空出，加工的所有误差就积累在这一段上，保证了长度 b 的精度要求。而图 8-19(b)中长度方向的尺寸 b、c、e、d 首尾相接，构成一个封闭的尺寸链，加工时尺寸 c、d、e 都会产生误差，则尺寸 b 的误差为三个尺寸误差的总和，不能保证尺寸 b 的精度要求，满足不了设计要求。

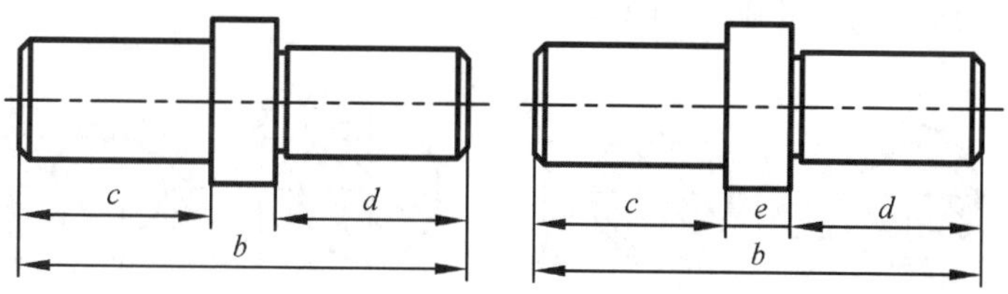

(a) 合理标注　　　　(b) 不合理标注

图 8-19　阶梯轴尺寸标注

3. 标注尺寸要便于加工和测量

1)要符合加工顺序的要求

在标注尺寸时，要按加工顺序标注尺寸，符合加工过程。如图 8-20(a)所示的轴，长度方向尺寸的标注先考虑各轴段外圆的加工顺序，按照加工过程注出尺寸，既便于加工又便于测量。从图 8-20(b)所示的轴在车床上的加工顺序①～④看出，从下料到每一加工工序，都在图中直接标注出所需尺寸(图中尺寸 51 为设计要求的主要尺寸)。

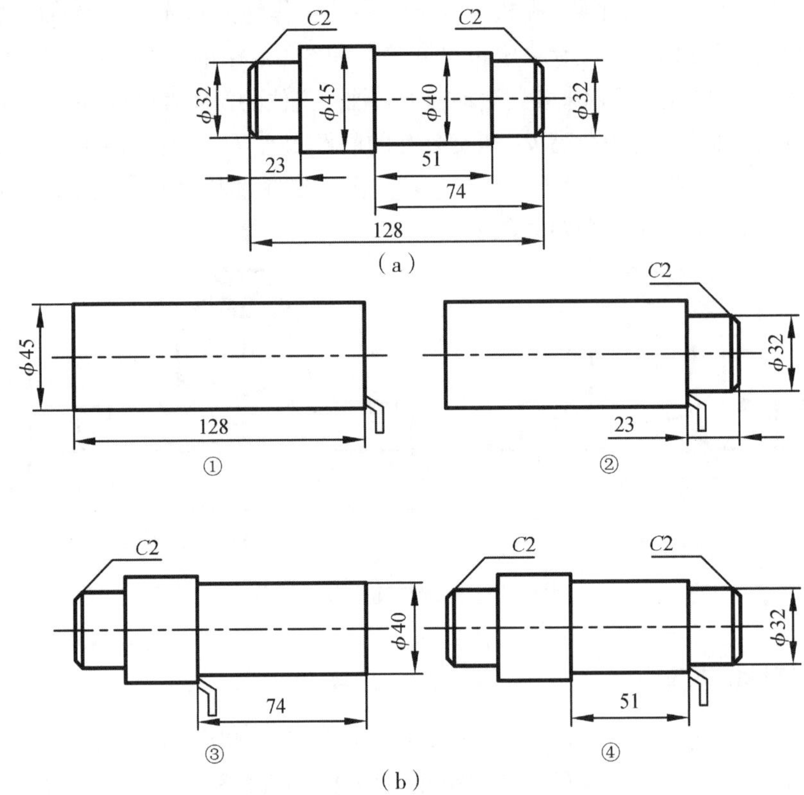

图 8-20　标注尺寸要符合加工顺序

2)要符合测量顺序的要求

图 8-21 是常见的几种断面形状，图 8-21(a)中标注的尺寸便于测量和检验，而图 8-21(b)的尺寸不便于测量。同样，图 8-22(a)中所示的套筒中所标注的长度尺寸便于测量，图 8-22(b)所示的尺寸则不便于测量。

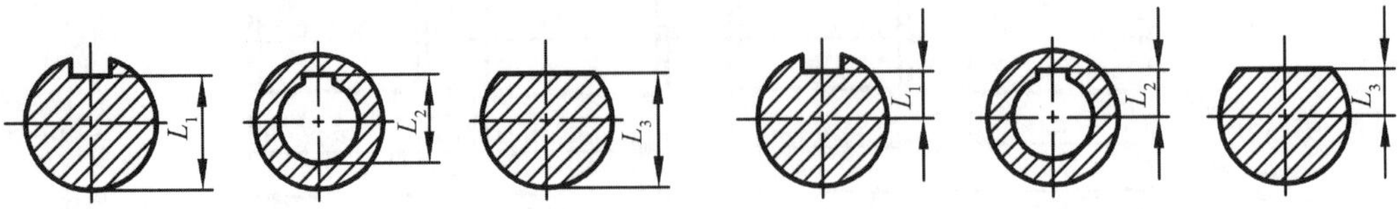

(a) 合理标注　　(b) 不合理标注

图 8-21　标注尺寸要便于测量(一)

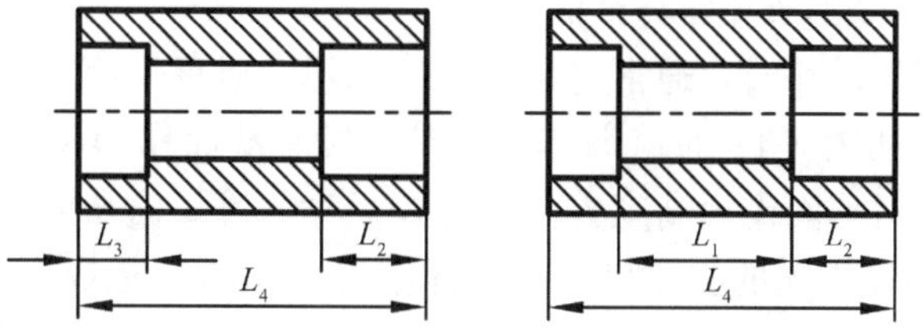

（a）合理标注　　（b）不合理标注

图 8-22　标注尺寸要便于测量(二)

3)要符合加工要求

退刀槽的尺寸是由切槽刀的宽度决定的，所以应将其单独注出，标注方式为“槽宽×槽深”，如图 8-8 中的 2×2，3×1，或者“槽宽×直径”，如图 8-1 中的 2×ϕ15、2.5×ϕ9.5。

8.3.3　典型零件图的尺寸标注示例

【例 1】如图 8-23 所示，标注阀杆零件图的尺寸。

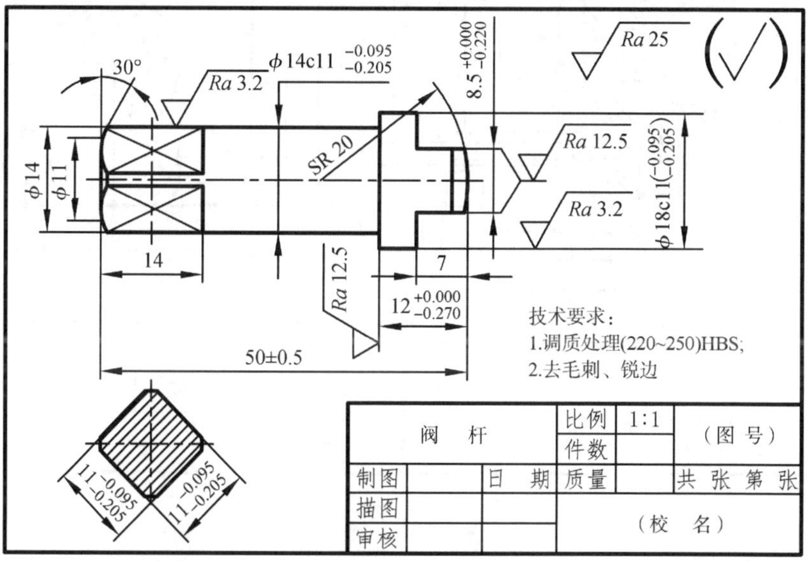

图 8-23　阀杆

以水平轴线作为阀杆径向主要尺寸基准，由此注出径向各部分尺寸 ϕ14、ϕ11、ϕ14c11($^{-0.095}_{-0.205}$)、ϕ18c11($^{-0.095}_{-0.205}$)。从阀杆装配情况看，ϕ14c11($^{-0.095}_{-0.205}$)和ϕ18c11($^{-0.095}_{-0.205}$)轴段分别与球阀中的填料压紧套和阀体有配合关系(见 9.6、9.7)。因而，这两个尺寸必须标注尺寸公差(见 8.5.2 节)。

2×ϕ18c11($^{-0.095}_{-0.205}$)轴肩的左端面作为阀杆的轴向主要尺寸基准，由此注出尺寸 $12^{+0.000}_{-0.270}$。以由主要基准出发，尺寸$12^{+0.000}_{-0.270}$确定的右端面作为轴向的第一辅助基准，注出尺寸 7 以及 50±0.5。以由主要尺寸基准出发，尺寸$12^{+0.000}_{-0.270}$以及 50±0.5 确定的左端面作为轴向的第二辅助基准，注尺寸 14。其余尺寸请读者自行分析。

【例 2】标注图 8-11 踏脚座零件图的尺寸。

在标注叉架类零件尺寸时，通常选用主要孔轴线、对称平面、较大主要加工面、结合面作为尺寸基准。如图 8-11 的踏脚座，以安装板左端面作为长度方向的主要尺寸基准，以安装板的水平对称面作为高度方向的主要尺寸基准。由长度方向的主要尺寸基准标注出尺寸 74，由高度方向的主要尺寸基准标注出尺寸 95。由高度方向主要基准出发，标注尺寸 40、40，确定安装板的高度尺寸。由长度方向的定位尺寸 74 和高度方向的定位尺寸 95 确定的轴承孔的轴线作为径向辅助基准，标注出轴承孔部位的径向尺寸 ϕ20 和 ϕ38。由轴承孔的轴线出发，按高度方向分别标注出 22 和 11，确定踏脚座顶面和踏脚座连接板 R100 的圆心位置。宽度方向的尺寸基准是前后方向的对称平面，由此在俯视图上注出尺寸 30、40、60 以及在局部视图中注出尺寸 60、90 其余尺寸请读者自行分析。

【例 3】如图 8-24 所示，标注阀盖零件图的尺寸。

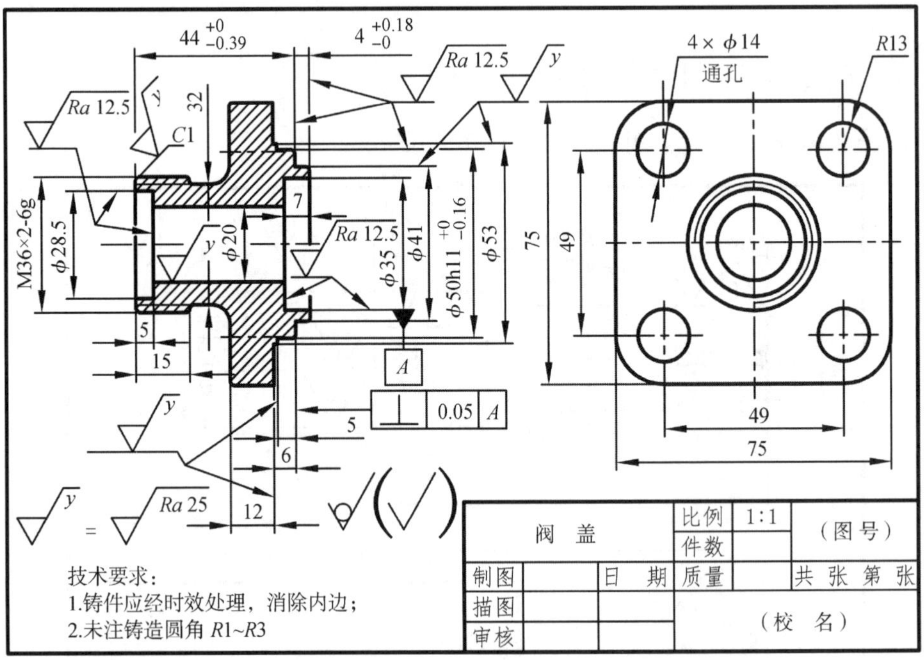

图 8-24　阀盖

阀盖以轴线作为径向主要尺寸基准，由此分别注出阀盖各部分同轴线的直径尺寸 ϕ28.5、ϕ20、ϕ35、ϕ41、ϕ50h11 ($^{0}_{-0.16}$)、ϕ53，以该轴线为基准还可注出左端外螺纹的尺寸 M36×2-6g。分别以该零件的上下、前后对称平面为高度和宽度方向主要尺寸基准分别注出方形凸缘高度方向和宽度方向的尺寸 75、75，以及四个通孔的定位尺寸 49、49。

以阀盖有配合需要并有垂直度公差要求的重要端面作为轴向尺寸基准，即长度方向的尺寸基准，由此注出 $4_{0}^{+0.18}$、$44_{-0.39}^{0}$、5、6 等尺寸。以 $44_{-0.39}^{0}$ 确定的辅助基准出发，标注尺寸 5、15。由尺寸 6 确定的辅助基准出发，标注尺寸 12。其他尺寸请读者自行分析。

【例 4】标注图 8-13 泵体零件图的尺寸。

泵体长度方向的主要尺寸基准是左边安装板的端面，宽度方向的主要尺寸基准是左边安装板的前后对称面，高度方向的主要尺寸基准是泵体的上端面。47±0.1、60±0.2 有安装配合需要，是重要尺寸，加工时必须保证。具体尺寸标注请读者自行分析。

8.4 零件上常见的工艺结构

零件的结构形状，主要是根据它在机器中的作用决定的，而且在制造零件时还要符合加工工艺的要求。因此，在画零件图时，应使零件的结构既满足使用上的要求，又要方便加工制造。本节将介绍一些常见的工艺结构，供画图时参考。

8.4.1 铸造零件的工艺结构

1. 起模斜度

用铸造的方法制造零件的毛坯时，为了将模型从砂型之中顺利取出来，常在沿起模方向的内外壁上设计适当斜度，称为起模斜度，一般为 1∶20，如图 8-25 所示。起模斜度在图样上一般不画出和不予标注，必要时可以在技术要求中用文字说明。

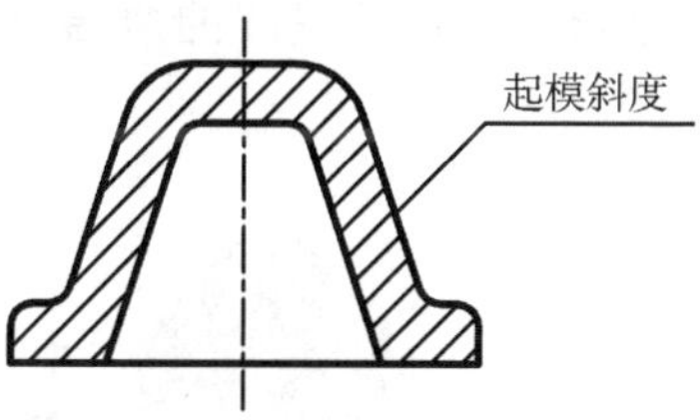

图 8-25 起模斜度

2. 铸造圆角

在铸造毛坯各表面的相交处，做出铸造圆角，如图 8-26 所示。这样，既可方便起模，又能防止浇铸时将砂型转角处冲坏，还可避免铸件在冷却时在转角处产生裂纹和缩孔。铸造圆角在图样上一般不予标注，常集中注写在技术要求中。

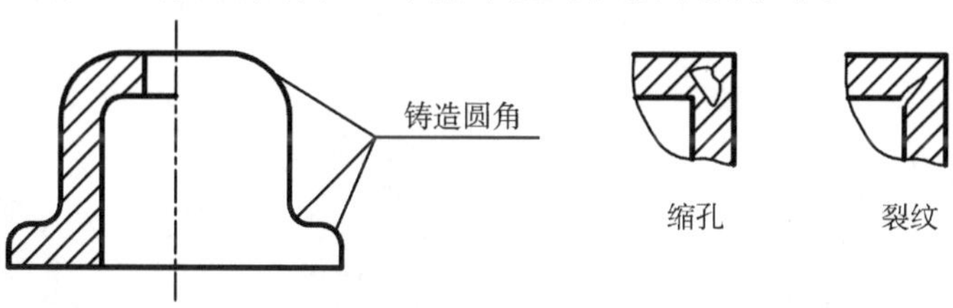

图 8-26 铸造圆角

3. 铸件壁厚

在浇铸零件时，铸件的壁厚如果不均匀，则冷却的速度就不一样，薄的部位先冷却凝固，厚的部位后冷却凝固，若凝固收缩时没有足够的金属液来补充，就容易产生缩孔和裂纹。因此铸件壁厚应尽量均匀或采用逐渐过渡的结构，如图 8-27 所示。

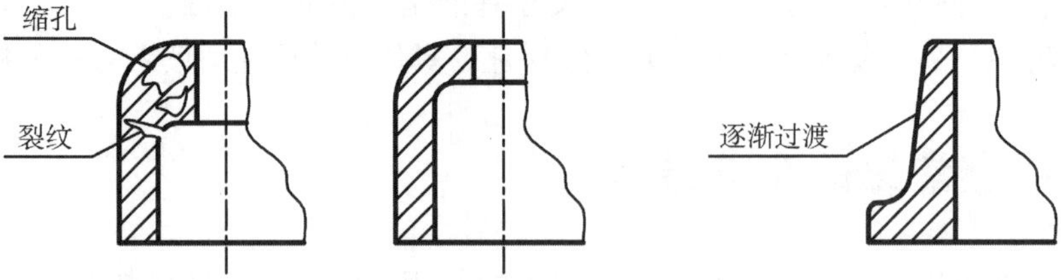

(a)壁厚不均匀　　(b)壁厚均匀　　(c)逐渐过渡

图 8-27　铸件壁厚

4. 过渡线

铸件两个非切削表面相交处一般均做成过渡圆角，所以两表面的交线就变得不明显，这种交线称为过渡线。当过渡线的投影与面的投影重合时，按面的投影绘制，当过渡线的投影不与面的投影重合时，过渡线按其理论交线的投影用细实线绘出，但线的两端要与其他轮廓线断开。

如图 8-28 所示，两外圆柱表面均为非切削表面，相贯线为过渡线。在主视图中，相贯线的投影不与任何表面的投影重合，所以相贯线的两端与轮廓线断开。当两个柱面直径相等时，在相切处也应该断开。

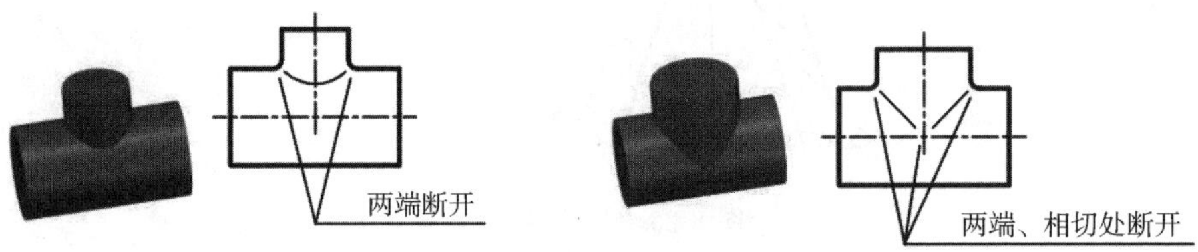

(a)　　(b)

图 8-28　相贯体的过渡线的画法

图 8-29 是平面与平面、平面与曲面相交的过渡线的画法。图 8-29(a)中，三棱柱肋板的斜面与底板上表面的交线的水平投影不与任何平面重合，所以两端断开。图 8-29(b)中，两侧耳板的上表面与半圆柱筒回转面的交线的水平投影不与任何平面重合，所以两端断开。

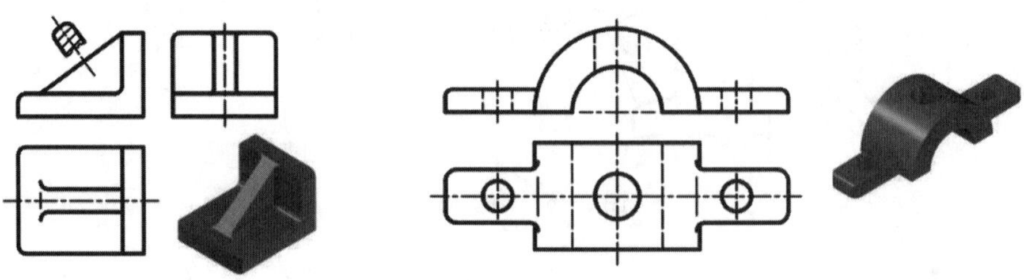

(a)　　(b)

图 8-29　平面与平面、平面与曲面过渡线画法

8.4.2　零件加工面的工艺结构

1. 倒角和倒圆

为了去除零件的毛刺、锐边，便于装配和操作安全，在轴和孔的端部，一般都加工成 45°、30°或 60°倒角，如图 8-30(a)、8-30(b)和 8-30(c)所示。阶梯轴的轴肩处为了避免应力集中，常以圆角过渡，成为倒圆，如图 8-30(c)所示。倒角和倒圆的尺寸系列可从相关标准中查得。当零件上 45°倒角尺寸全部相同时，可在图样右上角注明“全部倒角 C×（×为倒角的轴向尺寸）”。当零件倒角尺寸无一定要求时，则可在技术要求中注明“锐边倒钝”。

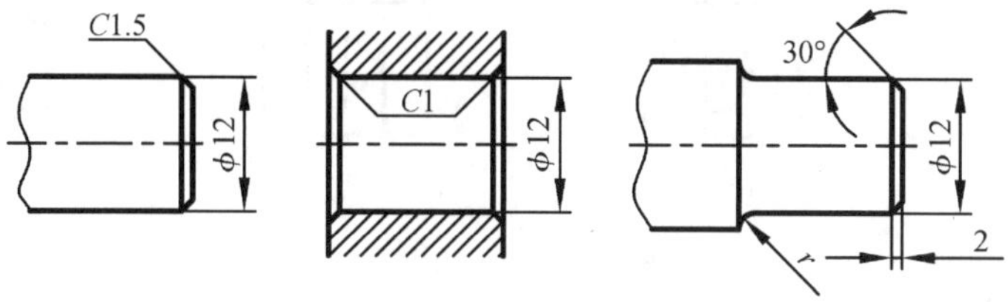

图 8-30　倒角和倒圆

2. 退刀槽和砂轮越程槽

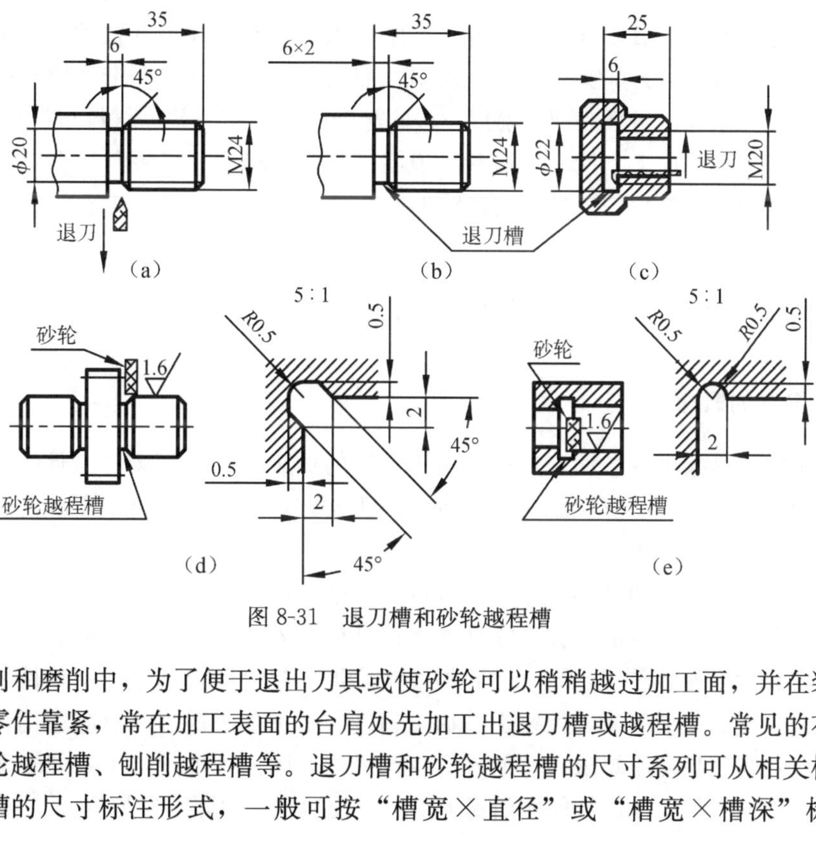

图 8-31　退刀槽和砂轮越程槽

在车削和磨削中，为了便于退出刀具或使砂轮可以稍稍越过加工面，并在装配时容易与有关零件靠紧，常在加工表面的台肩处先加工出退刀槽或越程槽。常见的有螺纹退刀槽、砂轮越程槽、刨削越程槽等。退刀槽和砂轮越程槽的尺寸系列可从相关标准中查得。退刀槽的尺寸标注形式，一般可按“槽宽×直径”或“槽宽×槽深”标注，如

图 8-31(a)～图 8-31(c)所示。在视图表达中，退刀槽和砂轮越程槽通常用局部放大图表达，如图 8-31(d)、8-31(e)所示。

3. 凸台和凹坑

为保证配合面接触良好，减少切削加工面积，通常在铸件上设计出凸台、凹坑、凹槽和凹腔，如图 8-32 所示。

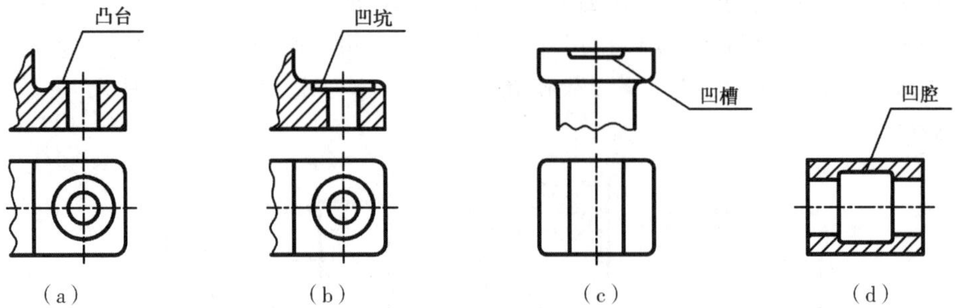

图 8-32　凸台和凹坑

8.5　零件图上的技术要求

在生产加工中，必须根据实际需要来设计零件，这样在零件图上就必须合理地标注和说明零件应达到的质量要求，一般称为技术要求。机械图样中的技术要求是用规定的符号、数字、字母或者另加文字注释，简明、准确地给出零件在制造、检验或使用时应达到的各项技术指标，包括表面粗糙度、极限与配合、几何公差、材料与材料的热处理、零件表面修饰、特殊加工、检验、试验等说明。表面粗糙度、极限与配合及几何公差通常按国家标准用规定的代(符)号标注在图上，其他的一般标明“技术要求”后用文字在图纸上进行说明。

8.5.1　表面粗糙度(GB/T 131—2006，GB/T 1031—2009)

1. 表面粗糙度的概念

表面粗糙度是指零件在加工过程中由于不同的加工方法、机床与工具的精度、振动及磨损等因素在加工表面所形成的具有较小间距和较小峰谷的微观不平状况，它属于微观几何误差，如图 8-33 所示。

表面粗糙度对零件的摩擦、磨损、抗疲劳、密封性、抗腐蚀，以及零件间的配合性能等有很大影响。粗糙度值越大，零件的表面性能越差，越容易发生应力集中，在外力作用下，容易发生疲劳破坏，同时还容易发生腐蚀。粗糙度值越小，则零件表面性能越好。但是减少表面粗糙度值，就要提高加工精度，增加加工成本，故应选用合理的表面粗糙度数值，既满足使用要求，又能降低生产成本。国家标准规定了零件表面粗糙度的评定参数，以便在保证使用性能的前提下，选用较为经济的评定参数值。

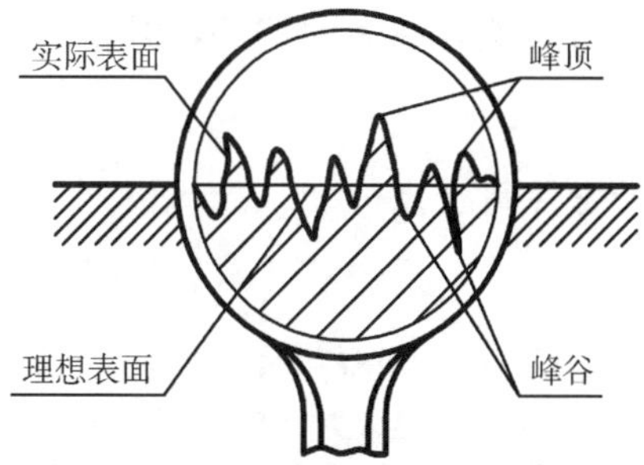

图 8-33　零件表面微观不平的情况

2. 表面粗糙度的评定参数

1)轮廓的算术平均偏差(Ra)

在取样长度 l 内，轮廓偏距 y 绝对值的算术平均值，其几何意义如图 8-34 所示。

$$Ra = \frac{1}{l}\int_0^l |y(x)| \mathrm{d}x \approx \frac{1}{n}\sum_{i=1}^{n} |y_i|$$

Ra 值比较直观，容易理解，测量简便，是应用普遍的评定指标。

Ra 数值一般采用国标推荐的数值，分一般系列数值和优先系列数值，见表 8-1。

表 8-1　轮廓算术平均偏差 Ra 的数值　　（单位：μm）

100	25	6.3	1.60	0.40	0.100	0.025
(80)	(20)	(5.0)	(1.25)	(0.32)	(0.080)	(0.020)
(63)	(16)	(4.0)	(1.00)	(0.25)	(0.063)	(0.016)
50	12.5	3.2	0.80	0.20	0.050	0.012
(40)	(10.0)	(2.5)	(0.63)	(0.160)	(0.040)	(0.010)
(32)	(8.0)	(2.0)	(0.50)	(0.125)	(0.032)	(0.008)

注：括号内为补充系列数值。

零件表面有配合要求或有相对运动要求的，Ra 值要求小。Ra 值越小，表面质量就越高，加工成本也越高。在满足使用要求的情况下，应尽量选用较大的 Ra 值，以降低加工成本，如表 8-4 所示。

2)轮廓的最大高度 Rz

在同一取样长度内，最大轮廓峰高和最大轮廓谷深之和的高度，如图 8-34 所示。

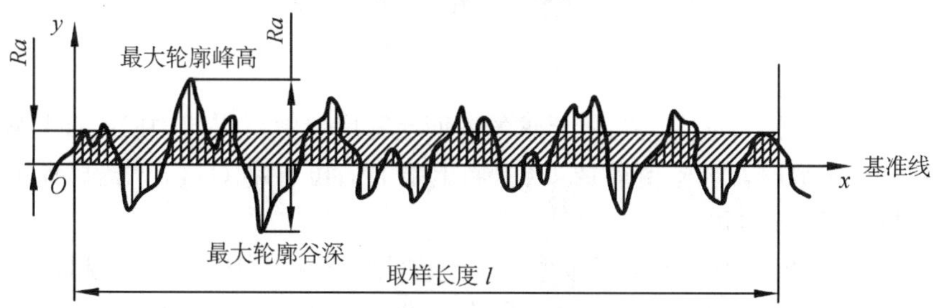

图 8-34　轮廓曲线和表面粗糙度表征参数

Rz 值不如 *Ra* 值能较准确反映轮廓表面特征，但如果和 *Ra* 联合使用，可以控制防止出现较大的加工痕迹。

3. 表面粗糙度图形符号、参数注写及代号

1)表面粗糙度图形符号

GB/T 131—2006 规定了五种表面粗糙度图形符号，如表 8-2 所示。

表 8-2　表面粗糙度图形符号及意义

符号	意义及说明
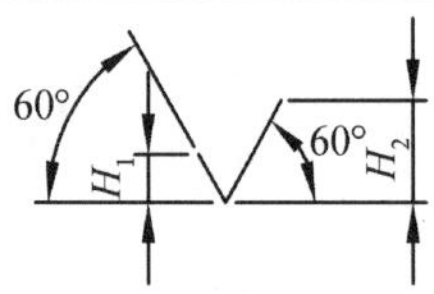	基本图形符号。表示表面可用任何方法获得。当不加注粗糙度参数值或有关说明时，仅适用于简化代号标注。($H_1=1.4\,h$，$H_2=2.1\,h$，符号线宽为 1/10 *h*，*h* 为字高)
	扩展图形符号。基本符号加一短画，表示表面是用去除材料的方法获得的。如：车、铣、钻、磨、剪切、气割、抛光、腐蚀、点火花加工等
	扩展图形符号。基本符号加一小圆，表示表面是用不去除材料的方法获得的。如：铸、锻、冲压、热轧、冷轧、粉末冶金等
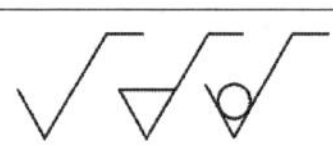	完整图形符号。在上述三种符号的长边上均可加一横线，用于标注有关参数和说明
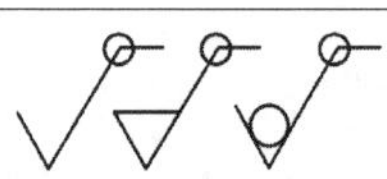	在完整图形符号上均可加一小圆，表示所有表面具有相同的表面粗糙度要求

2)表面粗糙度参数的注写

有关表面粗糙度的参数和说明，应注写在图形符号所规定的位置上，如图 8-35 所示。

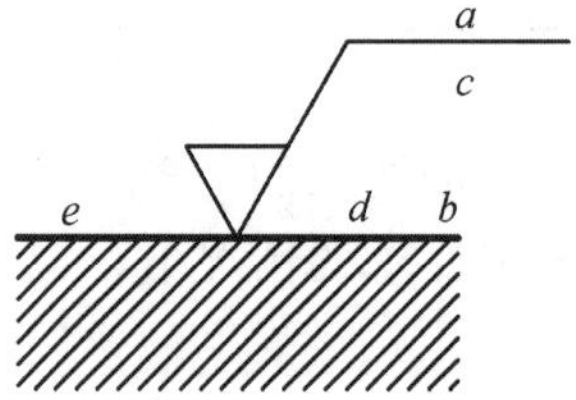

a、*b*——表面粗糙度参数值(μm)；*c*——加工要求、镀覆、涂覆、表面处理和其他说明等；*d*——加工纹理方向符号；*e*——加工余量(mm)

图 8-35　表面粗糙度的数值及有关规定的注写

3)表面粗糙度代号

在表面粗糙度图形符号上注写所要求的表面粗糙度参数后，即构成表面粗糙度代号。标注表面粗糙度参数时，上限值前加 U(单面上限值前可省略 U)，下限值前加 L，同参数双向极限值前可省略 U、L。

(1)当标注上限值或上限值与下限值时，允许实测值中有 16%的测值超差。

(2)当不允许任何实测值超差时，应在表面粗糙度评定参数（*Ra* 或 *Rz*）后加注 max。

常用的 *Ra* 值与加工方法见表 8-3、表 8-4。

表 8-3　表面粗糙度代号的意义

符号	意义及说明
Ra 3.2	用任何方法获得的表面粗糙度，*Ra* 的上限值为 3.2 μm
Ra 3.2	用去除材料的方法获得的表面粗糙度，*Ra* 的上限值为 3.2 μm
Ra 3.2	用不去除材料的方法获得的表面粗糙度，*Ra* 的上限值为 3.2 μm
Rama×3.2	用去除材料的方法获得的表面粗糙度，*Ra* 的最大值为 3.2 μm
Ra 12.5	表示所有表面具有相同的表面粗糙度，*Ra* 的上限值为 12.5 μm

表 8-4　常用的表面粗糙度 *Ra* 值与加工方法

表面特征		示例	加工方法	适用范围
加工面	粗加工面	Ra 100　Ra 50　Ra 25	粗车、刨、铣等	非接触表面：如倒角、钻孔等
	半光面	Ra 12.5　Ra 6.3　Ra 3.2	粗铰、粗磨、扩孔、精镗、精车、精铣等	精度要求不高的接触表面
	光面	Ra 1.6　Ra 0.8　Ra 0.4	铰、研、刮、精车、精磨、抛光等	高精度的重要配合表面
	最光面	Ra 0.2　Ra 0.1　Ra 0.05	研磨、镜面磨、超精磨等	重要的装饰面
毛坯面			经表面清理过的铸、锻件表面、轧制件表面	不需要加工的表面

4. 表面粗糙度的标注方法

(1)表面粗糙度代号应标注在可见轮廓线、尺寸界线、引出线或其延长线上。符号的尖端必须从材料外指向被注表面，代号中数字的方向必须与尺寸数字方向一致，如图 8-36、图 8-37 所示。

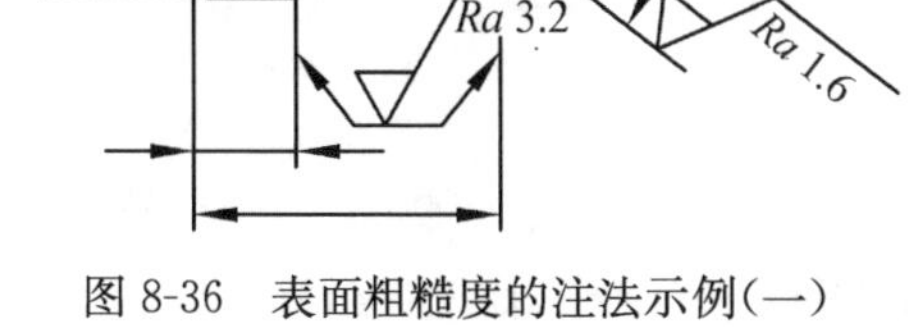

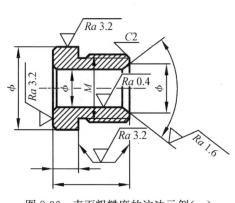

图 8-36　表面粗糙度的注法示例(一)

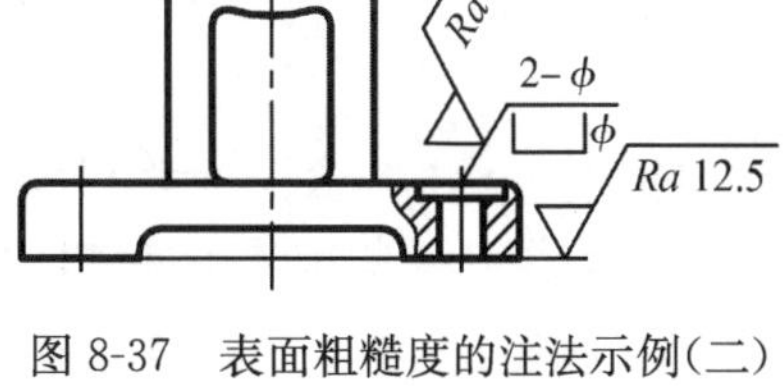

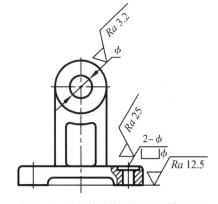

图 8-37　表面粗糙度的注法示例(二)

(2)在同一图样上，每一表面一般只标注一次代号，如图 8-36、图 8-37 所示。

(3)必要的时候，表面粗糙度代号也可标注在几何公差框格(见 8.5.3)上或尺寸线上，如图 8-38(a)、图 8-38(b)所示。

(4)零件上的连续表面及重复要素(孔、齿、槽等)，只标注一次，如图 8-39 所示。

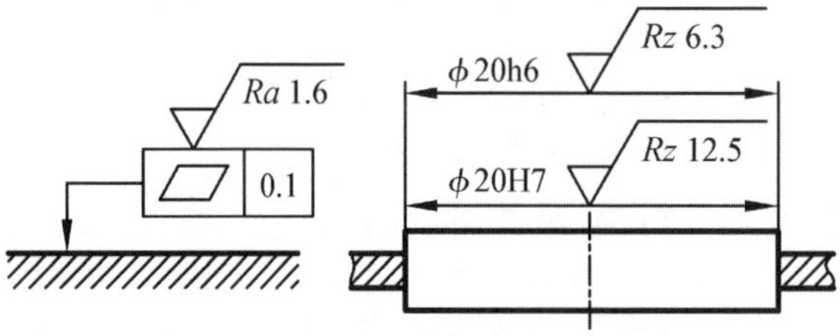

(a)　(b)

图 8-38　表面粗糙度的注法示例(三)

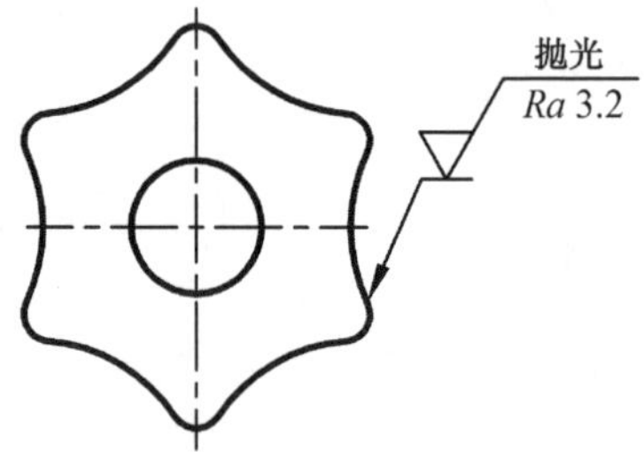

图 8-39　连续表面的表面粗糙度的注法

(5)当零件多数(包含全部)有相同的粗糙度时，表面粗糙度代号可统一标注在图样的标题栏附近。此时，应在括号内绘出无任何其他标注的基本符号，如图 8-40(a)所示，和不同的表面粗糙度要求，如图 8-40(b)所示。

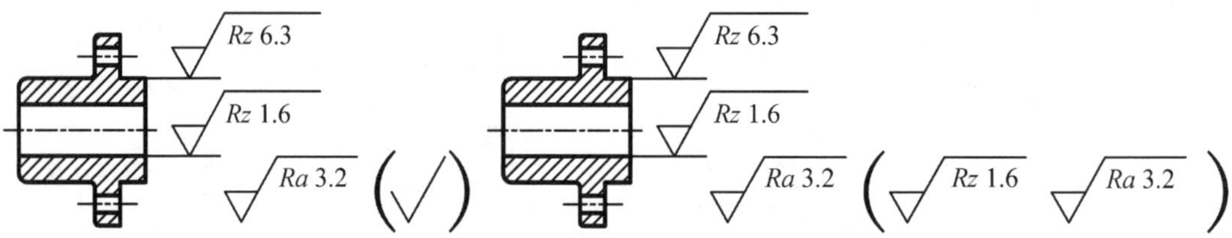

(a)　(b)

图 8-40　零件上所有表面粗糙度要求相同时的注法

(6)同一表面上有不同的表面粗糙度要求时，用细实线画出其分界线，注出尺寸和相应的表面粗糙度代号，如图 8-41 所示。

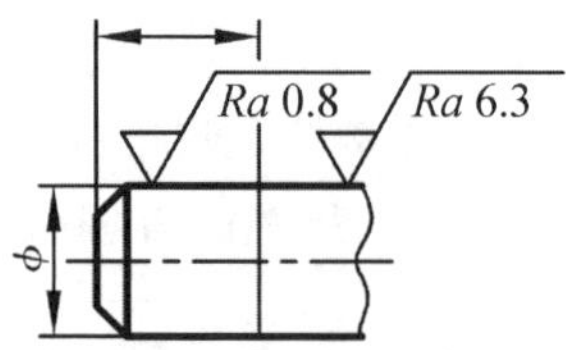

图 8-41　同一表面上粗糙度要求不同时的注法

(7)螺纹、齿轮的表面粗糙度注法如图 8-42 所示。

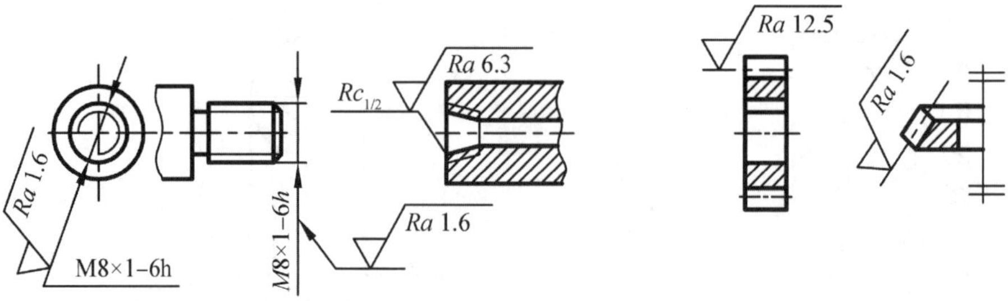

(a) 螺纹的表面粗糙度注法　(b) 齿轮的表面粗糙度注法

图 8-42　螺纹、齿轮等工作表面没有画出牙(齿)形时的表面粗糙度注法

(8)中心孔、键槽的工作表面和倒角、圆角的表面粗糙度代号，可以简化标注，如图 8-43所示。

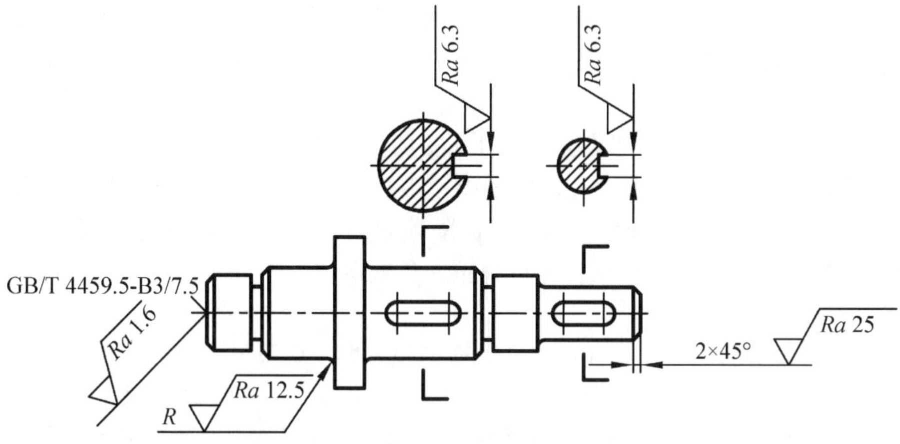

图 8-43　中心孔、键槽、圆角、倒角的表面粗糙度代号的简化注法

8.5.2　极限与配合(GB/T 1800.1—2009，GB/T 1800.2—2009)

由于机床、刀夹具、工人技术水平等因素的限制，加工出来的零件总有误差。实际生产中，要结合零件工作情况，给零件尺寸一定的允许偏差，使零件既可以制造出来，又能满足使用要求，保证互换性。所谓的互换性就是从一批规格大小相同的零件中任取一件，不经任何挑选或修配就能顺利地装配到机器上，并能满足机器的工作性能要求。零件具有了互换性，不仅给机器的装配和维修带来方便，也为大批量和专门生产创造了条件，从而缩短生产周期，提高劳动效率和经济效益。极限与配合是保证零件具有互换性的重要标准，所以零件图和装配图上一般都要注写极限与配合等技术要求。

1. 尺寸公差

零件在制造过程中，由于加工或测量等因素的影响，完工后的实际尺寸总存在一定的误差。为保证零件的互换性，允许零件的实际尺寸在一个合理的范围内变动，这个尺寸的变动的范围称为尺寸公差，简称公差。下面以图 8-44 所示的圆柱孔和轴为例介绍尺寸公差的有关概念和规定。

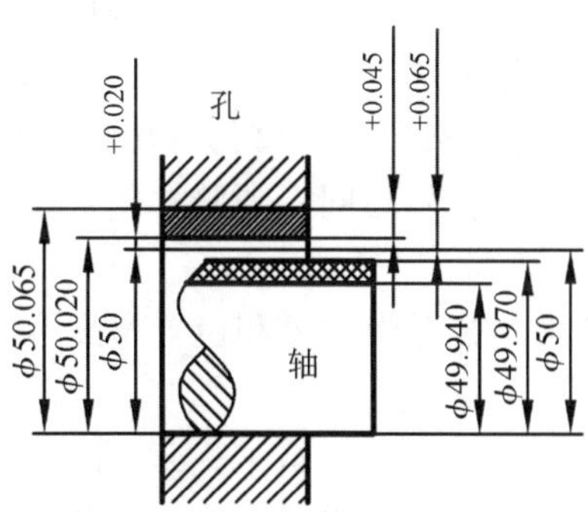

图 8-44　尺寸公差

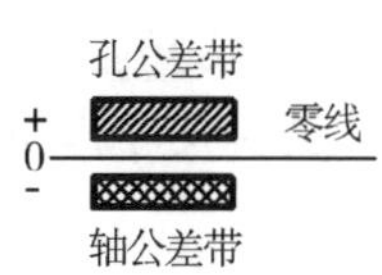

图 8-45　公差带图

(1)公称尺寸：由图样规范确定的理想形状要素的尺寸，如图 8-44 中的 ϕ50。

(2)实际尺寸：加工完后通过测量所得的尺寸。

(3)极限尺寸：允许尺寸变化的极限值。加工尺寸的最大允许值称为上极限尺寸，最小允许值称为下极限尺寸。图 8-44 中，ϕ50.065 为孔的上极限尺寸，ϕ50.020 为孔的下极限尺寸。

(4)极限偏差：极限尺寸减去公称尺寸所得的代数差称为极限偏差，简称偏差。上极限尺寸与公称尺寸的代数差称为上极限偏差；下极限尺寸与公称尺寸的代数差称为下极限偏差。孔的上极限偏差用 ES 表示，下极限偏差用 EI 表示；轴的上极限偏差用 es 表示，下极限偏差用 ei 表示。极限偏差可为正、负或零值。图 8-44 中，ES＝＋0.065，EI＝＋0.020。

(5)尺寸公差(简称公差)：允许尺寸的变动量，即上极限尺寸减去下极限尺寸，或上极限偏差减去下极限偏差。尺寸公差恒为正值。图 8-44 中，孔的公差为 0.045。

(6)零线、公差带、公差带图：如图 8-45 所示，零线是表示公称尺寸的一条直线。零线上方为正值，下方为负值；公差带是由代表上、下极限偏差的两条直线所限定的一个区域；为简化起见，用公差带图表示公差带。公差带图是以放大形式画出的方框，方框的上、下两边直线分别表示上极限偏差和下极限偏差，方框的左右长度可根据需要任意确定。

国家标准 GB/T 1800.2—2009 中规定，公差带是由标准公差和基本偏差组成的，标准公差确定公差带的高度，基本偏差确定公差带相对零线的位置。

(7)标准公差：标准公差是确定公差带大小的公差值，用字母 IT 表示，其大小由两个因素决定，一个是公差等级，另一个是公称尺寸。标准公差分为 20 个等级，依次是 IT01，IT0，IT1，…，IT18。IT 表示公差，数字表示公差等级。IT01 公差值最小，精度最高，IT18 公差值最大，精度最低。公称尺寸相同时，公差等级越高（数值越小），标准公差越小。公差等级相同时，公称尺寸越大，标准公差越大。

(8)基本偏差：基本偏差是用以确定公差带相对于零线位置的那个极限偏差，一般为靠近零线的那个极限偏差。

国家标准对孔和轴分别规定了 28 种基本偏差，孔的基本偏差用大写拉丁字母表示，轴的基本偏差用小写拉丁字母表示，如图 8-46 所示。

从基本偏差系列示意图中可以看出，孔的基本偏差从 A～H 为下极限偏差，从 J～ZC 为上极限偏差；轴的基本偏差从 a～h 为上极限偏差，从 j～zc 为下极限偏差；JS 和 js 没有基本偏差，其上、下极限偏差对零线对称，分别是＋IT/2、－IT/2。基本偏差系列示意图只表示公差带的位置，不表示公差带的大小，公差带开口的一端由标准公差确定。需要注意的是，公称尺寸相同的轴和孔若基本偏差代号相同，则基本偏差值一般情况下互为相反数。

当基本偏差和标准公差等级确定后，孔和轴的公差带大小和位置及配合类别随之确定。基本偏差和标准公差的计算式如下：

$$ES=EI+IT \text{ 或 } EI=ES-IT \qquad ei=es-IT \text{ 或 } es=ei+IT$$

(9)公差带代号：一个公差带的代号，由表示公差带位置的基本偏差代号和表示公差带大小的标准公差等级和公称尺寸组成。

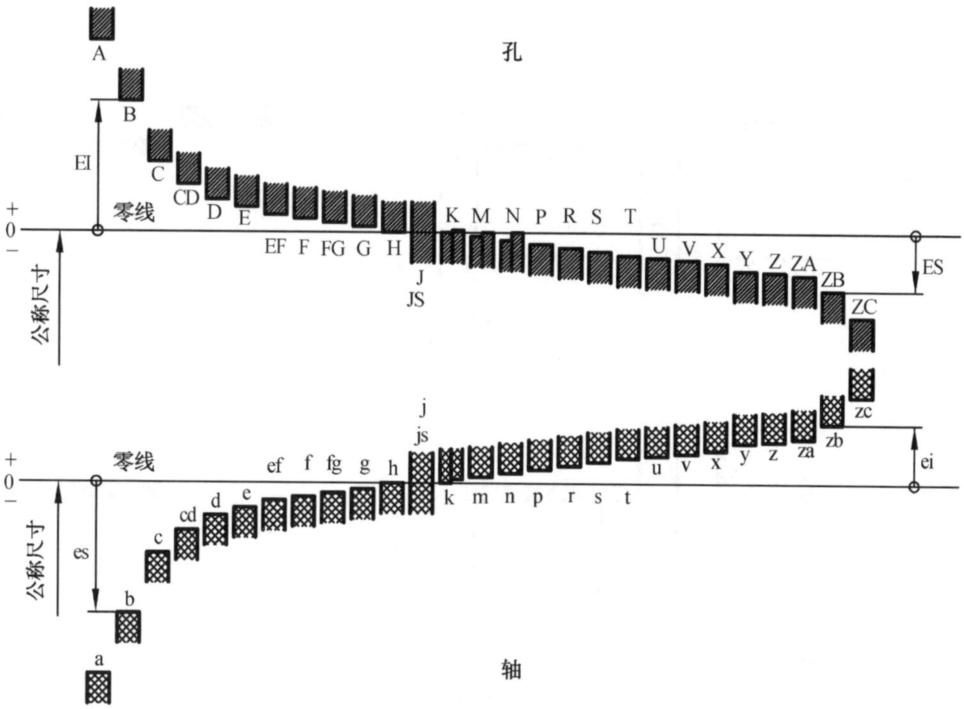

图 8-46　基本偏差系列示意图

如：ϕ50H8 中 H8 为孔的公差带代号，由孔的基本偏差代号 H 和标准公差等级数字 8 组成；ϕ50f7 中 f7 为轴的公差带代号，由轴的基本偏差代号 f 和标准公差等级数字 7 组成。

2. 配合

在机器装配中，基本尺寸相同时，相互结合的轴和孔公差带之间的关系称为配合。

1)配合的种类

由于孔和轴的实际尺寸不同，按配合性质不同，配合可分为间隙配合、过盈配合和过渡配合三类，如图 8-47 所示。

(1) 间隙配合：孔的公差带在轴的公差带之上，任取一对孔和轴相配合都产生间隙(包括最小间隙为零)的配合，称为间隙配合，如图 8-47(a)所示。

(2) 过盈配合：孔的公差带在轴的公差带之下，任取一对孔和轴相配合都产生过盈(包括最小过盈为零)的配合，称为过盈配合，如图 8-47(b)所示。

(3) 过渡配合：孔的公差带与轴的公差带相互重叠，任取一对孔和轴相配合，可能产生间隙，也可能产生过盈的配合，称为过渡配合，如图 8-47(c)所示。

2)配合制度

采用配合制是为了在基本偏差为一定的基准件的公差带与配合件相配时，只需改变配合件的不同基本偏差的公差带，便可获得不同松紧程度的配合，从而达到减少零件加工的定值刀具和量具的规格数量。国家标准规定了两种配合制，即基孔制和基轴制，如图 8-48 所示。

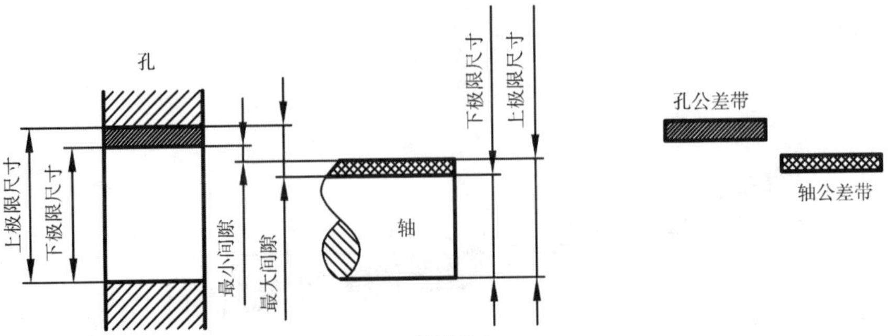

(a)间隙配合

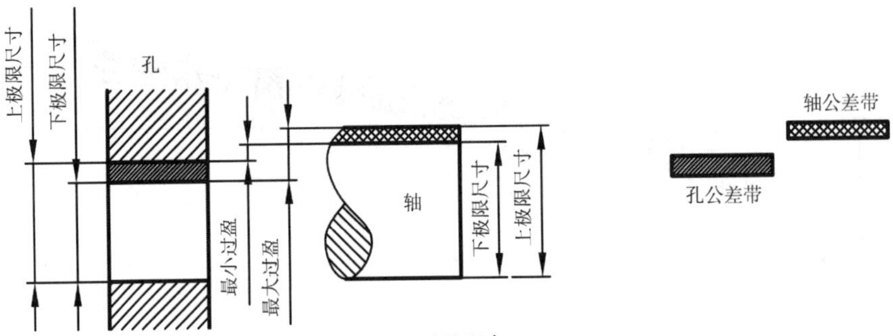

(b)过盈配合

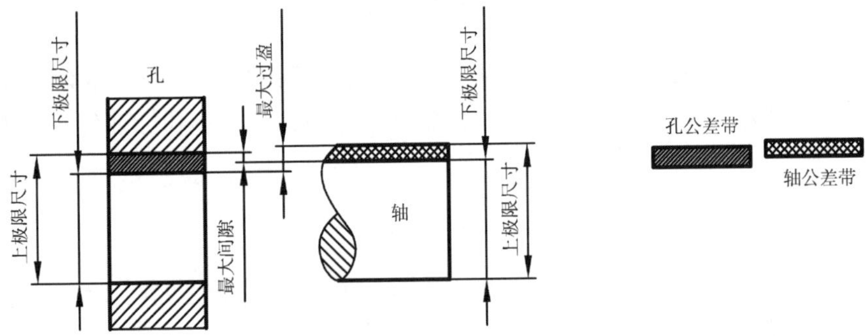

(c)过渡配合

图 8-47　三类配合

(1)基孔制

基本偏差为一定的孔的公差带与不同基本偏差的轴的公差带形成的各种配合的一种制度。基孔制配合的孔称为基准孔，其基本偏差代号为“H”，下偏差为零，即它下极限尺寸等于公称尺寸。图 8-48(a)所示为采用基孔制配合所得到的各种配合。

在基孔制中，基准孔 H 与轴配合，a～h(共 11 种)用于间隙配合；j～n(共 5 种)主要用于过渡配合；(n、p、r 可能为过渡配合或过盈配合)；p～zc(共 12 种)主要用于过盈配合。

(2)基轴制

基本偏差为一定的轴的公差带与不同基本偏差的孔的公差带形成的各种配合的一种制度。基轴制配合的轴称为基准轴，其基本偏差代号为“h”，上偏差为零，即它的上极限尺寸等于公称尺寸。8-48(b)所示为采用基轴制配合所得到的各种配合。

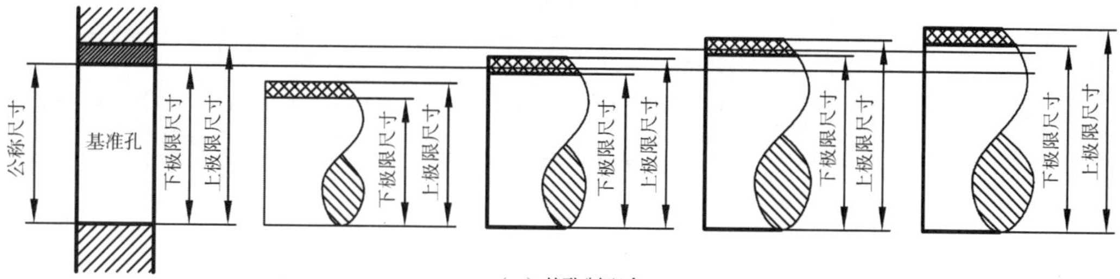

（a）基孔制配合

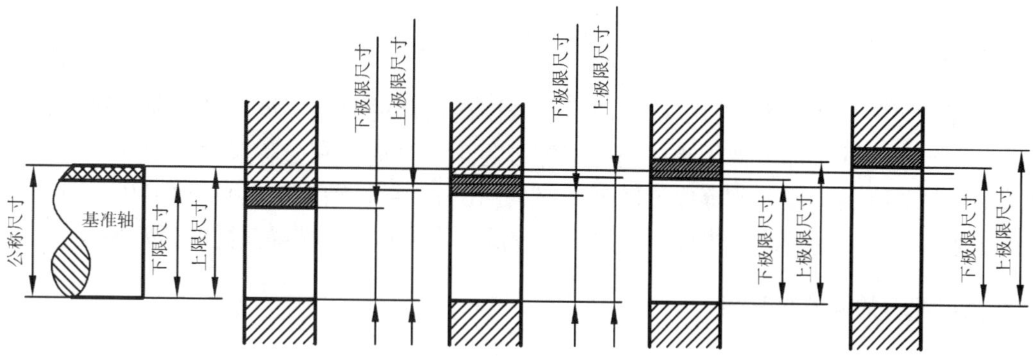

（b）基轴制配合

图 8-48　配合制度

在基轴制中，基准轴 H 与孔配合，A～H(共 11 种)用于间隙配合；J～N(共 5 种)主要用于过渡配合；(N、P、R 可能为过渡配合或过盈配合)；P～ZC(共 12 种)主要用于过盈配合。

3. 极限与配合的选用

极限与配合的选用包括基准制、配合类别和公差等级三个内容。

1)优先选用基孔制

采用基孔制可以减少定值刀具、量具的品种和数量，降低生产成本，提高加工的经济性。只有在具有明显经济效益和不适宜采用基孔制的场合，才采用基轴制。

在零件与标准件配合时，应按标准件所用的基准制来确定。如滚动轴承内圈与轴的配合采用基孔制；滚动轴承外圈与轴承座的配合采用基轴制。

2)配合的选用

当零件之间具有相对转动或移动时，必须选择间隙配合；当零件之间无键、销等紧固件，只依靠结合面之间的过盈实现传动时，必须选择过盈配合；当零件之间不要求有相对运动，同轴度要求较高，且不是依靠该配合传递动力时，通常选用过渡配合。

标准公差有 20 个等级，基本偏差有 28 种，可以组成大量配合。为了更好地发挥标准的作用，方便生产，国家标准将孔、轴公差带分为优先、常用和一般用途公差带，并由孔、轴的优先和常用公差带分别组成基孔制和基轴制的优先配合和常用配合。基孔制常用配合共 59 种，其中优先配合 13 种。基轴制常用配合共 47 种，其中优先配合 13 种。优先配合见表 8-5，常用配合查阅相关手册。

表 8-5　优先配合

	基孔制优先配合	基轴制优先配合
间隙配合	$\frac{H7}{g6}$、$\frac{H7}{h6}$、$\frac{H8}{f7}$、$\frac{H8}{h7}$、$\frac{H9}{d9}$、$\frac{H9}{h9}$、$\frac{H11}{c11}$、$\frac{H11}{h12}$	$\frac{G7}{h6}$、$\frac{H7}{h6}$、$\frac{F8}{h7}$、$\frac{H8}{h7}$、$\frac{D9}{h9}$、$\frac{H9}{h9}$、$\frac{C11}{h11}$、$\frac{H11}{h11}$
过渡配合	$\frac{H7}{k6}$、$\frac{H7}{n6}$	$\frac{K7}{h6}$、$\frac{N7}{h6}$
过盈配合	$\frac{H7}{p6}$、$\frac{H7}{s6}$、$\frac{H7}{u6}$	$\frac{P7}{h6}$、$\frac{S7}{h6}$、$\frac{U7}{h6}$

4. 公差等级的选用

在保证零件使用要求的前提下，应尽量选用比较低的公差等级，以减少零件的制造成本。由于加工孔比加工轴困难，当公差等级高于 IT8 时，在公称尺寸至 500 mm 的配合中，应选择孔的标准公差等级比轴低一级(如孔为 8 级，轴为 7 级)来加工孔。因为公差等级越高，加工越困难，当标准公差等级较低时，轴和孔可选择相同的公差等级。

5. 极限与配合的标注与查表

1)在零件图中的标注

在零件图中标注尺寸公差有三种形式，如图 8-49 所示。

(1)标注公差带代号，如图 8-49(a)所示。这种注法适用于大量生产的零件，采用专用量具检验零件。

(2)标注极限偏差数值，如图 8-49(b)所示。这种注法适用于单件、小批量生产的零件。上极限偏差注在公称尺寸的右上方，下极限偏差注在公称尺寸的右下方。极限偏差数字比公称尺寸数字小一号，小数点前的整数对齐，后面的小数位数应相同。若上、下极限偏差的数值相同，符号相反时，按图 8-49(c)所示的方法标注。

(3)公差带代号与极限偏差一起标注，如图 8-49(d)所示。这种注法适用于产品转产频繁的生产中。

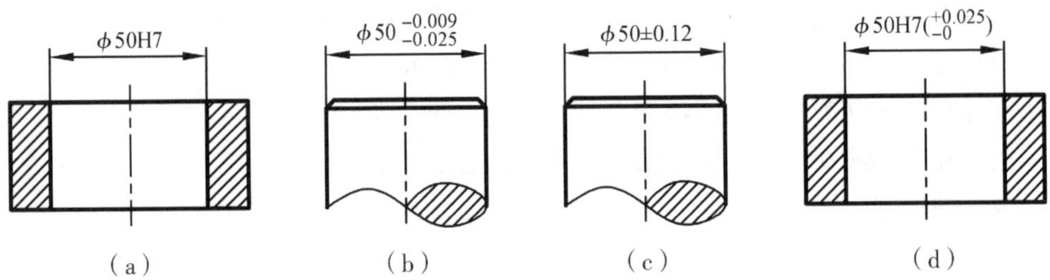

图 8-49　零件图中的公差标注

2)在装配图(见第 9 章)中的标注

在装配图中应标注配合代号。配合代号用分数形式表示，分子为轴的公差带代号，分母为孔的公差带代号。装配图中标注配合代号有三种形式，如图 8-50 所示。

(1)标注孔和轴的配合代号，如图 8-50(a)所示。这种注法应用最多。

(2)当需要标注孔和轴的极限偏差时，可按图 8-50(b)、8-50(c)所示方式标注。

(3)零件与标准件或外购件配合时，在装配图中可以只标注该零件的公差带代号，如图 8-50(d)所示。

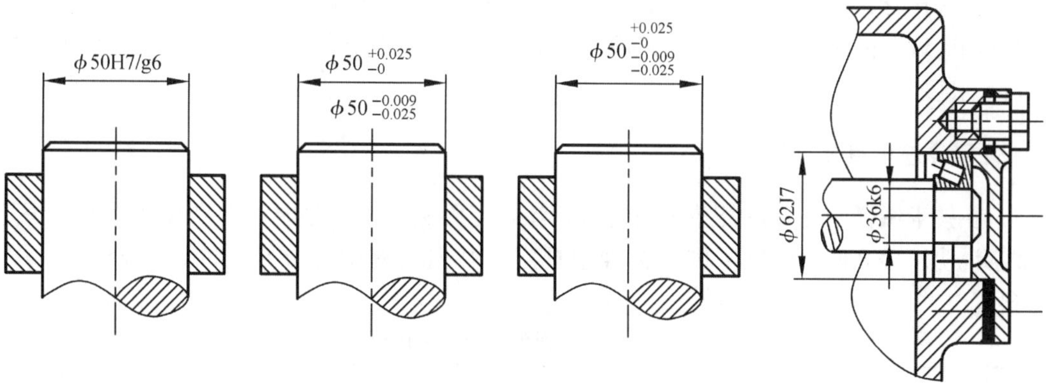

(a) (b) (c) (d)

图 8-50 装配图中配合的标注

3)极限与配合的查表方法

【例 6】 查表确定配合代号 $\phi 30\ \frac{H7}{k6}$的偏差数值。

$\phi 30\ \frac{H7}{k6}$为 ϕ30H7 的孔与 ϕ30k6 的轴形成的基孔制优先配合。

ϕ30H7 基准孔查附录表 C-3，由公称尺寸段＞24～30 与公差带 H7 相交处查出孔上、下极限偏差为$^{+21\ \mu m}_{0}\left(^{+0.021\ mm}_{0}\right)$。

ϕ30k6 配合轴查附录表 C-2，由公称尺寸段＞24～30 与公差带 k6 相交处查出轴上、下极限偏差为$^{+15\ \mu m}_{+2\ \mu m}\left(^{+0.015\ mm}_{+0.002\ mm}\right)$。

画出 $\phi 30\ \frac{H7}{k6}$的公差带图，可知孔公差带与轴公差带是重叠的，为过渡配合，最大过盈 $Y_{max}=0-15=-15\ \mu m$，最大间隙 $X_{max}=+21-2=+19\ \mu m$。

8.5.3 几何公差及其标注(GB/T 1182—2018)

零件经过加工后，不仅会产生尺寸误差和表面粗糙度，而且会产生几何误差。几何误差会影响零件的使用性能，为了满足零件的使用要求和保证互换性，必须对一些零件的重要表面或轴线的几何误差进行限制。几何误差的允许变动量称为几何公差。几何公差包括形状公差、方向公差、位置公差和跳动公差。

1. 形位公差的概念

(1)要素：指零件的特征部分(点、线、面)。这些要素是实际存在的，也可以是由实际要素取得的轴线或中心平面。

(2)被测要素：给出几何公差的要素。

(3)基准要素：用来确定被测要素方向或位置的要素。理想基准要素简称基准。

(4)公差带：公差带是由公差值确定的限制实际要素变动的区域。根据被测要素的特征和结构尺寸，公差带的主要形式有圆内的区域、两同心圆之间的区域、两同轴圆柱面之间的区域、两等距曲线之间的区域、两平行直线之间的区域、两平行平面之间的区域、球内的区域等。

2. 几何公差项目及符号

在技术图样中，几何公差采用代号标注，当无法采用代号时，允许在技术要求中用文字说明。表 8-6 中列出了国家标准中规定的几何公差中部分常用的几何公差项目及符号。

表 8-6　几何公差项目及符号

分类	项目	符号
形状公差	直线度	—
	平面度	⏥
	圆度	○
	圆柱度	⌭
	线轮廓度	⌒
	面轮廓度	⌓
方向公差	平行度	//
	垂直度	⊥
	倾斜度	∠
位置公差	同轴度	◎
	对称度	⌯
	位置度	⌖
跳动公差	圆跳动	↗
	全跳动	⌰

3. 几何公差的注法

1)几何公差框格及其内容

GB/T 1182—2018 规定，几何公差在图样中应采用代号标注。代号由公差项目符号、框格、指引线、公差数值和其他有关符号组成。

几何公差框格用细实线绘制，可画两格或多格，框格的高度是图样中尺寸数字高度的 2 倍，框格的长度根据需要而定。框格中的数字、字母和符号与图样中的数字同高，框格内从左到右填写的内容为：

第一格：几何特征符号，框格宽度等于高度。

第二格：公差值。如公差带是圆(柱)形的在公差值前加注“ϕ”，如公差带是球形的加注“Sϕ”。第二格宽度应与标注内容的长度相适应。

第三格及以后各格：基准要素或基准体系。单个基准要素用大写字母表示，由两个要素组成的公共基准，用由横线隔开的两个大写字母表示。由 2 个或 3 个要素组成的基准体系，如多基准组合，表示基准的大写字母应按基准的优先次序从左至右分别置于各格中。第三格及以后各格的宽度须与有关字母的宽度相适应。

图 8-51 所示为几何公差框格及标准内容格式。

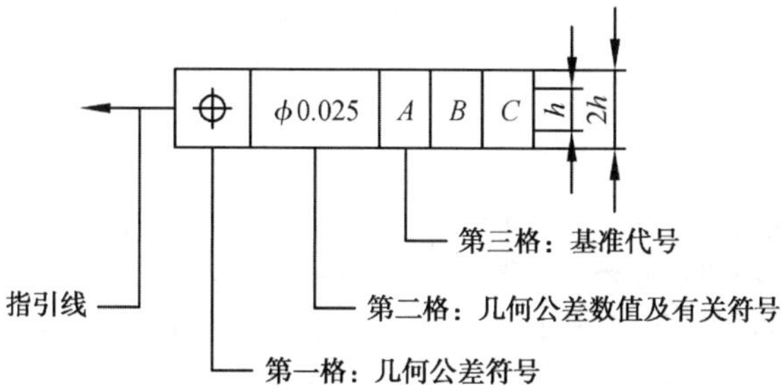

图 8-51　几何公差框格代号

2)被测要素的注法

用带箭头的指引线将被测要素与公差框格的一端相连。指引线用细实线绘制，可以不转折或转折一次(通常为垂直转折)。

指引线箭头按下列方法与被测要素相连。

(1)当被测要素为线或表面时，指引线箭头应指在该要素的轮廓线或其延长线上，并应明显地与该要素的尺寸线错开，如图 8-52(a)所示。

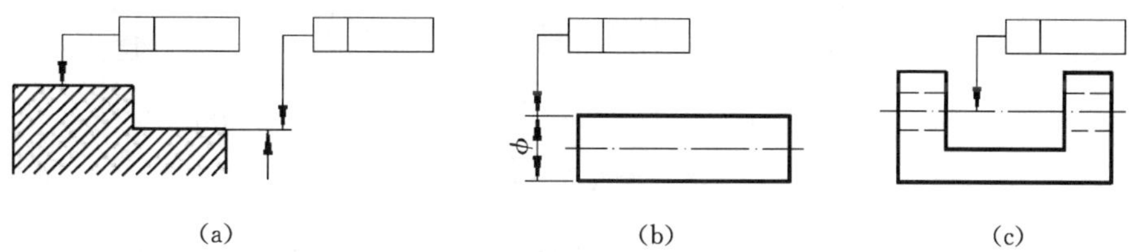

图 8-52　被测要素注法

(2)当被测要素为轴线、球心或中心平面时，指引线箭头应与该要素的尺寸线对齐，如图 8-52(b)所示。

(3)当被测要素为整体轴线或公共对称平面时，指引线箭头可按图 8-52(c)所示方式标注。

3)基准要素、公差数值及有关符号的注法

标注方向、位置及跳动公差的基准，要用基准代号。基准代号画法如图 8-53(a)所示。表示基准的字母高度为字体的高度。无论基准代号在图样上的方向如何，字母均应水平填写。表示基准的字母也应注在公差框格内，如图 8-53(b)所示。

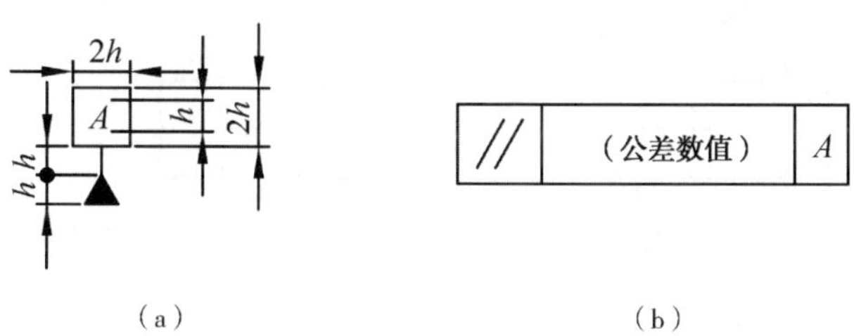

图 8-53　基准代号及基准字母的注法

(1)当基准要素为素线或表面时，基准代号应注在该要素的轮廓线或其引出线上，并应明显地与尺寸线错开，如图 8-54(a)所示。基准符号还可置于用圆点指向实际表面的参考线上，如图 8-54(b)所示。

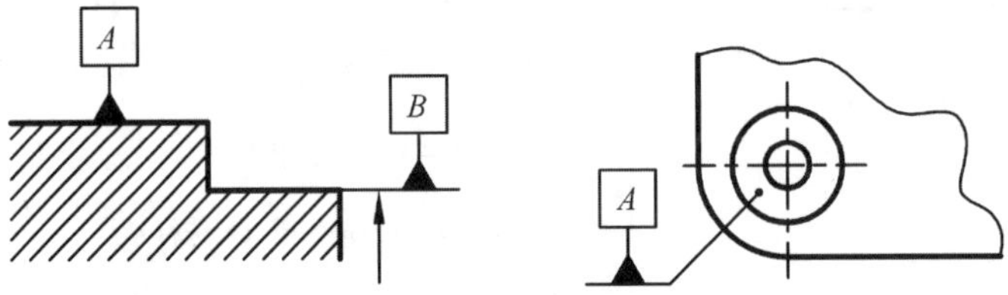

(a)　　　　(b)

图 8-54　基准要素的注法

(2)当基准是轴线或中心平面或由带尺寸的要素确定的点时，基准符号、箭头应与相应要素尺寸线对齐，如图 8-55(a)所示。图 8-55(b)所示为以公共轴线为基准的标注实例。

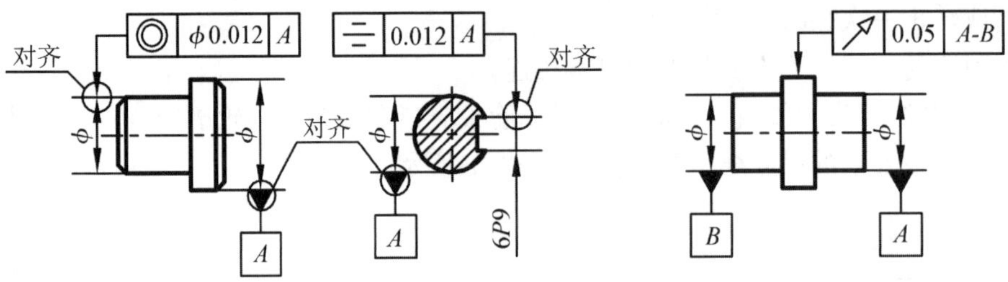

(a)　　　　(b)

图 8-55　基准要素、公差及有关符号注法

(3)图 8-56(a)所示为以单一要素为基准时的标注；图 8-56(b)所示为两个要素组成公共基准时的标注；图 8-56(c)所示为两个或三个要素组成基准时的标注；表示基准要素的字母要用大写的拉丁字母，为不致引起误解，不采用字母 E、I、J、M、O、P、R、F。

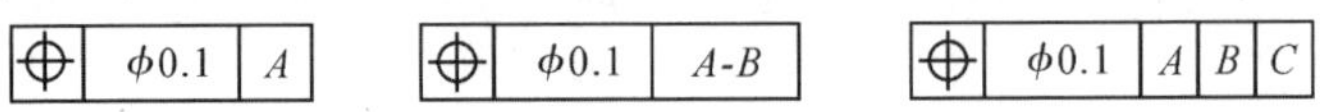

(a)　　(b)　　(c)

图 8-56　基准要素在框格中的标注

(4)同一要素有多项形位公差要求时，可采用框格并列标注，如图 8-57(a)所示。多处要素有相同的形位公差要求时，可在框格指引线上绘制多个箭头，如图 8-57(b)所示。

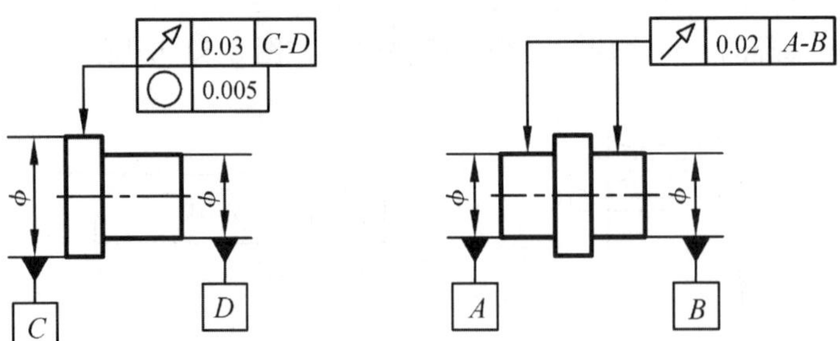

(a)　　　　(b)

图 8-57　一项多处、一处多项的标注

(5)如果没有足够的位置标准基准要素，尺寸的两个箭头，则其中一个箭头可用基准

三角形代替，如图 8-58 所示。

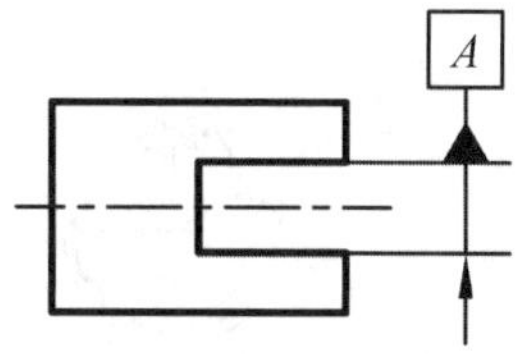

图 8-58　基准三角形代替箭头的标注方法

(6)当被测范围仅为被测要素的一部分时，应按图 8-59 所示用粗点画线示出。

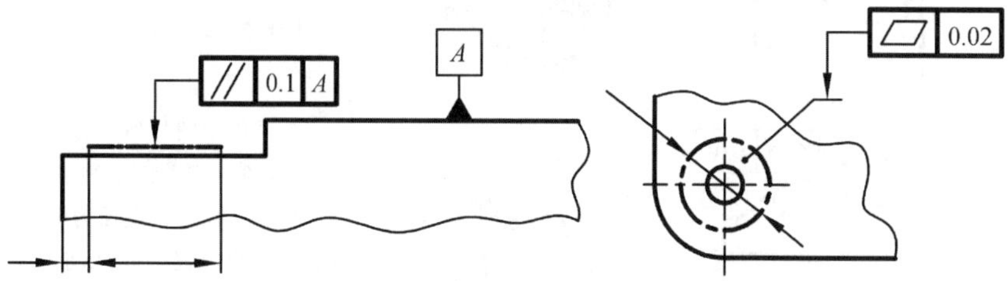

图 8-59　被测范围只是一部分的标注方法

(7)当给定的公差带为圆、圆柱或球时，应在公差数值前加注 ϕ 或 $S\phi$，如图 8-60 所示。

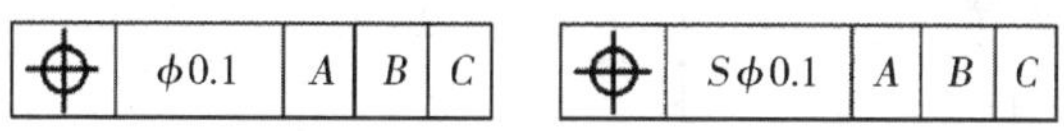

图 8-60　公差带为圆、圆柱或球的标注方法

4. 几何公差的公差带定义

部分常用的几何公差的公差带定义和标注见表 8-7。

表 8-7　几何公差的标注与公差带定义

项　目	图　例	说　明	
直线度	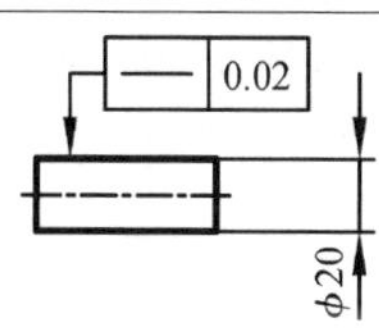	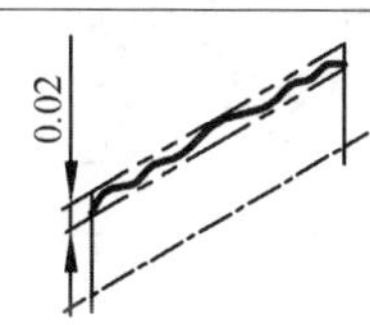	圆柱表面素线直线度公差为 0.02 mm，任一实际素线必须位于轴向平面内距离为 0.02 mm 的两平行直线之间
	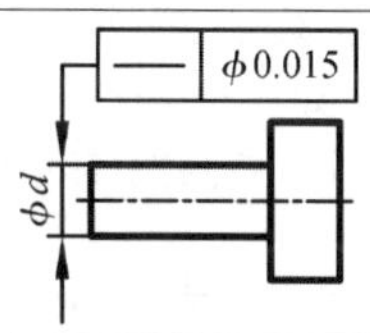	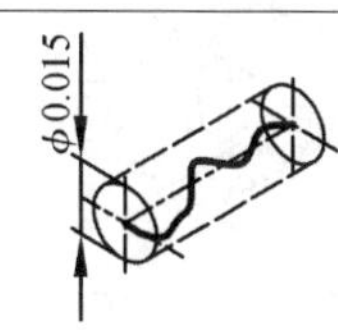	轴线直线度公差为 0.015 mm，实际轴线必须位于直径为 0.015 mm 的圆柱面内
平面度	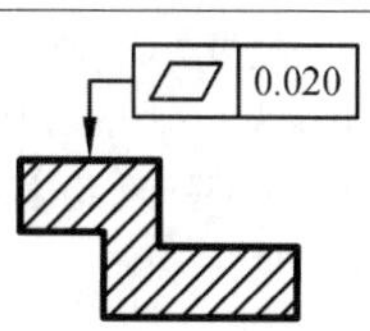	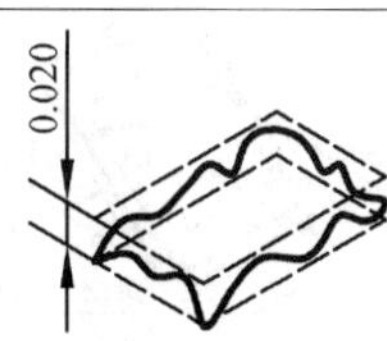	平面度公差为 0.020 mm，实际平面必须位于距离为 0.020 mm 的两平行平面之间

续表

<table>
<tr><th>项　目</th><th>图　例</th><th colspan="2">说　明</th></tr>
<tr><td>圆度</td><td>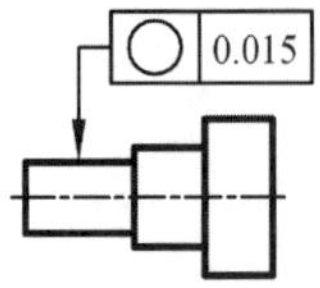</td><td>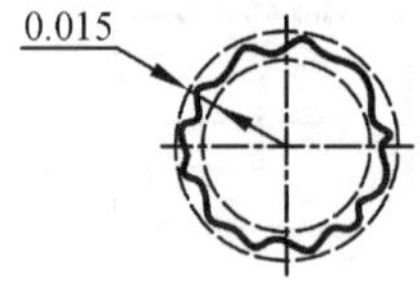</td><td>圆度公差为 0.015 mm，在任一横截面内，实际圆必须位于半径差为 0.015 mm 的两同心圆之间</td></tr>
<tr><td>圆柱度</td><td>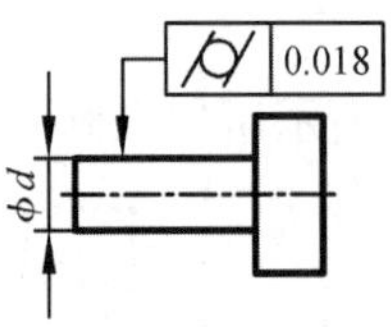</td><td>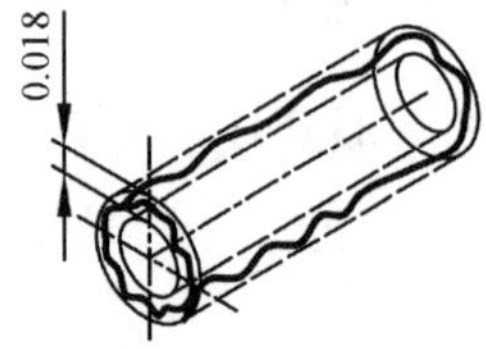</td><td>圆柱度公差为 0.018 mm，实际圆柱面必须位于半径差为 0.018 mm 的两同轴圆柱面之间</td></tr>
<tr><td>线轮廓度</td><td>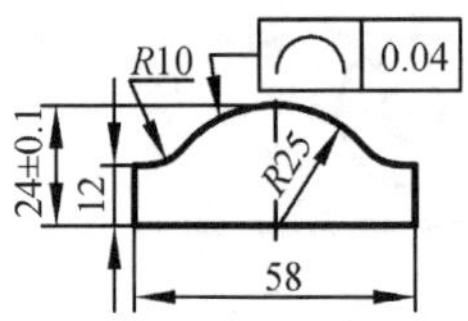</td><td>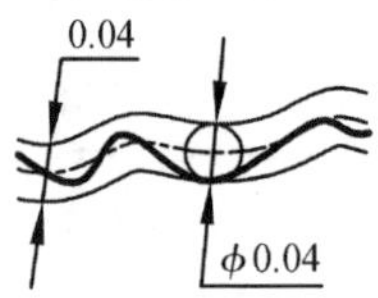</td><td>在平行于图样所示投影面的任一截面内，实际轮廓线必须位于包络圆心在理想轮廓线上，直径为 0.04 mm 的一系列圆的两包络线之间。理想轮廓线由 $R25$、$2\times R10$ 以及 24 确定</td></tr>
<tr><td>面轮廓度</td><td>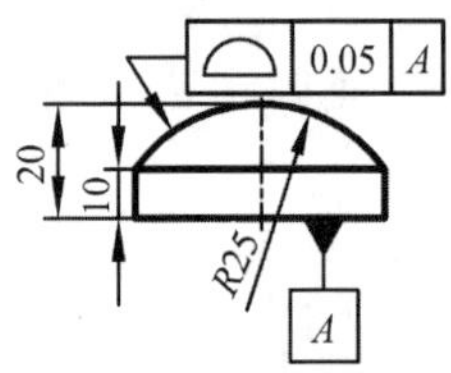</td><td>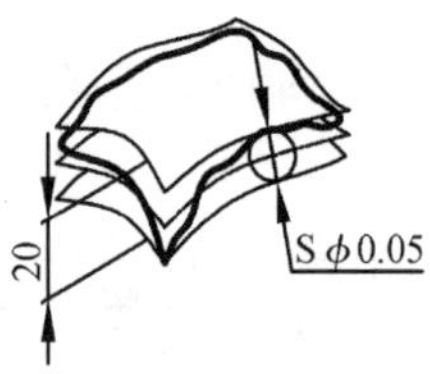</td><td>实际轮廓面必须位于包络一系列球心位于由基准平面 A 所确定的理想轮廓面上，直径为 0.05 mm 球的两包络面之间</td></tr>
<tr><td>平行度</td><td>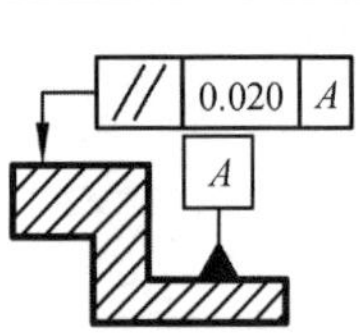</td><td>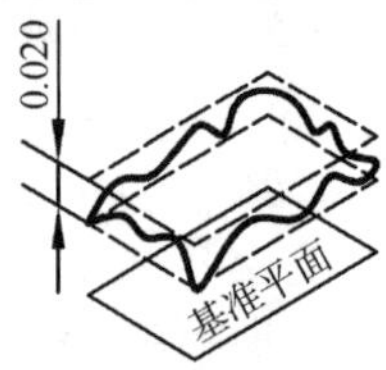</td><td>平行度公差为 0.020 mm，实际平面必须位于距离为 0.020 mm 且平行于基准平面 A 的两平行平面之间</td></tr>
<tr><td rowspan="2">垂直度</td><td>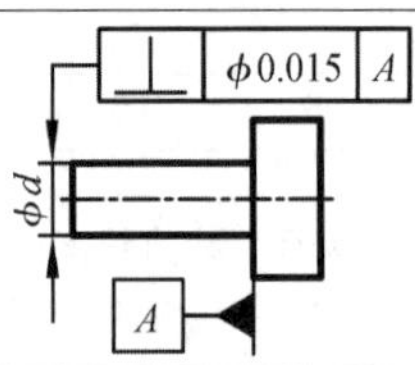</td><td>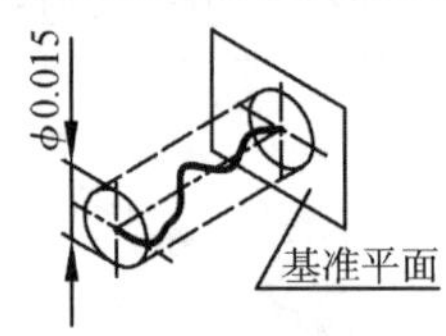</td><td>垂直度公差为 0.015 mm，实际轴线必须位于轴线垂直于基准平面 A，且直径为 0.015 mm 的圆柱面内</td></tr>
<tr><td>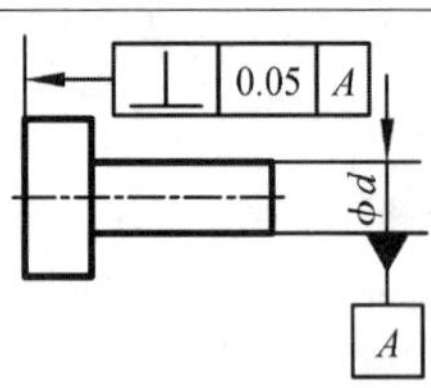</td><td>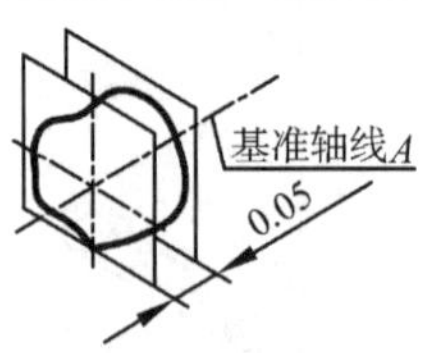</td><td>垂直度公差为 0.05 mm，实际端面必须位于距离为 0.05 mm，且垂直于基准轴线 A 的两平行平面之间</td></tr>
<tr><td>倾斜度</td><td>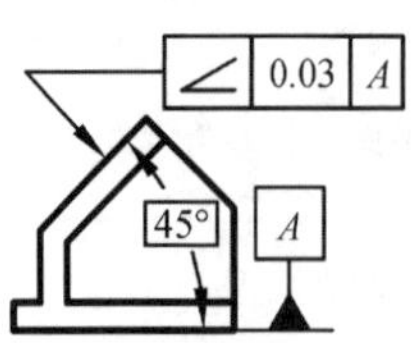</td><td>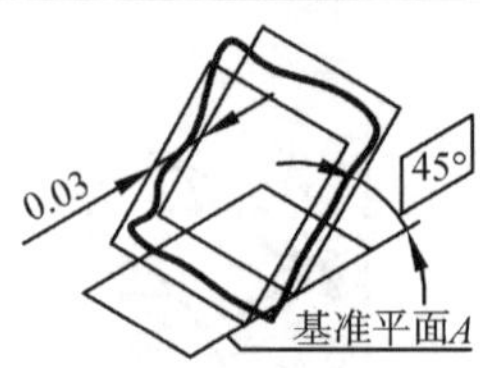</td><td>斜度公差为 0.03 mm，实际斜面必须位于距离为 0.03 mm，且与基准平面 A 成 45°的两平行平面之间。45°表示理论正确角度</td></tr>
</table>

续表

项　目	图　例	说　明	
同轴度	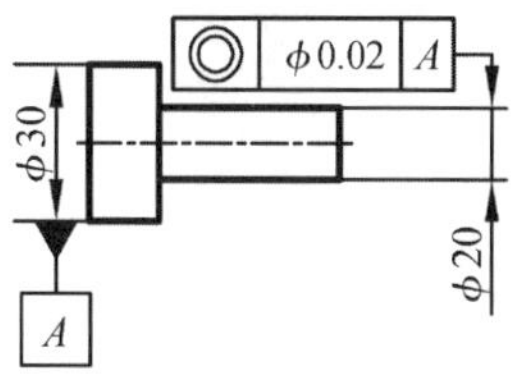	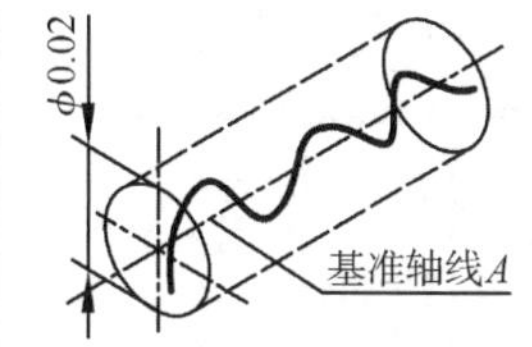	同轴度公差为 ϕ0.02 mm，ϕ20 圆柱的实际轴线必须位于以 ϕ30 基准圆柱轴线 A 为轴线，直径为 0.02 mm 的圆柱面内
对称度	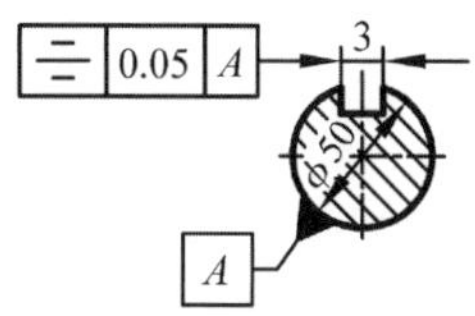	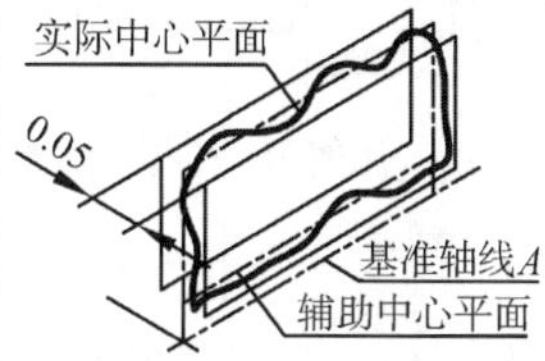	对称度公差为 0.05 mm，键槽的实际中心平面必须位于距离为 0.05 mm 的两平行平面之间，且该两平面对称的配置在通过基准轴线 A 的辅助中心平面两侧
位置度	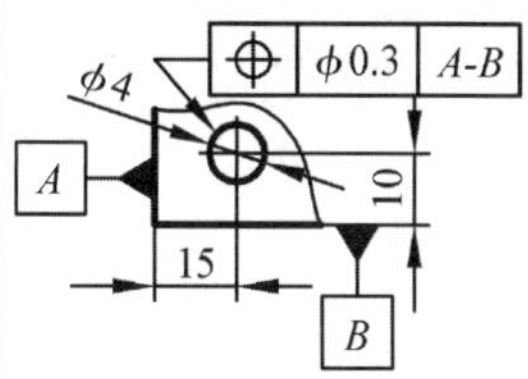	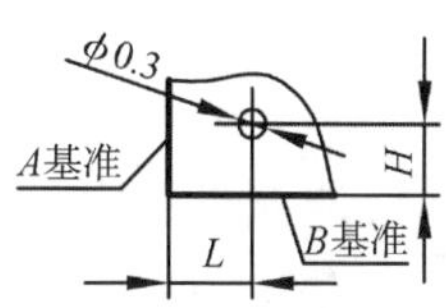	位置度公差为 0.03 mm，位置度要求的点(ϕ4 圆的圆心)必须位于以基准 A 和 B 所确定的点的理想位置为圆心，即距 A 面 15 mm，距 B 面 10 mm，直径为 0.3 mm 的圆内
圆跳动	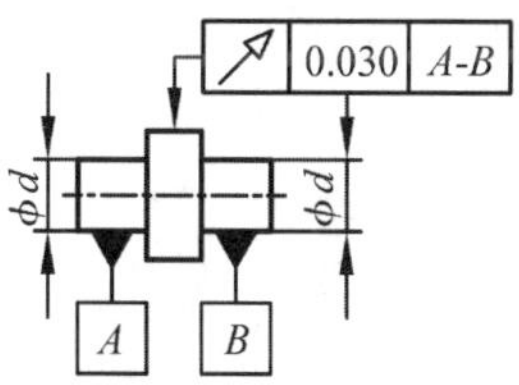	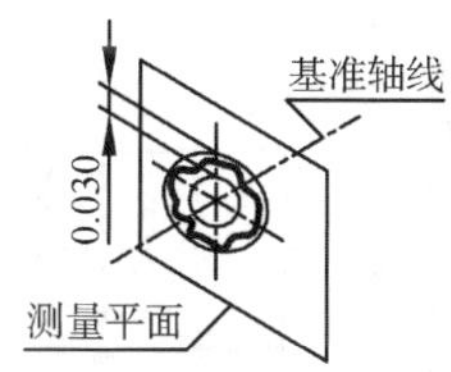	当被测圆柱表面绕基准线 A－B（公共基准轴线）旋转一周时，圆柱表面任一截面圆的径向跳动量均不得大于 0.030 mm
	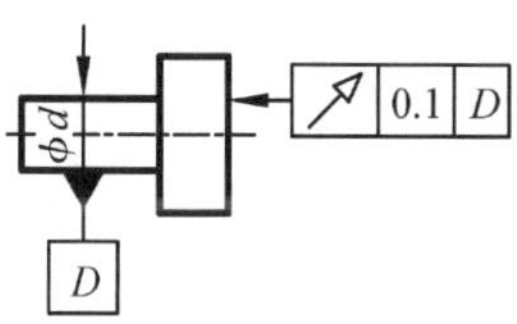	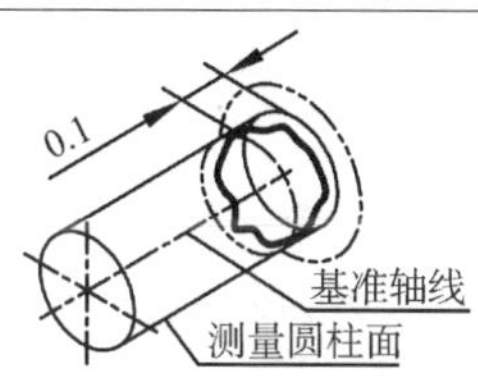	被测端面绕基准 D(图中零件的轴线)旋转一周时，端面的任一点的轴向跳动量均不得大于 0.1 mm，端面的移动范围必须在相距为 0.1 mm 的两平面之间
全跳动	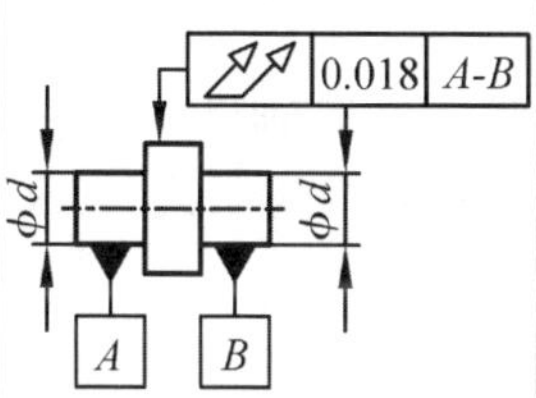	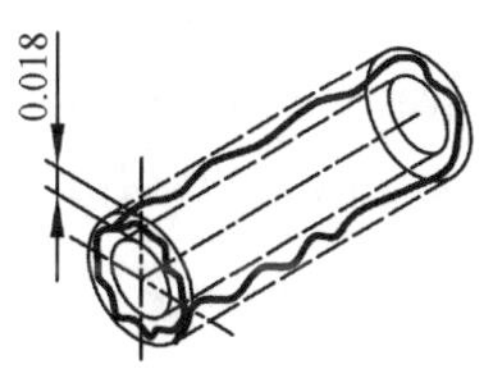	被测要素绕公共基准线 A－B 作若干次旋转，并在测量仪器与工件同时作轴向的相对移动时，被测要素上各点间的示值差均不得大于 0.018 mm，测量仪器或工件必须沿着基准轴线方向并相对于公共基准线 A－B 移动

5. 几何公差在图样上的标注示例

【例 7】请解释图 8-61 中所注几何公差的含义。

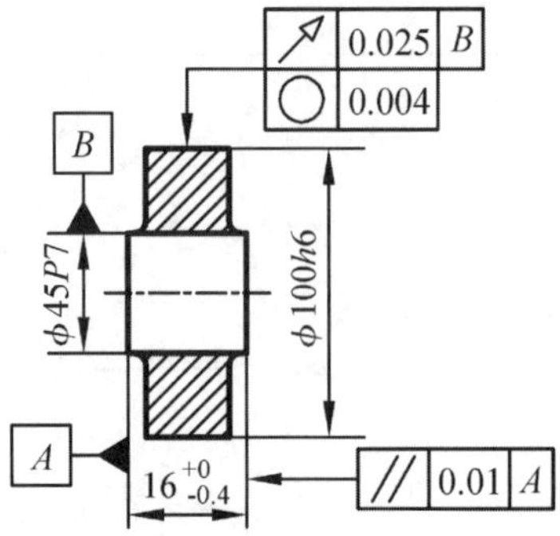

图 8-61　几何公差标注示例(一)

解析：

以 ϕ45P7 圆孔的轴线为基准，ϕ100h6 外圆对 ϕ45P7 孔的轴线的圆跳动公差为 0.025 mm。ϕ100h6 外圆的圆度公差为 0.004 mm。以零件的左端面为基准，右端面对左端面的平行度公差为 0.01 mm。

【例 8】请解释图 8-62 中所注几何公差的含义。

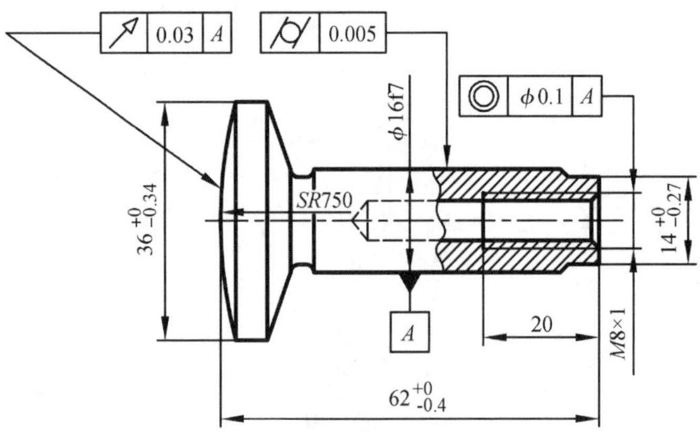

图 8-62　几何公差标注示例(二)

解析：

以 ϕ16f7 圆柱的轴线为基准，M8×1 轴线对 ϕ16f7 轴线的同轴度公差为 ϕ0.1 mm。ϕ16f7 圆柱体的圆柱度公差为 0.005 mm。以 ϕ16f7 圆柱的轴线为基准，SR750 球面对 ϕ16f7 轴线的径向圆跳动公差为 0.03 mm。

8.6　读零件图

8.6.1　读零件图的要求

正确、熟练地读懂零件图是工程技术人员必须具备的素质之一。通常读零件图的主要要求为：

(1)根据已有的零件图，了解零件的名称、用途、材料、比例等。

(2)根据给出的视图，通过分析图形，想象出零件的结构、形状，进而明确零件在设备或部件中的作用、零件各部分的功能以及与其他零件的联接关系。

(3)通过阅读零件图的尺寸，了解零件各部分的大小，进一步分析出各方向尺寸的主要基准。

(4)明确制造零件的主要技术要求，如表面粗糙度、尺寸公差、几何公差、热处理及表面处理等要求，以便确定正确的加工方法。

8.6.2 读零件图的方法与步骤

对于较复杂的零件，需要通过深入分析，由整体到局部，再由局部到整体反复推敲，最后才能弄清其结构和精度要求。一般而言应按下述步骤去阅读一张零件图。

(1)概括了解。从标题栏了解零件的名称、材料、比例等内容。根据名称判断零件属于哪一类零件，根据材料可大致了解零件的加工方法，根据绘图比例可估计零件的大小。必要时，可对照机器、部件实物或装配图了解该零件的装配关系等，从而对零件有初步的了解。

(2)分析视图间的联系和零件的结构形状。从学习读机械图来说，分析视图、想象零件的结构形状是最关键的一步。读图时，应分析视图表达方法和各视图之间的投影联系，综合运用形体分析法和线面分析法读懂零件各部分结构，想象出零件的形状。读图的一般顺序是：先整体，后局部；先主体结构，后局部结构；先读懂简单部分，再分析复杂部分。此外，应注意是否有规定画法和简化画法。

(3)分析尺寸和技术要求。分析尺寸时，首先要弄清长、宽、高三个方向的尺寸基准，从基准出发查找各部分的定形尺寸、定位尺寸。必要时，联系机器或部件与该零件有关的零件一起进行分析，深入理解尺寸之间的关系并分析尺寸的加工精度要求，以及尺寸公差、几何公差和表面粗糙度等技术要求。

(4)综合归纳。在读图时，要做到：概括了解标题栏信息，正确地分析表达方案，运用形体分析法和线面分析法分析零件的结构、形状和尺寸，全面了解技术要求，正确理解设计意图，从而达到读懂零件图的目的。

8.6.3 读零件图举例

下面以图 8-63 所示阀体为例，说明阅读零件图的方法和步骤。

(1)概括了解

从标题栏可知，阀体按 1∶1 绘制，与实物大小一致，材料为铸钢。因阀体的毛坯为铸件，内、外表面都有一部分需要进行切削加工，因而加工前需要进行时效处理。阀体是球阀中的一个主要零件，其内部空腔是互相垂直的组合回转面，在阀体内部还将容纳密封圈、阀芯、调整垫、螺杆、螺母、填料垫、中填料、上填料、填料压紧套、阀杆等零件，属于箱体类零件。

(2)分析视图间的联系和零件的结构形状

结合球阀的轴测装配图 9-2 可知，阀体左端通过螺柱和螺母与阀盖连接，形成球阀容纳阀芯的 $\phi43$ 空腔。左端 $\phi50$H11 圆柱形凹槽与图 8-24 阀盖上 $\phi50\text{h}11(^{0}_{-0.16})$ 的圆柱形凸缘相配合。阀体空腔右侧 $\phi35$H11 圆柱形槽用来放置密封圈，以保证在球阀关闭时不泄露流体。阀体右端作有用于连接管道系统的外螺纹 M36×2－6g，内部有阶梯孔

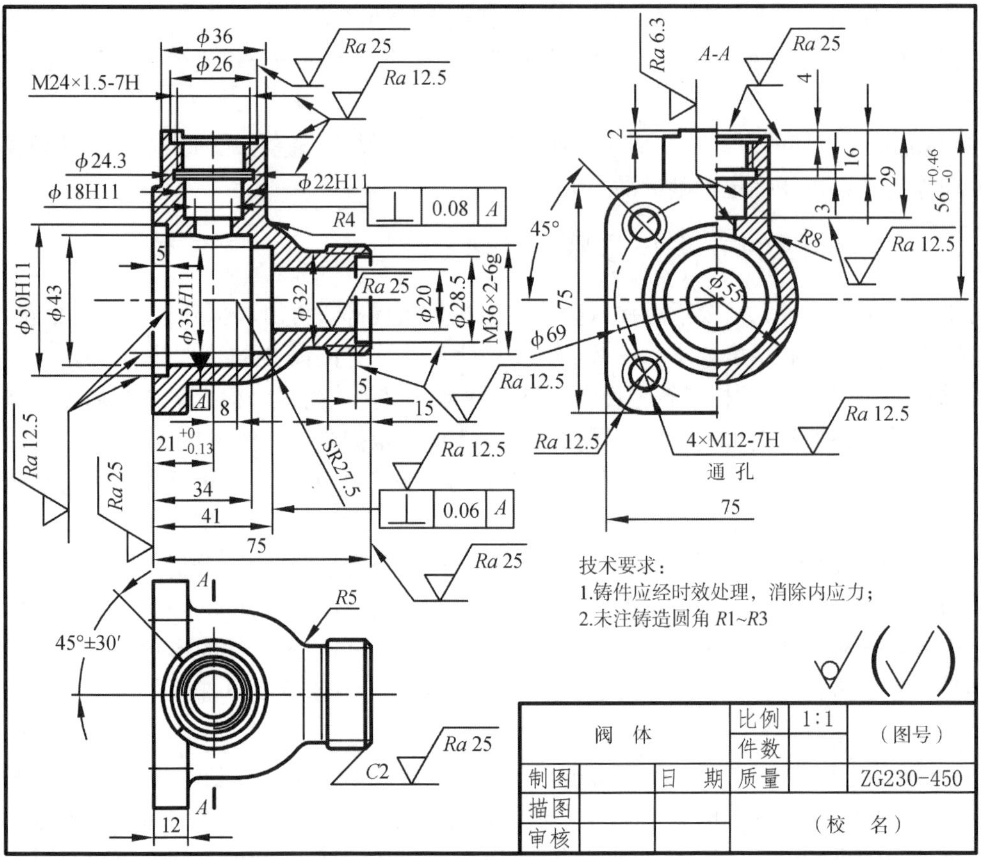

图 8-63 阀体

ϕ28.5、ϕ20 与空腔相通。阀体上部 ϕ36 的圆柱体中，有 ϕ26、ϕ22H11 和 ϕ18H11 的阶梯孔与空腔相通，在阶梯孔内容纳阀杆、填料压紧套、填料等。阀体的顶端有一个 90°扇形限位块，用来控制扳手和阀杆的旋转角度。在 ϕ22H11 的上端作出具有退刀槽的内螺纹 M24×1.5-7H，用来与填料压紧套的外螺纹旋合，将填料压紧。ϕ18H11 的孔与阀杆下部的凸缘相配合，使阀杆的凸缘在 ϕ18H11 孔内转动。将各部分的形状结构分析清楚后，即可想象出阀体的内外形状和结构。

(3)分析尺寸和技术要求

阀体的形状结构比较复杂，标注的尺寸较多，在此仅分析其中的重要尺寸，其余尺寸请读者自行分析。

以阀体的水平轴线为径向尺寸基准，在主视图上注出了水平方向上各孔的直径尺寸，如 ϕ50H11、ϕ43、ϕ35H11、ϕ20、ϕ28.5、ϕ32 等，在主视图右端注出了外螺纹尺寸 M36×2-6g。以阀体的水平轴线作为宽度方向的尺寸基准，在左视图上注出了阀体中下部圆柱面的外形尺寸 ϕ55，方形凸缘的宽度尺寸 75 及其四个螺孔的前后定位尺寸 ϕ69 及 45°，在俯视图上注出了扇形限位块的角度尺寸 45°±30′。以阀体的水平轴线作为高度方向的尺寸基准，在左视图上注出了方形凸缘的高度尺寸 75 及扇形限位块顶面的定位尺寸 $56_{0}^{+0.46}$，以限位块顶面为高度方向的第一辅助基准，注出有关尺寸 2、4、16 和 29，再以由尺寸 16 确定的退刀槽的槽底为高度方向的第二辅助基准，注出螺纹退刀槽尺寸 3。

以阀体的铅直轴线为径向尺寸基准，在主视图上注出了垂直方向上各孔及回转面的直径尺寸，如ϕ36、ϕ26、ϕ24.3、ϕ22H11、ϕ18H11等，在主视图上端注出了内螺纹尺寸M24×1.5—7H。以阀体的铅直轴线作为长度方向的尺寸基准，在主视图上注出了垂直孔到左端面的距离$21^{0}_{-0.13}$，注出尺寸8，表示阀体的球形外轮廓的球心位置，并标注出圆球半径尺寸SR27.5。将左端面作为长度方向的第一辅助基准，注出了尺寸34、41和75。再以阀体右端面作为长度方向的第二辅助基准，注出5、15等尺寸。

此外，在左视图上还注出了左端面方形凸缘上四个圆角的半径尺寸R12.5，四个螺孔的尺寸4×M12—7H，铸造圆角R8。

从技术要求看出，阀体中比较重要的尺寸都标注了尺寸公差。其中ϕ18H11孔与图8-23阀杆上ϕ18c11($^{-0.095}_{-0.205}$)配合要求较高，注有Ra值为6.3 μm的表面粗糙度。零件上其余次重要加工面的粗糙度要求Ra值为12.5 μm，零件上不太重要的加工表面的Ra值为25 μm。

零件图中对于阀体的形位公差要求是：空腔ϕ35槽的右端面相对ϕ35圆柱槽轴线的垂直度公差为0.06 mm；ϕ18H11圆柱孔轴线相对ϕ35圆柱槽轴线的垂直度公差为0.08 mm。

在图中还用文字补充说明了有关热处理和未注圆角R1～R3的技术要求。

第 9 章　装　配　图

9.1　装配图概述

机器或部件都是由若干零件按一定的装配关系和技术要求装配而成的，如图 9-1 所示的齿轮油泵就是由左端盖、泵体、右端盖、主动齿轮轴、从动齿轮轴、轴套、压紧螺母、传动齿轮等零件组成。

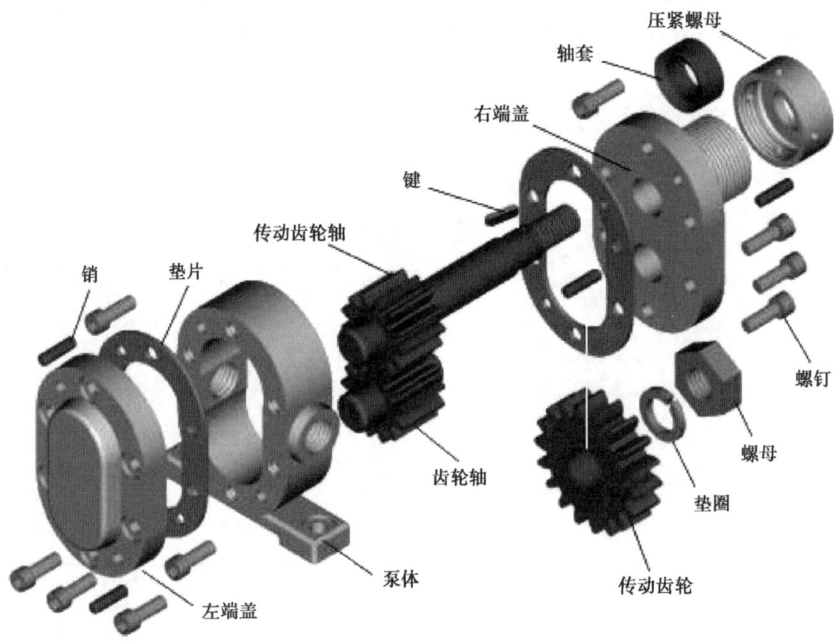

图 9-1　齿轮油泵结构示意图

用来表达机器或部件的结构形状、装配和联结关系、工作原理和技术要求等内容的图样称为装配图。图 9-2 是球阀的轴测装配图，由 13 个零件组成，图 9-3 是球阀的装配图。

9.1.1　装配图的作用

装配图是生产中重要的技术文件，它表示机器或部件的结构形状、装配关系、工作原理和技术要求。在机械产品的设计过程中，一般要先根据设计要求画出装配图，再根据装配提供的总体结构和尺寸，拆画零件图。装配时，则根据装配图把零件装配成部件或机器。同时，装配图又是安装、调试、操作和检验机器或部件的重要参考资料。

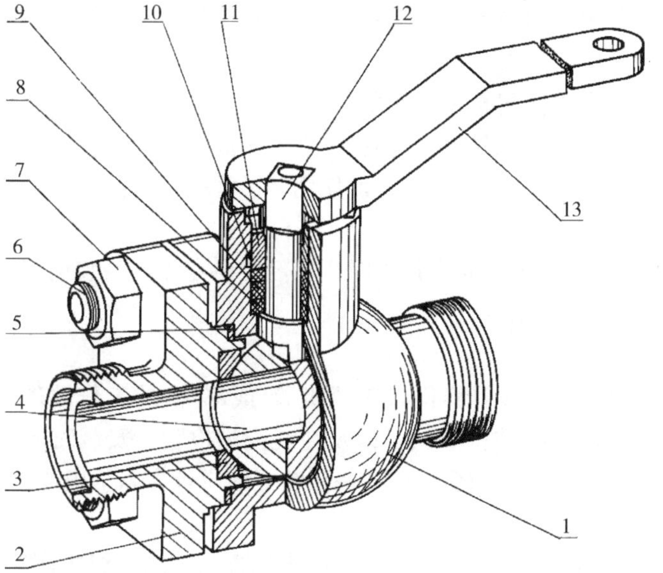

1 -阀体；2 -阀盖；3 -密封圈；4 -阀芯；5 -调整垫；6 -螺柱；7 -螺母；
8 -填料垫；9 -中填料；10 -上填料；11 -填料压紧套；12 -阀杆；13 -扳手

图 9-2　球阀的轴测装配图

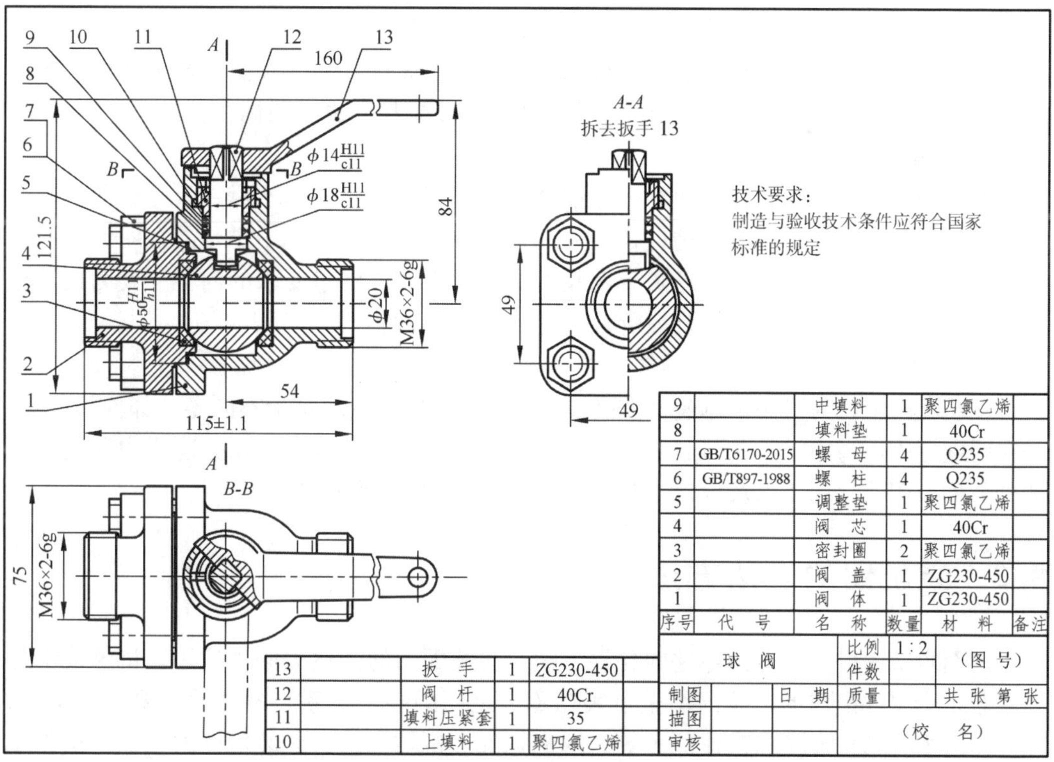

9		中填料	1	聚四氯乙烯	
8		填料垫	1	40Cr	
7	GB/T6170-2015	螺　母	4	Q235	
6	GB/T897-1988	螺　柱	4	Q235	
5		调整垫	1	聚四氯乙烯	
4		阀　芯	1	40Cr	
3		密封圈	2	聚四氯乙烯	
2		阀　盖	1	ZG230-450	
1		阀　体	1	ZG230-450	
序号	代　号	名　称	数量	材　料	备注

13		扳　手	1	ZG230-450
12		阀　杆	1	40Cr
11		填料压紧套	1	35
10		上填料	1	聚四氯乙烯

球　阀		比例	1∶2	（图 号）	
		件数			
制图	日　期	质量		共 张 第 张	
描图		（校　名）			
审核					

图 9-3　球阀装配图

装配图分为总装配图和部件装配图，总装配图一般用于表达机器的整体情况和各部件或零件间的相对位置；而部件装配图用于表达机器上某一个部件的情况和部件上各零件的相对位置。

装配图在以下几个方面起着重要作用：

(1)在机器生产过程中，根据装配图将零件装配成机器或部件。

(2)在机器使用过程中，装配图可帮助使用者了解机器或部件的结构、性能和使用方法等。

(3)在交流生产经验，采用先进技术时，也经常参考先前的装配图。

9.1.2 装配图的内容

装配图要反映设计者的设计意图，表达机器(或部件)的工作原理、性能要求、零件间的装配关系和零件的主要结构形状，以及在装配、检验、安装时所需要的尺寸数据和技术要求等。如图 9-3 球阀装配图示例，一张装配图应包含以下内容。

(1)一组视图

根据机器或部件的具体结构，选用适当的表达方法，用一组视图完整、准确、清晰、合理地表达机器或部件的工作原理、各组成零件间的相互位置和装配关系及主要零件的结构形状。如图 9-3 球阀装配图中，主视图采用全剖视，表达球阀的工作原理和各主要零件间的装配关系；俯视图表达主要零件的外形，并采用局部剖视表达扳手与阀体的连接关系；左视图采用半剖视，表达阀盖的外形以及阀体、阀杆、阀芯间的装配关系。

(2)必要的尺寸

装配图中必须标注反映机器或部件的规格、工作原理、装配、安装要求及外形等的必要尺寸。另外，在设计过程中经过计算而确定的重要尺寸也必须标注。

(3)技术要求

在装配图上，只有配合尺寸要标注配合代号，其他尺寸一般不标注尺寸公差，装配图上一般也不需要标注表面粗糙度代号和几何公差代号。在装配图中，需在明细栏的上方或图形下方的空白处用文字形式说明技术要求的内容，技术要求的内容主要为机器或部件的性能、装配、调整、试验等所必须满足的技术条件。

(4)零件的序号、明细栏和标题栏

在装配图中，为了便于迅速、准确地查找每一零件，应对每个不同零、部件编序号，并在明细栏中填写序号、代号、名称、数量、材料、备注等内容。在标题栏中写明装配体的名称、图号、比例以及设计、制图、审核人员的签名和日期等。

9.2 装配图的表达方法

前面章节中讲到的表达零件的各种方法，在装配图的表达中同样适用。机器或部件是由若干个零件组成的，装配图重点表达零件之间的装配关系、零件的主要形状结构、装配体的内外结构形状和工作原理等。国家标准《机械制图》对装配体的表达方法作了相应的规定，提出了一些规定画法、特殊画法和简化画法等特殊表达方法，画装配图时应将机件的表达方法与装配体的表达方法结合起来，共同完成装配体的表达。

9.2.1 规定画法

(1)相邻两零件的接触面或基本尺寸相同且相互配合的工作面，只画出一条线表示公共轮廓，如图 9-4①所示。间隙配合即使是最大间隙也只能画出一条线。如图 9-3 主视图中螺母与阀盖 2 的接触面和注有 ϕ50H11/h11、ϕ18H11/c11、ϕ14H11/c11 的配合面等，只画出一条线。

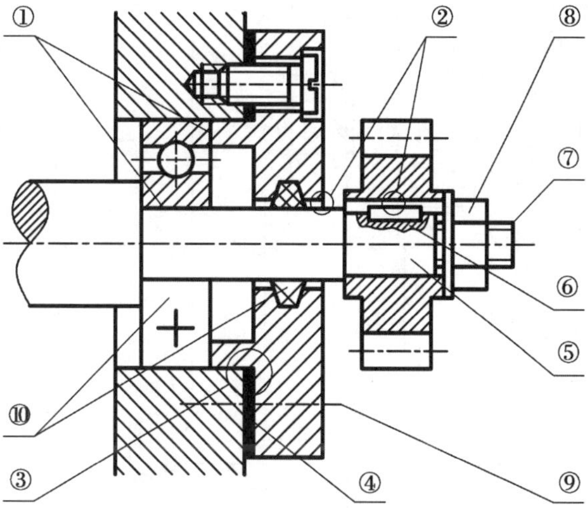

图 9-4 装配图规定画法示例

(2)相邻两零件的非接触面或非配合面，应画出两条线，表示各自的轮廓，如图 9-4②所示。相邻两零件的基本尺寸不相同时，即使间隙很小也必须画出两条线。如图 9-3 中阀杆 12 的榫头与阀芯 4 的槽口的非配合面，阀盖 2 与阀体 1 的非接触面等，均需画出两条线，表示各自的轮廓线。

(3)在剖视图或断面图中，相邻两零件的剖面线的倾斜方向应相反或方向相同而间隔不同，如图 9-4③所示。如两个以上零件相邻时，可改变第三零件剖面线的间隔或使剖面线错开，以区分不同零件。在同一张图样上，同一零件的剖面线的方向和间隔在各视图中必须保持一致。

(4)在剖视图中，对于螺栓、螺柱、螺钉、螺母、垫圈、键、销、油杯等标准件以及实心的轴、杆、球、钩、手柄等实心零件，当剖切平面通过其基本轴线时，这些零件均按不剖绘制，即不画剖面线，如图 9-4⑤和图 9-3 主视图中的阀杆 12 所示。

(5)在装配图中，轴、杆、球、钩、手柄等实心零件上有孔、键槽等结构需要表达时，可以采用局部剖视图，如图 9-4⑥和图 9-3 中的扳手 13 的方孔处所示。

9.2.2 特殊画法

1. 拆卸画法

在装配图中，当某些零件遮挡住被表达的零件的装配关系或其他零件，或在某一视图上不需要画出某些零件时，可假想将一个或几个遮挡的零件进行拆卸，只画出所表达部分的视图，这种画法称为拆卸画法。如图 9-3 所示的左视图，是拆去扳手 13 后画出的(扳手的形状在另外两视图中已表达清楚)。运用拆卸画法画图时，应在视图上方标注“拆去件××”等字样。

2. 沿结合面剖切画法

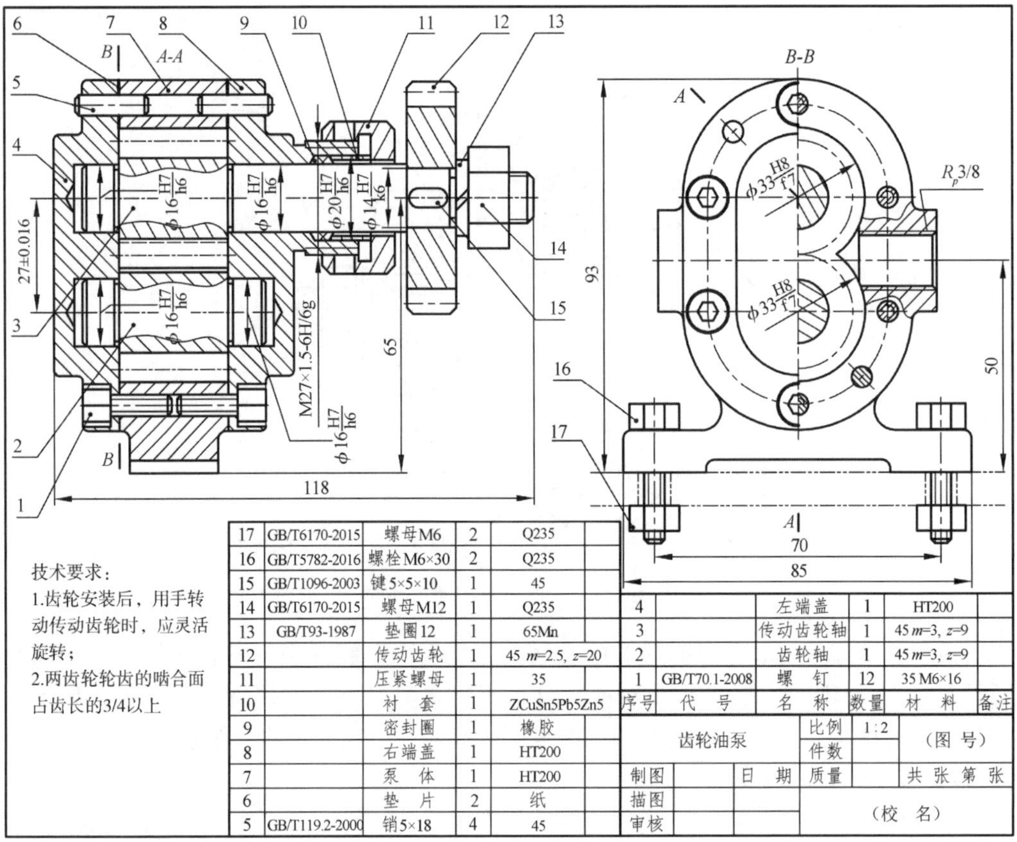

序号	代号	名称	数量	材料	备注
17	GB/T6170-2015	螺母M6	2	Q235	
16	GB/T5782-2016	螺栓M6×30	2	Q235	
15	GB/T1096-2003	键5×5×10	1	45	
14	GB/T6170-2015	螺母M12	1	Q235	
13	GB/T93-1987	垫圈12	1	65Mn	
12		传动齿轮	1	45 m=2.5, z=20	
11		压紧螺母	1	35	
10		衬　套	1	ZCuSn5Pb5Zn5	
9		密封圈	1	橡胶	
8		右端盖	1	HT200	
7		泵　体	1	HT200	
6		垫　片	2	纸	
5	GB/T119.2-2000	销5×18	4	45	
4		左端盖	1	HT200	
3		传动齿轮轴	1	45 m=3, z=9	
2		齿轮轴	1	45 m=3, z=9	
1	GB/T70.1-2008	螺　钉	12	35 M6×16	

齿轮油泵		比例	1:2	(图　号)	
		件数			
制图		日　期	质量		共 张 第 张
描图			(校　名)		
审核					

图 9-5　齿轮油泵的装配图

在装配图中，为表达某些结构，可假想沿两零件的结合面剖切后进行投影，称为沿结合面剖切画法，如图 9-5 所示齿轮油泵中的 B-B 剖视。此时，零件的结合面不画剖面线，其他被剖切的零件应画剖面线。

3. 假想画法

(1)在装配图中，为了表达与本部件有装配关系但又不属于本部件的相邻零、部件时，可用双点画线画出相邻零、部件的部分轮廓。假想轮廓的剖面区域内不画剖面线。如图 9-6 中的主视图，与转子油泵相邻的零件即是用双点画线画出的。

(2)当需要表示运动零件的运动范围或运动的极限位置时，可按其运动的一个极限位置绘制图形，再用双点画线画出另一极限位置的图形，如图 9-3 中的俯视图，用双点画线画出了扳手的另一个极限位置。

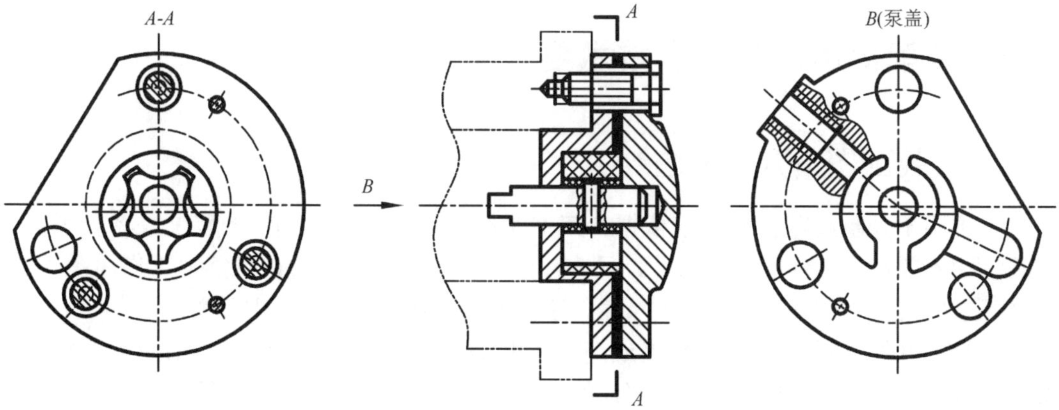

图 9-6 转子油泵

4. 夸大画法

在装配图中，对于薄片零件、细丝弹簧、微小的间隙等，当无法按实际尺寸画出或虽能画出但不明显时，可不按比例而采用夸大画法画出。如图 9-3 主视图中件 5 的厚度和图 9-4④所示的垫片，就是夸大画出的。

5. 单独表达某个零件的画法

在装配图中，当某个零件的主要结构在其他视图中未能表示清楚，而该零件的形状对机器或部件的工作原理和装配关系的理解起着十分重要的作用时，可单独画出该零件的某一视图，如图 9-6 转子油泵的 *B* 向视图。注意，这种表达方法要在所画视图上方注出该零件及其视图的名称。

9.2.3 简化画法

(1)在装配图中，零件的工艺结构如小圆角、小倒角、退刀槽、起模斜度等可不画出，如图 9-4⑦所示。螺栓、螺母的倒角和因倒角而产生的曲线允许省略，如图 9-4⑧所示。

(2)在装配图中，若干相同的零件组，如螺纹紧固件等，可仅详细地画出一处，其余只需用细点画线标明中心位置即可，如图 9-4⑨所示。

(3)在装配图中，滚动轴承按 GB/T 4459.7—2017 的规定，采用特征画法或规定画法，见表 7-11。如图 9-4⑩中滚动轴承采用了简化画法。在同一图样中，一般只允许采用同一种画法。

(4)在剖视图或断面图中，如果零件的厚度在 2 mm 以下，允许用涂黑代替剖面符号，如图 9-4④的垫片。

9.3 装配图中的尺寸和技术要求

9.3.1 装配图的尺寸标注

装配图不是制造零件的直接依据，其主要作用是表达零、部件的装配关系。因此，装配图中不需注出零件的全部尺寸，只需标注出说明机器或部件的性能、工作原理、装配关系、安装要求及外形等方面的尺寸。这些尺寸按其作用分为以下几类：

(1)性能(规格)尺寸。表示机器或部件性能(规格)的尺寸。这类尺寸在设计时就已确定，是设计、了解和选用该机器或部件的依据，如图 9-3 球阀的管口直径 ϕ20。

(2)装配尺寸。由两部分组成，一部分是保证有关零件间配合性质的尺寸，如图 9-3 中的 ϕ50H11/h11、ϕ14H11/c11、ϕ18H11/c11 等尺寸。另一部分是保证零件间相对位置的尺寸，如图 9-3 左视图中的 49、49。

(3)安装尺寸。将部件安装到地基上或与其他零件、部件相连接时所需要的尺寸，如图 9-3 中主视图中的 84、54 和 M36×2－6g 等。

(4)外形尺寸。表示装配体外形轮廓大小的尺寸，即总长、总宽和总高。它反映了机器或部件的体积大小，为包装、运输和安装过程中所占的空间的大小提供了数据，如图 9-3 中球阀的总长、总宽和总高分别为 115±1.1、75 和 121.5。

(5)其他重要尺寸。它是在设计中确定，又不属于上述几类尺寸的一些重要尺寸，如运动零件的极限尺寸、主体零件的重要尺寸等。

需要说明的是，装配图上的某些尺寸有时兼有几种意义，如图 9-3 中的 115±1.1，它既是外形尺寸，又与安装有关。另外，每一张图上也不一定都具有上述五类尺寸。在标注尺寸时，必须明确每个尺寸的作用，对装配图没有意义的结构尺寸不需注出。

9.3.2 技术要求的注写

装配图的技术要求是指机器或部件在装配、安装、调试过程中有关数据和性能指标，以及在使用、维护和保养等方面的要求。这些内容应在标题栏附近以“技术要求”为标题逐条书写出。如果技术要求仅为一条时，不必编号，但不得省略标题。

装配图上一般注写以下几方面的技术要求：

(1)装配要求。在装配过程中的注意事项和装配后应满足的要求。如保证间隙、精度要求、润滑和密封的要求等。

(2)检验要求。装配体基本性能的检验、试验规范和操作要求等。

(3)使用要求。对装配体的规格、参数及维护、保养、使用时的注意事项及要求。

9.4 装配图中的零、部件序号和明细栏

为了便于读图、进行图样管理和做好生产准备工作，装配图中的所有零、部件必须编写序号，然后将各种零、部件的名称、材料、在机器中的数量、标准代号(或零件图图号)等信息记入明细栏。

9.4.1 零、部件序号的编排方法(GB/T 4458.2—2003)

零、部件序号包括：指引线、序号数字和序号排列顺序。

1. 一般规定

(1)装配图中所有的零、部件都必须编注序号。规格相同的零件只编写一个序号，标准化组件如滚动轴承、电动机等，可看作一个整体编注一个序号。

(2)装配图中零、部件序号应与明细栏中的序号一致。

(3)同一装配图中序号编注形式应一致。

2. 序号的编排方法

1)指引线

(1)指引线用细实线绘制，应从所指零件的轮廓线内引出，并在末端画一圆点，如图 9-7所示。若所指零件很薄或为涂黑断面，可在指引线末端画出箭头，并指向该部分的轮廓，如图 9-8 所示。

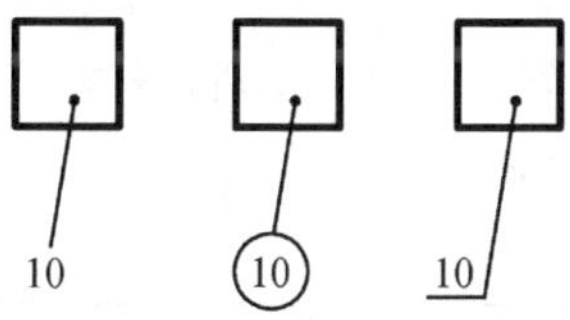

图 9-7 指引线画法

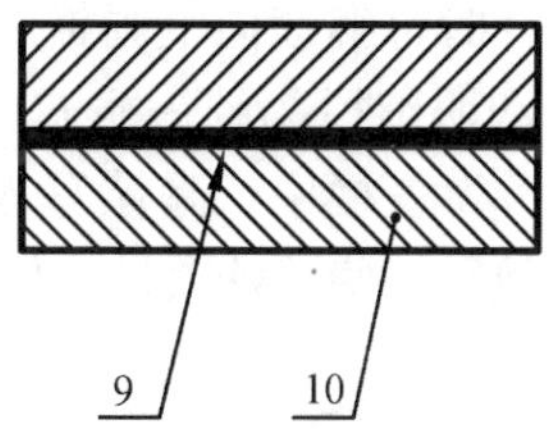

图 9-8 指引线末端为箭头的画法

(2)指引线的另一端可弯折成水平横线、为细实线圆或为直线段终端，如图 9-7 所示。

(3)指引线相互不能相交，当通过有剖面线的区域时，不应与剖面线平行。必要时，指引线可以画成折线，但只允许曲折一次。

(4)一组紧固件或装配关系清楚的零件组，可采用公共指引线，如图 9-9 所示。

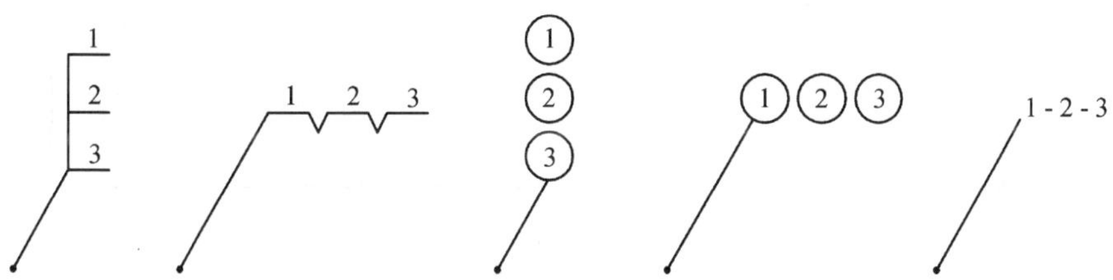

图 9-9 公共指引线

2)序号数字

(1)序号数字应比图中尺寸数字大一号或两号，但同一装配图中编注序号的形式应一致。

(2)相同的零、部件的序号应用一个序号，一般只标注一次。多次出现的相同零、部件，必要时也可以重复编注。

3)序号的排列

在装配图中，序号可在一组图形的外围按水平或垂直方向顺次整齐排列，排列时可按顺时针或逆时针方向，但不得跳号，如图 9-3 所示。当在一组图形的外围无法连续排列时，可在其他图形的外围按顺序连续排列，如图 9-5 所示。

4)序号的画法

为使序号的布置整齐美观，编注序号时应先按一定位置画好横线或圆圈(画出横线或圆圈的范围线，取好位置后再擦去范围线)，然后再找好各零、部件轮廓内的适当处，一一对应地画出指引线和圆点。

9.4.2　明细栏(GB/T 10609.2—2009)

明细栏用于记载机器上各种零、部件的名称、材料、数量等属性，是机器或部件中全部零、部件的详细目录，其内容、尺寸和格式都已标准化。明细栏应画在标题栏上方，当位置不够用时，可续接在标题栏左方。明细栏外框竖线为粗实线，其余各线为细实线，其下边线与标题栏上边线重合，长度相等。

明细栏中，零、部件序号应与图中的零、部件序号一致，并且按自下而上的顺序填写，以便在增加零件时可继续向上画格。GB/T 10609.1—2008 和 GB/T 10609.2—2009 分别规定了标题栏和明细栏的统一格式。学校制图作业明细栏可采用图 9-10 所示的格式。在明细栏“名称”一栏中，除填写零、部件名称外，对于标准件还应填写其规格，有些零、部件还要填写一些特殊项目，如齿轮应填写“$m=$”“$z=$”。

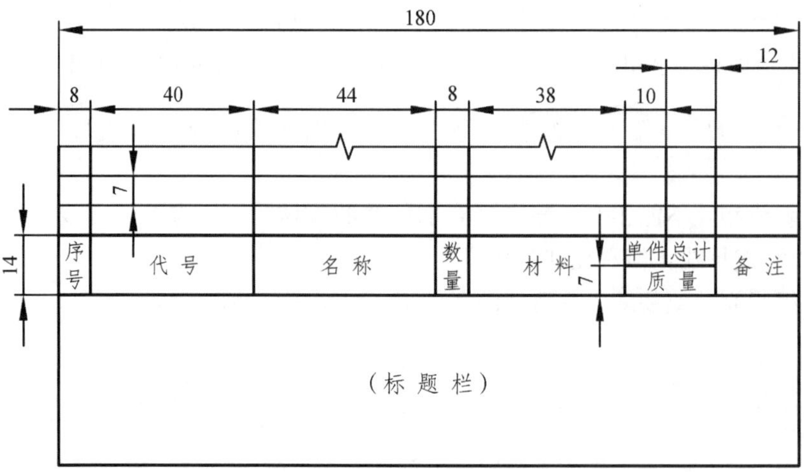

图 9-10　推荐学生使用的明细栏

9.5　装配结构简介

在设计和绘制装配图与零件图的过程中，应考虑到装配结构的合理性，以确保机器和部件的性能，并给零件的加工和装拆带来方便。

9.5.1　接触面的数量和结构

如图 9-11 所示，为了避免装配时表面互相发生干涉，两零件在同一方向(横向、竖向或径向)只能有一个接触面。这样既能保证两零件间接触良好，又能降低加工要求。否则将造成加工困难，并且也达不到要求。

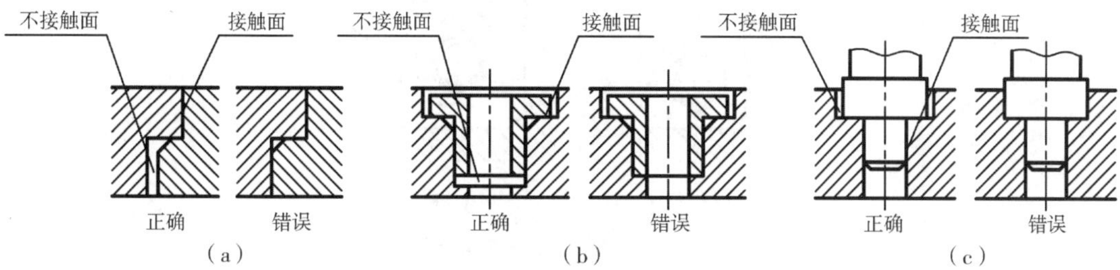

图 9-11　接触面的画法

9.5.2　转折处的结构

零件两个方向的接触面应在转折处做成倒角、倒圆或凹槽，以保证两个方向的接触面接触良好。转折处不应加工成直角或尺寸相同的圆角，否则会使装配时转折处发生干涉，因接触不良而影响装配精度。如图 9-12 所示为接触面转折处的结构画法。

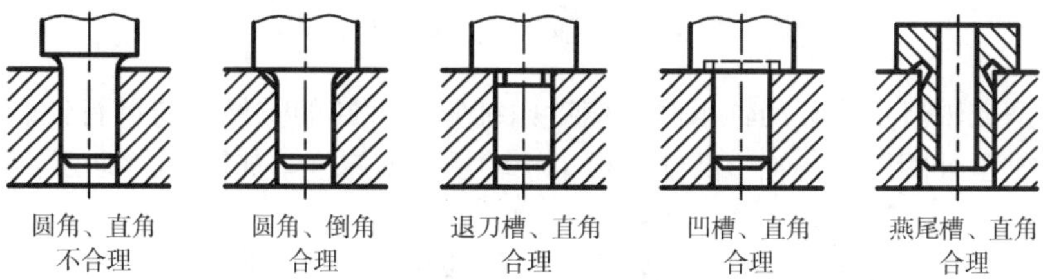

图 9-12　接触面转折处的结构

9.5.3　螺纹连接的结构

为了保证螺纹旋紧，应在螺纹尾部留出退刀槽或在螺孔端部加工出凹坑或倒角，如图 9-13 所示。

为了保证联接件与被联接件间接触良好，被联接件上应做成沉孔或凸台，被联接件通孔的直径应大于螺孔大径或螺杆直径，如图 9-14 所示。

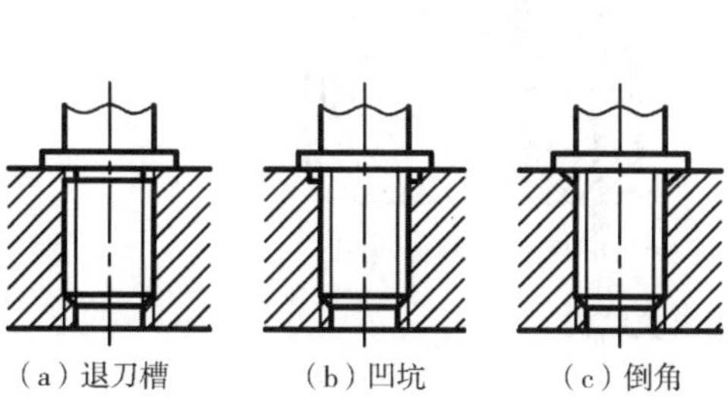

图 9-13　利于旋紧的结构

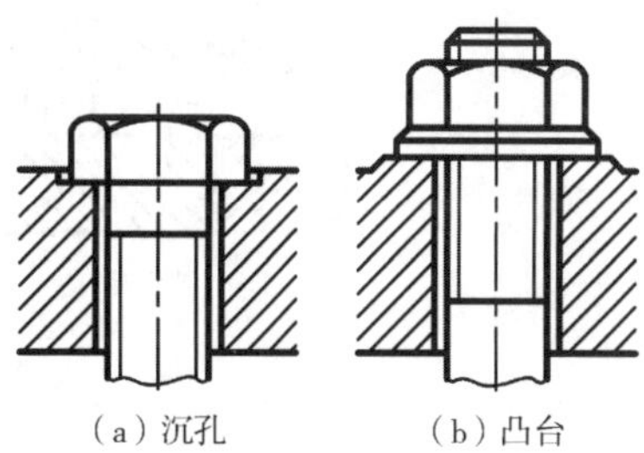

图 9-14　保证良好接触的结构

9.5.4 维修、拆卸的结构

当用螺栓联接时，应考虑足够的安装和拆卸空间，如图 9-15、图 9-16 所示。

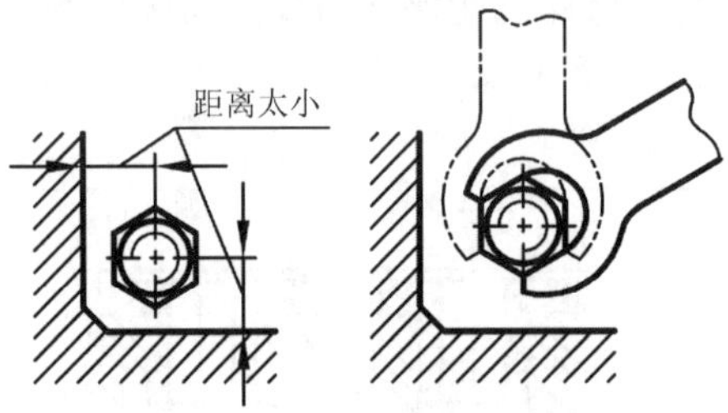

（a）不合理　　（b）合理

图 9-15　留出扳手操作空间

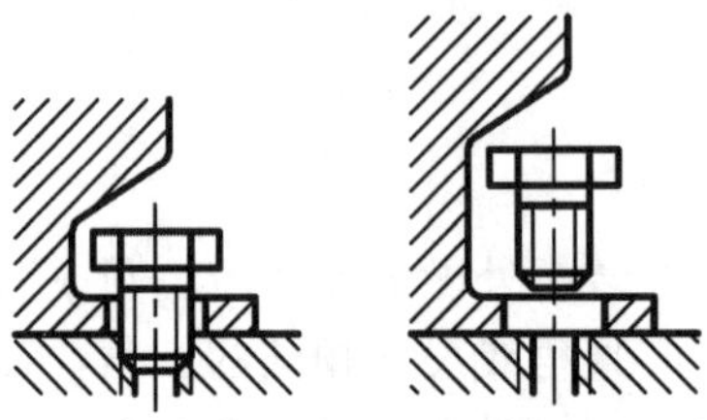

（a）不合理　　（a）合理

图 9-16　加大装、拆空间

在用孔肩或轴肩定位滚动轴承时，应考虑维修时拆卸的方便性与可行性。即孔肩高度必须小于轴承外圈厚度，轴肩高度必须小于轴承内圈厚度，如图 9-17 所示。

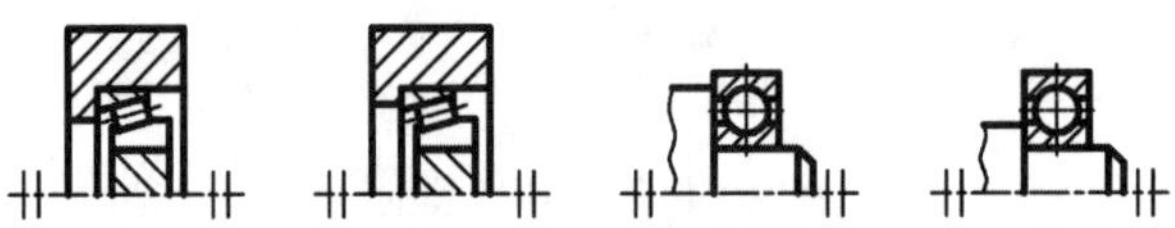

不合理　　合理　　不合理　　合理

图 9-17　滚动轴承用孔肩或轴肩定位的结构

为使两零件装配时准确定位及拆卸后不降低装配精度，常用圆柱销或圆锥销将两零件定位，如图 9-18(a)所示。为了加工和拆卸的方便，在可能时将销孔做成通孔，如图 9-18(b)所示。

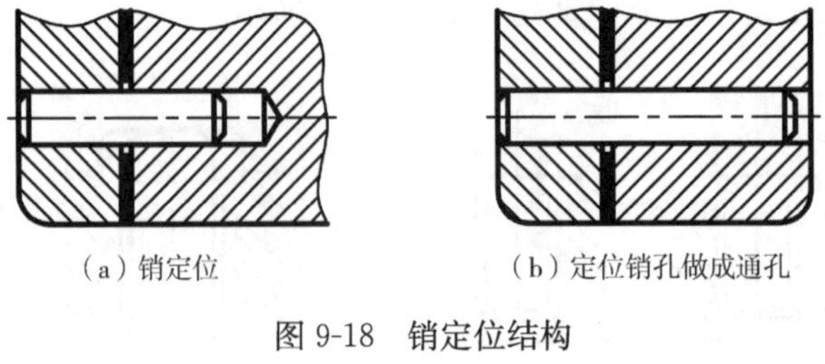

（a）销定位　　（b）定位销孔做成通孔

图 9-18　销定位结构

9.6　画装配图的方法及步骤

机器或部件是由若干零件装配而成的，根据零件图及其相关资料，可以了解各零件的结构形状，分析装配体的用途、工作原理、连接和装配关系，拟定表达方案和绘图步骤，然后按各零件图拼画成装配图。

现以图 9-2 所示的球阀为例，介绍由零件图拼画图 9-3 装配图的方法和步骤。

球阀中的主要零件阀芯、密封圈、填料压紧套、扳手等的零件图分别如图 9-19、图 9-20、图 9-21、图 9-22 所示。阀杆零件图见图 8-23，阀盖零件图见图 8-24，阀体零件图见图 8-63。其他次要零件的零件图此处不再列出。

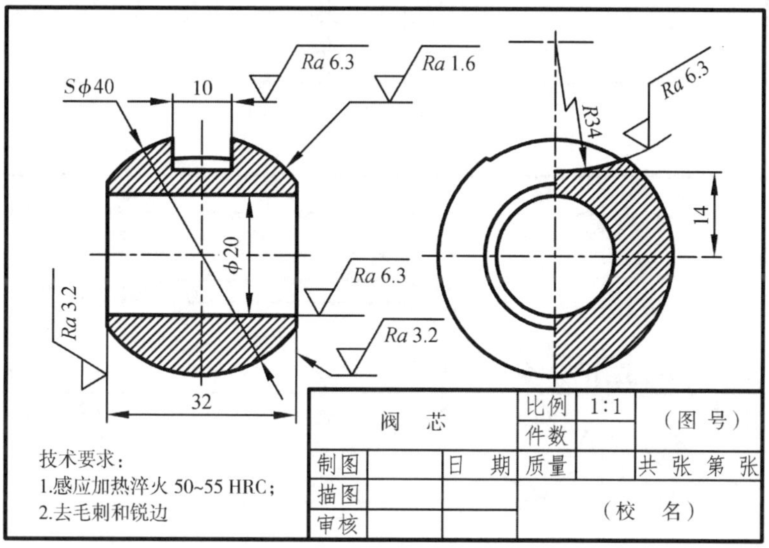

图 9-19　阀芯零件图

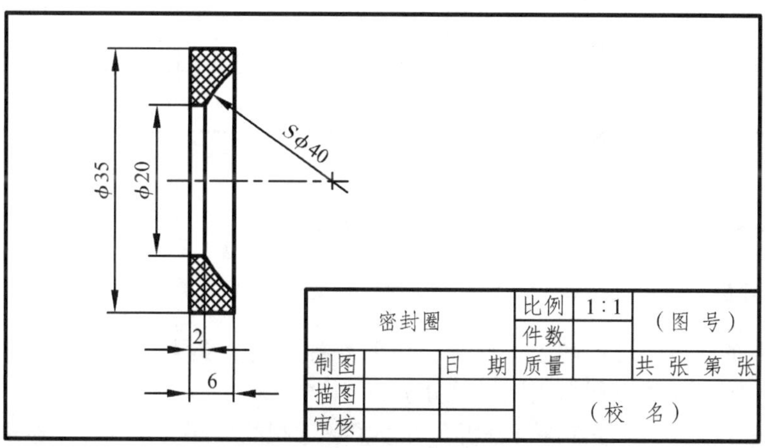

图 9-20　密封圈零件图

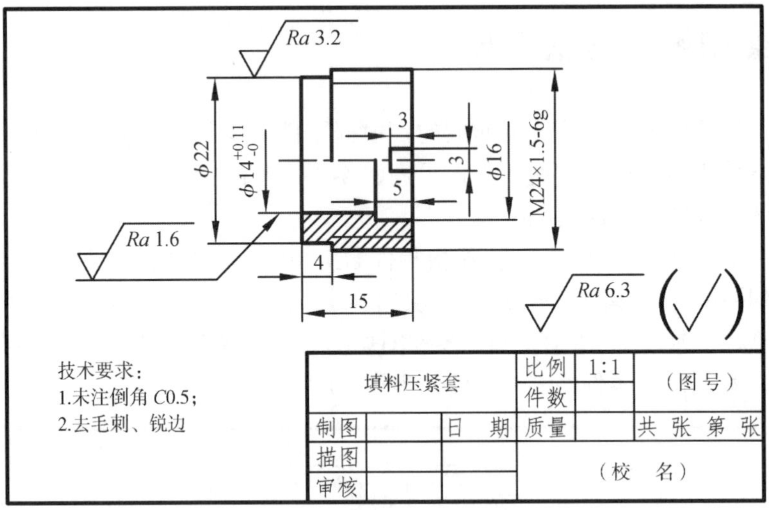

图 9-21　填料压紧套零件图

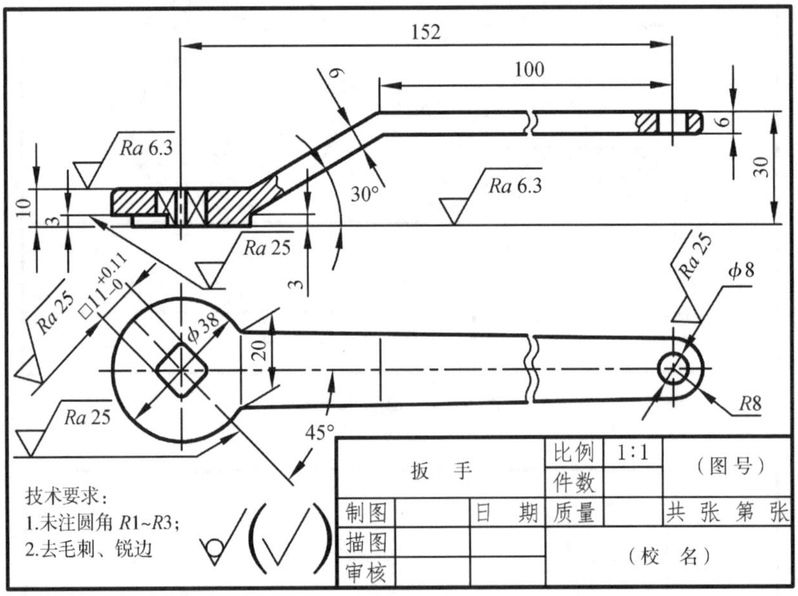

图 9-22　扳手零件图

由零件图拼画装配图应按下列方法和步骤进行。

1. 进行部件分析

对要绘制的机器或部件的工作原理、装配关系及主要零件形状、零件与零件之间的相对位置、定位方式等进行深入细致的分析。

对照图 9-2 和图 9-3 仔细进行分析，可以了解球阀的装配关系和工作原理。球阀的装配关系是：阀体 1 与阀盖 2 上都带有方形凸缘结构，用 4 个螺柱 6 和螺母 7 可将它们联接在一起，并用调整垫 5 调节阀芯 4 与密封圈 3 之间的松紧。阀体上部阀杆 12 上的凸块与阀芯上的凹槽榫接，为了密封，在阀体与阀杆之间装有填料垫 8、中填料 9 和上填料

10，并旋入填料压紧套 11。球阀的工作原理是：将扳手 13 的方孔套进阀杆 12 上部的四棱柱，当扳手处于如图 9-3 所示的位置时，阀门全部开启，管道畅通。当扳手按顺时针方向旋转 90°时(图 9-3 俯视图双点画线所示位置)，则阀门全部关闭，管道断流。从俯视图上的 $B-B$ 局部剖视图，可看到阀体 1 顶部限位凸块的形状(90°扇形)，该凸块用来限制扳手 13 旋转的极限位置。

2. 确定表达方案

装配图表达方案的确定，包括选择主视图、其他视图和表达方法。

1)选择主视图

一般将装配体的工位置作为选择主视图投影方向时的安放位置，以最能反映装配体装配关系、位置关系、传动路线、工作原理及主要结构形状的方向作为主视图投影方向。

由于图 9-2 中所示球阀的工作位置变化较多，故将其置放为水平位置，并以垂直于球阀前后对称面的方向作为主视图的投影方向，以反映球阀各零件从左到右和从上向下的位置关系、装配关系和结构形状，并结合其他视图表达球阀的工作原理和传动路线。

2)选择其他视图和表达方法

针对主视图还没有表达清楚的装配关系和零件间的相对位置，选择用其他视图给予补充，其目的是将装配关系表达清楚。

如图 9-3 所示，用过阀体前后对称面的剖切平面剖开球阀，得到全剖的主视图，清楚地表达了各零件间的位置关系、装配关系和工作原理。但球阀的外部形状和其他的一些装配关系在主视图中并未表达清楚。故选择左视图补充表达外部形状，并以半剖视进一步表达装配关系。选择俯视图并作 $B-B$ 局部剖视，反映扳手与限位凸块的装配关系和工作位置。

3. 画装配图

(1)按照选定的表达方案，根据部件或机器的大小和复杂程度以及视图数量来确定画图的比例和图幅。在所选图幅中应大致确定各视图位置，并为明细栏、标题栏、零、部件序号、尺寸标注和技术要求等留下空间。

(2)画出各视图的主要轴线(装配干线)、对称中心线和某些零件的基线或端面。

(3)画主要装配干线上的零件。采取由内向外(或由外向内)的顺序逐个画出每一个零件。

(4)画图时，从主视图开始，并将几个视图结合起来一起画，以保证投影准确和防止缺漏线。

(5)底稿画完后，检查并加粗、加深图线，画剖面线，标注尺寸。

(6)画标题栏、明细栏，编写零、部件序号，填写标题栏、明细栏、技术要求。

(7)完成全图后，再仔细校核，准确无误后，签名并填写时间。

图 9-23 为球阀装配图底稿的画图方法和步骤。

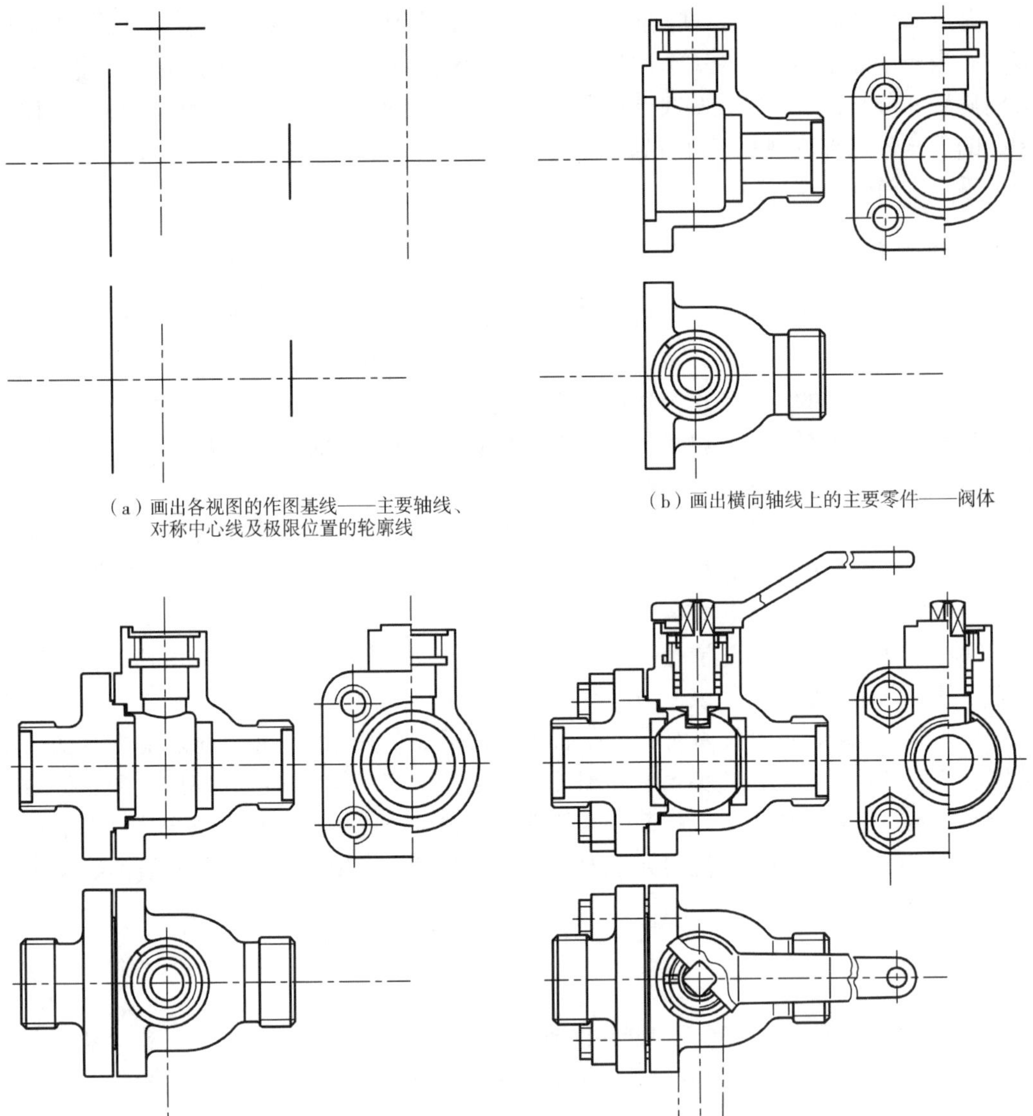

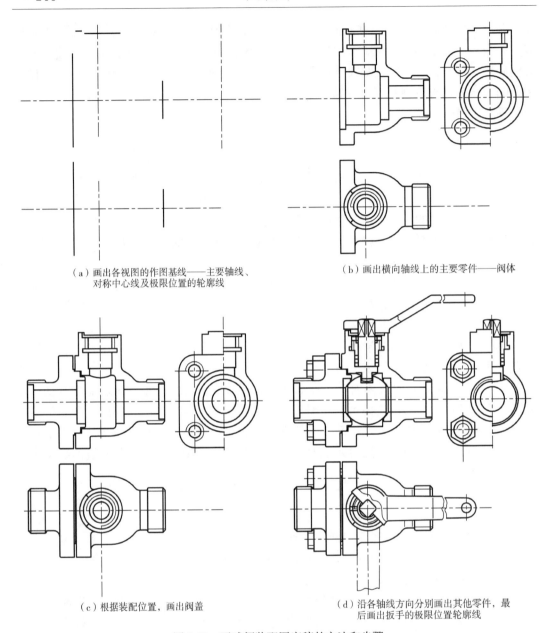

（a）画出各视图的作图基线——主要轴线、对称中心线及极限位置的轮廓线

（b）画出横向轴线上的主要零件——阀体

（c）根据装配位置，画出阀盖

（d）沿各轴线方向分别画出其他零件，最后画出扳手的极限位置轮廓线

图 9-23　画球阀装配图底稿的方法和步骤

9.7　读装配图及由装配图拆画零件图

在生产、维修和使用、管理机械设备以及技术交流等工作过程中，常需要阅读装配图。在设计过程中，也经常要参阅一些装配图，以及由装配图拆画零件图。因此，作为工程界的从业人员，必须掌握读装配图以及由装配图拆画零件图的方法。

读装配图的目的是：了解机器或部件的作用和工作原理；了解各零、部件间的装配关系、拆装顺序及各零、部件的主要结构形状和作用；了解主要尺寸、技术要求和操作方法。在设计时，还要根据装配图画出各零件的零件图。

9.7.1 读装配图的方法和步骤

1. 概括了解

读装配图时，首先看标题栏，由机器或部件的名称可大致了解其用途；对照明细栏，在装配图上查找各零、部件的大致位置，了解标准零、部件和非标零、部件的名称、数量、材料及标准件的规格，估计部件的复杂程度；由画图的比例、视图大小和外形尺寸，了解机器或部件的大小；阅读装配图的技术要求，了解装配体的性能参数、装配要求等信息；由产品说明书和有关资料，并联系生产实践知识，了解机器或部件的性能、功用等。

2. 分析视图

首先找到主视图，再根据投影关系识别其他视图的名称，找出剖视图、断面图所对应的剖切位置。根据向视图或局部视图的投影方向，识别出表达方法的名称，从而明确各视图表达的意图和侧重点，为下一步深入看图作准备。

3. 分析装配关系和工作原理

在对全图概括了解的基础上，需对机器或部件进行深入、细致的形体分析，以彻底了解机器或部件的组成情况，以及各零件的相互位置及传动关系，想象出各主要零件的结构形状。

(1)从主视图入手，根据各装配干线，对照零件在各视图中的投影关系。

(2)按视图间的投影关系，利用零件序号和明细栏以及剖视图中的剖面线的差异，分清图中前后件、内外件的互相遮盖关系，将组合在一起的零件逐一进行分解识别，弄清每个零件在相关视图中的投影位置和轮廓。在此基础上，构思出各零件的结构形状。

(3)仔细研究各相关零件间的连接方式、配合性质，辨明固定件与运动件，弄清各传动路线的运动情况和作用。

(4)分析各零件的功用和结构特点，了解各零件间的装配关系，认识机器或部件的工作原理。

4. 分析零件，读懂零件的结构形状

(1)零件的结构分析

零件的结构分析，就是弄清每个零件的结构形状及其作用。一般应先从主要零件入手，然后是其他零件。分析某一零件的结构形状时，首先要在装配图中找出反映该零件形状特征的投影轮廓。接着可按视图间的投影关系、同一零件在各剖视图中的剖面线方向、间隔必须一致的画法规定，将该零件的相应投影从装配图中分离出来。然后根据分离出的投影，按形体分析和线面分析的方法，弄清零件的结构形状。在装配图中零件的某些结构没有表达的可以根据结构合理性原则自行确定，同时应注意在装配图中未画出的小圆角、小倒角、退刀槽等工艺结构。

(2)零件的尺寸分析

零件上的一些标准结构，如螺栓、螺钉的沉孔及其通孔、键槽、轴承孔等与标准件相配合使用的结构的尺寸应根据有关参数，查阅标准后得出。零件上与螺栓、螺钉结合使用的螺纹孔的深度必须通过计算螺栓或螺钉的规格以及相邻零件的厚度来确定。常用件的某些尺寸可根据已知的参数按照相关的设计公式来确定。

零件上的某些尺寸要根据相邻零件上相应结构的尺寸来确定，如端盖轮廓大小应与机体上端盖安装面的轮廓大小相一致，通过螺纹紧固件联接以及通过销定位的两零件上孔的位置应一致。

(3)零件的技术要求分析

零件图中尺寸公差应根据装配图中所注写的配合公差等内容根据公差带代号查表后得到其极限偏差。其他尺寸的公差一般为未注公差。

表面粗糙度及几何公差的确定可以根据零件上各要素的功能、作用以及与相邻零件的连接、装配关系，结合已掌握的机械设计知识查阅相关资料后确定。

5. 归纳总结，获得完整概念

在上述分析的基础上，进一步完善构思，归纳总结，可得到对机器或部件的总体认识。即能结合装配图说明其传动路线、工作原理、装理关系、拆装顺序，各零件的结构形状和作用、主要尺寸和技术要求，以及安装使用中应注意的问题。

9.7.2 由装配图拆画零件图的方法及步骤

在设计过程中，需要由装配图拆画零件图。拆画零件图应在全面读懂装配图的基础上进行。拆画零件图时要注意下面几个问题。

1. 零件的分类

拆画零件图前，要对机器或部件中的零件进行分类处理，以明确拆画对象。按零件的不同情况可分为以下几类。

(1)标准零件：标准零件多数属于外购件，不需要画出零件图，只要按照标准零件的规定标记代号列出标准件的汇总表即可。

(2)借用零件：借用零件是借用定型产品上的零件。对于这类零件，可利用已有的图样，而不必另行画图。

(3)特殊零件：特殊零件是在设计时所确定下来的重要零件，在设计说明书中都附有这类零件的图样或重要数据。

(4)一般零件：这类零件基本上是按照装配图所体现的形状、大小和有关的技术要求来画图，是拆画零件图的主要对象。

2. 对表达方案的确定

装配图的表达方案是从整个机器或部件的角度出发考虑的，重点是表达机器或部件的工作原理和装配关系。而零件图的表达方案是根据零件的结构形状特点考虑的，在拆画零件图时应根据具体情况重新考虑视图表达方案，一般应注意以下两点。

(1)主视图的选择：一般壳体、箱座类零件主视图所选的位置可以与装配图一致。这样在装配机器时，便于对照。

(2)其他视图的选择：根据零件的结构形状和复杂程度确定其他视图的数量和表达方法。

3. 对零件结构形状的处理

在装配图中，对零件上某些局部结构，往往未完全绘出，对零件上某些标准结构也未完全表达。拆画零件图时，应综合考虑设计和工艺的要求，补画这些结构。如零件上某部分需要与某零件装配时一起加工，则应在零件图上注明。

4. 对零件图上尺寸的处理

装配图上的尺寸往往不能完全确定零件的尺寸，但各零件结构形状的大小，已经过设计人员的考虑，基本上是合适的。因此根据装配图画零件图，可以从图样上按比例直接量取尺寸。尺寸的大小与注法根据不同情况分别处理。

(1)装配图已注出的尺寸。凡装配图已注出的尺寸都是比较重要的尺寸，这些尺寸数值可直接抄注在相应的零件图上。对于配合尺寸、某些相对位置尺寸要注出偏差值。

(2)标准结构尺寸。零件上一些标准结构(如倒角、圆角、退刀槽、螺纹、销孔、键槽等)的尺寸数值，应从有关标准或明细栏中查取核对后进行标注。

(3)计算尺寸。零件图上的某些尺寸应根据装配图所给的数据进行计算后重新标注，如齿轮的分度圆、齿顶圆的直径尺寸等。

(4)其他尺寸。其他尺寸均从装配图中直接量取，根据绘图比例标注。但注意尺寸数字的圆整和取标准化数值。

5. 零件图上技术要求的确定

根据零件的作用，结合设计要求查阅有关手册或参考同类、相近产品的零件图来确定所拆画零件图上的表面粗糙度、公差配合、几何公差等技术要求。

9.7.3 读装配图及由装配图拆画零件图举例

读图 9-5 所示齿轮油泵的装配图，并拆画右端盖 8 的零件图。

1. 概括了解

齿轮油泵是机器中用来输送润滑油的一个部件。对照零件序号和明细栏可知：齿轮油泵由泵体、左右端盖、运动零件(传动齿轮、齿轮轴等)、密封零件和标准件等 17 种零件装配而成。

2. 分析视图

齿轮油泵采用两个基本视图表达。主视图采用全剖视图，反映了组成齿轮油泵的各个零件间的装配关系。左视图采用了沿垫片 6 与泵体 7 结合面处的剖切画法，产生了“$B-B$”半剖视图，又在吸、压油口处画出了局部剖视图，清楚地表达了齿轮油泵的外形和齿轮的啮合情况。

3. 分析零件，读懂零件的结构形状

从装配图可以看出，泵体 7 的外形形状为长圆，中间加工成 8 字形通孔，用以安装齿轮轴 2 和传动齿轮轴 3；四周加工有两个定位销孔和六个螺孔，用以定位和旋入螺钉 1 并将左端盖 4 和右端盖 8 联接在一起；前后铸造出凸台并加工成螺孔，用以连接吸油和压油管道；下方有支撑脚架与长圆连接成整体，并在支承脚架上加工有通孔，用以穿入螺栓将齿轮油泵与机器连接在一起。左端盖 4 的外形形状为长圆，四周加工有两个定位销孔和六个阶梯孔，用以定位和装入螺钉 1 将左端盖 4 与泵体连接在一起；在长圆结构左侧铸造出长圆凸台，以保证加工支承齿轮轴 2、传动齿轮轴 3 的孔的深度。右端盖 8 的右上方铸造出圆柱形结构，外表面加工螺纹，用以和压紧螺母配合，内部加工成通孔以保证齿轮传动轴伸出，其他结构与左端盖 4 相似。其他零件的结构形状请读者自行分析。

4. 分析装配关系和工作原理

如图 9-24 所示，齿轮油泵的主要功用是通过吸油、压油，为机器提供润滑油。当一对齿轮在泵体中作啮合传动时啮合区内右边空间的压力降低，产生局部真空，油池内的油在大气压力作用下进入油泵低压区的吸油口。随着齿轮的转动，齿槽中的油不断沿箭头方向被带到左边的压油口压出，送到机器需要润滑的部位。

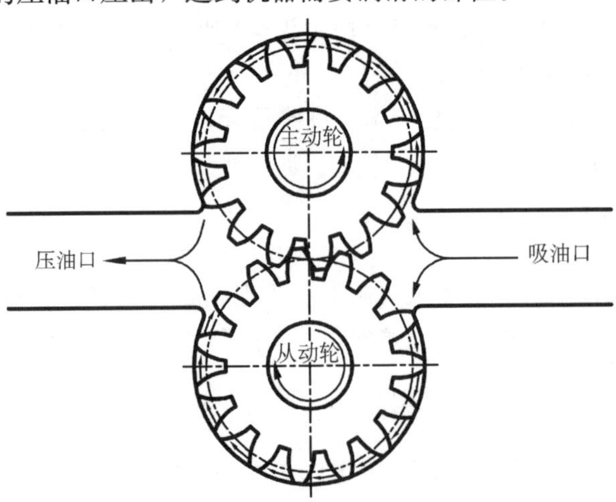

图 9-24　齿轮油泵工作原理

泵体 7 是齿轮油泵中的主要零件之一，它的空腔中容纳了一对吸油和压油的齿轮。将齿轮轴 2、传动齿轮轴 3 装入泵体后，两侧有左端盖 4、右端盖 8 支承这一对齿轮轴的旋转运动。由销 5 将左、右端盖定位后，再用螺钉 1 将左、右端盖与泵体联接。为了防止泵体与端盖的结合面处以及传动齿轮轴 3 伸出端漏油，分别用垫片 6 和密封圈 9、衬套 10、压紧螺母 11 密封。齿轮轴 2、传动齿轮轴 3、传动齿轮 12 是齿轮油泵中的运动零件。当传动齿轮 12 按逆时针方向(从左视图观察)转动时，通过键 15 将扭矩传递给传动齿轮轴 3，传动齿轮轴 3 通过齿轮啮合带动齿轮轴 2，使齿轮轴 2 按顺时针方向转动。

5. 齿轮油泵装配图中的配合和尺寸分析

在图 9-5 中可以看到，传动齿轮 12 和传动齿轮轴 3 之间的配合尺寸是 ϕ14H7/k6；齿轮轴 2 和传动齿轮轴 3 与左、右端盖的配合尺寸是 ϕ16H7/h6；衬套 10 与右端盖 8 的孔配合尺寸是 ϕ20H7/h6；齿轮轴 2 和传动齿轮轴 3 的齿顶圆与泵体 7 内腔的配合尺寸是 ϕ33H8/f7。各处配合的基准制、配合类别请读者自行分析。

尺寸 27±0.016 是齿轮轴 2 和传动齿轮轴 3 的中心距，该尺寸准确与否将直接影响齿轮的啮合传动。尺寸 65 是传动齿轮轴 3 的轴线离泵体安装面的高度尺寸。这两个尺寸分别是设计和安装所要求的尺寸。吸、压油口的尺寸 Rp3/8 表示尺寸代号为 3/8 的 55°密封圆柱内螺纹。两个螺栓之间的尺寸 70 表示齿轮油泵与机器联接时的安装尺寸。另外，齿轮油泵长、宽、高三个方向上的外形尺寸分别是 118、85 和 93。

6. 由装配图拆画右端盖的零件图

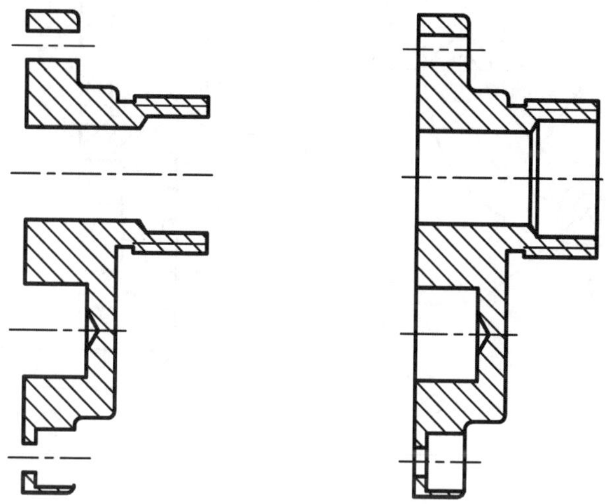

(a)　　　　　　(b)

(a)从装配图中分离出右端盖的主视图　(b)补全右端盖主视图上的图线

图 9-25　由齿轮油泵装配图拆画右端盖零件图的思考过程

在拆画零件图时，先在装配图上找到右端盖 8 的序号和指引线，再顺着指引线找到右端盖 8，根据剖面线的方向和间隔确定它在主视图中的轮廓范围，并利用“高平齐”的投影关系找到该零件在左视图上的投影，结合两个视图上的投影想象出右端盖 8 的基本形状。在装配图的主视图上，由于右端盖 8 的一部分轮廓线被其他零件遮挡，因此分离出来的是一幅不完整的图形，如图 9-25(a)所示。经过想象和分析，可补画出被遮挡的可见轮廓线，如图 9-25(b)所示。从装配图的主视图中拆画出的右端盖 8 的图形，反映了右端盖 8 的工作位置，并表达了各部分的主要结构形状，仍可作为零件图的主视图。因为右端盖 8 属于轮盘类零件，一般需要用两个视图表达内外结构形状。因此，还需要用右视图辅助完成主视图尚未表达清楚的外形、定位销孔和六个阶梯孔的位置等。

图 9-26 是拆画完成后的右端盖 8 零件图。在图中按零件图的要求标注出了尺寸和技术要求，有关的尺寸公差和螺纹的标记是根据装配图中已有的要求抄注的，内六角圆柱头螺钉孔的尺寸可在附表 D-5 的有关标准中查找。

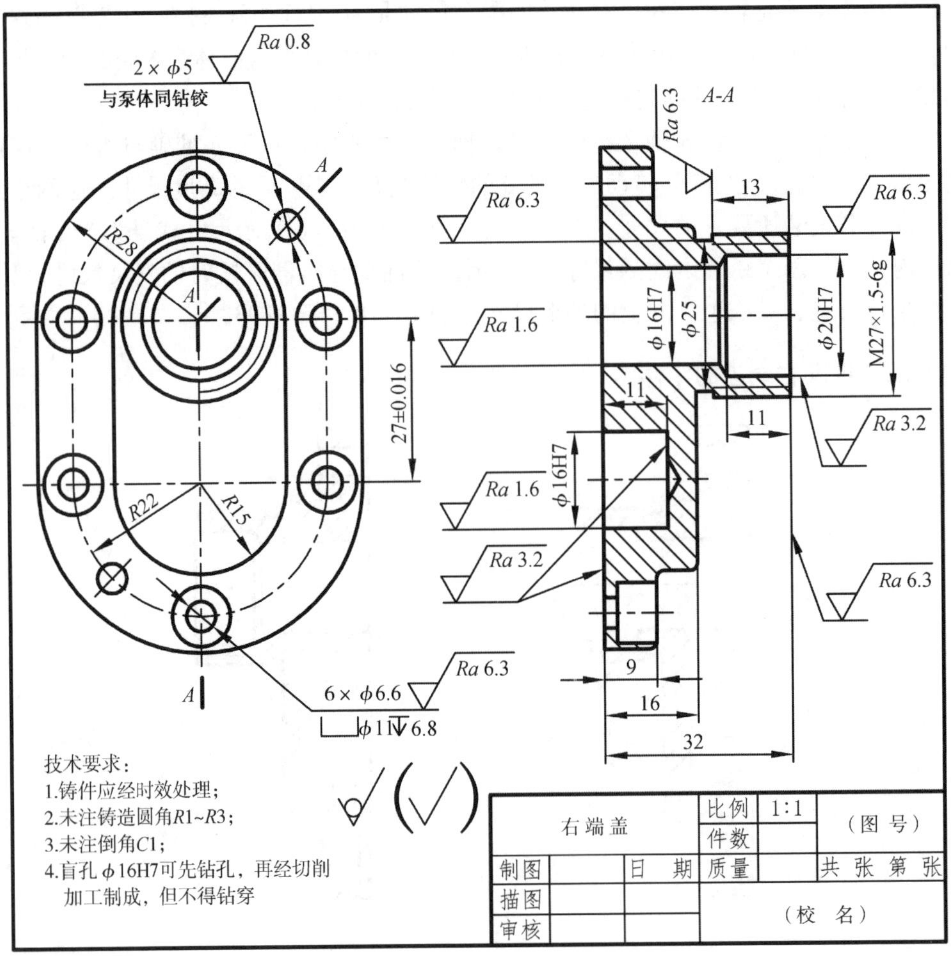

图 9-26　右端盖零件图

附　　录

附录A　螺　　纹

表A-1　普通螺纹

（摘自GB/T 192—2003、GB/T 193—2003、GB/T 196—2003、GB/T 197—2018）

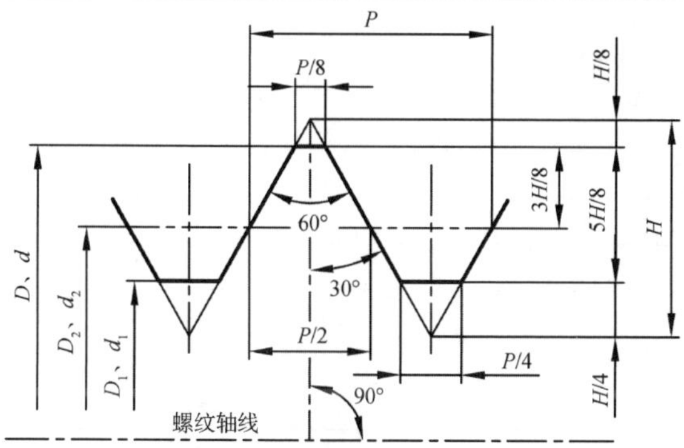

D——内螺纹的基本大径（公称直径）；

d——外螺纹的基本大径（公称直径）；

D_2——内螺纹的基本中径；

d_2——外螺纹的基本中径；

D_1——内螺纹的基本小径；

d_1——外螺纹的基本小径；

H——原始三角形高度（$H=0.866025404P$）；

P——螺距。

标记示例：

M8（公称直径为8 mm，螺距为1.25 mm的单线粗牙螺纹）

M10×1－5H6H（公称直径为10 mm，螺距为1 mm，中径公差带为5H，顶径公差带为6H的内螺纹）

M10×1－5g6g（公称直径为10 mm，螺距为1 mm，中径公差带为5g，顶径公差带为6g的外螺纹）

直径与螺距的标准组合系列（摘自GB/T 193—2003）　（单位：mm）

公称直径 D，d		螺距 P	
第1系列	第2系列	粗牙	细牙
3		0.5	0.35
	3.5	0.6	0.35
4		0.7	0.5
	4.5	0.75	0.5
5		0.8	0.5
6		1	0.75
	7	1	0.75
8		1.25	0.75，1
10		1.5	0.75，1，1.25
12		1.75	1，1.25
	14	2	1，1.25[a]，1.5
16		2	1，1.5
	18	2.5	1，1.5，2
20		2.5	1，1.5，2
	22	2.5	1，1.5，2
24		3	1，1.5，2

续表

	27	3	1，1.5，2
30		3.5	1，1.5，2，(3)
	33	3.5	1.5，2，(3)
36		4	1.5，2，3
	39	4	1.5，2，3
42		4.5	1.5，2，3，4
	45	4.5	1.5，2，3，4
48		5	1.5，2，3，4
	52	5	1.5，2，3，4
56		5.5	1.5，2，3，4
	60	5.5	1.5，2，3，4
64		6	1.5，2，3，4
	68	6	1.5，2，3，4
72			1.5，2，3，4，6
	76		1.5，2，3，4，6
80			1.5，2，3，4，6
	85		2，3，4，6
90			2，3，4，6
	95		2，3，4，6
100			2，3，4，6
	105		2，3，4，6
110			2，3，4，6
	115		2，3，4，6
	120		2，3，4，6
125			2，3，4，6，8
	130		2，3，4，6，8
140			2，3，4，6，8
	150		2，3，4，6，8
160			3，4，6，8
	170		3，4，6，8
180			3，4，6，8
	190		3，4，6，8
200			3，4，6，8
	210		3，4，6，8
220			3，4，6，8
	240		3，4，6，8
250			3，4，6，8
	260		4，6，8
280			4，6，8
	300		4，6，8

注：1. 公称直径 D、d 为 1～2.5 未列入，第三系列未列入；2. 优先选用第 1 系列，其次选择第 2 系列，最后选择第 3 系列，尽可能避免使用括号内的螺距；3. a 表示仅用于发动机的火花塞；4. 基本尺寸的中径 D_2、d_2、小径 D_1、d_1 见 GB/T 196—2003。其中，$D_2=D-0.6495P$，$d_2=d-0.6495P$，$D_1=D-1.0825P$，$d_1=d-1.0825P$。

表 A-2　梯形螺纹

（摘自 GB/T 5796.1—2005、GB/T 5796.2—2005、GB/T 5796.3—2005、GB/T 5796.4—2005）

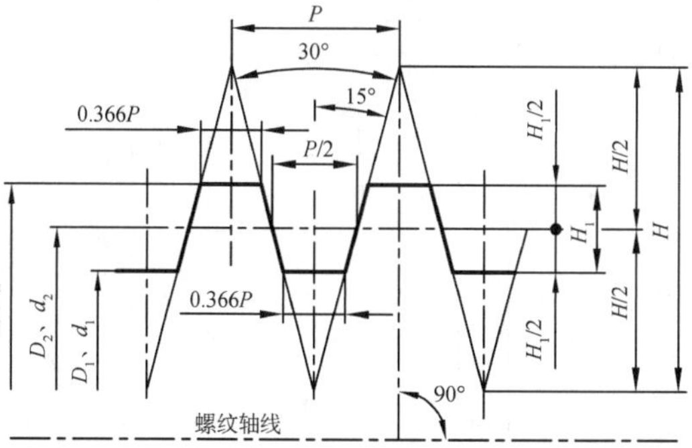

D——基本牙型上的内螺纹大径；
d——基本牙型和设计牙型上的外螺纹大径；
D_2——基本牙型和设计牙型上的内螺纹中径；
d_2——基本牙型和设计牙型上的外螺纹中径；
D_1——基本牙型和设计牙型上的内螺纹小径；
d_1——基本牙型上的外螺纹小径；
H——原始三角形高度（$H=1.866P$）；
H_1——基本牙型牙高（$H_1=0.5P$）；
P——螺距。

标记示例：

Tr40×7—7H（单线梯形内螺纹，公称直径 $d=40$，螺距 $p=7$，右旋，中径公差带为 7H，中等旋合长度）

直径与螺距的标准组合系列（摘自 GB/T 5796.2—2005）　（单位：mm）

公称直径			螺距																					
第一系列	第二系列	第三系列	44	40	36	32	28	24	22	20	18	16	14	12	10	9	8	7	6	5	4	3	2	1.5
8																								1.5
	9																						2	1.5
10																							2	1.5
	11																					3	2	
12																						3	2	
	14																					3	2	
16																					4		2	
	18																				4		2	
20																					4		2	
	22																8			5		3		
24																	8			5		3		
	26																8			5		3		
28																	8			5		3		
	30														10				6			3		
32															10				6			3		
	34														10				6			3		
36															10				6			3		
	38														10			7				3		
40															10			7				3		
	42														10			7				3		
44														12				7				3		
	46													12			8					3		
48														12			8					3		
	50													12			8					3		
52														12			8					3		

续表

	55												14			9						3		
60													14			9						3		
	65											16			10						4			
70												16			10						4			
	75											16			10						4			
80												16			10						4			
	85										18			12							4			
90											18			12							4			
	95										18			12							4			
100										20				12							4			
		105								20				12							4			
	110									20				12							4			
		115							22				14						6					
120									22				14						6					
		125							22				14						6					
	130								22				14						6					
		135						24					14						6					
140								24					14						6					
		145						24					14						6					
	150							24				16							6					
		155						24				16							6					
160							28					16							6					
		165					28					16							6					
	170						28					16							6					
		175					28					16					8							
180							28				18						8							
		185				32					18						8							
	190					32					18						8							
		195				32					18						8							
200						32					18						8							
	210				36					20							8							
220					36					20							8							
	230				36					20							8							
240					36				22								8							
	250			40					22					12										
260				40					22					12										
	270			40				24						12										
280				40				24						12										
	290		44					24						12										
300			44					24						12										

注：基本牙型尺寸见 GB/T 5796.1—2005，其中，$H=1.866P$，$H_1=0.5P$，牙顶和牙底宽$=0.366P$。

表 A-3　55°密封管螺纹

第 1 部分：圆柱内螺纹与圆锥外螺纹(摘自 GB/T 7306.1—2000)

第 2 部分：圆锥内螺纹与圆锥外螺纹(摘自 GB/T 7306.2—2000)

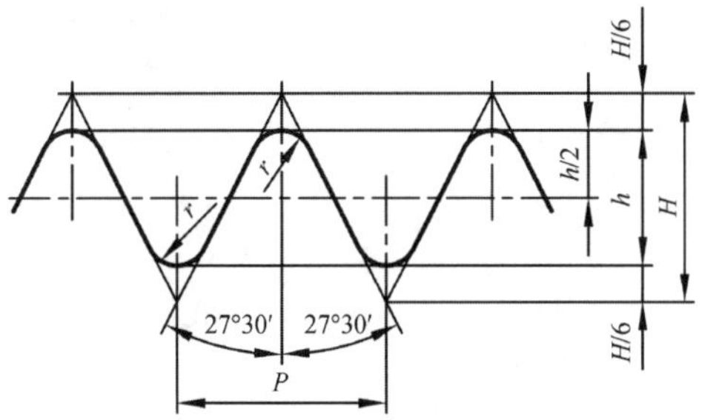

$H=0.960491P$

$h=0.640327P$

$r=0.137329P$

圆柱内螺纹的设计牙型

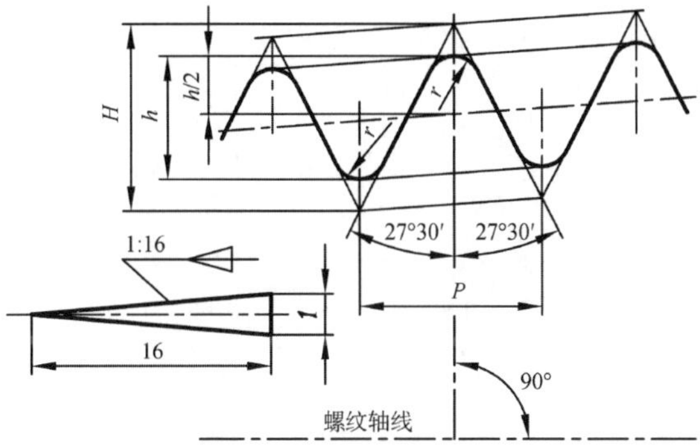

$H=0.960237P$

$h=0.640327P$

$r=0.137278P$

圆锥外螺纹的设计牙型

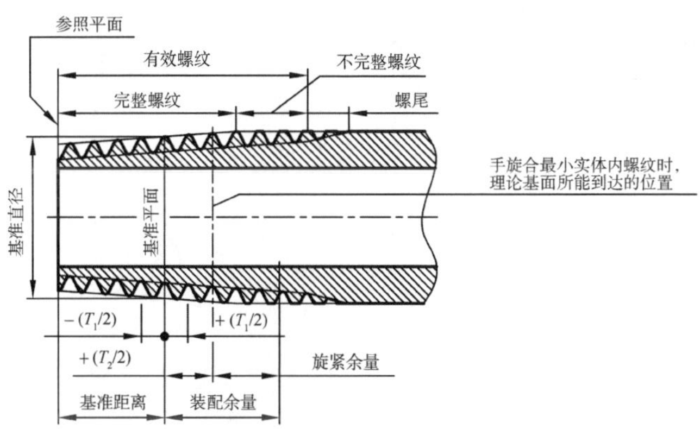

圆锥外螺纹上各主要尺寸的分布位置

螺纹特征代号：Rp——表示圆柱内螺纹；

R1——表示与圆柱内螺纹相配合的圆锥外螺纹；

Rc——表示圆锥内螺纹；

R2——表示与圆锥内螺纹相配合的圆锥外螺纹。

标记示例：Rp 3/4(尺寸代号为 3/4 的右旋圆柱内螺纹)；

R1 3(与圆柱内螺纹相配合的尺寸代号为 3 的右旋圆锥外螺纹)；

Rc 3/4(尺寸代号为 3/4 的右旋圆锥内螺纹)；

R2 3(与圆锥内螺纹相配合的尺寸代号为 3 的右旋圆锥外螺纹)。

螺纹中径和小径的基本尺寸计算公式：$D_2=d_2=d-h=d-0.640327P$，$D_1=d_1=d-2h=d-1.280654P$

续表

螺纹的基本尺寸及其公差(摘自 GB/T 7306.1—2000、GB/T 7306.2—2000)

1	2	3	4	5	6	7	8	9	10	11	12	13	14	15	16	17	18	19	20	21
尺寸代号	每25.4 mm内所包含的牙数 n	螺距 P /mm	牙高 h /mm	基准平面内的基本直径			基准距离					装配余量		外螺纹的有效螺纹不小于			圆柱内螺纹直径的极限偏差 ±		圆锥内螺纹基准平面轴向位置的极限偏差 $\pm T_2/2$	
				大径（基准直径）$d=D$ /mm	中径 $D_2=d_2$ /mm	小径 $D_1=d_1$ /mm	基本 /mm	极限偏差 $\pm T_1/2$		最大 /mm	最小 /mm	mm	圈数	基准距离分别为						
								mm	圈数					基本 /mm	最大 /mm	最小 /mm	径向 /mm	轴向圈数 $T_2/2$	mm	圈数
1/16	28	0.907	0.581	7.723	7.142	6.561	4	0.9	1	4.9	3.1	2.5	$2^{3}/_{4}$	6.5	7.4	5.6	0.071	$1^{1}/_{4}$	1.1	$1^{1}/_{4}$
1/8	28	0.907	0.581	9.728	9.147	8.566	4	0.9	1	4.9	3.1	2.5	$2^{3}/_{4}$	6.5	7.4	5.6	0.071	$1^{1}/_{4}$	1.1	$1^{1}/_{4}$
1/4	19	1.337	0.856	13.157	12.301	11.445	6	1.3	1	7.3	4.7	3.7	$2^{3}/_{4}$	9.7	11	8.4	0.104	$1^{1}/_{4}$	1.7	$1^{1}/_{4}$
3/8	19	1.337	0.856	16.662	15.806	14.950	6.4	1.3	1	7.7	5.1	3.7	$2^{3}/_{4}$	10.1	11.4	8.8	0.104	$1^{1}/_{4}$	1.7	$1^{1}/_{4}$
1/2	14	1.814	1.162	20.955	19.793	18.631	8.2	1.3	1	10.0	6.4	5.0	$2^{3}/_{4}$	13.2	15	11.4	0.142	$1^{1}/_{4}$	2.3	$1^{1}/_{4}$
3/4	14	1.814	1.162	26.441	25.279	24.117	9.5	1.8	1	11.3	7.7	5.0	$2^{3}/_{4}$	14.5	16.3	12.7	0.142	$1^{1}/_{4}$	2.3	$1^{1}/_{4}$
1	11	2.309	1.479	33.249	31.770	30.291	10.4	2.3	1	12.7	8.1	6.4	$2^{3}/_{4}$	16.8	19.1	14.5	0.180	$1^{1}/_{4}$	2.9	$1^{1}/_{4}$
$1^{1}/_{4}$	11	2.309	1.479	41.910	40.431	38.952	12.7	2.3	1	15.0	10.4	6.4	$2^{3}/_{4}$	19.1	21.4	16.8	0.180	$1^{1}/_{4}$	2.9	$1^{1}/_{4}$
$1^{1}/_{2}$	11	2.309	1.479	47.803	46.324	44.845	12.7	2.3	1	15.0	10.4	6.4	$2^{3}/_{4}$	19.1	21.4	16.8	0.180	$1^{1}/_{4}$	2.9	$1^{1}/_{4}$
2	11	2.309	1.479	59.614	58.135	56.656	15.9	2.3	1	18.2	13.6	7.5	$3^{1}/_{4}$	23.4	25.7	21.1	0.180	$1^{1}/_{4}$	2.9	$1^{1}/_{4}$
$2^{1}/_{2}$	11	2.309	1.479	75.184	73.705	72.226	17.5	3.5	$1^{1}/_{2}$	21.0	14.0	9.2	4	26.7	30.2	23.2	0.216	$1^{1}/_{2}$	3.5	$1^{1}/_{2}$
3	11	2.309	1.479	87.884	86.405	84.926	20.6	3.5	$1^{1}/_{2}$	24.1	17.1	9.2	4	29.8	33.3	26.3	0.216	$1^{1}/_{2}$	3.5	$1^{1}/_{2}$
4	11	2.309	1.479	113.030	111.551	110.072	25.4	3.5	$1^{1}/_{2}$	28.9	21.9	10.4	$4^{1}/_{2}$	35.8	39.3	32.3	0.216	$1^{1}/_{2}$	3.5	$1^{1}/_{2}$
5	11	2.309	1.479	138.430	136.951	135.472	28.6	3.5	$1^{1}/_{2}$	32.1	25.1	11.5	5	40.1	43.6	36.6	0.216	$1^{1}/_{2}$	3.5	$1^{1}/_{2}$
6	11	2.309	1.479	163.830	162.351	160.872	28.6	3.5	$1^{1}/_{2}$	32.1	25.1	11.5	5	40.1	43.6	36.6	0.216	$1^{1}/_{2}$	3.5	$1^{1}/_{2}$

表 A-4　55°非密封管螺纹

（摘自 GB/T 7307—2001）

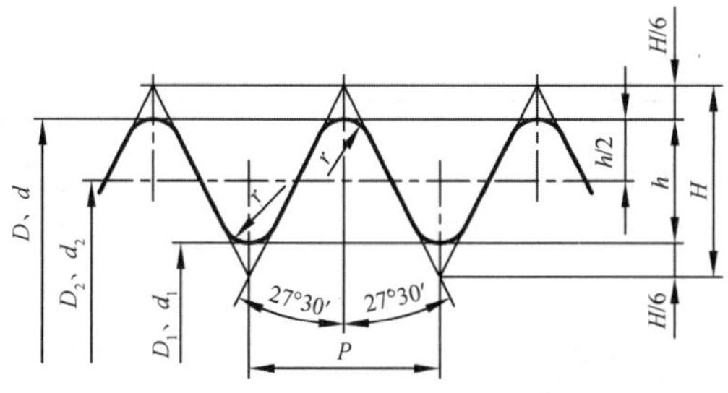

$H=0.960491P$　$h=0.640327P$　$r=0.137329P$

螺纹大径、中径和小径的基本尺寸按下式计算：

$D=d$，$D_2=d_2=d-h=d-0.640327P$，

$D_1=d_1=d-2h=d-1.280654P$

螺纹特征代号：G

标记示例：

G2（尺寸代号为 2 的右旋圆柱内螺纹）

G3A（尺寸代号为 3 的 A 级右旋圆柱外螺纹）

G4B（尺寸代号为 4 的 B 级右旋圆柱外螺纹）

螺纹的基本尺寸及其公差（摘自 GB/T 7307—2001）

尺寸代号	每 25.4mm 内所包含的牙数 n	螺距 P /mm	牙高 h /mm	基本直径			中径公差[a]					小径公差		大径公差	
				大径 $d=D$ /mm	中径 $D_2=d_2$ /mm	小径 $D_1=d_1$ /mm	内螺纹		外螺纹			内螺纹		外螺纹	
							下偏差 /mm	上偏差 /mm	下偏差		上偏差 /mm	下偏差 /mm	上偏差 /mm	下偏差 /mm	上偏差 /mm
									A 级 /mm	B 级 /mm					
1/16	28	0.907	0.581	7.723	7.142	6.561	0	+0.107	−0.107	−0.214	0	0	+0.282	−0.214	0
1/8	28	0.907	0.581	9.728	9.147	8.566	0	+0.107	−0.107	−0.214	0	0	+0.282	−0.214	0
1/4	19	1.337	0.856	13.157	12.301	11.445	0	+0.125	−0.125	−0.250	0	0	+0.445	−0.250	0
3/8	19	1.337	0.856	16.662	15.806	14.950	0	+0.125	−0.125	−0.250	0	0	+0.445	−0.250	0
1/2	14	1.814	1.162	20.955	19.793	18.631	0	+0.142	−0.142	−0.284	0	0	+0.541	−0.284	0
5/8	14	1.814	1.162	22.911	21.749	20.587	0	+0.142	−0.142	−0.284	0	0	+0.541	−0.284	0
3/4	14	1.814	1.162	26.441	25.279	24.117	0	+0.142	−0.142	−0.284	0	0	+0.541	−0.284	0
7/8	14	1.814	1.162	30.201	29.039	27.877	0	+0.142	−0.142	−0.284	0	0	+0.541	−0.284	0
1	11	2.309	1.479	33.249	31.770	30.291	0	+0.180	−0.180	−0.360	0	0	+0.640	−0.360	0
$1^{1}/_{8}$	11	2.309	1.479	37.897	36.418	34.939	0	+0.180	−0.180	−0.360	0	0	+0.640	−0.360	0
$1^{1}/_{4}$	11	2.309	1.479	41.910	40.431	38.952	0	+0.180	−0.180	−0.360	0	0	+0.640	−0.360	0
$1^{1}/_{2}$	11	2.309	1.479	47.803	46.324	44.845	0	+0.180	−0.180	−0.360	0	0	+0.640	−0.360	0
$1^{3}/_{4}$	11	2.309	1.479	53.746	52.267	50.788	0	+0.180	−0.180	−0.360	0	0	+0.640	−0.360	0
2	11	2.309	1.479	59.614	58.135	56.656	0	+0.180	−0.180	−0.360	0	0	+0.640	−0.360	0
$2^{1}/_{4}$	11	2.309	1.479	65.710	64.231	62.752	0	+0.217	−0.217	−0.434	0	0	+0.640	−0.434	0
$2^{1}/_{2}$	11	2.309	1.479	75.184	73.705	72.226	0	+0.217	−0.217	−0.434	0	0	+0.640	−0.434	0
$2^{3}/_{4}$	11	2.309	1.479	81.534	80.055	78.576	0	+0.217	−0.217	−0.434	0	0	+0.640	−0.434	0
3	11	2.309	1.479	87.884	86.405	84.926	0	+0.217	−0.217	−0.434	0	0	+0.640	−0.434	0
$3^{1}/_{2}$	11	2.309	1.479	100.330	98.851	97.372	0	+0.217	−0.217	−0.434	0	0	+0.640	−0.434	0
4	11	2.309	1.479	113.030	111.551	10.072	0	+0.217	−0.217	−0.434	0	0	+0.640	−0.434	0
$4^{1}/_{2}$	11	2.309	1.479	125.730	124.251	122.772	0	+0.217	−0.217	−0.434	0	0	+0.640	−0.434	0
5	11	2.309	1.479	138.430	136.951	135.472	0	+0.217	−0.217	−0.434	0	0	+0.640	−0.434	0
$5^{1}/_{2}$	11	2.309	1.479	151.130	149.651	148.172	0	+0.217	−0.217	−0.434	0	0	+0.640	−0.434	0
6	11	2.309	1.479	163.830	162.351	160.872	0	+0.217	−0.217	−0.434	0	0	+0.640	−0.434	0

注：a. 对薄壁件，此公差适用于平均中径，该中径是测量两个相互垂直直径的算术平均值。

附录 B　常用标准件

表 B-1　六角头螺栓(一)

(单位：mm)

六角头螺栓—A 级和 B 级(摘自 GB/T 5782—2016)

六角头螺栓—细牙—A 级和 B 级(摘自 GB/T 5785—2016)

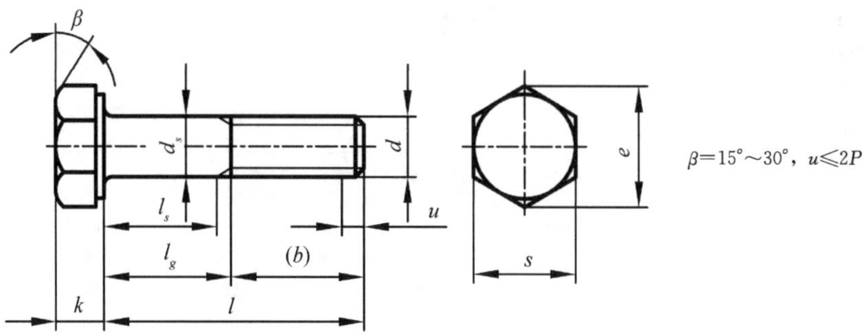

标记示例：

螺纹规格为 M12、公称长度 $l=80$ mm、性能等级为 8.8 级、表面不经处理、产品等级为 A 级的六角头螺栓标记为：螺栓　GB/T　5782　M12×80

螺纹规格为 M12×1.5、公称长度 $l=80$ mm、细牙螺纹、性能等级为 8.8 级、表面不经处理、产品等级为 A 级的六角头螺栓标记为：螺栓　GB/T　5785　M12×1.5×80

六角头螺栓—全螺纹—A 级和 B 级(摘自 GB/T 5783—2016)

六角头螺栓—细牙—全螺纹—A 级和 B 级(摘自 GB/T 5786—2016)

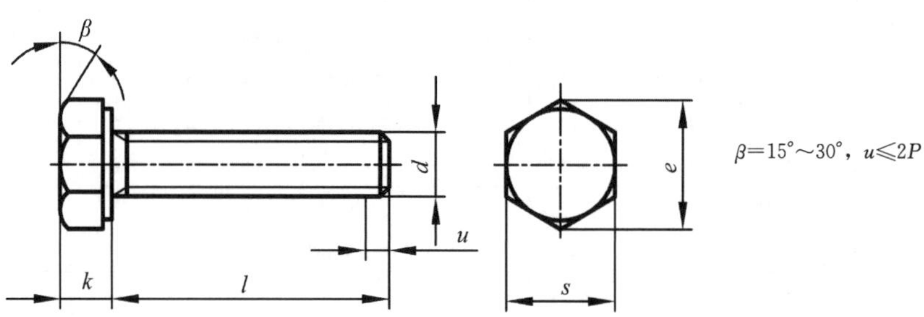

标记示例：

螺纹规格为 M12、公称长度 $l=80$ mm、全螺纹、性能等级为 8.8 级、表面不经处理、产品等级为 A 级的六角头螺栓标记为：螺栓　GB/T　5783　M12×80

螺纹规格为 M12×1.5、公称长度 $l=80$ mm、细牙螺纹、全螺纹、性能等级为 8.8 级、表面不经处理、产品等级为 A 级的六角头螺栓标记为：螺栓　GB/T　5786　M12×1.5×80

六角头螺栓—A 级和 B 级优选的螺纹规格(摘自 GB/T 5782—2016)　　(单位：mm)

螺纹规格 d	M1.6	M2	M2.5	M3	M4	M5	M6	M8	M10
P^{a}	0.35	0.4	0.45	0.5	0.7	0.8	1	1.25	1.5
$b^{b}_{参考}$	9	10	11	12	14	16	18	22	26
$b^{c}_{参考}$	15	16	17	18	20	22	24	28	32
$b^{d}_{参考}$	28	29	30	31	33	35	37	41	45

续表

c	max			0.25	0.25	0.25	0.40	0.40	0.50	0.50	0.60	0.60
	min			0.10	0.10	0.10	0.15	0.15	0.15	0.15	0.15	0.15
d_a	max			2	2.6	3.1	3.6	4.7	5.7	6.8	9.2	1.2
d_s	公称=max			1.60	2.00	2.50	3.00	4.00	5.00	6.00	8.00	10.00
	产品等级	A	min	1.46	1.86	2.36	2.86	3.82	4.82	5.82	7.78	9.78
		B		1.35	1.75	2.25	2.75	3.70	4.70	5.70	7.64	9.64
d_w	产品等级	A	min	2.27	3.07	4.07	4.57	5.88	6.88	8.88	11.63	14.63
		B		2.30	2.95	3.95	4.45	5.74	6.74	8.74	11.47	14.47
e	产品等级	A	min	3.41	4.32	5.45	6.01	7.66	8.79	11.05	14.38	17.77
		B		3.28	4.18	5.31	5.88	7.50	8.63	10.89	14.20	17.59
l_f	max			0.6	0.8	1	1	1.2	1.2	1.4	2	2
k	公称			1.1	1.4	1.7	2	2.8	3.5	4	5.3	6.4
	产品等级	A	max	1.225	1.525	1.825	2.125	2.925	3.65	4.15	5.45	6.58
			min	0.975	1.275	1.575	1.875	2.675	3.35	3.85	5.15	6.22
		B	max	1.3	1.6	1.9	2.2	3.0	3.74	4.24	5.54	6.69
			min	0.9	1.2	1.5	1.8	2.6	3.26	3.76	5.06	6.11
k_w[e]	产品等级	A	min	0.68	0.89	1.10	1.31	1.87	2.35	2.70	3.61	4.35
		B		0.63	0.84	1.05	1.26	1.82	2.28	2.63	3.54	4.28
r	min			0.1	0.1	0.1	0.1	0.2	0.2	0.25	0.4	0.4
s	公称=max			3.20	4.00	5.00	5.50	7.00	8.00	10.00	13.00	16.00
	产品等级	A	min	3.02	3.82	4.82	5.32	6.78	7.78	9.78	12.73	15.73
		B		2.90	3.70	4.70	5.20	6.64	7.64	9.64	12.57	15.57

l					l_s和l_g[f]																	
公称	产品等级																					
	A		B		l_s	l_g	l_s	l_g	l_s	l_g	l_s	l_g	l_s	l_g	l_s	l_g	l_s	l_g	l_s	l_g	l_s	l_g
	min	max	min	max	min	max	min	max	min	max	min	max	min	max	min	max	min	max	min	max	min	max
12	11.65	12.35	—	—	1.2	3																
16	15.65	16.35	—	—	5.2	7	4	6	2.75	5	折线以上的规格推荐采用GB/T 5783											
20	19.58	20.42	18.95	21.05			8	10	6.75	9	5.5	8										
25	24.58	25.42	23.95	26.05					11.75	14	10.5	13	7.5	11	5	9						
30	29.58	30.42	28.95	31.05							15.5	18	12.5	16	10	14	7	12				
35	34.5	35.5	33.75	36.25									17.5	21	15	19	12	17				
40	39.5	40.5	38.75	41.25									22.5	26	20	24	17	22	11.75	18		
45	44.5	45.5	43.75	46.25											25	29	22	27	16.75	23	11.5	19
50	49.5	50.5	48.75	51.25											30	34	27	32	21.75	28	16.5	24
55	54.4	55.6	53.5	56.5													32	37	26.75	33	21.5	29

续表

60	59.4	60.6	58.5	61.5													37	42	31.75	38	26.5	34
65	64.4	65.6	63.5	66.5															36.75	43	31.5	39
70	69.4	70.6	68.5	71.5															41.75	48	36.5	44
80	79.4	80.6	78.5	81.5															51.75	58	46.5	54
90	89.3	90.7	88.25	91.75																	56.5	64
100	99.3	100.7	98.25	101.75																	66.5	74
110	109.3	100.7	108.25	111.75																		
120	119.3	120.7	118.25	121.75																		

六角头螺栓—A级和B级优选的螺纹规格(摘自 GB/T 5782—2016)　　(单位：mm)

螺纹规格 d				M12	M16	M20	M24	M30	M36	M42	M48	M56	M64
P^{a}				1.75	2	2.5	3	3.5	4	4.5	5	5.5	6
$b_{参考}^{b}$				30	38	46	54	66	—	—	—	—	—
$b_{参考}^{c}$				36	44	52	60	72	84	96	108	—	—
$b_{参考}^{d}$				49	57	65	73	85	97	109	121	137	153
c	max			0.60	0.8	0.8	0.8	0.8	0.8	1.0	1.0	1.0	1.0
	min			0.15	0.2	0.2	0.2	0.2	0.2	0.3	0.3	0.3	0.3
d_a	max			13.7	17.7	22.4	26.4	33.4	39.4	45.6	52.6	63	71
d_s	公称=max			12.00	16.00	20.00	24.00	30.00	36.00	42.00	48.00	56.00	64.00
	产品等级	A	min	11.73	15.73	19.67	23.67	—	—	—	—	—	—
		B		11.57	15.57	19.48	23.48	29.48	35.38	41.38	47.38	55.26	63.26
d_w	产品等级	A	min	16.63	22.49	28.19	33.61	—	—	—	—	—	—
		B		16.47	22	27.7	33.25	42.75	51.11	59.95	69.45	78.66	88.16
e	产品等级	A	min	20.03	26.75	33.53	39.98	—	—	—	—	—	—
		B		19.85	26.17	32.95	39.55	50.85	60.79	71.3	82.6	93.56	104.86
l_f	max			3	3	4	4	6	6	8	10	12	13
k	公称			7.5	10	12.5	15	18.7	22.5	26	30	35	40
	产品等级	A	max	7.68	10.18	12.715	15.215	—	—	—	—	—	—
			min	7.32	9.82	12.285	14.785	—	—	—	—	—	—
		B	max	7.79	10.29	12.85	15.35	19.12	22.92	26.42	30.42	35.5	40.5
			min	7.21	9.71	12.15	14.65	18.28	22.08	25.58	29.58	34.5	39.5
k_e^{w}	产品等级	A	min	5.12	6.87	8.6	10.35	—	—	—	—	—	—
		B		5.05	6.8	8.51	10.26	12.8	15.46	17.91	20.71	24.15	27.65
r	min			0.6	0.6	0.8	0.8	1	1	1.2	1.6	2	2
s	公称=max			18.00	24.00	30.00	36.00	46	55.0	65.0	75.0	85.0	95.0
	产品等级	A	min	17.73	23.67	29.67	35.38	—	—	—	—	—	—
		B		17.57	23.16	29.16	35.00	45	53.8	63.1	73.1	82.8	92.8

续表

l					l_s和l_g[f]																			
公称	产品等级																							
	A		B		l_s	l_g	l_s	l_g	l_s	l_g	l_s	l_g	l_s	l_g	l_s	l_g	l_s	l_g	l_s	l_g	l_s	l_g	l_s	l_g
	min	max	min	max	min	max	min	max	min	max	min	max	min	max	min	max	min	max	min	max	min	max	min	max
50	49.5	50.5	—	—	11.25	20																		
55	54.4	55.6	53.5	56.5	16.25	25																		
60	59.4	60.6	58.5	61.5	21.25	30																		
65	64.4	65.6	63.56	66.5	26.25	35	17	27																
70	69.4	70.6	68.5	71.5	31.25	40	22	32																
80	79.4	80.6	78.5	81.5	41.25	50	32	42	21.5	34														
90	89.3	90.7	88.25	91.75	51.25	60	42	52	31.5	44	21	36												
100	99.3	100.7	98.25	101.75	61.25	70	52	62	41.5	54	31	46												
110	109.3	110.7	108.25	111.75	71.25	80	62	72	51.5	64	41	56	26.5	44										
120	119.3	120.7	118.25	121.75	81.25	90	72	82	61.5	74	51	66	36.5	54										
130	129.2	130.8	128	132			76	86	65.5	78	55	70	40.5	58										
140	139.2	140.8	138	142			86	96	75.5	88	65	80	50.5	68	36	56								
150	149.2	150.8	148	152			96	106	85.5	98	75	90	60.5	78	46	66								
160	—	—	158	162			106	116	95.5	108	85	100	70.5	88	56	76	41.5	64						
180	—	—	178	182					115.5	128	105	120	90.5	108	76	96	61.5	84	47	72				
200	—	—	197.7	202.3					135.5	148	125	140	110.5	128	96	116	81.5	104	67	92				
220	—	—	217.7	222.3							132	147	117.5	135	103	123	88.5	111	74	99	55.5	83		
240	—	—	237.7	242.3							152	167	137.5	155	123	143	108.5	131	94	119	75.5	103		
260	—	—	257.4	262.6									157.5	175	143	163	128.5	151	114	139	95.5	123	77	107
280	—	—	277.4	282.6									177.5	195	163	183	148.5	171	134	159	115.5	143	97	127
300	—	—	297.4	302.6									197.5	215	183	203	168.5	191	154	179	135.5	163	117	147
320	—	—	317.15	322.85											203	223	188.5	211	174	199	155.5	183	137	167
340	—	—	337.15	342.85											233	243	208.5	231	194	219	175.5	203	157	187
360	—	—	357.15	362.85											243	263	228.5	251	214	239	195.5	223	177	207
380	—	—	377.15	382.85													248.5	271	234	259	215.5	243	197	227
400	—	—	397.15	402.85													268.5	291	254	279	235.5	263	217	247
420	—	—	416.85	423.15													288.5	311	274	299	255.5	283	237	267
440	—	—	436.85	443.15													308.5	331	294	319	275.5	303	257	287
460	—	—	456.85	463.15															314	339	295.5	323	277	307
480	—	—	476.85	483.15															334	359	315.5	343	297	327
500	—	—	496.85	503.15																	335.5	363	317	347

注：优选长度由$l_{s\min}$和$l_{g\max}$确定。——阶梯虚线以上为A级；——阶梯虚线以下为B级。a. P——螺距；b. $l_{公称} \leqslant 125$ mm；c. 125 mm$< l_{公称} \leqslant 200$ mm；d. $l_{公称} > 200$ mm；e. $k_{w\min} = 0.7k_{\min}$；f. $l_{g\max} = l_{公称} - b$，$l_{s\min} = l_{g\max} - 5P$。

六角头螺栓—细牙—A级和B级优选的螺纹规格(摘自GB/T 5785—2016)　　(单位：mm)

螺纹规格(d×P)	M8×1	M10×1	M12×1.5	M16×1.5	M20×1.5	M24×2	M30×2	M36×3	M42×3	M48×3	M56×4	M64×4
$b^{a}_{参考}$	22	26	30	38	46	54	66	—	—	—	—	—
$b^{b}_{参考}$	28	32	36	44	52	60	72	84	96	108	—	—
$b^{c}_{参考}$	41	45	49	57	65	73	85	97	109	121	137	153

续表

参数				M8	M10	M12	M16	M20	M24	M30	M36	M42	M48	M56	M64
c			max	0.60	0.60	0.60	0.8	0.8	0.8	0.8	0.8	1.0	1.0	1.0	1.0
			min	0.15	0.15	0.15	0.2	0.2	0.2	0.2	0.2	0.3	0.3	0.3	0.3
d_a			max	9.2	11.2	13.7	17.7	22.4	26.4	33.4	39.4	45.6	52.6	63	71
d_s	公称=max			8.00	10.00	12.00	16.00	20.00	24.00	30.00	36.00	42.00	48.00	56.00	64.00
	产品等级	A	min	7.78	9.78	11.73	15.73	19.67	23.67						
		B		7.64	9.64	11.57	15.57	19.48	23.48	29.48	35.38	41.38	47.38	55.26	63.26
d_w	产品等级	A	min	11.63	14.63	16.63	22.49	28.19	33.61						
		B		11.47	14.47	16.47	22	27.7	33.25	42.75	51.11	59.95	69.45	78.66	88.16
e	产品等级	A	min	14.38	17.77	20.03	26.75	33.53	39.98						
		B		14.20	17.59	19.85	26.17	32.95	39.55	50.85	60.79	71.3	82.6	93.56	104.86
l_f			max	2	2	3	3	4	4	6	6	8	10	12	13
k	公称			5.3	6.4	7.5	10	12.5	15	18.7	22.5	26	30	35	40
	产品等级 A		max	5.45	6.58	7.68	10.18	12.715	15.215						
			min	5.15	6.22	7.32	9.82	12.285	14.785						
	产品等级 B		max	5.5	6.69	7.79	10.29	12.85	15.35	19.12	22.92	26.42	30.42	35.5	40.5
			min	5.06	6.11	7.21	9.71	12.15	14.65	18.28	22.08	25.58	29.58	34.5	39.5
k_w[d]	产品等级	A	min	3.61	4.35	5.12	6.87	8.6	10.35						
		B		3.54	4.28	5.05	6.8	8.51	10.26	12.8	15.46	17.91	20.71	24.15	27.65
r	min			0.4	0.4	0.6	0.6	0.8	0.8	1	1	1.2	1.6	2	2
s	公称=max			13.00	16.00	18.00	24.00	30.00	36.00	46	55.0	65.0	75.0	85.0	95.0
	产品等级	A	min	12.73	15.73	17.73	23.67	29.67	35.38						
		B		12.57	15.57	17.57	23.16	29.16	35	45	53.8	63.1	73.1	82.8	92.8

l					l_s和l_g[c]																							
公称	产品等级 A		产品等级 B																									
	min	max	min	max	l_s min	l_g max	l_s min	l_g max	l_s min	l_g max	l_s min	l_g max	l_s min	l_g max	l_s min	l_g max	l_s min	l_g max	l_s min	l_g max	l_s min	l_g max	l_s min	l_g max	l_s min	l_g max	l_s min	l_g max
35	34.5	35.5	—	—																								
40	39.5	40.5	—	—	11.75	18																						
45	44.5	45.5	—	—	16.75	23	11.5	19																				
50	49.5	50.5	—	—	21.75	28	16.5	24	11.25	20																		
55	54.4	55.6	—	—	26.75	33	21.5	29	16.25	25																		
60	59.4	60.6	—	—	31.75	38	26.5	34	21.25	30																		
65	64.4	65.6	—	—	36.75	43	31.5	39	26.25	35	17	27																
70	69.4	70.6	—	—	41.75	48	36.5	44	31.25	40	22	32																
80	79.4	80.6	—	—	51.75	58	46.5	54	41.25	50	32	42	21.5	34														
90	89.3	90.7	88.25	91.75			56.5	64	51.25	60	42	52	31.5	44														

阶梯实线以上的规格推荐采用GB/T 5786

续表

100	99.3	100.7	98.25	101.75			66.5	74	61.25	70	52	62	41.5	54	31	46												
110	109.3	110.7	108.25	111.75					71.25	80	62	72	51.5	64	41	56												
120	119.3	120.7	118.25	121.75					81.25	90	72	82	61.5	74	51	66	36.5	54										
130	129.2	130.8	128	132							76	86	65.5	78	55	70	40.5	58										
140	139.2	140.8	138	142							86	96	75.5	88	65	80	50.5	68	36	56								
150	149.2	150.8	148	152							96	106	85.5	98	75	90	60.5	78	46	66								
160	—	—	158	162							106	116	95.5	108	85	100	70.5	88	56	76	41.5	64						
180	—	—	178	182									115.5	128	105	120	90.5	108	76	96	61.5	84						
200	—	—	197.7	202.3									135.5	148	125	140	110.5	128	96	116	81.5	104	67	92				
220	—	—	217.7	222.3											132	147	117.5	135	13	123	88.5	111	74	99	55.5	83		
240	—	—	237.7	242.3											152	167	137.5	155	123	143	108.5	131	94	119	75.5	103		
260	—	—	257.4	262.6													157.5	175	143	163	128.5	151	114	139	95.5	123	77	107
280	—	—	277.4	282.6													177.5	195	163	183	148.5	171	134	159	115.5	143	97	127
300	—	—	297.4	302.6													197.5	215	183	203	168.5	191	154	179	135.5	163	117	147
320	—	—	317.15	322.85															203	223	188.5	211	174	199	155.5	183	137	167
340	—	—	337.15	342.85															223	243	208.5	231	194	219	175.5	203	157	187
360	—	—	357.15	362.85															243	263	228.5	251	214	239	195.5	223	177	207
380	—	—	377.15	382.85																	248.5	271	234	259	215.5	243	197	227
400	—	—	397.15	402.85																	268.5	291	254	279	235.5	263	217	247
420	—	—	416.85	423.15																	288.5	311	274	299	255.5	283	237	267
440	—	—	436.85	443.15																	308.5	331	294	319	275.5	303	257	287
460	—	—	456.85	463.15																			314	339	295.5	323	277	307
480	—	—	476.85	483.15																			334	259	315.5	343	297	327
500	—	—	496.85	503.15																					335.5	363	317	347

注：选用的长度规格由 $l_{s\min}$ 和 $l_{g\max}$ 确定。——阶梯虚线以上为 A 级；——阶梯虚线以下为 B 级。a. $l_{公称} \leqslant 125$ mm；b. 125 mm $< l_{公称} \leqslant 200$ mm；c. $l_{公称} > 200$ mm；d. $k_{w\min} = 0.7k_{\min}$；e. $l_{g\max} = l_{公称} - b$，$l_{s\min} = l_{g\max} - 5P$；$P$——螺距。

六角头螺栓—全螺纹—A 级和 B 级优选的螺纹规格(摘自 GB/T 5783—2016)　　(单位：mm)

螺纹规格 d				M1.6	M2	M2.5	M3	M4	M5	M6
P^{a}				0.35	0.4	0.45	0.5	0.7	0.8	1
a	max[b]			1.05	1.20	1.35	1.50	2.10	2.40	3.00
	min			0.35	0.40	0.45	0.50	0.70	0.80	1.00
c	max			0.25	0.25	0.25	0.40	0.40	0.50	0.50
	min			0.10	0.10	0.10	0.15	0.15	0.15	0.15
d_a	max			2	2.6	3.1	3.6	4.7	5.7	6.8
d_w	产品等级	A	min	2.27	3.07	4.07	4.57	5.88	6.88	8.88
		B		2.30	2.95	3.95	4.45	5.74	6.74	8.74
e	产品等级	A	min	3.41	4.32	5.45	6.01	7.66	8.79	11.05
		B		3.28	4.18	5.31	5.88	7.50	8.63	10.89

续表

k	公称			1.1	1.4	1.7	2	2.8	3.5	4
	产品等级	A	max	1.225	1.525	1.825	2.125	2.925	3.65	4.15
			min	0.975	1.275	1.575	1.875	2.675	3.35	3.85
		B	max	1.3	1.6	1.9	2.2	3.0	3.74	4.24
			min	0.9	1.2	1.5	1.8	2.6	3.26	3.76
K_w c	产品等级	A	min	0.68	0.89	1.10	1.31	1.87	2.35	2.70
		B		0.63	0.84	1.05	1.26	1.82	2.28	2.63
r	min			0.1	0.1	0.1	0.1	0.2	0.2	0.25
s	公称=max			3.20	4.00	5.00	5.50	7.00	8.00	10.00
	产品等级	A	min	3.02	3.82	4.82	5.32	6.78	7.78	9.78
		B		2.90	3.70	4.70	5.20	6.64	7.64	9.64

l											
公称	产品等级										
	A		B								
	min	max	min	max							
2	1.8	2.2									
3	2.8	3.2	—	—							
4	3.76	4.24									
5	4.76	5.24									
6	5.76	6.24									
8	7.71	8.29	—	—							
10	9.71	10.29									
12	11.65	12.35									
16	15.65	16.35									
20	19.58	20.42	18.95	21.05							
25	24.58	25.42	23.95	26.05							
30	29.58	30.42	28.95	31.05							
35	34.5	35.5	33.75	36.25							
40	39.5	40.5	38.75	41.25							
45	44.5	45.5	43.75	46.25							
50	49.5	50.5	48.75	51.25							
55	54.4	55.6	53.5	56.5							
60	59.4	60.6	58.5	61.5							
65	64.4	65.6	63.5	66.5							
70	69.4	70.6	68.5	71.5							
80	79.4	80.6	78.5	81.5							
90	89.3	90.7	88.25	91.75							
100	99.3	100.7	98.25	101.75							
110	109.3	100.7	108.25	111.75							

续表

120	119.3	120.7	118.25	121.75						
130	129.2	130.8	128	132						
140	139.2	140.8	138	142						
150	149.2	150.8	148	152						
160			158	162						
180	—	—	178	182						
200	—	—	197.7	202.3						

螺纹规格 d				M8	M10	M12	M16	M20	M24
P[a]				1.25	1.5	1.75	2	2.5	3
a	max[b]			4.00	4.50	5.30	6.00	7.50	9.00
	min			1.25	1.5	1.75	2.00	2.50	3.00
c	max			0.6	0.6	0.6	0.8	0.8	0.8
	min			0.15	0.15	0.15	0.20	0.20	0.20
d_a	max			9.20	11.20	13.70	17.70	22.40	26.40
d_w	产品等级	A	min	11.63	14.63	16.63	22.49	28.19	33.61
		B		11.47	14.47	16.47	22.00	27.70	33.25
e	产品等级	A	min	14.38	17.77	20.03	26.75	33.53	39.98
		B		14.20	17.59	19.85	26.17	32.95	39.55
k	公称			5.3	6.4	7.5	10	12.5	15
	产品等级	A	max	5.45	6.58	7.68	10.18	12.715	15.215
			min	5.15	6.22	7.32	9.82	12.285	14.785
		B	max	5.54	6.69	7.79	10.29	12.85	15.35
			min	5.06	6.11	7.21	9.71	12.15	14.65
K_w[c]	产品等级	A	min	3.61	4.35	5.12	6.87	8.6	10.35
		B		3.54	4.28	5.05	6.8	8.51	10.26
r	min			0.4	0.4	0.6	0.6	0.8	0.8
s	公称=max			13	16	18	24	30	36
	产品等级	A	min	12.73	15.73	17.73	23.67	29.67	35.38
		B		12.57	15.57	17.57	23.16	29.16	35.00
l									
公称	产品等级								
	A		B						
	min	max	min	max					
2	1.8	2.2							
3	2.8	3.2	—	—					
4	3.76	4.24							

续表

5	4.76	5.24								
6	5.76	6.24								
8	7.71	8.29	—	—						
10	9.71	10.29								
12	11.65	12.35								
16	15.65	16.35								
20	19.58	20.42	18.95	21.05						
25	24.58	25.42	23.95	26.05						
30	29.58	30.42	28.95	31.05						
35	34.5	35.5	33.75	36.25						
40	39.5	40.5	38.75	41.25						
45	44.5	45.5	43.75	46.25						
50	49.5	50.5	48.75	51.25						
55	54.4	55.6	53.5	56.5						
60	59.4	60.6	58.5	61.5						
65	64.4	65.6	63.5	66.5						
70	69.4	70.6	68.5	71.5						
80	79.4	80.6	78.5	81.5						
90	89.3	90.7	88.25	91.75						
100	99.3	100.7	98.25	101.75						
110	109.3	100.7	108.25	111.75						
120	119.3	120.7	118.25	121.75						
130	129.2	130.8	128	132						
140	139.2	140.8	138	142						
150	149.2	150.8	148	152						
160			158	162						
180	—	—	178	182						
200	—	—	197.7	202.3						

纹规格 *d*		M30	M36	M42	M48	M56	M64
P[a]		3.5	4	4.5	5	5.5	6
a	max[b]	10.50	12.00	13.5	15.00	16.5	18.00
	min	3.50	4.00	4.50	5.00	5.50	6.00
c	max	0.8	0.8	1.00	1.00	1.00	1.00
	min	0.20	0.20	0.30	0.30	0.30	1.00
d_a	max	33.40	39.40	45.60	52.60	63.00	71.00

续表

d_w	产品等级	A	min						
		B		42.75	51.11	59.95	69.45	78.66	88.16
e	产品等级	A	min						
		B		50.85	60.79	71.30	82.60	93.56	104.86
k	公称			18.7	22.5	26	30	35	40
	产品等级	A	max						
			min						
		B	max	19.12	22.92	26.42	30.42	35.50	40.50
			min	18.28	22.08	25.58	29.58	34.50	39.50
k_w[c]	产品等级	A	min						
		B		12.80	15.46	17.91	20.71	24.15	27.65
r	min			1.00	1.00	1.20	1.60	2.00	2.00
s	公称＝max			46	55	65	75	85	95
	产品等级	A	min						
		B		45.00	53.80	63.10	73.10	82.80	92.80

l									
公称	产品等级									
	A		B							
	min	max	min	max						
2	1.8	2.2								
3	2.8	3.2	—	—						
4	3.76	4.24								
5	4.76	5.24								
6	5.76	6.24								
8	7.71	8.29	—	—						
10	9.71	10.29								
12	11.65	12.35	—	—						
16	15.65	16.35	—	—						
20	19.58	20.42	18.95	21.05						
25	24.58	25.42	23.95	26.05						
30	29.58	30.42	28.95	31.05						
35	34.5	35.5	33.75	36.25						
40	39.5	40.5	38.75	41.25						
45	44.5	45.5	43.75	46.25						
50	49.5	50.5	48.75	51.25						

续表

55	54.4	55.6	53.5	56.5						
60	59.4	60.6	58.5	61.5						
65	64.4	65.6	63.5	66.5						
70	69.4	70.6	68.5	71.5						
80	79.4	80.6	78.5	81.5						
90	89.3	90.7	88.25	91.75						
100	99.3	100.7	98.25	101.75						
110	109.3	100.7	108.25	111.75						
120	119.3	120.7	118.25	121.75						
130	129.2	130.8	128	132						
140	139.2	140.8	138	142						
150	149.2	150.8	148	152						
160	—	—	158	162						
180			178	182						
200	—	—	197.7	202.3						

注：在阶梯实线间为优选长度范围。——阶梯虚线以上为 A 级；——阶梯虚线以下为 B 级。

a. P——螺距；b. 按 GB/T 3 标准系列 a_{max}值；c. $k_{w\,min}=0.7k_{min}$。

六角头螺栓—细牙—全螺纹—A 级和 B 级优选的螺纹规格(摘自 GB/T 5786—2016)　(单位：mm)

螺纹规格($d\times P$)				M8×1	M10×1	M1×1.5	M1×1.5	M2×1.5	M24×2	M30×2	M36×3	M42×3	M48×3	M56×4	M64×4
a	max			3	3	4.5	4.5	4.5	6	6	9	9	9	12	12
	min			1	1	1.5	1.5	1.5	2	2	3	3	3	4	4
c	max			0.6	0.6	0.6	0.8	0.8	0.8	0.8	0.8	1.0	1.0	1.0	1.0
	min			0.15	0.15	0.15	0.20	0.20	0.20	0.20	0.20	0.3	0.3	0.3	0.3
d_a	max			9.2	11.2	13.7	17.7	22.4	26.4	33.4	39.4	45.6	52.6	63	71
d_w	产品等级	A	min	11.63	14.63	16.63	22.49	28.19	33.61	—	—	—	—	—	—
		B		11.47	14.47	16.47	22	27.7	33.25	42.75	51.11	59.95	69.45	78.66	88.16
e	产品等级	A	min	14.38	17.77	20.03	26.75	33.53	39.98	—	—	—	—	—	—
		B		14.20	17.59	19.85	26.17	32.95	39.55	50.85	60.79	71.3	82.6	93.56	104.86
k	公称			5.3	6.4	7.5	10	12.5	15	18.7	22.5	26	30	35	40
	产品等级	A	max	5.45	6.58	7.68	10.18	12.715	15.215	—	—	—	—	—	—
			min	5.15	6.22	7.32	9.82	12.285	14.785	—	—	—	—	—	—
		B	max	5.54	6.69	7.79	10.29	12.85	15.38	19.15	22.92	26.42	30.42	35.5	40.4
			min	5.06	6.11	7.21	9.71	12.15	14.65	18.28	22.08	25.58	29.58	34.5	39.5
k_w[a]	产品等级	A	min	3.61	4.35	5.12	6.87	8.6	10.35	—	—	—	—	—	—
		B		3.54	4.28	5.05	6.8	8.51	10.26	12.8	15.46	17.91	20.71	24.15	27.65

续表

r	min				0.4	0.4	0.6	0.6	0.8	0.8	1	1	1.2	1.6	2	2
s	公称=max				13.00	16.00	18.00	24.00	30.00	36.00	46	55.0	65.0	75.0	85.0	95.0
	产品等级	A	min		12.73	15.73	17.73	23.67	29.67	35.38	—	—	—	—	—	—
		B			12.57	15.57	17.57	23.16	29.16	35	45	53.8	63.1	73.1	82.8	92.8
l^b																
公称	产品等级															
	A		B													
	min	max	min	max												
16	15.65	16.35	—	—												
20	19.58	20.42	—	—												
25	24.58	25.42	—	—												
30	29.58	30.42	—	—												
35	34.5	35.5	—	—												
40	39.5	40.5	38.75	41.25												
45	44.5	45.5	43.75	46.25												
50	49.5	50.5	48.75	51.25												
55	54.4	55.6	53.5	56.5												
60	59.4	60.6	58.5	61.5												
65	64.4	65.6	63.5	66.5												
70	69.4	70.6	68.5	71.5												
80	79.4	80.6	78.5	81.5												
90	89.3	90.7	88.25	91.75												
100	99.3	100.7	98.25	101.75												
110	109.3	100.7	108.25	111.75												
120	119.3	120.7	118.25	121.75												
130	129.2	130.8	128	132												
140	139.2	140.8	138	142												
150	149.2	150.8	148	152												
160	—	—	158	162												
180	—	—	178	182												
200	—	—	197.7	202.3												
220	—	—	217.7	222.3												
240	—	—	237.7	242.3												
260	—	—	257.4	262.6												
280	—	—	277.4	282.6												

续表

300	—	—	297.4	302.6												
320	—	—	317.15	322.85												
340	—	—	337.15	342.85												
360	—	—	357.15	362.85												
380	—	—	377.15	382.85												
400	—	—	397.15	402.85												
420	—	—	416.85	423.15												
440	—	—	436.85	443.15												
460	—	—	456.85	463.15												
480	—	—	476.85	483.15												
500	—	—	496.85	503.15												

注：a. $k_{w\min}=0.7k_{\min}$；b. 在阶梯实线间选用长度规格；——阶梯虚线以上为 A 级；——阶梯虚线以下为 B 级。

表 B-2　六角头螺栓(二)

(单位：mm)

六角头螺栓—C 级(摘自 GB/T 5780—2016)

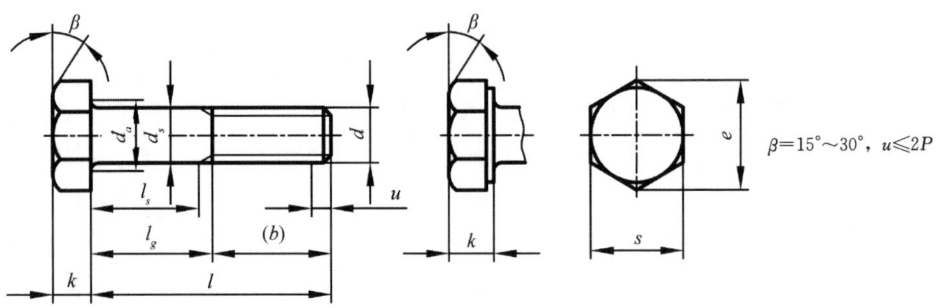

标记示例：

螺纹规格为 M12、公称长度 $l=80$ mm、性能等级为 4.8 级、表面不经处理、产品等级为 C 级的六角头螺栓标记为：

螺栓　GB/T　5780　M12×80

六角头螺栓—全螺纹—C 级(摘自 GB/T 5781—2016)

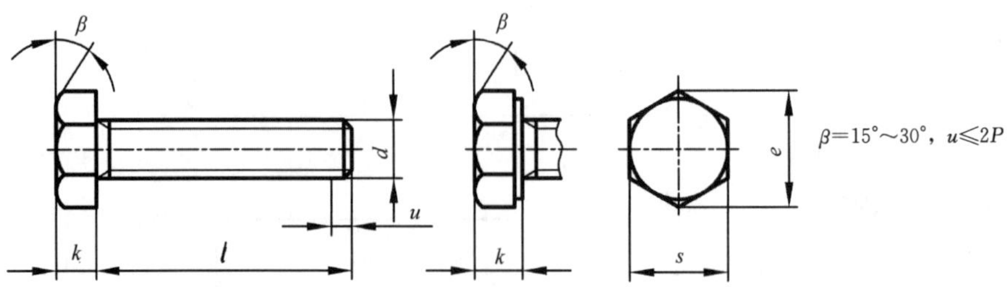

标记示例：

螺纹规格为 M12、公称长度 $l=80$ mm、全螺纹、性能等级为 4.8 级、表面不经处理、产品等级为 C 级的六角头螺栓标记为：

螺栓　GB/T　5781　M12×80

续表

六角头螺栓—C级优选的螺纹规格(摘自 GB/T 5780—2016)　　(单位：mm)

螺纹规格 d		M5	M6	M8	M10	M12	M16	M20
P^{a}		0.8	1	1.25	1.5	1.75	2	2.5
$b_{参考}^{b}$		16	18	22	26	30	38	46
$b_{参考}^{c}$		22	24	28	32	36	44	52
$b_{参考}^{d}$		35	37	41	45	49	57	65
c	max	0.5	0.5	0.6	0.6	0.6	0.8	0.8
d_a	max	6	7.2	10.2	12.2	14.7	18.7	24.4
d_s	max	5.48	6.48	8.58	10.58	12.7	16.7	20.84
	min	4.52	5.52	7.42	9.42	11.3	15.3	19.16
d_w	min	6.74	8.74	11.47	14.47	16.47	22	27.7
e	min	8.63	10.89	14.2	17.59	19.85	26.17	32.95
k	公称	3.5	4	5.3	6.4	7.5	10	12.5
	max	3.875	4.375	5.675	6.85	7.95	10.75	13.4
	min	3.125	3.625	4.925	5.95	7.05	9.25	11.6
k_w^{e}	min	2.19	2.54	3.45	4.17	4.94	6.48	8.12
r	min	0.2	0.25	0.4	0.4	0.6	0.6	0.8
s	公称=max	8.00	10.00	13.00	16.00	18.00	24.00	30.00
	min	7.64	9.64	12.57	15.57	17.57	23.16	29.16

l			l_s和l_g^{f}													
公称	min	max	l_s min	l_g max	l_s min	l_g max	l_s min	l_g max	l_s min	l_g max	l_s min	l_g max	l_s min	l_g max	l_s min	l_g max
25	23.95	26.05	5	9												
30	28.95	31.05	10	14	7	12										
35	33.75	36.25	15	19	12	17										
40	38.75	41.25	20	24	17	22	11.75	18								
45	43.75	46.25	25	29	22	27	16.75	23	11.5	19						
50	48.75	51.25	30	34	27	32	21.75	28	16.5	24						
55	53.5	56.5			32	37	26.75	33	21.5	29	16.25	25				
60	58.5	61.5			37	42	31.75	38	26.5	34	21.25	30				
65	63.5	66.5					36.75	43	31.5	39	26.25	35	17	27		
70	68.5	71.5					41.75	48	36.5	44	31.25	40	22	32		
80	78.5	81.5					51.75	58	46.5	54	41.25	50	32	42	21.5	34
90	88.25	91.75							56.5	64	51.25	60	42	52	31.5	44
100	98.25	101.75							66.5	74	61.25	70	52	62	41.5	54
110	108.25	111.75									71.25	80	62	72	51.5	64
120	118.25	121.75									81.25	90	72	82	61.5	74
130	128	132											76	86	65.5	78

折线以上的规格推荐采用 GB/T 5781

续表

140	138	142											86	96	75.5	88
150	148	152											96	106	85.5	98
160	156	164											106	116	95.5	108
180	176	184													115.5	128
200	195.4	204.6													135.5	148
220	215.4	224.6														
240	235.4	244.6														
260	254.8	265.2														
280	274.8	285.2														
300	294.8	305.2														
320	314.3	325.7														
340	334.3	345.7														
360	354.3	365.7														
380	374.3	385.7														
400	394.3	405.7														
420	413.7	426.3														
440	433.7	446.3														
460	453.7	466.3														
480	473.7	486.3														
500	493.7	506.3														

螺纹规格 d		M24	M30	M36	M42	M48	M56	M64
P^a		3	3.5	4	4.5	5	5.5	6
$b_{参考}^{b}$		54	66	—	—	—	—	—
$b_{参考}^{c}$		60	72	84	96	108	—	—
$b_{参考}^{d}$		73	85	97	109	121	137	153
c	max	0.8	0.8	0.8	1	1	1	1
d_a	max	28.4	35.4	42.4	48.6	56.6	67	75
d_s	max	24.84	30.84	37	43	49	57.2	65.2
	min	23.16	29.16	35	41	47	54.8	62.8
d_w	min	33.25	42.75	51.11	59.95	69.45	78.66	88.16
e	min	39.55	50.85	60.79	71.3	82.6	93.56	104.86
k	公称	15	18.7	22.5	26	30	35	40
	max	15.9	19.75	23.55	27.05	31.05	36.25	41.25
	min	14.1	17.65	21.45	24.95	28.95	33.75	38.75
k_w^e	min	9.87	14.36	15.02	17.47	20.27	23.63	27.13
r	min	0.8	1	1	1.2	1.6	2	2
s	公称=max	36	46	55.0	65.0	75.0	85.0	95.0
	min	35	45	53.8	63.1	73.1	82.8	92.8

续表

l			l_s和l_g [f]													
公称	min	max	l_s min	l_g max	l_s min	l_g max	l_s min	l_g max	l_s min	l_g max	l_s min	l_g max	l_s min	l_g max	l_s min	l_g max
25	23.95	26.05														
30	28.95	31.05					折线以上的规格推荐采用 GB/T 5781									
35	33.75	36.25														
40	38.75	41.25														
45	43.75	46.25														
50	48.75	51.25														
55	53.5	56.5														
60	58.5	61.5														
65	63.5	66.5														
70	68.5	71.5														
80	78.5	81.5														
90	88.25	91.75														
100	98.25	101.75	31	46												
110	108.25	111.75	41	56												
120	118.25	121.75	51	66	36.5	54										
130	128	132	55	70	40.5	58										
140	138	142	65	80	50.5	68	36	56								
150	148	152	75	90	60.5	78	46	66								
160	156	164	85	100	70.5	88	56	76								
180	176	184	105	120	90.5	108	76	96	61.5	84						
200	195.4	204.6	125	140	110.5	128	96	116	81.5	104	67	92				
220	215.4	224.6	132	117	117.5	135	103	123	88.5	111	74	99				
240	235.4	244.6	152	167	137.5	155	123	143	108.5	131	94	119	75.5	103		
260	254.8	265.2			157.5	175	143	163	128.5	151	114	139	95.5	123	77	107
280	274.8	285.2			177.5	195	163	183	148.5	171	134	159	115.5	143	97	127
300	294.8	305.2			197.5	215	183	203	168.5	191	154	179	135.5	163	117	147
320	314.3	325.7					203	223	188.5	211	174	199	155.5	183	137	167
340	334.3	345.7					223	243	208.5	231	194	219	175.5	203	157	187
360	354.3	365.7					243	263	228.5	251	214	239	195.5	223	177	207
380	374.3	385.7							248.5	271	234	259	215.5	243	197	227
400	394.3	405.7							268.5	291	254	279	235.5	263	217	247
420	413.7	426.3							288.5	311	274	299	255.5	283	237	267
440	433.7	446.3									294	319	275.5	303	257	287
460	453.7	466.3									314	339	295.5	323	277	307
480	473.7	486.3									334	359	315.5	343	297	327
500	493.7	506.3											335.5	363	317	347

注：优选长度由 $l_{s\,min}$ 和 $l_{g\,max}$ 确定；a. P——螺距；b. $l_{公称}\leqslant 125$ mm；c. 125 mm$<l_{公称}\leqslant 200$ mm；d. $l_{公称}>200$ mm；e. $k_{w\,min}=0.7k_{min}$；f. $l_{g\,max}=l_{公称}-b$，$l_{s\,min}=l_{g\,max}-5P$。

续表

六角头螺栓—全螺纹—C级优选的螺纹规格(摘自 GB/T 5781—2016)　　(单位：mm)

螺纹规格 d		M5	M6	M8	M10	M12	M16	M20	M24	M30	M36	M42	M48	M56	M64
P[a]		0.8	1	1.25	1.5	1.75	2	2.5	3	3.5	4	4.5	5	5.5	6
a	max	2.4	3	4	4.5	5.7	6	7.5	9	10.5	12	13.5	15	16.5	18
	min	0.8	1	1.25	1.5	1.75	2	2.5	3	3.5	4	4.5	5	5.5	6
c	max	0.5	0.5	0.6	0.6	0.6	0.8	0.8	0.8	0.8	0.8	1	1	1	1
d_a	max	6	7.2	10.2	12.2	14.7	18.7	24.4	28.4	35.4	42.4	48.6	56.6	67	75
d_w	min	6.74	8.74	11.47	14.47	16.47	22	27.7	33.25	42.75	51.11	59.95	69.45	78.66	88.16
e	min	8.63	10.89	14.2	17.59	19.85	26.17	32.95	39.55	50.85	60.79	71.3	82.6	93.56	104.86
k	公称	3.5	4	5.3	6.4	7.5	10	12.5	15	18.7	22.8	26	30	35	40
	max	3.875	4.375	5.675	6.85	7.95	10.75	13.4	15.9	19.75	23.55	27.05	31.05	36.25	41.25
	min	3.125	3.625	4.925	5.95	7.05	9.25	11.6	14.1	17.65	21.45	24.95	28.95	33.75	38.75
k_w[b]	min	2.19	2.54	3.45	4.17	4.94	6.48	8.12	9.87	12.36	15.02	17.47	20.27	23.63	27.13
r	min	0.2	0.25	0.4	0.4	0.6	0.6	0.8	0.8	1	1	1.2	1.6	2	2
s	公称=max	8.00	10.00	13.00	16.00	18.00	24.00	30.00	36	46	55.0	65.0	75.0	85.0	95.0
	min	7.64	9.64	12.57	15.57	17.57	23.16	29.16	35	45	53.8	63.1	73.1	82.8	92.8

l[c]			M5	M6	M8	M10	M12	M16	M20	M24	M30	M36	M42	M48	M56	M64
公称	min	max														
10	9.25	10.75														
12	11.1	12.9														
16	15.1	16.9														
20	18.95	21.05														
25	23.95	26.05														
30	28.95	31.05														
35	33.75	36.25														
40	38.75	41.25														
45	43.75	46.25														
50	48.75	51.25														
55	53.5	56.5														
60	58.5	61.5														
65	63.5	66.5														
70	68.5	71.5														
80	78.5	81.5														
90	88.25	91.75														
100	98.25	101.75														

续表

110	108.25	111.75														
120	118.25	121.75														
130	128	132														
140	138	142														
150	148	152														
160	156	164														
180	176	184														
200	195.4	204.6														
220	215.4	224.6														
240	235.4	244.6														
260	254.8	265.2														
280	274.8	285.2														
300	294.8	305.2														
320	314.3	325.7														
340	334.3	345.7														
360	354.3	365.7														
380	374.3	385.7														
400	394.3	405.7														
420	413.7	426.3														
440	433.7	446.3														
460	453.7	466.3														
480	473.7	486.3														
500	493.7	506.3														

注：a. P——螺距；b. $k_{w\,min}=0.7k_{min}$；在阶梯实线间为优选长度。

表 B-3　Ⅰ型六角螺母　　（单位：mm）

Ⅰ型六角螺母—A 级和 B 级(摘自 GB/T 6170—2015)

Ⅰ型六角螺母—细牙—A 级和 B 级(摘自 GB/T 6171—2016)

Ⅰ型六角螺母—C 级(摘自 GB/T 41—2016)

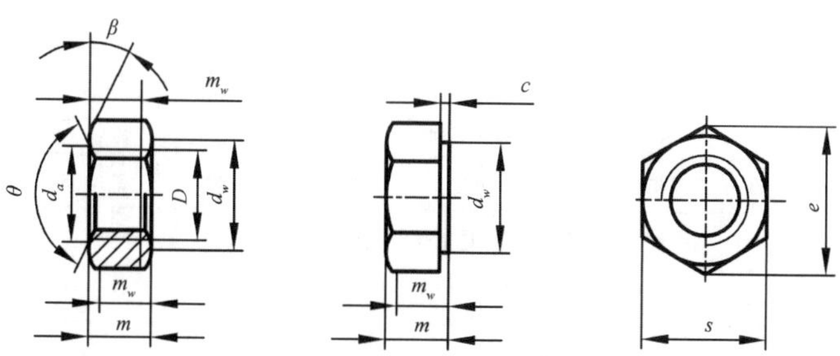

$\beta=15°\sim30°$；$\theta=90°\sim120°$

续表

标记示例：

螺纹规格为 M12、性能等级为 8 级、表面不经处理、产品等级为 A 级的Ⅰ型六角螺母标记为：螺母　GB/T　6170　M12

螺纹规格为 M16×1.5、性能等级为 8 级、表面不经处理、产品等级为 A 级、细牙螺纹的Ⅰ型六角螺母标记为：螺母　GB/T　6171　M16×1.5

螺纹规格为 M12、性能等级为 5 级、表面不经处理、产品等级为 C 级的Ⅰ型六角螺母标记为：螺母　GB/T　41　M12

Ⅰ型六角螺母—A 级和 B 级优选的螺纹规格(摘自 GB/T 6170—2015)　(单位：mm)

螺纹规格 D		M1.6	M2	M2.5	M3	M4	M5	M6	M8	M10	M12	M16	M20	M24	M30	M36	M42	M48	M56	M64
P[a]		0.35	0.4	0.45	0.5	0.7	0.8	1	1.25	1.5	1.75	2	2.5	3	3.5	4	4.5	5	5.5	6
c	max	0.20	0.20	0.30	0.40	0.40	0.50	0.50	0.60	0.60	0.60	0.8	0.8	0.8	0.8	0.8	1.00	1.00	1.00	1.00
	min	0.10	0.10	0.10	0.15	0.15	0.15	0.15	0.15	0.15	0.15	0.2	0.2	0.2	0.2	0.2	0.3	0.3	0.3	0.3
d_a	max	1.84	2.30	2.90	3.45	4.60	5.75	6.75	8.75	10.80	13.00	17.30	21.60	25.90	32.40	38.90	45.40	51.80	60.50	69.10
	min	1.60	2.00	2.50	3.00	4.00	5.00	6.00	8.00	10.00	12.00	16.00	20.00	24.00	30.00	36.00	42.00	48.00	56.00	64.00
d_w	min	2.40	3.10	4.10	4.60	5.90	6.90	8.90	11.60	14.60	16.60	22.50	27.70	33.30	42.80	51.10	60.00	69.50	78.70	88.20
e	min	3.41	4.32	5.45	6.01	7.66	8.79	11.05	14.38	17.77	20.03	26.75	32.95	39.55	50.85	60.79	71.30	82.60	93.56	104.86
m	max	1.30	1.60	2.00	2.40	3.20	4.70	5.20	6.80	8.40	10.80	14.80	18.00	21.50	25.60	31.00	34.00	38.00	45.00	51.00
	min	1.05	1.35	1.75	2.15	2.90	4.40	4.90	6.44	8.04	10.37	14.10	16.90	20.20	24.30	29.40	32.40	36.40	43.40	49.10
m_w	min	0.80	1.10	1.40	1.70	2.30	3.50	3.90	5.20	6.40	8.30	11.30	13.50	16.20	19.40	23.50	25.90	29.10	34.70	39.30
s	公称=max	3.20	4.00	5.00	5.50	7.00	8.00	10.0	13.00	16.00	18.00	24.00	30.00	36.00	46.00	55.00	65.00	75.00	85.00	95.00
	min	3.02	3.82	4.82	5.32	6.78	7.78	9.78	12.73	15.73	17.73	23.67	29.16	35.00	45.00	53.80	63.10	73.10	82.80	92.80

注：a. P —— 螺距。

Ⅰ型六角螺母—细牙—A 级和 B 级优选的螺纹规格(摘自 GB/T 6171—2016)　(单位：mm)

螺纹规格 $D \times P$		M8×1	M10×1	M12×1.5	M16×1.5	M20×1.5	M24×2	M30×2	M36×3	M42×3	M48×3	M56×4	M64×4
c	max	0.6	0.6	0.6	0.8	0.8	0.8	0.8	0.8	1.00	1.00	1.00	1.00
	min	0.15	0.15	0.15	0.20	0.20	0.20	0.20	0.20	0.30	0.30	0.30	0.30
d_a	max	8.75	10.08	13.00	17.30	21.60	25.90	32.40	38.90	45.40	51.80	60.50	69.10
	min	8.00	10.00	12.00	16.00	20.00	24.00	30.00	36.00	42.00	48.00	56.00	64.00
d_w	min	11.63	14.63	16.63	22.49	27.70	33.25	42.75	51.11	59.95	69.45	78.66	88.16
e	min	14.38	17.77	20.03	26.75	32.95	39.55	50.85	60.79	71.30	82.60	93.56	104.86
m	max	6.80	8.40	10.80	14.80	18.00	21.50	25.60	31.00	34.00	38.00	45.00	51.00
	min	6.44	8.04	10.37	14.10	16.90	20.20	24.30	29.40	32.40	36.40	43.40	49.10
m_w	min	5.15	6.43	8.30	11.28	13.52	16.16	19.44	23.52	25.92	29.12	34.72	39.28
s	公称=max	13.00	16.00	18.00	24.00	30.00	36.00	46.00	55.00	65.00	75.00	85.00	95.00
	min	12.73	15.73	17.73	23.67	29.16	35.00	45.00	53.80	63.10	73.10	82.80	92.80

Ⅰ型六角螺母—C 级优选的螺纹规格(摘自 GB/T 41—2016)　(单位：mm)

螺纹规格 D	M5	M6	M8	M10	M12	M16	M20
P[a]	0.8	1	1.25	1.5	1.75	2	2.5

续表

d_w	min	6.70	8.70	11.50	14.50	16.50	22.00	27.70
e	min	8.63	10.89	14.20	17.59	19.85	26.17	32.95
m	max	5.60	6.40	7.90	9.50	12.20	15.90	19.00
	min	4.40	4.90	6.40	8.00	10.40	14.10	16.90
m_w	min	3.50	3.70	5.10	6.40	8.30	11.30	13.50
s	公称=max	8.00	10.00	13.00	16.00	18.00	24.00	30.00
	min	7.64	9.64	12.57	15.57	17.57	23.16	29.16

螺纹规格 D		M24	M30	M36	M42	M48	M56	M64
P[a]		3	3.5	4	4.5	5	5.5	6
d_w	min	33.30	42.80	51.10	60.00	69.50	78.70	88.20
e	min	39.55	50.85	60.79	71.30	82.60	93.56	104.86
m	max	22.30	26.40	31.90	34.90	38.90	45.90	52.40
	min	20.20	24.30	29.40	32.40	36.40	43.40	49.40
m_w	min	16.20	19.40	23.20	25.90	29.10	34.70	39.50
s	公称=max	36.00	46.00	55.00	65.00	75.00	85.00	95.00
	min	35.00	45.00	53.80	63.10	73.10	82.80	92.80

注：a. P —— 螺距。

表 B-4　双头螺柱

$b_m=1\,d$(摘自 GB/T 897—1988)、$b_m=1.25\,d$(摘自 GB/T 898—1988)

$b_m=1.5\,d$(摘自 GB/T 899—1988)、$b_m=2\,d$(摘自 GB/T 900—1988)

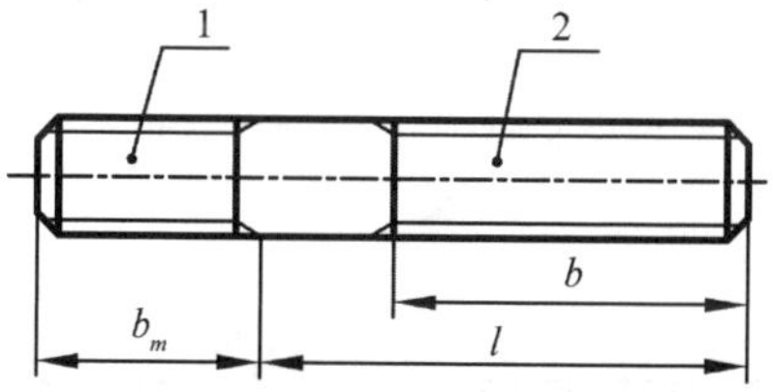

1——螺柱拧入机体端；2——螺柱拧入螺母端

标记示例：

两端均为粗牙普通螺纹、$d=10$、$l=50$、性能等级为 4.8 级、不经表面处理、B 型、$b_m=2\,d$ 的双头螺柱标记为：螺柱　GB/T　900　M10×50

旋入机体一端为粗牙普通螺纹、旋螺母端为螺距 $P=1$ 的细牙普通螺纹、$d=10$、$l=50$、性能等级为 4.8 级、不经表面处理、A 型、$b_m=2\,d$ 的双头螺柱标记为：螺柱　GB/T　900　AM10—10×1×50

双头螺柱参数(摘自 GB/T 897—1988、GB/T 898—1988、GB/T 899—1988、GB/T 900—1988)　(单位：mm)

螺纹规格 d	b_m旋入机体端长度				l/b(螺柱长度/旋螺母端长度)
	GB/T897	GB/T898	GB/T899	GB/T900	
M4	—	—	6	8	16～22/8；25～40/14
M5	5	6	8	10	16～22/10；25～50/16
M6	6	8	10	12	20～22/10；25～30/14；32～75/18

续表

M8	8	10	12	16	20～22/12；25～30/16；32～90/22
M10	10	12	15	20	25～28/14；30～38/16；40～120/26；130/32
M12	12	15	18	24	25～30/14；32～40/16；45～120/26；130～180/32
M16	16	20	24	32	30～38/16；40～55/20；60～120/30；130～200/36
M20	20	25	30	40	35～40/20；45～65/36；70～120/38；130～200/44
(M24)	24	30	36	48	45～50/25；55～75/35；80～120/46；130～200/52
(M30)	30	38	45	60	60～65/40；70～90/50；95～120/66；130～200/72；210～250/85
M36	36	45	54	72	65～75/45；80～110/60；120/78；130～200/84；210～250/85
M42	42	52	63	84	70～80/50；85～110/70；120/90；130～200/96；210～300/109
M48	48	60	72	96	80～90/60；95～110/80；120/102；130～200/108；210～300/121
l 系列	12、(14)、16、(18)、20、(22)、25、(28)、30、(32)、35、(38)、40、45、50、55、60、(65)、70、75、80、(85)、90、(95)、100—260(10 进位)、280、300				

注：1. 尽可能不采用括号内的规格，末端按 GB/T 2—2016 规定；2. $b_m=1\,d$ 一般用于钢对钢；$b_m=(1.25\sim1.5)d$ 一般用于钢对铸铁；$b_m=2\,d$ 一般用钢对铝合金。

表 B-5　螺钉(一)

开槽盘头螺钉(摘自 GB/T 67—2016)

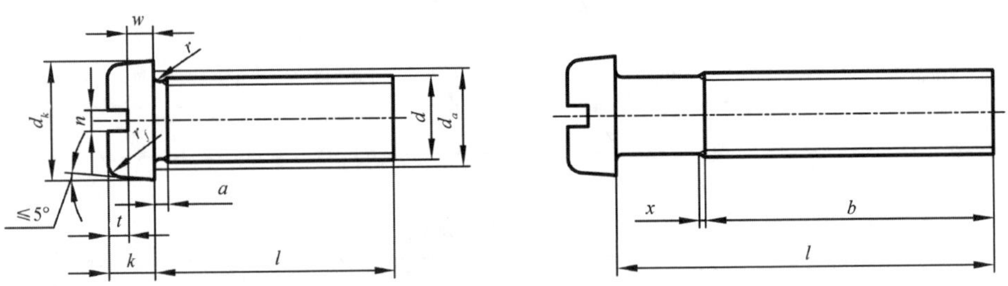

标记示例：

螺纹规格为 M5、公称长度 $l=20$ mm、性能等级为 4.8 级、表面不经处理的 A 级开槽盘头螺钉标记为：

螺钉　GB/T　67　M5×20

开槽沉头螺钉(摘自 GB/T 68—2016)

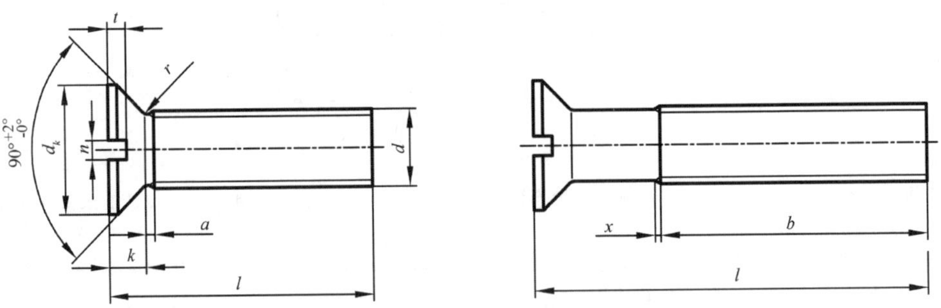

标记示例：

螺纹规格为 M5、公称长度 $l=20$ mm、性能等级为 4.8 级、表面不经处理的 A 级开槽沉头螺钉标记为：

螺钉　GB/T　68　M5×20

续表

开槽半沉头螺钉(摘自 GB/T 69—2016)

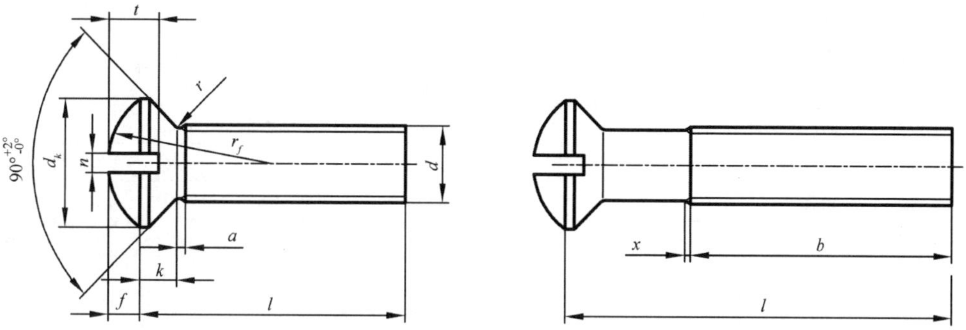

标记示例：

螺纹规格为 M5、公称长度 l=20 mm、性能等级为 4.8 级、表面不经处理的 A 级开槽半沉头螺钉标记为：

螺钉　GB/T　69　M5×20

开槽盘头螺钉尺寸(摘自 GB/T 67—2016)　(单位：mm)

螺纹规格 d		M1.6	M2	M2.5	M3	(M3.5)[a]	M4	M5	M6	M8	M10
P[b]		0.35	0.4	0.45	0.5	0.6	0.7	0.8	1	1.25	1.5
a	max	0.7	0.8	0.9	1	1.2	1.4	1.6	2	2.5	3
b	min	25	25	25	25	38	38	38	38	38	38
d_k	公称=max	3.2	4.0	5.0	5.6	7.00	8.00	9.50	12.00	16.00	20.00
	min	2.9	3.7	4.7	5.3	6.64	7.64	9.14	11.57	15.57	19.48
d_a	max	2	2.6	3.1	3.6	4.1	4.7	5.7	6.8	9.2	11.2
k	公称=max	1.00	1.30	1.50	1.80	2.10	2.40	3.00	3.6	4.8	6.0
	min	0.86	1.16	1.36	1.66	1.96	2.26	2.88	3.3	4.5	5.7
n	公称	0.4	0.5	0.6	0.8	1	1.2	1.2	1.6	2	2.5
	max	0.60	0.70	0.80	1.00	1.20	1.51	1.51	1.91	2.31	2.81
	min	0.46	0.56	0.66	0.86	1.06	1.26	1.26	1.66	2.06	2.56
r	min	0.1	0.1	0.1	0.1	0.1	0.2	0.2	0.25	0.4	0.4
r_f	参考	0.5	0.6	0.8	0.9	1	1.2	1.5	1.8	2.4	3
t	min	0.35	0.5	0.6	0.7	0.8	1	1.2	1.4	1.9	2.4
w	min	0.3	0.4	0.5	0.7	0.8	1	1.2	1.4	1.9	2.4
x	max	0.9	1	1.1	1.25	1.5	1.75	2	2.5	3.2	3.8

l[a,c]			每 1000 件钢螺钉的质量(ρ=7.85 kg/dm³)≈ kg									
公称	min	max										
2	1.8	2.2	0.075									
2.5	2.3	2.7	0.081	0.152								
3	2.8	3.2	0.087	0.161	0.281							
4	3.76	4.24	0.099	0.18	0.311	0.463						
5	4.76	5.24	0.11	0.198	0.341	0.507	0.825	1.16				
6	5.76	6.24	0.122	0.217	0.371	0.551	0.885	1.24	2.12			

续表

8	7.71	8.29	0.145	0.254	0.431	0.639	1	1.39	2.37	4.02		
10	9.71	10.29	0.168	0.292	0.491	0.727	1.12	1.55	2.61	4.37	9.38	
12	11.65	12.35	0.192	0.329	0.551	0.816	1.24	1.7	2.86	4.72	10	18.2
(14)	13.65	14.35	0.215	0.366	0.611	0.904	1.36	1.86	3.11	5.1	10.6	19.2
16	15.65	16.35	0.238	0.404	0.671	0.992	1.48	2.01	3.36	5.45	11.2	20.2
20	19.58	20.42		0.478	0.792	1.17	1.72	2.32	3.85	6.14	12.6	22.2
25	24.58	25.42			0.942	1.39	2.02	2.71	4.47	7.01	14.1	24.7
30	29.58	30.42				1.61	2.32	3.1	5.09	7.9	15.7	27.2
35	34.5	35.5					2.62	3.48	5.71	8.78	17.3	29.7
40	39.5	40.5						3.87	6.32	9.66	18.9	32.2
45	44.5	45.5							6.94	10.5	20.5	34.7
50	49.5	50.5							7.56	11.4	22.1	37.2
(55)	54.05	55.95								12.3	23.7	39.7
60	59.05	60.95								13.2	25.3	42.2
(65)	64.05	65.95									26.9	44.7
70	69.05	70.95									28.5	47.2
(75)	74.05	75.95									30.1	49.7
80	79.05	80.95									31.7	52.2

注：在阶梯实线间为优选长度；a. 尽可能不采用括号内的规格；b. P——螺距；c. 公称长度在阶梯虚线以上的螺钉，制出全螺纹($b=l-a$)。

开槽沉头螺钉尺寸(摘自 GB/T 68—2016)　　(单位：mm)

螺纹规格 d			M1.6	M2	M2.5	M3	(M3.5)[a]	M4	M5	M6	M8	M10
P^{b}			0.35	0.4	0.45	0.5	0.6	0.7	0.8	1	1.25	1.5
a	max		0.7	0.8	0.9	1	1.2	1.4	1.6	2	2.5	3
b	min		25	25	25	25	38	38	38	38	38	38
d_k^{c}	理论值	max	3.6	4.4	5.5	6.3	8.2	9.4	10.4	12.6	17.3	20
	实际值	公称=max	3.0	3.8	4.7	5.5	7.30	8.40	9.30	11.30	15.80	18.30
		min	2.7	3.5	4.4	5.2	6.94	8.04	8.94	10.87	15.37	17.78
k^{c}	公称=max		1	1.2	1.5	1.65	2.35	2.7	2.7	3.3	4.65	5
n	nom		0.4	0.5	0.6	0.8	1	1.2	1.2	1.6	2	2.5
	max		0.60	0.70	0.80	1.00	1.20	1.51	1.51	1.91	2.31	2.81
	min		0.46	0.56	0.66	0.86	1.06	1.26	1.26	1.66	2.06	2.56
r	max		0.4	0.5	0.6	0.8	0.9	1	1.3	1.5	2	2.5
t	max		0.50	0.6	0.75	0.85	1.2	1.3	1.4	1.6	2.3	2.6
	min		0.32	0.4	0.50	0.60	0.9	1.0	1.1	1.2	1.8	2.0
x	max		0.9	1	1.1	1.25	1.5	1.75	2	2.5	3.2	3.8

续表

$l^{a,d}$			每 1000 件钢螺钉的质量(ρ=7.85 kg/dm³)≈ kg									
公称	min	max										
2.5	2.3	2.7	0.053									
3	2.8	3.2	0.058	0.101								
4	3.76	4.24	0.069	0.119	0.206							
5	4.76	5.24	0.081	0.137	0.236	0.335						
6	5.76	6.24	0.093	0.152	0.266	0.379	0.633	0.903				
8	7.71	8.29	0.116	0.193	0.326	0.467	0.753	1.06	1.48	2.38		
10	9.71	10.29	0.139	0.231	0.386	0.555	0.873	1.22	1.72	2.73	5.68	
12	11.65	12.35	0.162	0.268	0.446	0.643	0.933	1.37	1.96	3.08	6.32	9.54
(14)	13.65	14.35	0.185	0.306	0.507	0.731	1.11	1.53	2.2	3.43	6.96	10.6
16	15.65	16.35	0.208	0.343	0.567	0.82	1.23	1.68	2.44	3.78	7.6	11.6
20	19.58	20.42		0.417	0.687	0.996	1.47	2	2.92	4.48	8.88	13.6
25	24.58	25.42			0.838	1.22	1.77	2.39	3.52	5.36	10.5	16.1
30	29.58	30.42				1.44	2.07	2.78	4.12	6.23	12.1	18.7
35	34.5	35.5					2.37	3.17	4.72	7.11	13.7	21.2
40	39.5	40.5						3.56	5.32	7.98	15.3	23.7
45	44.5	45.5							5.92	8.86	16.9	26.2
50	49.5	50.5							6.52	9.73	18.5	28.8
(55)	54.05	55.95								10.6	20.1	31.3
60	59.05	60.95								11.5	21.7	33.8
(65)	64.05	65.95									23.3	36.3
70	69.05	70.95									24.9	38.9
(75)	74.05	75.95									26.5	41.4
80	79.05	80.95									28.1	43.9

注：在阶梯实线间为优选长度；a. 尽可能不采用括号内的规格；b. P——螺距；c. 见 GB/ T5279；d. 公称长度在阶梯虚线以上的螺钉，制出全螺纹［$b=l-(k+a)$］。

开槽半沉头螺钉尺寸(摘自 GB/T 69—2016)　　(单位：mm)

螺纹规格 d			M1.6	M2	M2.5	M3	(M3.5)[a]	M4	M5	M6	M8	M10
P^b			0.35	0.4	0.45	0.5	0.6	0.7	0.8	1	1.25	1.5
a	max		0.7	0.8	0.9	1	1.2	1.4	1.6	2	2.5	3
b	min		25	25	25	25	38	38	38	38	38	38
d_k^c	理论值	公称=max	3.6	4.4	5.5	6.3	8.2	9.4	10.4	12.6	17.3	20
	实际值	max	3.0	3.8	4.7	5.5	7.30	8.40	9.30	11.30	15.80	18.30
		min	2.7	3.5	4.4	5.2	6.94	8.04	8.94	10.87	15.37	17.78
f	≈		0.4	0.5	0.6	0.7	0.8	1	1.2	1.4	2	2.3
k^c	公称=max		1	1.2	1.5	1.65	2.35	2.7	2.7	3.3	4.65	5

续表

n	公称		0.4	0.5	0.6	0.8	1	1.2	1.2	1.6	2	2.5
	max		0.6	0.70	0.80	1.00	1.20	1.51	1.51	1.91	2.31	2.81
	min		0.46	0.56	0.66	0.86	1.06	1.26	1.26	1.66	2.06	2.56
r	max		0.4	0.5	0.6	0.8	0.9	1	1.3	1.5	2	2.5
r_f	≈		3	4	5	6	8.5	9.5	9.5	12	16.5	19.5
t	max		0.80	1.0	1.2	1.45	1.7	1.9	2.4	2.8	3.7	4.4
	min		0.64	0.8	1.0	1.20	1.4	1.6	2.0	2.4	3.2	3.8
x	max		0.9	1	1.1	1.25	1.5	1.75	2	2.5	3.2	3.8
$l^{a,d}$			每1000件钢螺钉的质量(ρ=7.85 kg/dm^3)≈ kg									
公称	min	max										
2.5	2.3	2.7	0.06									
3	2.8	3.2	0.067	0.119								
4	3.76	4.24	0.078	0.138	0.242							
5	4.76	5.24	0.09	0.156	0.272	0.395						
6	5.76	6.24	0.102	0.175	0.302	0.439	0.729	1.07				
8	7.71	8.29	0.125	0.212	0.362	0.527	0.849	1.23	1.73	2.79		
10	9.71	10.29	0.145	0.249	0.422	0.615	0.969	1.39	1.97	3.14	6.89	
12	11.65	12.35	0.165	0.287	0.482	0.703	1.09	1.54	2.21	3.49	7.53	11.4
(14)	13.65	14.35	0.185	0.325	0.543	0.791	1.21	1.7	2.45	3.84	8.17	12.5
16	15.65	16.35	0.205	0.362	0.603	0.879	1.33	1.85	2.69	4.19	8.81	13.5
20	19.58	20.42		0.436	0.723	1.06	1.57	2.17	3.17	4.89	10.1	15.5
25	24.58	25.42			0.874	1.28	1.87	2.56	3.77	5.77	11.7	18
30	29.58	30.42				1.5	2.17	2.95	4.37	6.64	13.3	20.6
35	34.5	35.5					2.47	3.34	4.97	7.52	14.9	23.1
40	39.5	40.5						3.73	5.57	8.39	16.5	25.6
45	44.5	45.5							6.16	9.27	18.1	28.1
50	49.5	50.5							6.76	10.01	19.7	30.7
(55)	54.05	55.95								11	21.3	33.2
60	59.05	60.95								11.9	22.9	35.7
(65)	64.05	65.95									24.5	38.2
70	69.05	70.95									26.1	40.8
(75)	74.05	75.95									27.7	43.3
80	79.05	80.95									29.3	45.8

注：在阶梯实线间为优选长度；a. 尽可能不采用括号内的规格；b. P——螺距；c. 见 GB/ T5279；d. 公称长度在阶梯虚线以上的螺钉，制出全螺纹 [$b=l-(k+a)$]。

表 B-6　螺钉(二)

开槽平端紧定螺钉(摘自 GB/T 73—2017)

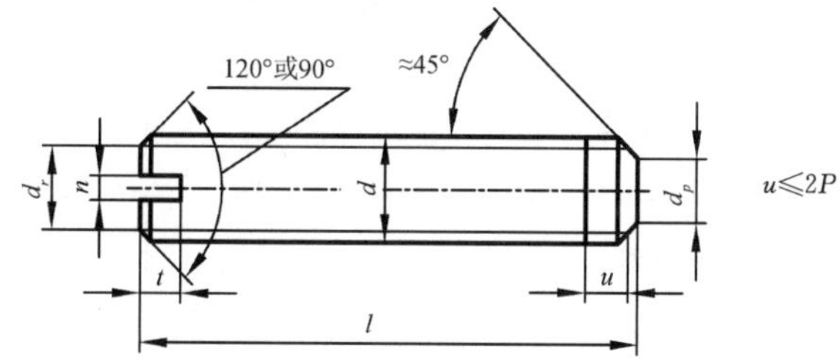

标记示例：

螺纹规格为 M5、公称长度 $l=12$ mm、钢制、硬度等级 14H 级、表面不经处理、产品等级 A 级的开槽平端紧定螺钉标记为：

螺钉　GB/T　73　M5×12

开槽平端紧定螺钉尺寸(摘自 GB/T 73—2017)　　(单位：mm)

螺纹规格 d			M1.2	M1.6	M2	M2.5	M3	(M3.5)[a]	M4	M5	M6	M8	M10	M12
P[b]			0.25	0.35	0.4	0.45	0.5	0.6	0.7	0.8	1	1.25	1.5	1.75
d_f	max		螺纹小径											
d_p	min		0.35	0.55	0.75	1.25	1.75	1.95	2.25	3.20	3.70	5.20	6.64	8.14
	max		0.60	0.80	1.00	1.50	2.00	2.20	2.50	3.50	4.00	5.50	7.00	8.50
n	公称		0.2	0.25	0.25	0.4	0.4	0.5	0.6	0.8	1	1.2	1.6	2
	min		0.26	0.31	0.31	0.46	0.46	0.56	0.66	0.86	1.06	1.26	1.66	2.06
	max		0.40	0.45	0.45	0.60	0.60	0.70	0.80	1.00	1.20	1.51	1.91	2.31
t	min		0.40	0.56	0.64	0.72	0.80	0.96	1.12	1.28	1.60	2.00	2.40	2.80
	max		0.52	0.74	0.84	0.95	1.05	1.21	1.42	1.63	2.00	2.50	3.00	3.60
l[c]														
公称	min	max												
2	1.8	2.2												
2.5	2.3	2.7												
3	2.8	3.2												
4	3.7	4.3												
5	4.7	5.3												
6	5.7	6.3												
8	7.7	8.3												
10	9.7	10.3												
12	11.6	12.4												
(14)[a]	13.6	14.4												
16	15.6	16.4												
20	19.6	20.4												
25	24.6	25.4												

续表

30	29.6	30.4												
35	34.5	35.5												
40	39.5	40.5												
45	44.5	45.5												
50	49.5	50.5												
55	54.4	55.6												
60	59.4	60.6												

注：阶梯实线间为优选长度；a. 尽可能不采用括号内的规格；b. P——螺距；c. 最小和最大值按 GB/T 3103.1 规定，并保留到小数点后 1 位。

表 B-7　内六角圆柱头螺钉

内六角圆柱头螺钉(摘自 GB/T 70.1—2008)

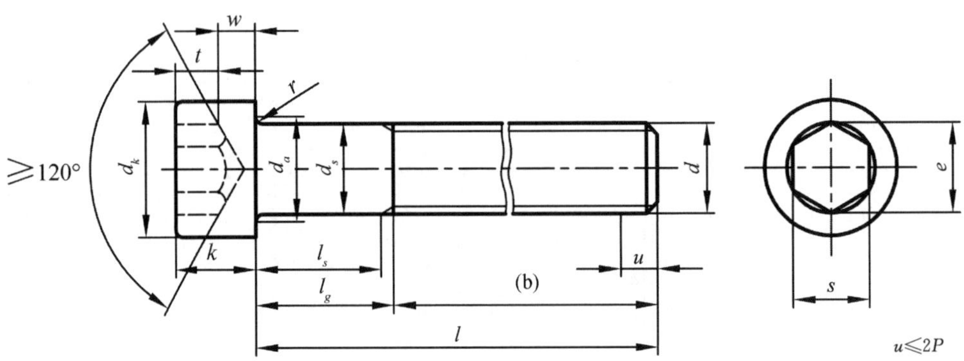

标记示例：

螺纹规格 d=M5、公称长度 l=20 mm、性能等级为 8.8 级、表面氧化的 A 级内六角圆柱头螺钉标记为：螺钉　GB/T　70.1　M5×20

内六角圆柱头螺钉尺寸(摘自 GB/T 70.1—2008)　(单位：mm)

螺纹规格 d		M1.6	M2	M2.5	M3	M4	M5	M6	M8	M10	M12
P[a]		0.35	0.4	0.45	0.5	0.7	0.8	1	1.25	1.5	1.75
b[b]	参考	15	16	17	18	20	22	24	28	32	36
d_k	max[c]	3.00	3.80	4.50	5.50	7.00	8.50	10.00	13.00	16.00	18.00
	max[d]	3.14	3.98	4.68	5.68	7.22	8.72	10.22	13.27	16.27	18.27
	min	2.86	3.62	4.32	5.32	6.78	8.28	9.78	12.73	15.73	17.73
d_a	max	2	2.6	3.1	3.6	4.7	5.7	6.8	9.2	11.2	13.7
d_s	max	1.60	2.00	2.50	3.00	4.00	5.00	6.00	8.00	10.00	12.00
	min	1.46	1.86	2.36	2.86	3.82	4.82	5.82	7.78	9.78	11.73
e[e,f]	min	1.733	1.733	2.303	2.873	3.443	4.583	5.723	6.683	9.149	11.429
l_f	max	0.34	0.51	0.51	0.51	0.6	0.6	0.68	1.02	1.02	1.45

续表

k	max	1.60	2.00	2.50	3.00	4.00	5.00	6.00	8.00	10.00	12.00
	min	1.46	1.86	2.36	2.86	3.82	4.82	5.7	7.64	9.64	11.57
r	min	0.1	0.1	0.1	0.1	0.2	0.2	0.25	0.4	0.4	0.6
s^{f}	公称	1.5	1.5	2	2.5	3	4	5	6	8	10
	max	1.58	1.58	2.08	2.58	3.08	4.095	5.14	6.14	8.175	10.175
	min	1.52	1.52	2.02	2.52	3.02	4.020	5.02	6.02	8.025	10.025
t	min	0.7	1	1.1	1.3	2	2.5	3	4	5	6
v	max	0.16	0.2	0.25	0.3	0.4	0.5	0.6	0.8	1	1.2
d_w	min	2.72	3.48	4.18	5.07	6.53	8.03	9.38	12.33	15.33	17.23
w	min	0.55	0.55	0.85	1.15	1.4	1.9	2.3	3.3	4	4.8

l^{g}			l_s和l_g																			
公称	min	max	l_s min	l_g max	l_s min	l_g max	l_s min	l_g max	l_s min	l_g max	l_s min	l_g max	l_s min	l_g max	l_s min	l_g max	l_s min	l_g max	l_s min	l_g max	l_s min	l_g max
2.5	2.3	2.7																				
3	2.8	3.2																				
4	3.76	4.24																				
5	4.76	5.24																				
6	5.76	6.24																				
8	7.71	8.29																				
10	9.71	10.29																				
12	11.65	12.35																				
16	15.65	16.35																				
20	19.58	20.42			2	4																
25	24.58	25.42					5.75	8	4.5	7												
30	29.58	30.42							9.5	12	6.5	10	4	8								
35	34.5	35.5									11.5	15	9	13	6	11						
40	39.5	40.5									16.5	20	14	18	11	16	5.75	12				
45	44.5	45.5											19	23	16	21	10.75	17	5.5	13		
50	49.5	50.5											24	28	21	26	15.75	22	10.5	18		
55	54.4	55.6													26	31	20.75	27	15.5	23	10.25	19
60	59.4	60.6													31	36	25.75	32	20.5	28	15.25	24
65	64.4	65.6															30.75	37	25.5	33	20.25	29
70	69.4	70.6															35.75	42	30.5	38	25.25	34
80	79.4	80.6															45.75	52	40.5	48	35.25	44
90	89.3	90.7																	50.5	58	45.25	54

续表

100	99.3	100.7																	60.5	68	55.25	64
110	109.3	110.7																			65.25	74
120	119.3	120.7																			75.25	84
130	129.2	130.8																				
140	139.2	140.8																				
150	149.2	150.8																				
160	159.2	160.8																				
180	179.2	180.8																				
200	199.075	200.925																				
220	219.075	220.925																				
240	239.075	240.925																				
260	258.95	261.05																				
280	278.95	281.05																				
300	298.95	301.05																				

螺纹规格 d		(M14)[h]	M16	M20	M24	M30	M36	M42	M48	M56	M64
P[a]		2	2	2.5	3	3.5	4	4.5	5	5.5	6
b[b]	参考	40	44	52	60	72	84	96	108	124	140
d_k	max[c]	21.00	24.00	30.00	36.00	45.00	54.00	63.00	72.00	84.00	96.00
	max[d]	21.33	24.33	30.33	36.39	45.39	54.46	63.46	72.46	84.54	96.54
	min	20.67	23.67	29.67	35.61	44.61	53.54	62.54	71.54	83.46	95.46
d_a	max	15.7	17.7	22.4	26.4	33.4	39.4	45.6	52.6	63	71
d_s	max	14.00	16.00	20.00	24.00	30.00	36.00	42.00	48.00	56.00	64.00
	min	13.73	15.73	19.67	23.67	29.67	35.61	41.61	47.61	55.54	63.54
e[e,f]	min	13.716	15.996	19.437	21.734	25.154	30.854	36.571	41.131	46.831	52.531
l_f	max	1.45	1.45	2.04	2.04	2.89	2.89	3.06	3.91	5.95	5.95
k	max	14.00	16.00	20.00	24.00	30.00	36.00	42.00	48.00	56.00	64.00
	min	13.57	15.57	19.48	23.48	29.48	35.38	41.38	47.38	55.26	63.26
r	min	0.6	0.6	0.8	0.8	1	1	1.2	1.6	2	2
s[f]	公称	12	14	17	19	22	27	32	36	41	46
	max	12.212	14.212	17.23	19.275	22.275	27.275	32.33	36.33	41.33	46.33
	min	12.032	14.032	17.05	19.065	22.065	27.065	32.08	36.08	41.08	46.08
t	min	7	8	10	12	15.5	19	24	28	34	38
v	max	1.4	1.6	2	2.4	3	3.6	4.2	4.8	5.6	6.4
d_w	min	20.17	23.17	28.87	34.81	43.61	52.54	61.34	70.34	82.26	94.26
w	min	5.8	6.8	8.6	10.4	13.1	15.3	16.3	17.5	19	22

续表

l^{g}			l_s 和 l_g																			
公称	min	max	l_s min	l_g max	l_s min	l_g max	l_s min	l_g max	l_s min	l_g max	l_s min	l_g max	l_s min	l_g max	l_s min	l_g max	l_s min	l_g max	l_s min	l_g max	l_s min	l_g max
2.5	2.3	2.7																				
3	2.8	3.2																				
4	3.76	4.24																				
5	4.76	5.24																				
6	5.76	6.24																				
8	7.71	8.29																				
10	9.71	10.29																				
12	11.65	12.35																				
16	15.65	16.35																				
20	19.58	20.42																				
25	24.58	25.42																				
30	29.58	30.42																				
35	34.5	35.5																				
40	39.5	40.5																				
45	44.5	45.5																				
50	49.5	50.5																				
55	54.4	55.6																				
60	59.4	60.6	10	20																		
65	64.4	65.6	15	25	11	21																
70	69.4	70.6	20	30	16	26																
80	79.4	80.6	30	40	26	36	15.5	28														
90	89.3	90.7	40	50	36	46	25.5	38	15	30												
100	99.3	100.7	50	60	46	56	35.5	48	25	40												
110	109.3	110.7	60	70	56	66	45.5	58	35	50	20.5	38										
120	119.3	120.7	70	80	66	76	55.5	68	45	60	30.5	48	16	36								
130	129.2	130.8	80	90	76	86	65.5	78	55	70	40.5	58	26	46								
140	139.2	140.8	90	100	86	96	75.5	88	65	80	50.5	68	36	56	21.5	44						
150	149.2	150.8			96	106	85.5	98	75	90	60.5	78	46	66	31.5	54						
160	159.2	160.8			106	116	95.5	108	85	100	70.5	88	56	76	41.5	64	27	52				
180	179.2	180.8					115.5	128	105	120	90.5	108	76	96	61.5	84	47	72	28.5	56		
200	199.075	200.925					135.5	148	125	140	110.5	128	96	116	81.5	104	67	92	48.5	76	30	60
220	219.075	220.925													101.5	124	87	112	68.5	96	50	80

续表

240	239.075	240.925													121.5	155	107	132	88.5	116	70	100
260	258.95	261.05													141.5	164	127	152	108.5	136	90	120
280	278.95	281.05													161.5	184	147	172	128.5	156	110	140
300	298.95	301.05													181.5	204	167	192	148.5	176	130	160

注：a. P——螺距；b. 用于在粗阶梯线之间的长度；c. 对光滑头部；d. 对滚花头部；e. $e_{min}=1.14s_{min}$；f. 内六角组合量规尺寸见 GB/T 70.5；g. 粗阶梯线间为商品长度规格。阴影部分长度，螺纹制到距头部 3P 以内；阴影以下的长度，l_s和 l_g值按下式计算：$l_{g\,max}=l_{公称}-b$；$l_{s\,min}=l_{g\,max}-5P$；h. 尽可能不采用括号内的规格。

表 B-8　垫圈

小垫圈　A 级(摘自 GB/T 848—2002)

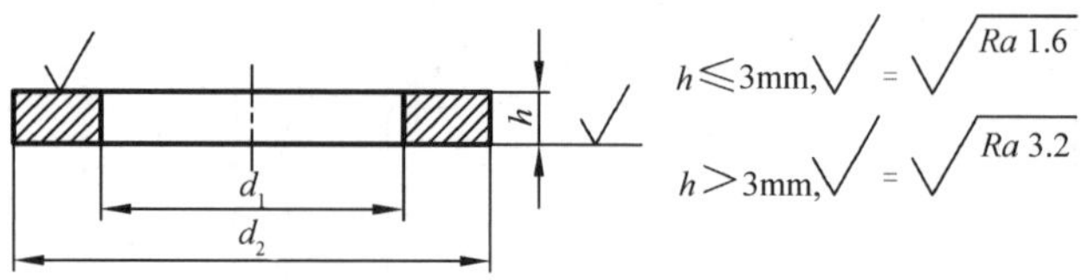

标记示例：

小系列、公称规格 8mm、由钢制造的硬度等级为 200HV 级、不经表面处理、产品等级为 A 级的平垫圈标记为：垫圈　GB/T　848　8

小系列、公称规格 8mm、由 A2 组不锈钢制造的硬度等级为 200HV 级、不经表面处理、产品等级为 A 级的平垫圈标记为：垫圈　GB/T　848　8　A2

平垫圈　A 级(摘自 GB/T 97.1—2002)

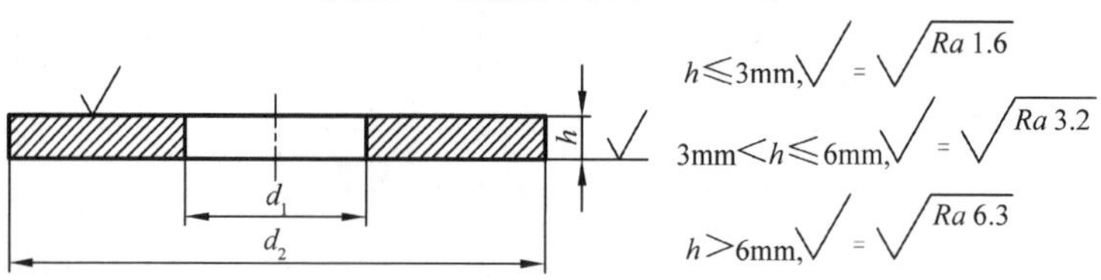

标记示例：

标准系列、公称规格 8mm、由钢制造的硬度等级为 200HV 级、不经表面处理、产品等级为 A 级的平垫圈标记为：垫圈　GB/T　97.1　8

标准系列、公称规格 8mm、由 A2 组不锈钢制造的硬度等级为 200HV 级、不经表面处理、产品等级为 A 级的平垫圈标记为：垫圈　GB/T　97.1　8　A2

平垫圈　倒角型　A 级(摘自 GB/T 97.2—2002)

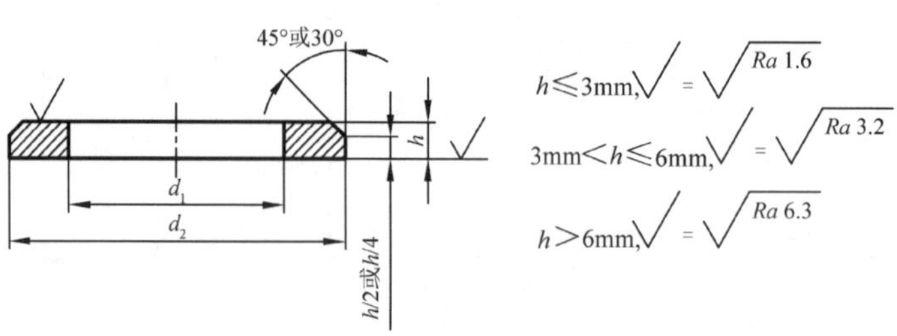

标记示例：

标准系列、公称规格 8mm、由钢制造的硬度等级为 200HV 级、不经表面处理、产品等级为 A 级、倒角型平垫圈标记为：垫圈　GB/T　97.2　8

标准系列、公称规格 8mm、由 A2 组不锈钢制造的硬度等级为 200HV 级、不经表面处理、产品等级为 A 级、倒角型平垫圈标记为：垫圈　GB/T　97.2　8　A2

续表

小垫圈　A 级优选尺寸(摘自 GB/T 848—2002)　　(单位：mm)

公称规格(螺纹大径 d)	内径 d_1		外径 d_2		厚度 h		
	公称(min)	max	公称(max)	min	公称	max	min
1.6	1.7	1.84	3.5	3.2	0.3	0.35	0.25
2	2.2	2.34	4.5	4.2	0.3	0.35	0.25
2.5	2.7	2.84	5	4.7	0.5	0.55	0.45
3	3.2	3.38	6	5.7	0.5	0.55	0.45
4	4.3	4.48	8	7.64	0.5	0.55	0.45
5	5.3	5.48	9	8.64	1	1.1	0.9
6	6.4	6.62	11	10.57	1.6	1.8	1.4
8	8.4	8.62	15	14.57	1.6	1.8	1.4
10	10.5	10.77	18	17.57	1.6	1.8	1.4
12	13	13.27	20	19.48	2	2.2	1.8
16	17	17.27	28	27.48	2.5	2.7	2.3
20	21	21.33	34	33.38	3	3.3	2.7
24	25	25.33	39	38.38	4	4.3	3.7
30	31	31.39	50	49.38	4	4.3	3.7
36	37	37.62	60	58.8	5	5.6	4.4

平垫圈　A 级优选尺寸(摘自 GB/T 97.1—2002)　　(单位：mm)

公称规格(螺纹大径 d)	内径 d_1		外径 d_2		厚度 h		
	公称(min)	max	公称(max)	min	公称	max	min
1.6	1.7	1.84	4	3.7	0.3	0.35	0.25
2	2.2	2.34	5	4.7	0.3	0.35	0.25
2.5	2.7	2.84	6	5.7	0.5	0.55	0.45
3	3.2	3.38	7	6.64	0.5	0.55	0.45
4	4.3	4.48	9	8.64	0.8	0.9	0.7
5	5.3	5.48	10	9.64	1	1.1	0.9
6	6.4	6.62	12	11.57	1.6	1.8	1.4
8	8.4	8.62	16	15.57	1.6	1.8	1.4
10	10.5	10.77	20	19.48	2	2.2	1.8
12	13	13.27	24	23.48	2.5	2.7	2.3
16	17	17.27	30	29.48	3	3.3	2.7
20	21	21.33	37	36.38	3	3.3	2.7
24	25	25.33	44	43.38	4	4.3	3.7
30	31	31.39	56	55.26	4	4.3	3.7

续表

36	37	37.62	66	64.8	5	5.6	4.4
42	45	45.62	78	76.8	8	9	7
48	52	52.74	92	90.6	8	9	7
56	62	62.74	105	103.6	10	11	9
64	70	70.74	115	113.6	10	11	9

平垫圈　倒角型　A 级优选尺寸(摘自 GB/T 97.2—2002)　　(单位：mm)

公称规格(螺纹大径 d)	内径 d_1		外径 d_2		厚度 h		
	公称(min)	max	公称(max)	min	公称	max	min
5	5.3	5.48	10	9.64	1	1.1	0.9
6	6.4	6.62	12	11.57	1.6	1.8	1.4
8	8.4	8.62	16	15.57	1.6	1.8	1.4
10	10.5	10.77	20	19.48	2	2.2	1.8
12	13	13.27	24	23.48	2.5	2.7	2.3
16	17	17.27	30	29.48	3	3.3	2.7
20	21	21.33	37	36.38	3	3.3	2.7
24	25	25.33	44	43.38	4	4.3	3.7
30	31	31.39	56	55.26	4	4.3	3.7
36	37	37.62	66	64.8	5	5.6	4.4
42	45	45.62	78	76.8	8	9	7
48	52	52.74	92	90.6	8	9	7
56	62	62.74	105	103.6	10	11	9
64	70	70.74	115	113.6	10	11	9

表 B-9　弹簧垫圈

标准型弹簧垫圈(摘自 GB/T 93—1987)　　轻型弹簧垫圈(摘自 GB/T 859—1987)

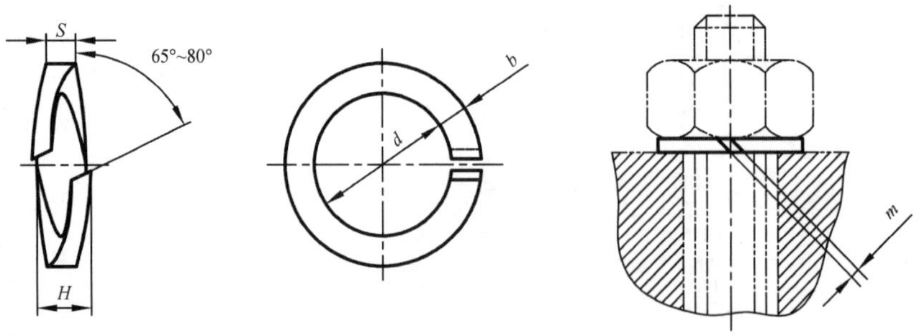

标记示例：

规格为 10 mm、材料为 65Mn、表面氧化的标准型弹簧垫圈标记为：垫圈　GB/T　93　10

规格为 16 mm 轻型弹簧垫圈标记为：垫圈　GB/T　859　16

续表

弹簧垫圈尺寸参数(摘自 GB/T 93—1987，GB/T 859—1987)　　(单位：mm)

规　格(螺纹大径)	d		h(b)			H		m
	min	max	公称	min	max	min	max	≤
2	2.1	2.35	0.5	0.42	0.58	1	1.25	0.25
2.5	2.6	2.85	0.65	0.57	0.73	1.3	1.63	0.33
3	3.1	3.4	0.8	0.7	0.9	1.6	2	0.4
4	4.1	4.4	1.1	1	1.2	2.2	2.75	0.55
5	5.1	5.4	1.3	1.2	1.4	2.6	3.25	0.65
6	6.1	6.68	1.6	1.5	1.7	3.2	4	0.8
8	8.1	8.68	2.1	2	2.2	4.2	5.25	1.05
10	10.2	10.9	2.6	2.45	2.75	5.2	6.5	1.3
12	12.2	12.9	3.1	2.95	3.25	6.2	7.75	1.55
(14)	14.2	14.9	3.6	3.4	3.8	7.2	9	1.8
16	16.2	16.9	4.1	3.9	4.3	8.2	10.25	2.05
(18)	18.2	19.04	4.5	4.3	4.7	9	11.25	2.25
20	20.2	21.04	5	4.8	5.2	10	12.5	2.5
(22)	22.5	23.34	5.5	5.3	5.7	11	13.75	2.75
24	24.5	25.5	6	5.8	6.2	12	15	3
(27)	27.5	28.5	6.8	6.5	7.1	13.6	17	3.4
30	30.5	31.5	7.5	7.2	7.8	15	18.75	3.75
(33)	33.5	34.7	8.5	8.2	8.8	17	21.25	4.25
36	36.5	37.7	9	8.7	9.3	18	22.5	4.5
(39)	39.5	40.7	10	9.7	10.3	20	25	5
42	42.5	43.7	10.5	10.2	10.8	21	26.25	5.25
(45)	45.5	46.7	11	10.7	11.3	22	27.5	5.5
48	48.5	49.7	12	11.7	12.3	24	30	6

注：括号内规格尽可能不采用。

表 B-10　圆柱销

圆柱销(不淬硬钢和奥氏体不锈钢)(摘自 GB/T 119.1—2000)

圆柱销(淬硬钢和马氏体不锈钢)(摘自 GB/T 119.2—2000)

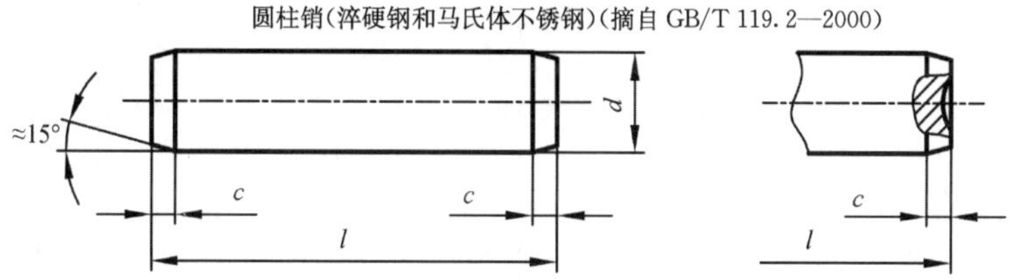

末端形状，由制造者确定。

标记示例：

公称直径 d=6 mm、公差为 m6、公称长度 l=30 mm、材料为钢、不经淬火、不经表面处理的圆柱销标记为：销　GB/T 119.1　6　m6×30

续表

公称直径 d=6 mm、公差为 m6、公称长度 l=30 mm、材料为 A1 组奥氏体不锈钢、表面简单处理的圆柱销标记为：销 GB/T 119.1　6　m6×30－A1

公称直径 d=6 mm、公差为 m6、公称长度 l=30 mm、材料为钢、普通淬火(A 型)、表面氧化处理的圆柱销标记为：销 GB/T 119.2　6×30

公称直径 d=6 mm、公差为 m6、公称长度 l=30 mm、材料为 C1 组马氏体不锈钢、表面简单处理的圆柱销标记为：销 GB/T 119.2　6×30－C1

圆柱销(不淬硬钢和奥氏体不锈钢)(摘自 GB/T 119.1—2000)　(单位：mm)

d m6/h8[a]			0.6	0.8	1	1.2	1.5	2	2.5	3	4	5	6	8	10	12	16	20	25	30	40	50
c ≈			0.12	0.16	0.2	0.25	0.3	0.35	0.4	0.5	0.63	0.8	1.2	1.6	2	2.5	3	3.5	4	5	6.3	8
l^b																						
公称	min	max																				
2	1.75	2.25																				
3	2.75	3.25																				
4	3.75	4.25																				
5	4.75	5.25																				
6	5.75	6.25																				
8	7.75	8.25																				
10	9.75	10.25																				
12	11.5	12.5																				
14	13.5	14.5																				
16	15.5	16.5																				
18	17.5	18.5																				
20	19.5	20.5																				
22	21.5	22.5																				
24	23.5	24.5									商品											
26	25.5	26.5																				
28	27.5	28.5																				
30	29.5	30.5																				
32	31.5	32.5																				
35	34.5	35.5																				
40	39.5	40.5													长度							
45	44.5	45.5																				
50	49.5	50.5																				
55	54.25	55.75																				
60	59.25	60.75																				
65	64.25	65.75																				

续表

公称	min	max																				
70	69.25	70.75																范围				
75	74.25	75.75																				
80	79.25	80.75																				
85	84.25	85.75																				
90	89.25	90.75																				
95	94.25	95.75																				
100	99.25	100.75																				
120	119.25	120.75																				
140	139.25	140.75																				
160	159.25	160.75																				
180	179.25	180.75																				
200	199.25	200.75																				

注：a. 其他公差由供需双方协议；b. 公称长度大于 200 mm，按 20 mm 递增。

圆柱销(淬硬钢和马氏体不锈钢)(摘自 GB/T 119.2—2000)　　(单位：mm)

d m6[a]			1	1.5	2	2.5	3	4	5	6	8	10	12	16	20
c ≈			0.2	0.3	0.35	0.4	0.5	0.63	0.8	1.2	1.6	2	2.5	3	3.5
l[b]															
公称	min	max													
3	2.75	3.25													
4	3.75	4.25													
5	4.75	5.25													
6	5.75	6.25													
8	7.75	8.25													
10	9.75	10.25													
12	11.5	12.5													
14	13.5	14.5													
16	15.5	16.5													
18	17.5	18.5													
20	19.5	20.5					商品								
22	21.5	22.5													
24	23.5	24.5													
26	25.5	26.5							长度						
28	27.5	28.5													
30	29.5	30.5													
32	31.5	32.5									范围				

续表

35	34.5	35.5													
40	39.5	40.5													
45	44.5	45.5													
50	49.5	50.5													
55	54.25	55.75													
60	59.25	60.75													
65	64.25	65.75													
70	69.25	70.75													
75	74.25	75.75													
80	79.25	80.75													
85	84.25	85.75													
90	89.25	90.75													
95	94.25	95.75													
100	99.25	100.75													

注：a. 其他公差由供需双方协议；b. 公称长度大于 100 mm，按 20 mm 递增。

表 B-11　圆锥销

圆锥销(摘自 GB/T 117—2000)

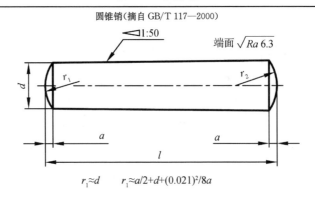

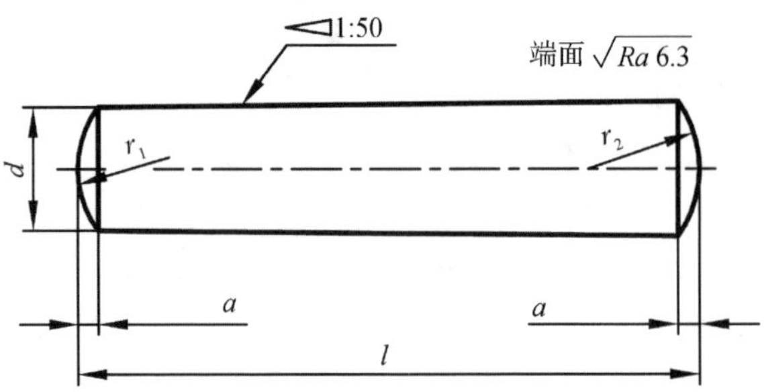

$r_1 \approx d$　　$r_1 \approx a/2+d+(0.021)^2/8a$

标记示例：

公称直径 $d=6$ mm、公称长度 $l=30$ mm、材料为 35 钢、热处理硬度 28～38 HRC、表面氧化处理的 A 型圆锥销标记为：销　GB/T　117　6×30

圆锥销尺寸(摘自 GB/T 117—2000)　　(单位：mm)

d h10[a]			0.6	0.8	1	1.2	1.5	2	2.5	3	4	5	6	8	10	12	16	20	25	30	40	50
a ≈			0.08	0.1	0.12	0.16	0.2	0.25	0.3	0.4	0.5	0.63	0.8	1	1.2	1.6	2	2.5	3	4	5	6.3
l[b]																						
公称	min	max																				
2	1.75	2.25																				
3	2.75	3.25																				

续表

4	3.75	4.25																				
5	4.75	5.25																				
6	5.75	6.25																				
8	7.75	8.25																				
10	9.75	10.25																				
12	11.5	12.5																				
14	13.5	14.5																				
16	15.5	16.5																				
18	17.5	18.5						商品														
20	19.5	20.5																				
22	21.5	22.5																				
24	23.5	24.5																				
26	25.5	26.5																				
28	27.5	28.5																				
30	29.5	30.5											长度									
32	31.5	32.5																				
35	34.5	35.5																				
40	39.5	40.5																				
45	44.5	45.5																				
50	49.5	50.5																				
55	54.25	55.75																				
60	59.25	60.75																				
65	64.25	65.75																				
70	69.25	70.75															范围					
75	74.25	75.75																				
80	79.25	80.75																				
85	84.25	85.75																				
90	89.25	90.75																				
95	94.25	95.75																				
100	99.25	100.75																				
120	119.25	120.75																				
140	139.25	140.75																				
160	159.25	160.75																				
180	179.25	180.75																				
200	199.25	200.75																				

注：a. 其他公差由供需双方协议；b. 公称长度大于 200 mm，按 20 mm 递增。

表 B-12 平键　键槽

平键　键槽(摘自 GB/T 1095—2003)

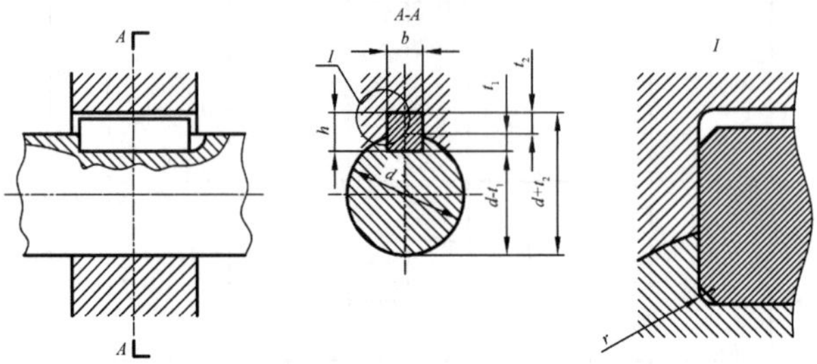

普通平键键槽的尺寸与公差(摘自 GB/T 1095—2003)　　(单位：mm)

键尺寸 $b\times h$	键槽 宽度 b 基本尺寸	宽度 b 极限偏差 正常联结 轴 N9	正常联结 毂 JS9	紧密联结 轴和毂 P9	松联结 轴 H9	松联结 毂 D10	深度 轴 t_1 基本尺寸	轴 t_1 极限偏差	毂 t_2 基本尺寸	毂 t_2 极限偏差	半径 r min	半径 r max
2×2	2	−0.004	±0.0125	−0.006	+0.025	+0.060	1.2	+0.1 0	1.0	+0.1 0	0.08	0.16
3×3	3	−0.029		−0.031	0	+0.020	1.8		1.4			
4×4	4	0 −0.030	±0.015	−0.012 −0.042	+0.030 0	+0.078 +0.030	2.5		1.8			
5×5	5						3.0		2.3		0.16	0.25
6×6	6						3.5		2.8			
8×7	8	0 −0.036	±0.018	−0.015 −0.051	+0.036 0	+0.098 +0.040	4.0	+0.2 0	3.3	+0.2 0	0.25	0.40
10×8	10						5.0		3.3			
12×8	12	0 −0.043	±0.0215	−0.018 −0.061	+0.043 0	+0.120 +0.050	5.0		3.3			
14×9	14						5.5		3.8			
16×10	16						6.0		4.3			
18×11	18						7.0		4.4			
20×12	20	0 −0.052	±0.026	−0.022 −0.074	+0.052 0	+0.149 +0.065	7.5		4.9		0.40	0.60
22×14	22						9.0		5.4			
25×14	25						9.0		5.4			
28×16	28						10.0		6.4			
32×18	32	0 −0.062	±0.031	−0.026 −0.088	+0.062 0	+0.180 +0.080	11.0		7.4		0.70	1.00
36×20	36						12.0	+0.3 0	8.4	+0.3 0		
40×22	40						13.0		9.4			
45×25	45						15.0		10.4			
50×28	50						17.0		11.4			
56×32	56	0 −0.074	±0.037	−0.032 −0.106	+0.074 0	+0.220 +0.100	20.0		12.4		1.20	1.60
63×32	63						20.0		12.4			
70×36	70						22.0		14.4			
80×40	80						25.0		15.4		2.00	2.50
90×45	90	0 −0.087	±0.0435	−0.037 −0.124	+0.087 0	+0.260 +0.120	28.0		17.4			
100×50	100						31.0		19.5			

表 B-13　普通型　平键

普通型平键的尺寸(摘自 GB/T 1096—2003)

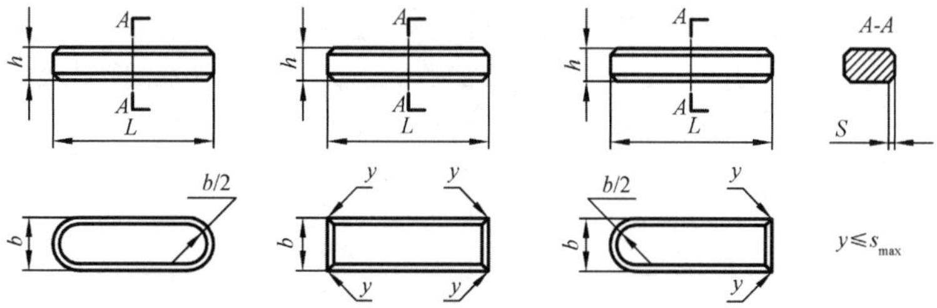

A型　　B型　　C型

标记示例：

宽度 b=16 mm、高度 h=10 mm、长度 L=100 mm 普通 A 型平键标记为：GB/T 1096　键 16×10×100

宽度 b=16 mm、高度 h=10 mm、长度 L=100 mm 普通 B 型平键标记为：GB/T 1096　键 B 16×10×100

宽度 b=16 mm、高度 h=10 mm、长度 L=100 mm 普通 C 型平键标记为：GB/T 1096　键 C 16×10×100

普通型平键的尺寸与公差(摘自 GB/T 1096—2003)　　(单位：mm)

宽度 b	基本尺寸	2	3	4	5	6	8	10	12	14	16	18	20	22
	极限偏差 (h8)	0 −0.014		0 −0.018			0 −0.022		0 −0.027				0 −0.033	
高度 h	基本尺寸	2	3	4	5	6	7	8	8	9	10	11	12	14
	极限偏差 矩形 (h11)	—		—			0 −0.090					0 −0.110		
	极限偏差 方形 (h8)	0 −0.014		0 −0.018			—					—		
倒角或圆角 s		0.16～0.25			0.25～0.40			0.40～0.60					0.60～0.80	
长度 L 基本尺寸	极限偏差 (h14)													
6	0 −0.36			—	—	—	—	—	—	—	—	—	—	—
8					—	—	—	—	—	—	—	—	—	—
10						—	—	—	—	—	—	—	—	—
12	0 −0.43					—	—	—	—	—	—	—	—	—
14							—	—	—	—	—	—	—	—
16							—	—	—	—	—	—	—	—
18								—	—	—	—	—	—	—
20	0 −0.52							—	—	—	—	—	—	—
22		—			标准				—	—	—	—	—	—
25		—							—	—	—	—	—	—
28		—								—	—	—	—	—
32	0 −0.62	—								—	—	—	—	—
36		—									—	—	—	—
40		—	—								—	—	—	—
45		—	—					长度				—	—	—
50		—	—	—									—	—

续表

56	0 −0.74	—	—	—										—
63		—	—	—	—									
70		—	—	—	—									
80		—	—	—	—	—								
90	0 −0.87	—	—	—	—	—					范围			
100		—	—	—	—	—	—							
110		—	—	—	—	—	—							
125	0 −1.00	—	—	—	—	—	—	—						
140		—	—	—	—	—	—	—						
160		—	—	—	—	—	—	—	—					
180		—	—	—	—	—	—	—	—	—				
200	0 −1.15	—	—	—	—	—	—	—	—	—	—			
220		—	—	—	—	—	—	—	—	—	—	—		
250		—	—	—	—	—	—	—	—	—	—	—	—	
宽度 *b*	基本尺寸	25	28	32	36	40	45	50	56	63	70	80	90	100
	极限偏差 (h8)	0 −0.033		0 −0.039					0 −0.046				0 −0.054	
高度 *h*	基本尺寸	14	16	18	20	22	25	28	32	32	36	40	45	50
	极限偏差 矩形 (h11)	0 −0.110			0 −0.130				0 −0.160					
	极限偏差 方形 (h8)	—			—				—					
倒角或圆角 *s*		0.60～0.80			1.00～1.20				1.60～2.00			2.50～3.00		
长度 *L*														
基本尺寸	极限偏差 (h14)													
70	0 −0.74		—	—	—	—	—	—	—	—	—	—	—	—
80				—	—	—	—	—	—	—	—	—	—	—
90	0 −0.87				—	—	—	—	—	—	—	—	—	—
100							—	—	—	—	—	—	—	—
110								—	—	—	—	—	—	—
125	0 −1.00								—	—	—	—	—	—
140										—	—	—	—	—
160					标准						—	—	—	—
180												—	—	—
200	0 −1.15												—	—
220														—
250								长度						
280	0 −1.30													

续表

320	0 −1.40	—												
360		—	—								范围			
400		—	—	—										
450	0 −1.55	—	—	—	—	—								
500		—	—	—	—	—	—							

表 B-14 半圆键 键槽

半圆键键槽的剖面尺寸(摘自 GB/T 1098—2003)

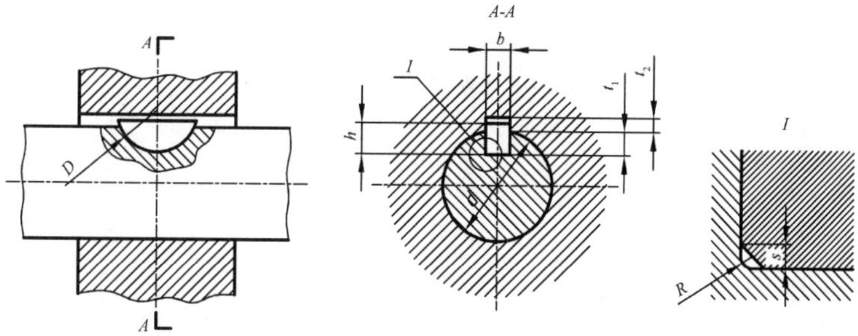

普通型半圆键的尺寸(摘自 GB/T 1099.1—2003)

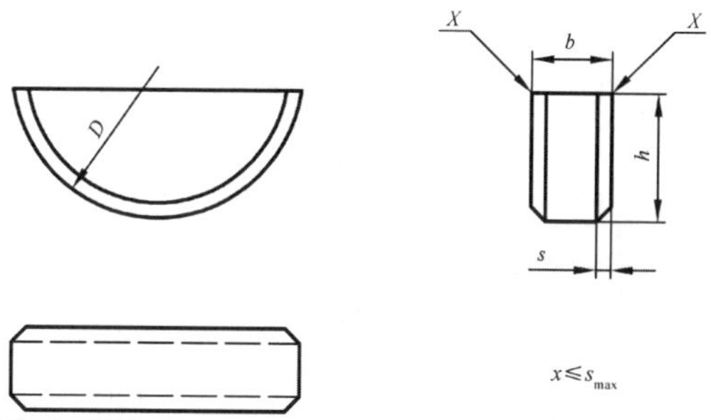

$x \leq s_{max}$

半圆键键槽的尺寸与公差(摘自 GB/T 1098—2003) (单位：mm)

键尺寸 $b\times h\times D$	键槽 宽度 b 基本尺寸	极限偏差 正常联结 轴 N9	毂 JS9	紧密联结 轴和毂 P9	松联结 轴 H9	毂 D10	深度 轴 t_1 基本尺寸	极限偏差	毂 t_2 基本尺寸	极限偏差	半径 R min	max
1×1.4×4	1	−0.004 −0.029	±0.0125	−0.006 −0.031	+0.025 0	+0.060 +0.020	1.0	+0.1 0	0.6	+0.1 0	0.16	0.08
1×1.1×4												
1.5×2.6×7	1.5						2.0		0.8			
1.5×2.1×7												
2×2.6×7	2						1.8		1.0			
2×2.1×7												
2×3.7×10	2						2.9		1.0			
2×3×10												
2.5×3.7×10	2.5						2.7		1.2			
2.5×3×10												

续表

3×5×13	3						3.8	+0.2 0	1.4			
3×4×13												
3×6.5×16	3						5.3		1.4			
3×5.2×16												
4×6.5×16	4	0 −0.030	±0.015	−0.012 −0.042	+0.030 0	+0.078 +0.030	5.0		1.8		0.25	0.16
4×5.2×16												
4×7.5×19	4						6.0		1.8			
4×6×19												
5×6.5×16	5						4.5		2.3			
5×5.2×19												
5×7.5×19	5						5.5		2.3			
5×6×19												
5×9×22	5						7.0	+0.3 0	2.3			
5×7.2×22												
6×9×22	6						6.5		2.8			
6×7.2×22												
6×10×25	6						7.5		2.8	+0.2 0		
6×8×25												
8×11×28	8	0 −0.036	±0.018	−0.015 −0.051	+0.036 0	+0.098 +0.040	8.0		3.3		0.40	0.25
8×8.8×28												
10×13×32	10						10		3.3			
10×10.4×32												

普通型半圆键的尺寸与公差(摘自 GB/T 1099.1—2003)　　(单位：mm)

键尺寸 $b\times h\times D$	宽度 b		高度 h		直径 D		倒角或倒圆 s	
	基本尺寸	极限偏差	基本尺寸	极限偏差(h12)	基本尺寸	极限偏差(h12)	min	max
1×1.4×4	1	0 −0.025	1.4	0 −0.10	4	0 −0.120	0.16	0.25
1.5×2.6×7	1.5		2.6		7	0 −0.150		
2×2.6×7	2		2.6		7			
2×3.7×10	2		3.7	0 −0.12	10			
2.5×3.7×10	2.5		3.7		10			
3×5×13	3		5		13	0 −0.180		
3×6.5×16	3		6.5	0 −0.15	16			
4×6.5×16	4		6.5		16		0.25	0.40
4×7.5×19	4		7.5		19	0 −0.210		
5×6.5×16	5		6.5		16	0 −0.180		
5×7.5×19	5		7.5		19	0 −0.210		

续表

5×9×22	5		9		22			
6×9×22	6		9		22			
6×10×25	6		10		25			
8×11×28	8		11		28			
10×13×32	10		13	0 −0.18	32	0 −0.250	0.40	0.60

表 B-15 滚动轴承

深沟球轴承 60000 型(摘自 GB/T 276—2013)

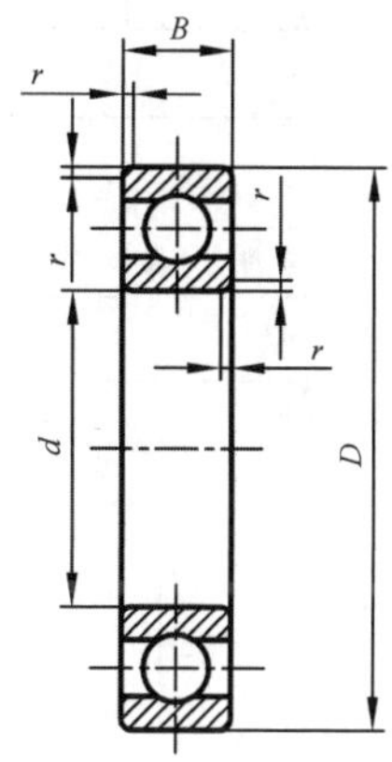

标记示例：滚动轴承 6012 GB/T 276—2013

圆锥滚子轴承 30000 型(摘自 GB/T 297—2015)

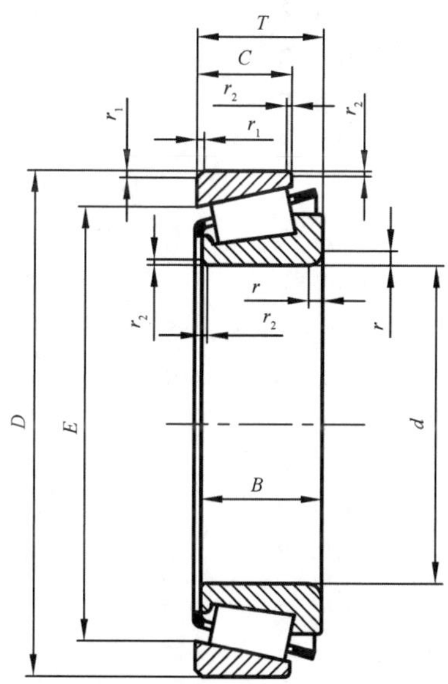

标记示例：滚动轴承 30205 GB/T 297—2015

续表

单向推力球轴承 51000 型(摘自 GB/T 301—2015)

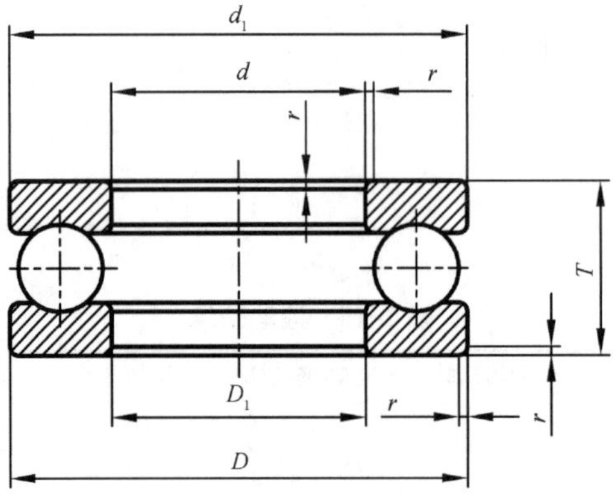

标记示例：滚动轴承　51210　GB/T 301—2015

深沟球轴承 17 系列、37 系列尺寸参数(摘自 GB/T 276—2013)　　(单位：mm)

轴承系列	轴承型号			外形尺寸			
	60000 型	60000—Z 型	60000—2Z 型	d	D	B	r_{smin}[a]
17 系列	617/0.6	—	—	0.6	2	0.8	0.05
	617/1	—	—	1	2.5	1	0.05
	617/1.5	—	—	1.5	3	1	0.05
	617/2	—	—	2	4	1.2	0.05
	617/2.5	—	—	2.5	5	1.5	0.08
	617/3	617/3—Z	617/3—2Z	3	6	2	0.08
	617/4	617/4—Z	617/4—2Z	4	7	2	0.08
	617/5	617/5—Z	617/5—2Z	5	8	2	0.08
	617/6	617/6—Z	617/6—2Z	6	10	2.5	0.1
	617/7	617/7—Z	617/7—2Z	7	11	2.5	0.1
	617/8	617/8—Z	617/8—2Z	8	12	2.5	0.1
	617/9	617/9—Z	617/9—2Z	9	14	3	0.1
	61700	61700—Z	61700—2Z	10	15	3	0.1
37 系列	637/1.5	—	—	1.5	3	1.8	0.05
	637/2	—	—	2	4	2	0.05
	637/2.5	—	—	2.5	5	2.3	0.08
	637/3	637/3—Z	637/3—2Z	3	6	3	0.08
	637/4	637/4—Z	637/4—2Z	4	7	3	0.08
	637/5	637/5—Z	637/5—2Z	5	8	3	0.08
	637/6	637/6—Z	637/6—2Z	6	10	3.5	0.1
	637/7	637/7—Z	637/7—2Z	7	11	3.5	0.1
	637/8	637/8—Z	637/8—2Z	8	12	3.5	0.1
	637/9	637/9—Z	637/9—2Z	9	14	4.5	0.1
	63700	63700—Z	63700—2Z	10	15	4.5	0.1

注：1. a 表示最大倒角尺寸规定在 GB/T 274—2000 中；2. 18 系列、19 系列、00 系列、10 系列、02 系列、03 系列、04 系列未列出，具体尺寸参数见 GB/T 276—2013。

续表

圆锥滚子轴承 29 系列尺寸参数(摘自 GB/T 297—2015)										(单位：mm)
轴承型号	d	D	T	B	r_{smin}[a]	C	r_{1smin}[a]	α	E	ISO 尺寸系列
32904	20	37	12	12	0.3	9	0.2	12°	29.621	2BD
329/22	22	40	12	12	0.3	9	0.3	12°	32.665	2BC
32905	25	42	12	12	0.3	9	0.3	12°	34.608	2BD
329/28	28	45	12	12	0.3	9	0.3	12°	37.639	2BD
32906	30	47	12	12	0.3	9	0.3	12°	39.617	2BD
329/32	32	52	14	14	0.6	10	0.6	12°	44.261	2BD
32907	35	55	14	14	0.6	11.5	0.6	11°	47.220	2BD
32908	40	62	15	15	0.6	12	0.6	10°55′	53.388	2BC
32909	45	68	15	15	0.6	12	0.6	12°	58.852	2BC
32910	50	72	15	15	0.6	12	0.6	12°50′	62.748	2BC
32911	55	80	17	17	1	14	1	11°39′	69.503	2BC
32912	60	85	17	17	1	14	1	12°27′	74.185	2BC
32913	65	90	17	17	1	14	1	13°15′	78.849	2BC
32914	70	100	20	20	1	16	1	11°53′	88.590	2BC
32915	75	105	20	20	1	16	1	12°31′	93.223	2BC
32916	80	110	20	20	1	16	1	13°10′	97.974	2BC
32917	85	120	23	23	1.5	18	1.5	12°18′	106.599	2BC
32918	90	125	23	23	1.5	18	1.5	12°51′	111.282	2BC
32919	95	130	23	23	1.5	18	1.5	13°25′	116.082	2BC
32920	100	140	25	25	1.5	20	1.5	12°23′	125.717	2CC
32921	105	145	25	25	1.5	20	1.5	12°51′	130.359	2CC
32922	110	150	25	25	1.5	20	1.5	13°20′	135.182	2CC
32924	120	165	29	29	1.5	23	1.5	13°05′	148.464	2CC
32926	130	180	32	32	2	25	1.5	12°45′	161.652	2CC
32928	140	190	32	32	2	25	1.5	13°30′	171.032	2CC
32930	150	210	38	38	2.5	30	2	12°20′	187.926	2DC
32932	160	220	38	38	2.5	30	2	13°	197.962	2DC
32934	170	230	38	38	2.5	30	2	14°20′	206.564	3DC
32936	180	250	45	45	2.5	34	2	17°45′	218.571	4DC
32938	190	260	45	45	2.5	34	2	17°39′	228.578	4DC
32940	200	280	51	51	3	39	2.5	14°45′	249.698	3EC
32944	220	300	51	51	3	39	2.5	15°50′	267.685	3EC
32948	240	320	51	51	3	39	2.5	17°	286.852	4EC

续表

32952	260	360	63.5	63.5	3	48	2.5	15°10′	320.783	3EC
32956	280	380	63.5	63.5	3	48	2.5	16°05′	339.778	4EC
32960	300	420	76	76	4	57	3	14°45′	374.706	3FD
32964	320	440	76	76	4	57	3	15°30′	393.406	3FD
32968	340	460	76	76	4	57	3	16°15′	412.043	4FD
32972	360	480	76	76	4	57	3	17°	430.612	4FD

注：1. a 表示最大倒角尺寸规定在 GB/T 274—2000 中；2. 20 系列、30 系列、31 系列、02 系列、22 系列、32 系列、03 系列、13 系列、23 系列未列出，具体尺寸参数见 GB/T 297—2015。

单向推力球轴承 11 系列尺寸参数(摘自 GB/T 301—2015)　（单位：mm）

轴承型号	d	D	T	D_{1smin}	d_{1smax}	r_{smin} a
51100	10	24	9	11	24	0.3
51101	12	26	9	13	26	0.3
51102	15	28	9	16	28	0.3
51103	17	30	9	18	30	0.3
51104	20	35	10	21	35	0.3
51105	25	42	11	26	42	0.6
51106	30	47	11	32	47	0.6
51107	35	52	12	37	52	0.6
51108	40	60	13	42	60	0.6
51109	45	65	14	47	65	0.6
51110	50	70	14	52	70	0.6
51111	55	78	16	57	78	0.6
51112	60	85	17	62	85	1
51113	65	90	18	67	90	1
51114	70	95	18	72	95	1
51115	75	100	19	77	100	1
51116	80	105	19	82	105	1
51117	85	110	19	87	110	1
51118	90	120	22	92	120	1
51120	100	135	25	102	135	1
51122	110	145	25	112	145	1
51124	120	155	25	122	155	1
51126	130	170	30	132	170	1
51128	140	180	31	142	178	1
51130	150	190	31	152	188	1

续表

51132	160	200	31	162	198	1
51134	170	215	34	172	213	1.1
51136	180	225	34	183	222	1.1
51138	190	240	37	193	237	1.1
51140	200	250	37	203	247	1.1
51144	220	270	37	223	267	1.1
51148	240	300	45	243	297	1.5
51152	260	320	45	263	317	1.5
51156	280	350	53	283	347	1.5
51160	300	380	62	304	376	2
51164	320	400	63	324	396	2
51168	340	420	64	344	416	2
51172	360	440	65	364	436	2
51176	380	460	65	384	456	2
51180	400	480	65	404	476	2
51184	420	500	65	424	495	2
51188	440	540	80	444	535	2.1
51192	460	560	80	464	555	2.1
51196	480	580	80	484	575	2.1
511/500	500	600	80	504	595	2.1
511/530	530	640	85	534	635	3
511/560	560	670	85	564	665	3
511/600	600	710	85	604	705	3
511/630	630	750	95	634	745	3
511/670	670	800	105	674	795	4

注：1. a 表示对应的最大倒角尺寸在 GB/T 274—2000 中规定；2. 单向推力球轴承的 12 系列、13 系列、14 系列和双向推力球轴承的 22 系列、23 系列、24 系列未列出，具体尺寸参数见 GB/T 301—2015。

附录 C　极限与配合

表 C-1　公称尺寸至 3150 mm 的标准公差数值(摘自 GB/T 1800. 2—2009)

公称尺寸/mm		标准公差等级																	
		IT1	IT2	IT3	IT4	IT5	IT6	IT7	IT8	IT9	IT10	IT11	IT12	IT13	IT14	IT15	IT16	IT17	IT18
大于	至	μm											mm						
—	3	0. 8	1. 2	2	3	4	6	10	14	25	40	60	0. 1	0. 14	0. 25	0. 4	0. 6	1	1. 4
3	6	1	1. 5	2. 5	4	5	8	12	18	30	48	75	0. 12	0. 18	0. 3	0. 48	0. 75	1. 2	1. 8
6	10	1	1. 5	2. 5	4	6	9	15	22	36	58	90	0. 15	0. 22	0. 36	0. 58	0. 9	1. 5	2. 2
10	18	1. 2	2	3	5	8	11	18	27	43	70	110	0. 18	0. 27	0. 43	0. 7	1. 1	1. 8	2. 7
18	30	1. 5	2. 5	4	6	9	13	21	33	52	84	130	0. 21	0. 33	0. 52	0. 84	1. 3	2. 1	3. 3
30	50	1. 5	2. 5	4	7	11	16	25	39	62	100	160	0. 25	0. 39	0. 62	1	1. 6	2. 5	3. 9
50	80	2	3	5	8	13	19	30	46	74	120	190	0. 3	0. 46	0. 74	1. 2	1. 9	3	4. 6
80	120	2. 5	4	6	10	15	22	35	54	87	140	220	0. 35	0. 54	0. 87	1. 4	2. 2	3. 5	5. 4
120	180	3. 5	5	8	12	18	25	40	63	100	160	250	0. 4	0. 63	1	1. 6	2. 5	4	6. 3
180	250	4. 5	7	10	14	20	29	46	72	115	185	290	0. 46	0. 72	1. 15	1. 85	2. 9	4. 6	7. 2
250	315	6	8	12	16	23	32	52	81	130	210	320	0. 52	0. 81	1. 3	2. 1	3. 2	5. 2	8. 1
315	400	7	9	13	18	25	36	57	89	140	230	360	0. 57	0. 89	1. 4	2. 3	3. 6	5. 7	8. 9
400	500	8	10	15	20	27	40	63	97	155	250	400	0. 63	0. 97	1. 55	2. 5	4	6. 3	9. 7
500	630	9	11	16	22	32	44	70	110	175	280	440	0. 7	1. 1	1. 75	2. 8	4. 4	7	11
630	800	10	13	18	25	36	50	80	125	200	320	500	0. 8	1. 25	2	3. 2	5	8	12. 5
800	1000	11	15	21	28	40	56	90	140	230	360	560	0. 9	1. 4	2. 3	3. 6	5. 6	9	14
1000	1250	13	18	24	33	47	66	105	165	260	420	660	1. 05	1. 65	2. 6	4. 2	6. 6	10. 5	16. 5
1250	1600	15	21	29	39	55	78	125	195	310	500	78	1. 25	1. 95	3. 1	5	7. 8	12. 5	19. 5
1600	2000	18	25	35	46	65	92	150	230	370	600	920	1. 5	2. 3	3. 7	6	9. 2	15	23
2000	2500	22	30	41	55	78	110	175	280	440	700	1100	1. 75	2. 8	4. 4	7	11	17. 5	28
2500	3150	26	36	50	68	96	135	210	330	540	860	1350	2. 1	3. 3	5. 4	8. 6	13. 5	21	33

注：1. 公称尺寸大于 500mm 的 IT1～IT5 的标准公差数值为试行；2. 公称尺寸小于或等于 1 mm 时，无 IT14～IT18。

表 C-2　轴的极限偏差(摘自 GB/T 1800.2—2009)　　(单位：μm)

公称尺寸/mm		公差带												
		c	d	f	g	h				k	n	p	s	u
大于	至	11	9	7	6	6	7	9	11	6	6	6	6	6
—	3	−60 −120	−20 −45	−6 −16	−2 −8	0 −6	0 −10	0 −25	0 −60	+6 0	+10 +4	+12 +6	+20 +14	+24 +18
3	6	−70 −145	−30 −60	−10 −22	−4 −12	0 −8	0 −12	0 −30	0 −75	+9 +1	+16 +8	+20 +12	+27 +19	+31 +23
6	10	−80 −170	−40 −76	−13 −28	−5 −14	0 −9	0 −15	0 −36	0 −90	+10 +1	+19 +10	+24 +15	+32 +23	+37 +28
10	18	−95 −205	−50 −93	−16 −34	−6 −17	0 −11	0 −18	0 −43	0 −110	+12 +1	+23 +12	+29 +18	+39 +28	+44 +33
18	24	−110 −240	−65 −117	−20 −41	−7 −20	0 −13	0 −21	0 −52	0 −130	+15 +2	+28 +15	+35 +22	+48 +35	+54 +41
24	30													+61 +48
30	40	−120 −280	−80 −142	−25 −50	−9 −25	0 −16	0 −25	0 −62	0 −160	+18 +2	+33 +17	+42 +26	+59 +43	+76 +60
40	50	−130 −290												+86 +70
50	65	−140 −330	−100 −174	−30 −60	−10 −29	0 −19	0 −30	0 −74	0 −190	+21 +2	+39 +20	+51 +32	+72 +53	+106 +87
65	80	−150 −340											+78 +59	+121 +102
80	100	−170 −390	−120 −207	−36 −71	−12 −34	0 −22	0 −35	0 −87	0 −220	+25 +3	+45 +23	+59 +37	+93 +71	+146 +124
100	120	−180 −400											+101 +79	+166 +144
120	140	−200 −450	−145 −245	−43 −83	−14 −39	0 −25	0 −40	0 −100	0 −250	+28 +3	+52 +27	+68 +43	+117 +92	+195 +170
140	160	−210 −460											+125 +100	+215 +190
160	180	−230 −480											+133 +108	+235 +210
180	200	−240 −530	−170 −285	−50 −96	−15 −44	0 −29	0 −46	0 −115	0 −290	+33 +4	+60 +31	+79 +50	+151 +122	+265 +236
200	225	−260 −550											+159 +130	+287 +258
225	250	−280 −570											+169 +140	+313 +284

续表

公称尺寸/mm		公差带												
		c	d	f	g	h				k	n	p	s	u
大于	至	11	9	7	6	6	7	9	11	6	6	6	6	6
250	280	−300 −620	−190 −320	−56 −108	−17 −49	0 −32	0 −52	0 −130	0 −320	+36 +4	+66 +34	+88 +56	+190 +158	+347 +315
280	315	−330 −650											+202 +170	+382 +350
315	355	−360 −720	−210 −350	−62 −119	−18 −54	0 −36	0 −57	0 −140	0 −360	+40 +4	+73 +37	+98 +62	+226 +190	+426 +390
355	400	−400 −760											+244 +208	+471 +435
400	450	−440 −840	−230 −385	−68 −131	−20 −60	0 −40	0 −63	0 −155	0 −400	+45 +5	+80 +40	+108 +68	+272 +232	+530 +490
450	500	−480 −880											+292 +252	+580 +540
500	560		−260 −435	−76 −146	−22 −66	0 −44	0 −70	0 −175	0 −440	+44 0	+88 +44	+122 +78	+324 +280	+644 +600
560	630												+354 +310	+704 +660
630	710		−290 −490	−80 −160	−24 −74	0 −50	0 −80	0 −200	0 −500	+50 0	+100 +50	+138 +88	+390 +340	+790 +740
710	800												+430 +380	+890 +840
800	900		−320 −550	−86 −176	−26 −82	0 −56	0 −90	0 −230	0 −560	+56 0	+112 +56	+156 +100	+486 +430	+996 +940
900	1000												+526 +470	+1106 +1050
1000	1120		−350 −610	−98 −203	−28 −94	0 −66	0 −105	0 −260	0 −660	+66 0	+132 +66	+186 +120	+586 +520	+1216 +1150
1120	1250												+646 +580	+1366 +1300
1250	1400		−390 −700	−110 −235	−30 −108	0 −78	0 −125	0 −310	0 −780	+78 0	+156 +78	+218 +140	+718 +640	+1528 +1450
1400	1600												+798 +720	+1678 +1600
1600	1800		−430 −800	−120 −270	−32 −124	0 −92	0 −150	0 −370	0 −920	+92 0	+184 +92	+262 +170	+912 +820	+1942 +1850
1800	2000												+1012 +920	+2092 +2000

续表

公称尺寸/mm		公差带												
		c	d	f	g	h				k	n	p	s	u
大于	至	11	9	7	6	6	7	9	11	6	6	6	6	6
2000	2240		−480 −920	−130 −305	−34 −144	0 −110	0 −175	0 −440	0 −1100	+110 0	+220 +110	+305 +195	+1110 +1000	+2410 +2300
2240	2500												+1210 +1100	+2610 +2500
2500	2800		−520 −1060	−145 −355	−38 −173	0 −135	0 −210	0 −540	0 −1350	+135 0	+270 +135	+375 +240	+1385 +1250	+2035 +2900
2800	3150												+1535 +1400	+3335 +3200

注：未列出公差带及等级数值参见 GB/T 1800.2—2009。

表 C-3　孔的极限偏差（摘自 GB/T 1800.2—2009）　　（单位：μm）

公称尺寸/mm		公差带												
		C	D	F	G	H				K	N	P	S	U
大于	至	11	9	8	7	7	8	9	11	7	7	7	7	7
—	3	+120 +60	+45 +20	+20 +6	+12 +2	+10 0	+14 0	+25 0	+60 0	0 −10	−4 −14	−6 −16	−14 −24	−18 −28
3	6	+145 +70	+60 +30	+28 +10	+16 +4	+12 0	+18 0	+30 0	+75 0	+3 −9	−4 −16	−8 −20	−15 −27	−19 −31
6	10	+170 +80	+76 +40	+35 +13	+20 +5	+15 0	+22 0	+36 0	+90 0	+5 −10	−4 −19	−9 −24	−17 −32	−22 −37
10	18	+205 +95	+93 +50	+43 +16	+24 +6	+18 0	+27 0	+43 0	+110 0	+6 −12	−5 −23	−11 −29	−21 −39	−26 −44
18	24	+240 +110	+117 +65	+53 +20	+28 +7	+21 0	+33 0	+52 0	+130 0	+6 −15	−7 −28	−14 −35	−27 −48	−33 −54
24	30													−40 −61
30	40	+280 +120	+142 +80	+64 +25	+34 +9	+25 0	+39 0	+62 0	+160 0	+7 −18	−8 −33	−17 −42	−34 −59	−51 −76
40	50	+290 +130												−61 −86
50	65	+330 +140	+174 +100	+76 +30	+40 +10	+30 0	+46 0	+74 0	+190 0	+9 −21	−9 −39	−21 −51	−42 −72	−76 −106
65	80	+340 +150											−48 −78	−91 −121

续表

公称尺寸/mm		公差带												
		C	D	F	G	H				K	N	P	S	U
大于	至	11	9	8	7	7	8	9	11	7	7	7	7	7
80	100	+390 +170	+207 +120	+90 +36	+47 +12	+35 0	+54 0	+87 0	+220 0	+10 −25	−10 −45	−24 −59	−58 −93	−111 −146
100	120	+400 +180											−66 −11	−131 −166
120	140	+450 +200	+245 +145	+106 +43	+54 +14	+40 0	+63 0	+100 0	+250 0	+12 −28	−12 −52	−28 −68	−77 −117	−155 −195
140	160	+460 +210											−85 −125	−175 −215
160	180	+480 +230											−93 −133	−195 −235
180	200	+530 +240	+285 +170	+122 +50	+61 +15	+46 0	+72 0	+115 0	+290 0	+13 −33	−14 −60	−33 −79	−105 −151	−219 −265
200	225	+550 +260											−113 −159	−241 −287
225	250	+570 +280											−123 −169	−267 −313
250	280	+620 +300	+320 +190	+137 +56	+69 +17	+52 0	+81 0	+130 0	+320 0	+16 −36	−14 −66	−36 −88	−138 −190	−295 −347
280	315	+650 +330											−150 −202	−330 −382
315	355	+720 +360	+350 +210	+151 +62	+75 +18	+57 0	+89 0	+140 0	+360 0	+17 −40	−16 −73	−41 −98	−169 −226	−369 −426
355	400	+760 +400											−187 −244	−414 −471
400	450	+840 +440	+385 +230	+165 +68	+83 +20	+63 0	+97 0	+155 0	+400 0	+18 −45	−17 −80	−45 −108	−209 −272	−467 −530
450	500	+880 +480											−229 −292	−517 −580
500	560		+435 +260	+186 +76	+92 +22	+70 0	+110 0	+175 0	+440 0	0 −70	−44 −114	−78 −148	−280 −350	−600 −670
560	630												−310 −380	−660 −730
630	710		+490 +290	+205 +80	+104 +24	+80 0	+125 0	+200 0	+500 0	0 −80	−50 −130	−88 −168	−340 −420	−740 −820
710	800												−380 −460	−840 −920

续表

公称尺寸/mm		公差带													
		C	D	F	G	H				K	N	P	S	U
大于	至	11	9	8	7	7	8	9	11	7	7	7	7	7
800	900		+550 +320	+226 +86	+116 +26	+90 0	+140 0	+230 0	+560 0	0 −90	−56 −146	−100 −190	−430 −520	−940 −1030
900	1000												−470 −560	−1050 −1140
1000	1120		+610 +350	+263 +98	+133 +28	+105 0	+165 0	+260 0	+660 0	0 −105	−66 −171	−120 −225	−520 −625	−1150 −1255
1120	1250												−580 −685	−1300 −1405
1250	1400		+700 +390	+305 +110	+155 +30	+125 0	+195 0	+310 0	+780 0	0 −125	−78 −203	−140 −265	−640 −765	−1450 −1575
1400	1600												−720 −845	−1600 −1725
1600	1800		+800 +430	+350 +120	+182 +32	+150 0	+230 0	+370 0	+920 0	0 −150	−92 −242	−170 −320	−820 −970	−1850 −2000
1800	2000												−920 −1070	−2000 −2150
2000	2240		+920 +480	+410 +130	+209 +34	+175 0	+280 0	+440 0	+1100 0	0 −175	−110 −285	−195 −370	−1000 −1175	−2300 −2475
2240	2500												−1100 −1275	−2500 −2675
2500	2800		+1060 +520	+475 +145	+248 +38	+210 0	+330 0	+540 0	+1350 0	0 −210	−135 −345	−240 −450	−1250 −1460	−2900 −3110
2800	3150												−1400 −1610	−3200 −3410

注：未列出公差带及等级数值参见 GB/T 1800.2—2009。

表 C-4　几何公差的公差数值(摘自 GB/T 1184—1996)

公差项目	主参数 L/mm	公差等级											
		1	2	3	4	5	6	7	8	9	10	11	12
		公差值/μm											
直线度、平面度	≤10	0.2	0.4	0.8	1.2	2	3	5	8	12	20	30	60
	>10～16	0.25	0.5	1	1.5	2.5	4	6	10	15	25	40	80
	>16～25	0.3	0.6	1.2	2	3	5	8	12	20	30	50	100
	>25～40	0.4	0.8	1.5	2.5	4	6	10	15	25	40	60	120
	>40～63	0.5	1	2	3	5	8	12	20	30	50	80	150

续表

公差项目	主参数 L/mm	公差等级											
		1	2	3	4	5	6	7	8	9	10	11	12
		公差值/μm											
直线度、平面度	>63～100	0.6	1.2	2.5	4	6	10	15	25	40	60	100	200
	>100～160	0.8	1.5	3	5	8	12	20	30	50	80	120	250
	>160～250	1	2	4	6	10	15	25	40	60	100	150	300
	>250～400	1.2	2.5	5	8	12	20	30	50	80	120	200	400
	>400～630	1.5	3	6	10	15	25	40	60	100	150	250	500
	>630～1000	2	4	8	12	20	30	50	80	120	200	300	600
	>1000～1600	2.5	5	10	15	25	40	60	100	150	250	400	800
	>1600～2500	3	6	12	20	30	50	80	120	200	300	500	1000
	>2500～4000	4	8	15	25	40	60	100	150	250	400	600	1200
	>4000～6300	5	10	20	30	50	80	120	200	300	500	800	1500
	>6300～10000	6	12	25	40	60	100	150	250	400	600	1000	2000

公差项目	主参数 d (D) /mm	公差等级												
		0	1	2	3	4	5	6	7	8	9	10	11	12
		公差值/μm												
圆度、圆柱度	≤3	0.1	0.2	0.3	0.5	0.8	1.2	2	3	4	6	10	14	25
	>3～6	0.1	0.2	0.4	0.6	1	1.5	2.5	4	5	8	12	18	30
	>6～10	0.12	0.25	0.4	0.6	1	1.5	2.5	4	6	9	15	22	36
	>10～18	0.15	0.25	0.5	0.8	1.2	2	3	5	8	11	18	27	43
	>18～30	0.2	0.3	0.6	1	1.5	2.5	4	6	9	13	21	33	52
	>30～50	0.25	0.4	0.6	1	1.5	2.5	4	7	11	16	25	39	62
	>50～80	0.3	0.5	0.8	1.2	2	3	5	8	13	19	30	46	74
	>80～120	0.4	0.6	1	1.5	2.5	4	6	10	15	22	35	54	87
	>120～180	0.6	1	1.2	2	3.5	5	8	12	18	25	40	63	100
	>180～250	0.8	1.2	2	3	4.5	7	10	14	20	29	46	72	115
	>250～315	1.0	1.6	2.5	4	6	8	12	16	23	32	52	81	130
	>315～400	1.2	2	3	5	7	9	13	18	25	36	57	89	140
	>400～500	1.5	2.5	4	6	8	10	15	20	27	40	63	97	155

续表

公差项目	主参数 L，$d(D)$ /mm	公差等级											
		1	2	3	4	5	6	7	8	9	10	11	12
		公差值/μm											
平行度、垂直度、倾斜度	≤10	0.4	0.8	1.5	3	5	8	12	20	30	50	80	120
	>10～16	0.5	1	2	4	6	10	15	25	40	60	100	150
	>16～25	0.6	1.2	2.5	5	8	12	20	30	50	80	120	200
	>25～40	0.8	1.5	3	6	10	15	25	40	60	100	150	250
	>40～63	1	2	4	8	12	20	30	50	80	120	200	300
	>63～100	1.2	2.5	5	10	15	25	40	60	100	150	250	400
	>100～160	1.5	3	6	12	20	30	50	80	120	200	300	500
	>160～250	2	4	8	15	25	40	60	100	150	250	400	600
	>250～400	2.5	5	10	20	30	50	80	120	200	300	500	800
	>400～630	3	6	12	25	40	60	100	150	250	400	600	1000
	>630～1000	4	8	15	30	50	80	120	200	300	500	800	1200
	>1000～1600	5	10	20	40	60	100	150	250	400	600	1000	1500
	>1600～2500	6	12	25	50	80	120	200	300	500	800	1200	2000
	>2500～4000	8	15	30	60	100	150	250	400	600	1000	1500	2500
	>4000～6300	10	20	40	80	120	200	300	500	800	1200	2000	3000
	>6300～10000	12	25	50	100	150	250	400	600	1000	1500	2500	4000

公差项目	主参数 $d(D)$，B，L /mm	公差等级											
		1	2	3	4	5	6	7	8	9	10	11	12
		公差值/μm											
同轴度、对称度、圆跳动和全跳动	≤1	0.4	0.6	1.0	1.5	2.5	4	6	10	15	25	40	60
	>1～3	0.4	0.6	1.0	1.5	2.5	4	6	10	20	40	60	120
	>3～6	0.5	0.8	1.2	2	3	5	8	12	25	50	80	150
	>6～10	0.6	1	1.5	2.5	4	6	10	15	30	60	100	200
	>10～18	0.8	1.2	2	3	5	8	12	20	40	80	120	250
	>18～30	1	1.5	2.5	4	6	10	15	25	50	100	150	300
	>30～50	1.2	2	3	5	8	12	20	30	60	120	200	400
	>50～120	1.5	2.5	4	6	10	15	25	40	80	150	250	500
	>120～250	2	3	5	8	12	20	30	50	100	200	300	600

续表

公差项目	主参数 d(D)，B，L/mm	公差等级											
		1	2	3	4	5	6	7	8	9	10	11	12
		公差值/μm											
同轴度、对称度、圆跳动和全跳动	>250～500	2.5	4	6	10	15	25	40	60	120	250	400	800
	>500～800	3	5	8	12	20	30	50	80	150	300	500	1000
	>800～1250	4	6	10	15	25	40	60	100	200	400	600	1200
	>1250～2000	5	8	12	20	30	50	80	120	250	500	800	1500
	>2000～3150	6	10	15	25	40	60	100	150	300	600	1000	2000
	>3150～5000	8	12	20	30	50	80	120	200	400	800	1200	2500
	>5000～8000	10	15	25	40	60	100	150	250	500	1000	1500	3000
	>8000～10000	12	20	30	50	80	120	200	300	600	1200	2000	4000

位置度系数									
1	1.2	1.5	2	2.5	3	4	5	6	8
1×10^n	1.2×10^n	1.5×10^n	2×10^n	2.5×10^n	3×10^n	4×10^n	5×10^n	6×10^n	8×10^n

注：n 为正整数。

附录 D　标准结构

表 D-1　是否保留中心孔的表示法(摘自 GB/T 4459.5—1999)

要求	符号	表示法示例	说明
在完工的零件上 要求保留中心孔	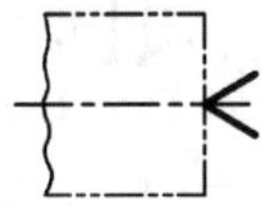	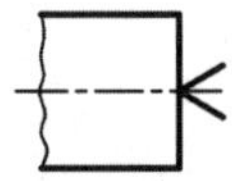	采用 B 型中心孔 D=2.5 mm，D_1=8 mm 在完工的零件上要求保留
在完工的零件上 可以保留中心孔	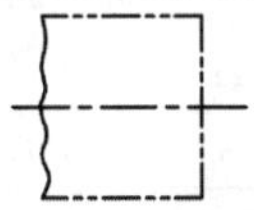	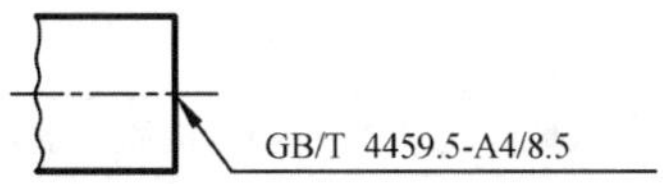	采用 A 型中心孔 D=4 mm，D_1=8.5 mm 在完工的零件上是否保留都可以
在完工的零件上 不允许保留中心孔	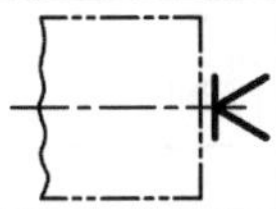	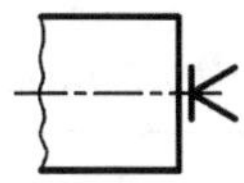	采用 A 型中心孔 D=1.6 mm，D_1=3.35 mm 在完工的零件上不允许保留

表 D-2　中心孔的型式及标记(摘自 GB/T 4459.5—1999)

中心孔的型式	标记示例	标注说明
R （弧形） 根据 GB/T 145 选择中心钻	GB/T　4459.5—R3.15/6.7	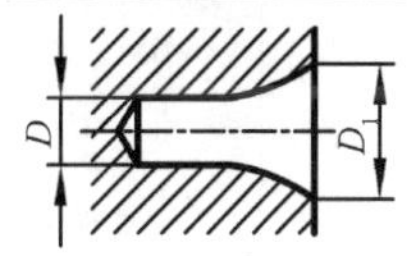 D=3.15 mm，D_1=6.7 mm
A （不带护锥） 根据 GB/T 145 选择中心钻	GB/T　4459.5—A4/8.5	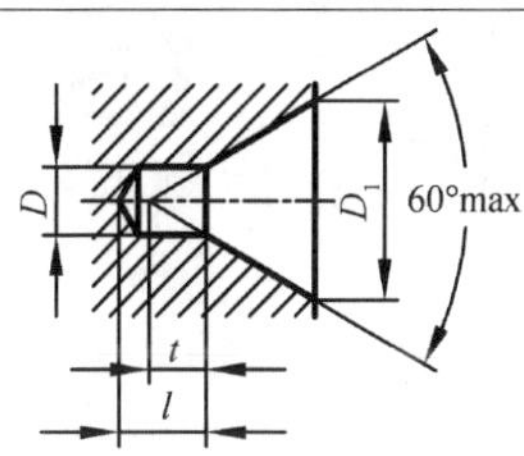 D=4 mm，D_1=8.5 mm
B （带护锥） 根据 GB/T 145 选择中心钻	GB/T　4459.5—B2.5/8	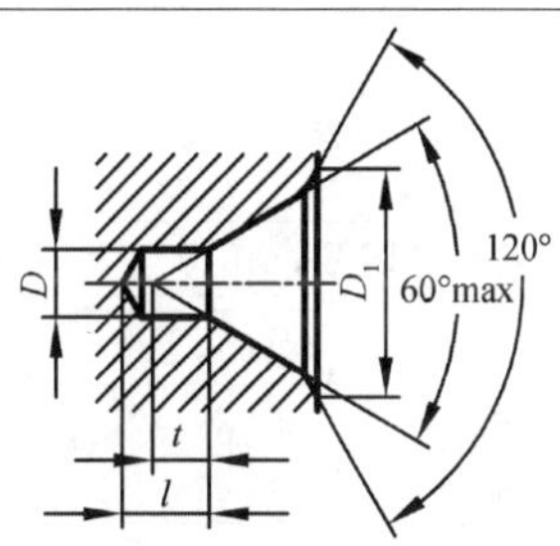 D=2.5 mm，D_1=8 mm

续表

中心孔的型式	标记示例	标注说明
C （带螺纹） 根据 GB/T 145 选择中心钻	GB/T　4459.5—CM10L30/16.3	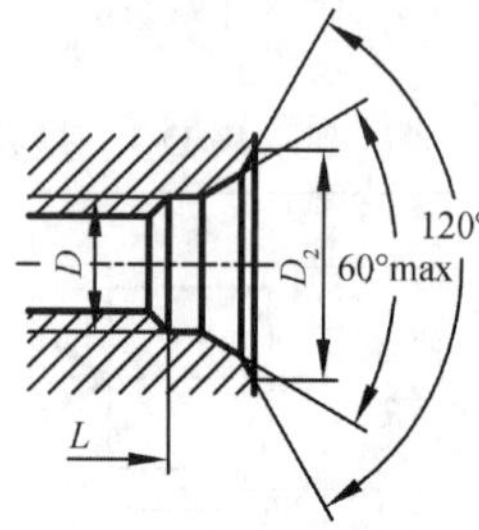 D=M10 mm，L=30 mm，D_2=16.3 mm

注：1. 尺寸 t 见 GB/T 4459.5—1999 附录 A；2. 尺寸 l 取决于中心钻的长度，不能小于 t；3. 尺寸 L 取决于零件的功能要求。

表 D-3　中心孔的尺寸参数（摘自 GB/T 4459.5—1999）　　（单位：mm）

D 公称尺寸	型式				
	R	A		B	
	D_1 公称尺寸	D_1 公称尺寸	t 参考尺寸	D_1 公称尺寸	t 参考尺寸
(0.5)		1.06	0.5		
(0.63)		1.32	0.6		
(0.8)		1.70	0.7		
1.0	2.12	2.12	0.9	3.15	0.9
(1.25)	2.65	2.65	1.1	4	1.1
1.6	3.35	3.35	1.4	5	1.4
2.0	4.25	4.25	1.8	6.3	1.8
2.5	5.3	5.30	2.2	8	2.2
3.15	6.7	6.70	2.8	10	2.8
4.0	8.5	8.50	3.5	12.5	3.5
(5.0)	10.6	10.60	4.4	16	4.4
6.3	13.2	13.20	5.5	18	5.5
(8.0)	17.0	17.00	7.0	22.4	7.0
10.0	21.2	21.20	8.7	28	8.7

注：尽量避免选用括号中的尺寸。

C型										
D 公称尺寸	M3	M4	M5	M6	M8	M10	M12	M16	M20	M24
D_2 公称尺寸	5.8	7.4	8.8	10.5	13.2	16.3	19.8	25.3	31.3	38.0

表 D-4　零件的倒角与倒圆(摘自 GB/T 6403.4—2008)

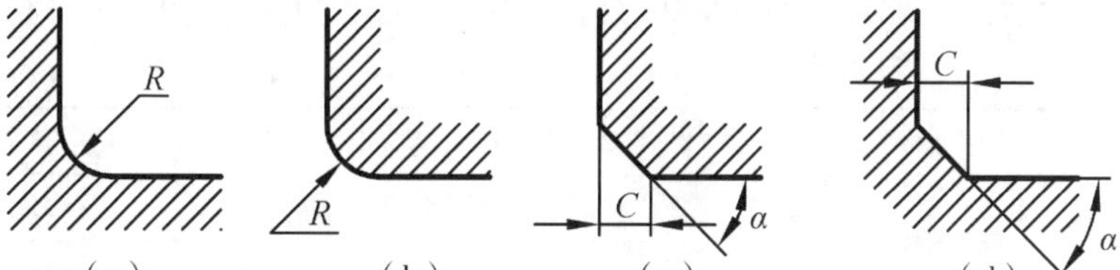

(a)　(b)　(c)　(d)

倒圆、倒角的型式

注：α 一般采用 45°，也可以采用 30°或 60°；倒圆半径、倒角的尺寸标注符合 GB/T 4458.4 的要求。

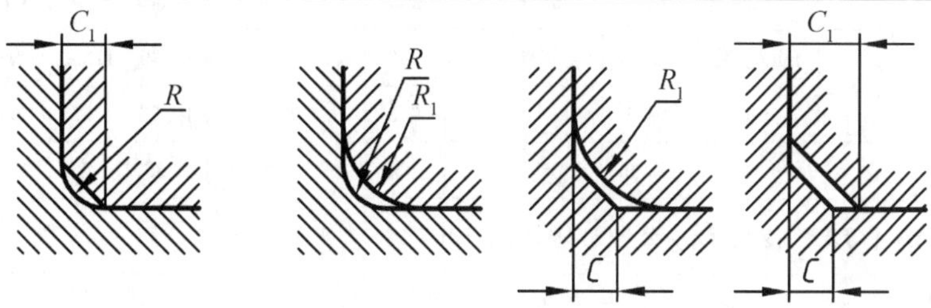

(e)　(f)　(g)　(h)

内角、外角分别为倒圆、倒角(倒角为 45°)的装配型式

注：1. 内角倒圆，外角倒角时，$C_1>R$，如(e)所示；2. 内角倒圆，外角倒圆时，$R_1>R$，如(f)所示；3. 内角倒角，外角倒圆时，$C<0.58R_1$，如(g)所示；4. 内角倒角，外角倒角时，$C_1>C$，如(h)所示。

与直径 ϕ 相应的倒角 C、倒圆 R 的推荐值　(单位：mm)

ϕ	<3	>3~6	>6~10	>10~18	>18~30	>30~50
C 或 R	0.2	0.4	0.6	0.8	1.0	1.6
ϕ	>50~80	>80~120	>120~180	>180~250	>250~320	>320~400
C 或 R	2.0	2.5	3.0	4.0	5.0	6.0
ϕ	>400~500	>500~630	>630~800	>800~1000	>1000~1250	>1250~1600
C 或 R	8.0	10	12	16	20	25

表 D-5　紧固件通孔及沉头座尺寸

（摘自 GB/T 5277—1985、GB/T 152.2—2014、GB/T 152.3—1988、GB/T 152.4—1988）

（单位：mm）

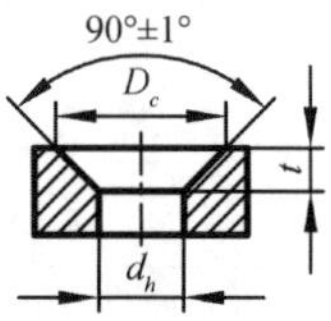

沉头用沉孔
GB/T 152.2—2014

公称规格		1.6	2	2.5	3	3.5	4	5	5.5	6	8	10
螺纹规格		M1.6	M2	M2.5	M3	M3.5	M4	M5	—	M6	M8	M10
		—	ST2.2	—	ST2.9	ST3.5	ST4.2	ST4.8	ST5.5	ST6.3	ST8	ST9.5
d_h[a]	min(公称)	1.80	2.40	2.90	3.40	3.90	4.50	5.50	6.00[b]	6.60	9.00	11.00
	max	1.94	2.54	3.04	3.58	4.08	4.68	5.68	6.18	6.82	9.22	11.27
D_c	min(公称)	3.6	4.4	5.5	6.3	8.2	9.4	10.40	11.50	12.60	17.30	20.0
	max	3.7	4.5	5.6	6.5	8.4	9.6	10.65	11.75	12.85	17.55	20.3
$t\approx$		0.95	1.05	1.35	1.55	2.25	2.55	2.58	2.88	3.13	4.28	4.65

注：a. 按 GB/T 5277 中等装配系列的规定，公差带为 H13；b. GB/T 5277 中无此尺寸。

螺纹规格 d		3	4	5	6	8	10	12	14	16	18	20	22	24	27	30	36
通孔直径 GB/T 5277—1985	精装配	3.2	4.3	5.3	6.4	8.4	10.5	13	15	17	19	21	23	25	28	31	37
	中等装配	3.4	4.5	5.5	6.6	9	11	13.5	15.5	17.5	20	22	24	26	30	33	39
	粗装配	3.6	4.8	5.8	7	10	12	14.5	16.5	18.5	21	24	26	28	32	35	42
圆柱头螺钉用沉孔 GB/T 152.3—1988	用于内六角圆柱头螺钉的沉孔																
	d_2	6.0	8.0	10.0	11.0	15.0	18.0	20.0	24.0	26.0	—	33.0	—	40.0	—	48.0	57.0
	t	3.4	4.6	5.7	6.8	9.0	11.0	13.0	15.0	17.5	—	21.5	—	25.5	—	32.0	38.0
	d_3	—	—	—	—	—	—	16	18	20	—	24	—	28	—	36	42
	d_1	3.4	4.5	5.5	6.6	9.0	11.0	13.5	15.5	17.5	—	22.0	—	26.0	—	33.0	39.0
	用于开槽圆柱头螺钉的沉孔																
	d_2	—	8	10	11	15	18	20	24	26	—	33	—	—	—	—	—
	t	—	3.2	4.0	4.7	6.0	7.0	8.0	9.0	10.5	—	12.5	—	—	—	—	—
	d_3	—	—	—	—	—	—	16	18	20	—	24	—	—	—	—	—
	d_1	—	4.5	5.5	6.6	9.0	11.0	13.5	15.5	17.5	—	22.0	—	—	—	—	—
六角头螺栓和六角头螺母用沉孔 GB/T 152.4—1988	d_2	9	10	11	13	18	22	26	30	33	36	40	43	48	53	61	71
	d_3	—	—	—	—	—	—	16	18	20	22	24	26	28	33	36	42
	d_1	3.4	4.5	5.5	6.6	9.0	11.0	13.5	15.5	17.5	20.0	22.0	24	26	30	33	39

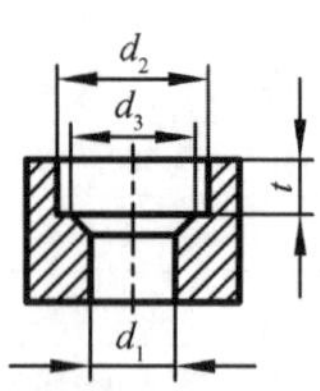

圆柱头螺钉用沉孔
GB/T 152.3—1988

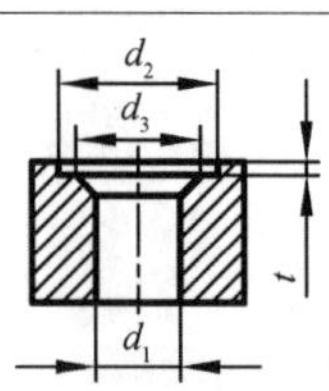

六角头螺栓和
六角头螺母用沉孔
GB/T 152.4—1988

附录 E　常用材料

表 E-1　常用黑色金属材料

名称	牌号		应用举例	说明
碳素结构钢	Q195	—	用于金属结构构件、拉杆、心轴、垫圈、凸轮等	1. 新旧牌号对照： Q215→A2； Q235→A3； Q275→A5。 2. A级不做冲击试验； B级做常温冲击试验； C、D级重要焊接结构用
	Q215	A		
		B		
	Q235	A	用于金属结构构件、吊钩、拉杆、套、螺栓、螺母、楔、盖、焊拉件等	
		B		
		C		
		D		
	Q255	A		
		B		
	Q275	—	用于轴、轴销、螺栓等强度较高件	
优质碳素钢	10		屈服点和抗拉强度比值较低，塑性和韧性均高，在冷状态下，容易模压成形。一般用于拉杆、卡头、钢管垫片、垫圈、铆钉。这种钢焊接性甚好	牌号的两位数字表示平均含碳量，45号钢即表示平均含碳量为0.45%。含锰量较高的钢，须加注化学元素符号“Mn”。含碳量≤0.25%的碳钢是低碳钢(渗碳钢)。含碳量在0.25%～0.60%的碳钢是中碳钢(调质钢)。含碳量大于0.60%的碳钢是高碳钢
	15		塑性、韧性、焊接性和冷冲性均极良好，但强度较低。用于制造受力不大、韧性要求较高的零件、紧固件、冲模段件及不要热处理的低负荷零件，如螺栓、螺钉、拉条、法兰盘及化工贮器、蒸汽锅炉等	
	35		具有良好的强度和韧性。用于制造曲轴、转轴、轴销、杠杆、连杆、横梁、星轮、圆盘、套筒、钩环、垫圈、螺钉、螺母等。一般不作焊接用	
	45		用于强度要求较高的零件，如汽轮机的叶轮、压缩机、泵的零件等	
	60		强度和弹性相当高，用于制造轧辊、轴、弹簧圈、弹簧、离合器、凸轮、钢绳等	
	65Mn		性能与15号钢相似，但其淬透性、强度和塑性比15号钢都高些。用于制造中心部分的机械性能要求较高且须渗透碳的零件。这种钢焊接性好	
	15Mn		强度高，淬透性较大，脱碳倾向小，但有过热敏感性，易产生淬火裂纹，并有回火脆性。适宜作大尺寸的各种扁、圆弹簧，如座板簧、弹簧发条	
灰铸铁	HT100		属低强度铸铁，用于铸盖、手把、手轮等不重要的零件	“HT”是灰铸铁的代号，是由表示其特征的汉语拼音字的第一个大写正体字母组成。代号后面的一组数字，表示抗拉强度值(N/mm^2)
	HT150		属中等强度铸铁，用于一般铸件，如机床座、端盖、皮带轮、工作台等	
	HT200 HT250		属高强铸铁，用于较重要铸件，如汽缸、齿轮、凸轮、机座、床身、飞轮、皮带轮、齿轮箱、阀壳、联轴器、衬筒、轴承座等	
	HT300 HT350		属高强度，高耐磨铸铁，用于重要的铸件，如齿轮、凸轮、床身、高压液压筒、液压泵和滑阀的壳体、车床卡盘等	

续表

名称	牌号	应用举例	说明
球墨铸铁	QT700－2	用于曲轴、缸体、车轮等	“QT”是球墨铸铁代号，是表示“球铁”的汉语拼音的第一个字母，它后面的数字表示强度和延伸率的大小
	QT600－3		
	QT500－7	用于阀体、气缸、轴瓦等	
	QT450－10	用于减速机箱体、管路、阀体、盖、中低压阀体等	
	QT400－15		

表 E-2　常用有色金属材料

类别	名称与牌号	应用举例
加工青铜	4-4-4 锡青铜 QSn4-4-4	一般摩擦条件下的轴承、轴套、衬套、圆盘及衬套内垫
	7-0.2 锡青铜 QSn7-0.2	中负荷、中等滑动速度下的摩擦零件，如抗磨垫圈、轴承、轴套、蜗轮等
	9-4 铝青铜 QAl9-4	高负荷下的抗磨、耐蚀零件。如轴承、轴套、衬套、阀座、齿轮、蜗轮等
	10-3-1.5 铝青铜 QAl10-3-1.5	高温下工作的耐磨零件，如齿轮、轴承、衬套、圆盘、飞轮等
	10-4-4 铝青铜 QA110-4-4	高强度耐磨件及高温下工作零件，如轴衬、轴套、齿轮、螺母、法兰盘、滑座等
	2 铍青铜 QBe2	高速、高温、高压下工作的耐磨零件，如轴承、衬套等
铸造铜合金	5-5-5 锡青铜 ZCuSn5Pb5Zn5	用于较高负荷、中等滑动速度下工作的耐磨、耐蚀零件，如轴瓦、衬套、油塞、蜗轮等
	10-1 锡青铜 ZCuSn10b1	用于小于 20 MPa 和滑动速度小于 8 m/s 条件下工作的耐磨零件，如齿轮、蜗轮、轴等
	10-2 锡青铜 ZCuSn10Zn2	用于中等负荷和小滑动速度下工作的管配件及阀、旋塞、泵体、齿轮、蜗轮、叶轮等
	8-13-3-2 铝青铜 ZCuAl8Mn13Fe2Ni2	用于强度高耐蚀重要零件，如船舶螺旋桨、高压阀体、泵体、耐压耐磨的齿轮、蜗轮、法兰、衬套等
	9-2 铝青铜 ZCuAl9Mn2	用于制造耐磨结构简单的大型铸件，如衬套、蜗轮及增压器内气封等
	10-3 铝青铜 ZCuAl10Fe3	制造强度高、耐磨、耐蚀零件，如蜗轮、轴承、衬套、管嘴、耐热管配件
	9-4-4-2 铝青铜 ZCuAl9Fe4Ni4Mn2	制造高强度重要零件，如船舶螺旋桨；耐磨及 400 ℃以下工作的零件，如轴承、齿轮、蜗轮、螺母、法兰、阀体、导向套管等
	25-6-3-3 铝黄铜 ZCuZn25Al6Fe3Mn3	适于高强耐磨零件，如桥梁支承板、螺母、螺杆、耐磨板、滑块、蜗轮等
	38-2-2 锰黄铜 ZCuZn38Mn2Pb2	一般用途结构件，如套筒、衬套、轴瓦、滑块等
铸造铝合金	ZL301 ZL102 ZL401	用于受大冲击负荷、高耐蚀的零件 用于汽缸活塞以及高温工作的复杂形状零件 适用于压力铸造的高强度铝合金

表 E-3　常用非金属材料

类别	名称	代号	说明及规格		应用举例
工业用橡胶板	普通橡胶板	1608	厚度/mm	宽度/mm	能在－30～60 ℃的空气中工作，适于冲制各种密封、缓冲胶圈、垫板及铺设工作台、地板
		1708	0、5、1、1、5、2、2、5、3、4、5、6、8、10、12、14、16、18、20、22、25、30、40、50	500～2000	
		1613			
	耐油橡胶板	3707			可在温度－30～80 ℃的机油、汽油、变压器油等介质中工作，适用于冲制各种形状的垫圈
		3807			
		3709			
		3809			
尼龙	尼龙 66 尼龙 1010		有高的抗拉强度和良好的冲击韧性，一定的耐热性(可在 100℃以下使用)，能耐弱酸、弱碱，耐油性良好		用以制作机械传动零件，有良好的灭音性，运转时噪音小，常用来做齿轮等零件
石棉制品	耐油橡胶石棉板		有厚度为 0.4～0.3 mm 的十种规格		供航空发动机的煤油、润滑油及冷气系统结合处的密衬垫材料
	油浸石棉盘根	YS450	盘根形状分 F(方形)、Y(圆形)、N(扭制)三种，按需选用		适用于回转轴、往复活塞或阀门杆上作密封材料，介质为蒸汽、空气、工作用水、重质石油产品
	橡胶石棉盘根	XS450	该牌号盘根只有 F(方形)等		适用于作蒸汽机、往复泵的活塞和阀门杆上作密封材料
	毛毡	112-32～44(细毛) 122-30～38(半粗毛) 132-32～36(粗毛)	厚度为 1.5～25 mm		用作密封、防漏油、防震、缓冲衬垫等。按需要选用细毛、半粗毛、粗毛
	软钢板纸		厚度为 0.5～3.0 mm		用作密封连接处垫片
	聚四氟乙烯	SFL-4-13	耐腐蚀、耐高温(＋250 ℃)并具有一定的强度，能切削加工成各种零件		用于腐蚀介质中，起密封和减磨作用，用作垫圈等
	有机玻璃板		耐盐酸、硫酸、草酸、烧碱和纯碱等一般酸碱以及二氧化硫、臭氧气体腐蚀		适用于耐腐蚀和需要透明的零件

表 E-4　常用的热处理和表面处理名词解释

名词	代号及标注示例	说明	应用
退火	Th	将钢件加热到临界温度以上(一般是 710～715 ℃，个别合金钢 800～900 ℃)30～50 ℃，保温一段时间，然后缓缓冷却(一般在炉中冷却)	用来消除铸、锻、焊等零件的内应力、降低硬度，便于切削加工，细化金属晶粒，改善组织、增加韧性
正火	Z	将钢件加热到临界温度以上，保温一段时间，然后用空气冷却，冷却速度比退火为快	用来处理低碳和中碳结构钢及渗碳零件，使其组织细化，增加强度与韧性，减少内应力，改善切削性能
淬火	C C48—淬火回火(45～50)HRC	将钢件加热到临界温度以上，保温一段时间，然后在水、盐水或油中(个别材料在空气中)急速冷却，使其得到高硬度	用来提高钢的硬度和强度极限。但淬火会引起内应力使钢变脆，所以淬火后必须回火
回火	回火	回火是将淬硬的钢件加热到临界点以上的温度，保温一段时间，然后在空气中或油中冷却下来	用来消除淬火后的脆性和内应力，提高钢的塑性和冲击韧性

续表

名词		代号及标注示例	说明	应用
调质		T T235—调质至 (220～250)HB	淬火后在 450～650 ℃进行高温回火，称为调质	用来使钢获得高的韧性和足够的强度。重要的齿轮、轴及丝杆等零件是调质处理的
表面淬火	火焰粹火	H54[火焰淬火后，回火到(52～48)HRC]	用火焰或高频电流将零件表面迅速加热至临界温度以上，急速冷却	使零件表面获得高硬度，而心部保持一定的韧性，使零件既耐磨又能承受冲击。表面淬火常用来处理齿轮等
	高频粹火	G52[高频淬火后，回火到(50～55)HRC]		
渗碳淬火		S0.5-C56[渗碳层深 0.5，淬火硬度(56～62) HRC]	在渗碳剂中将钢件加热到 900～950 ℃，停留一定时间，将碳渗入钢表面，深度为 0.5～3 mm，再粹火后回火	增加钢件的耐磨性能，表面硬度、抗拉强度及疲劳极限。适用于低碳、中碳(含量＜0.40%)结构钢的中小型零件
氮化		D0.3-900(氮化深度 0.3，硬度小于 850HV)	氮化是在 500～600 ℃通入氨的炉子内加热，向钢的表面渗入氮原子的过程。氮化层为 0.025～0.8 mm，氮化时间需 40～50 h	增加钢件的耐磨性能、表面硬度、疲劳极限和抗蚀能力。适用于合金钢、碳钢、铸铁件，如机床主轴、丝杵以及在潮湿碱水和燃烧气体介质的环境中工作的零件
氰化		Q59[氰化淬火后，回火至(56～62)HRC]	在 820～860 ℃炉内通入碳和氮，保温 1～2 h，使钢件的表面同时渗入碳、氮原子，可得到 0.2～0.5 mm 的氰化层	增加表面硬度、耐磨性、疲劳强度和耐蚀性 用于要求硬度高、耐磨的中、小型及薄片零件和刀具等
时效		时效处理	低温回火后，精加工之前，加热到 100～160 ℃，保持 10～40 h。对铸件也可用天然时效(放在露天中一年以上)	使工件消除内应力和稳定形状，用于量具、精密丝杆、床身导轨、床身等
发蓝 发黑		发蓝或发黑	将金属零件放在很浓的碱和氧化剂溶液中加热氧化，使金属表面形成一层氧化铁所组成的保护性薄膜	防腐蚀、美观。用于一般连接的标准件和其他电子类零件
硬度		HB(布氏硬度)	材料抵抗硬的物体压入其表面的能力称“硬度”。根据测定的方法不同，可分布氏硬度、洛氏硬度和维氏硬度 硬度的测定是检验材料经热处理后的机械性能——硬度	用于退火、正火、调质的零件及铸件的硬度检验
		HRC(洛氏硬度)		用于经淬火、回火及表面渗碳、渗氮等处理的零件硬度检验
		HV(维氏硬度)		用于薄层硬化零件的硬度检验